国家示范性高职院校建设项目成果
高等职业教育教学改革系列规划教材·电子信息类

单片机原理及接口技术

主　编　陈贵银　祝　福
副主编　鄢　磊　郑火胜　何新洲
主　审　章国华

電子工業出版社
Publishing House of Electronics Industry
北京·BEIJING

内 容 简 介

本书以流行单片机芯片 AT89C51 为主体介绍了单片机的原理、常用单片机接口技术及应用。全书共 9 章，在硬件基础知识、汇编软程序设计的基础上，按照单片机产品的开发流程，介绍了调试工具软件 Keil C 与调试仿真工具软件 Protues。用 11 个实训将产品开发的流程理念充分贯穿于其中。达到在稳固掌握基础原理的基础上再应用与开发。融教、学、做一体于教材中。针对有些专业还专门设置了课程设计（或综合训练）。本书也特别编写了 8 个课题，方便老师与同学们完成该项训练。

本书内容精练，实例丰富，用实训来强化原理的基础知识，知识点与技能点相结合，既实现了知识的全面性和连贯性，又做到了理论与实践内容的融合贯通，体现了应用性人才培养的特点。特别适合作为高职高专院校电子信息类、计算机类、自动化类、机电类及控制类各专业的单片机技术课程教材，也可作为职工大学、函授大学、中职学校的教材及单片机应用开发人员的参考书。

图书在版编目（CIP）数据

单片机原理及接口技术/陈贵银，祝福主编. —北京：电子工业出版社，2011.1
高等职业教育教学改革系列规划教材. 电子信息类
ISBN 978-7-121-12288-0

Ⅰ. ①单…　Ⅱ. ①陈…②祝…　Ⅲ. ①单片微型计算机—基础理论—高等学校：技术学校—教材②单片微型计算机—接口—高等学校：技术学校—教材　Ⅳ. ①TP368.1

中国版本图书馆 CIP 数据核字（2010）第 222455 号

策划编辑：田领红
责任编辑：田领红　　特约编辑：徐　岩
印　　刷：北京市李史山胶印厂
装　　订：北京市李史山胶印厂
出版发行：电子工业出版社
　　　　　北京市海淀区万寿路 173 信箱　邮编　100036
开　　本：787×1 092　1/16　印张：19.75　字数：506 千字
印　　次：2011 年 1 月第 1 次印刷
印　　数：4 000 册　　定价：33.00 元

凡所购买电子工业出版社图书有缺损问题，请向购买书店调换。若书店售缺，请与本社发行部联系，联系及邮购电话：（010）88254888。

质量投诉请发邮件至 zlts@phei.com.cn，盗版侵权举报请发邮件至 dbqq@phei.com.cn。

服务热线：（010）88258888。

前　言

目前单片机已经渗透到了人们生活中的各个领域，导弹的导航装置、飞机上各种仪表的控制、计算机的网络通信与数据传输、工业自动化过程的实时控制和数据处理、广泛使用的各种智能 IC 卡、民用豪华轿车的安全保障系统、录像机、摄像机、全自动洗衣机的控制，以及程控玩具、电子宠物等，这些都离不开单片机，更不用说自动控制领域的机器人、智能仪表和医疗器械了。科技越发达，智能化的东西就越多，使用的单片机也就越多。因此，学习单片机技术越来越成为社会发展的需求。单片机原理及接口技术课程也成为高等学校重要的基础课或专业课。

全书共 9 章，按照基础理论—实训操作—总结的顺序，主要介绍 AT89C51 单片机的硬件基础知识、软程序设计、调试工具软件 Keil C 与软硬结合的调试仿真工具软件 Protues 的融合应用，将产品开发的流程理念充分贯穿于其中。第 1 章到第 5 章均是针对单片机最小应用系统的学习，第 6 章到第 8 章主要是针对常用接口部分的扩展应用学习，第 9 章专门介绍 2 个单片机应用的综合实例。从专用芯片到 Keil 的调试，从而完成软件设计，用工具软件 Protues 先进行产品的仿真，再用面包板（实验 PCB 或教学实验板）进行制作。教学时可融合于前面的每一章节中。本书从原理到应用，以应用实例为主，每个例子均已实践检测。每一章节均体现“教、学、做”的思想在里面，符合当前工学结合的理念与思路。

本教材是针对学生重点学习单片机基础并能快速入门产品开发，学会简单应用制作相应的单片机产品，并能有一定的扩展学习的资源空间接口部分。引入调试软件 Keil C 与单片机仿真软件 Protues 的相关应用，产品开发的流程理念贯穿于其中，达到在稳固掌握基础理念的基础上再应用与开发。每一章节中都配有练习，小结中阐明讲授重点，也就是学生学习的重点及方法指导。针对有些专业还专门设置了课程设计（或综合训练）。本书也特别编写了 8 个课题，方便老师与同学们完成该项训练。

通过对本教材的学习，将使读者达到以下目标。

（1）了解单片机的组成、内部结构和特点，获得其硬件和软件的必要基础知识；

（2）在初步掌握 MCS-51 单片机指令系统的基础上，掌握汇编语言程序的分析，能根据实际工作要求进行一般的程序设计和应用；

（3）能基本掌握 Keil（程序调试软件）与 Protues（虚拟软件与硬件的连机仿真）两个软件界面操作与应用；

（4）基本掌握单片机内部硬件资源和常用外围电路的初步应用方法；

（5）掌握中小型单片机应用电路的软硬件设计和调试。通过很多实例的讲解，能完全掌握整个单片机系统的开发过程。

本书可作为高职高专院校电子信息类、计算机类、自动化类、机电类及控制类各专业的单片机技术课程教材，也可作为职工大学、函授大学、中职学校的教材及单片机应用开发人员的参考书。

本书由陈贵银、祝福主编，鄢磊、郑火胜、何新洲副主编，章国华主审。第 3、4、5、9 章及课程设计和附录由陈贵银编写；第 1、7 章由祝福编写；第 2 章由何新洲编写；第 6 章由郑火胜与陈贵银编写；第 8 章由鄢磊编写，祝福对部分程序进行了调试工作；在此向关心和支持本书编写工作的人士表示衷心的感谢。

为便于教材使用，本书还配有多媒体课件、教材中有关例题的 Proteus 设计文件、汇编源程序及对应机器语言文件和习题答案。请有此需要的教师登录华信教育资源网（www.hxedu.com.cn）免费注册后再进行下载，如果有问题请在网站留言板留言或与电子工业出版社联系（E-mail：tianlh@phei.com.cn）。

由于编者水平有限，不妥之处在所难免，真诚希望广大读者批评指正。

编　者

2010 年 8 月

目　录

第 1 章

单片机的基础知识

【内容提要】

本章主要介绍了计算机中的数和编码、单片机的发展概况及主芯片AT89C51单片机、单片机应用研发工具和教学实验装置等相关内容；在计算机中的数和编码中介绍了计算机中的数制、符号数的表示、二进制数的算术运算、逻辑电路、二进制的编码等数的基础理论知识；在单片机的概论中介绍了单片机主流系列及其相关组成部件的发展；在单片机应用研发工具和教学实验装置中介绍了常用的开发工具及开发流程。本章为后面学习MCS-51系列的单片机奠定了坚实的基础。

1.1 计算机中的数和编码

1.1.1 计算机中的数制

计算机最早是作为一种计算工具出现的，所以它最基本的功能是对数进行加工和处理。数在机器中是以器件的物理状态来表示的。一个具有两种不同的稳定状态且能相互转换的器件就可以用来表示1位（bit）二进制数。二进制数有运算简单、便于物理实现、节省设备等优点，所以目前在计算机中数几乎都是采用二进制表示。但是，二进制数书写起来太长，且不便阅读和记忆。目前大部分微型机是8位、16位或32位的，都是4的整数倍，而4位二进制数即是1位十六进制数，所以微型机广泛采用十六进制数来缩写二进制数。十六进制数用0~9、A~F共16个数码表示十进制数0~15。1个8位的二进制数用2位十六进制数表示，1个16位的二进制数用4位十六进制数表示等。这样书写方便，且便于阅读和记忆。然而，人们最熟悉、最常用的是十进制数。为此，需要熟练地掌握十进制数、二进制数和十六进制数间的相互转换。它们之间的关系见表1-1。

表1-1 十进制数、二进制数及十六进制数对照表

十进制	0	1	2	3	4	5	6	7	8	9	10	11	12	13	14	15
二进制	0000	0001	0010	0011	0100	0101	0110	0111	1000	1001	1010	1011	1100	1101	1110	1111
十六进制	0	1	2	3	4	5	6	7	8	9	A	B	C	D	E	F

为了区别上述 3 种数制，可在数的右下角注明数制，或者在数的后面加一字母。如 B（binary）表示二进制数制，D（decimal）或不带字母表示十进制数制，H（hexadecimal）表示十六进制数制。

1. 二进制数和十六进制数间的相互转换

二进制整数转换为十六进制数，只需从右向左将二进制数分为每 4 位 1 组，每组用 1 位十六进制数表示，左边不足 4 位应在左边加 0，以凑成 4 位 1 组。例如：

1 1111 1101 0110B→ 0001 1111 1101 0110B=1FD6H

十六进制数转换为二进制数，只需用 4 位二进制数代替 1 位十六进制数即可。例如：

3AC8H=0011 1010 1100 1000B

2. 十六进制数和十进制数间的相互转换

$$1F3DH=(1\times16^3)+(15\times16^2)+(3\times16^1)+(13\times16^0)=4096+3840+48+13=7997$$

十进制整数转换为十六进制数可用除 16 取余法，即用 16 不断地去除待转换的十进制数，直至商等于 0 为止。将所得的各次余数，依倒序排列，即可得到所转换的十六进制数。如下式所示：

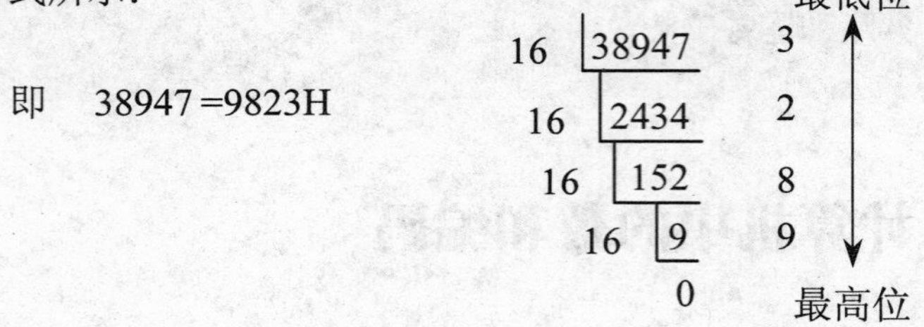

即　38947 =9823H

1.1.2　符号数的表示法

1. 机器数与真值

二进制数与十进制数一样有正负之分。在计算机中，常用数的符号和数值部分一起编码的方法表示符号数，较常用的有原码、反码和补码表示法。这几种表示法都将数的符号数码化。通常正号用“0”表示，负号用“1”表示。为了区分一般书写时表示的数和机器中编码表示的数，通常称前者为真值，后者为机器数，即数值连同符号数码“0”或“1”一起作为一个数就称为机器数，而它的数值连同符号“+”或“-”称为机器数的真值。把机器数的符号位也当做数值的数，就是无符号数。

为了表示方便，常把 8 位二进制数称为字节，把 16 位二进制数称为字，把 32 位二进制数称为双字。对于机器数应将其用字节、字或双字表示，所以只有 8 位、16 位或 32 位机器数的最高位才是符号位。

2. 原码

按上所述，数值用其绝对值，正数的符号位用 0 表示，负数的符号位用 1 表示，这样表示的数称为原码。例如：

X_1=+105= +1101001B　　$[X_1]_{原}$=01101001B

X_2=−105= −1101001B　　$[X_2]_{原}$=11101001B

其中，最高位为符号位，后面 7 位是数值。用原码表示时，+105 和−105 的数值部分相同而符号位相反。

原码表示简单易懂，而且与真值的转换方便。但若是两个异号数相加，或两个同号数相减，就要做减法。为了把减运算转换为加运算从而简化计算机的结构，引进了反码和补码。

3. 反码

正数的反码与原码相同，负数的反码为它的绝对值（即与其绝对值相等的正数）按位取反（连同符号位）。例如：

X_1=+105= +1101001B　　$[X_1]_{反}$=01101001B

X_2=−105= −1101001B　　$[X_2]_{反}$=10010110B

4. 补码

正数的补码与原码相同；负数的补码为与它的绝对值相等的正数的补数。负数求补码方法有两种，分别如下：

方法一：该数的反码加 1，可以得到该数的补码。例如：

X_1=+105= +1101001B　　$[X_1]_{补}$=01101001B

X_2=−105= −1101001B　　$[X_2]_{补}$= 10010111B

方法二：把与其绝对值相等的正数从最低位向最高位扫描，保留直至第一个“1”的所有位，以后各位按位取反。

负数的补码可以由其正数求补得到。根据两数互为补数的原理，对补码表示的负数求补就可以得到其正数，即可得该负数的绝对值。例如：

［−105］$_{补}$=10010111B

对其求补，从右向左扫描，第一位就 1，故只保留该位，对其左面的七位均求反得：01101001，即补码表示的机器数 97H 的真值是−69H=−105。

一个用补码表示的机器数，若最高位为 0，则其余几位即为此数的绝对值；若最高位为 1，其余几位不是此数的绝对值，而需将该数求补，才得到它的绝对值。

当数采用补码表示时，就可以把减法转换为加法。例如：

X=64−10=64+（−10）

［X］$_{补}$=[64]$_{补}$+[−10]$_{补}$

［64］$_{补}$=40H=0100 0000B

［10］$_{补}$=0AH=0000 1010B

[−10]$_{补}$=1111 0110B

做减法运算过程如下：

```
   0100 0000
−  0000 1010
------------
   0011 0110
```

用补码相加过程如下：

$$
\begin{array}{r}
0100\ 0000 \\
+\ 1111\ 0110 \\
\hline
1\ 0011\ 0110
\end{array}
$$

↑ 进位自然丢失

最高位的进位是自然丢失的，故做减法与用补码相加的结果是相同的。因此，在微型机中，凡是符号数一律是用补码表示的。一定要记住运算的结果也是用补码表示的。例如：

34−68= 34+（−68）

34=22H=0010 0010B

68=44H=0100 0100B

（−68）=1011 1100B

做减运算过程如下：

$$
\begin{array}{r}
0010\ 0010 \\
-\ 0100\ 0100 \\
\hline
1\ 1101\ 1110
\end{array}
$$

↑ 借位自然丢失

用补码相加过程如下：

$$
\begin{array}{r}
0010\ 0010 \\
+\ 1011\ 1100 \\
\hline
1101\ 1110
\end{array}
$$

结果相同。因为符号位为 1，所以结果为负数。对其求补，得其真值为−0010 0010B，即−34（−22H）。

由上面两个例子还可以看出，当数采用补码表示后，两个正数相减，若无借位，化为补码相加就会有进位；若有借位，化作补码相加就不会有进位。

1.1.3 二进制数的算术运算

计算机把机器数均当做无符号数进行运算，即符号位也参与运算。运算的结果要根据运算结果的符号，运算有无进（借）位和溢出等来判别。计算机中设置有这些标志位，标志位的值由运算结果自动设定。

1. 无符号数的运算

无符号数实际上是指参加运算的数均为正数，且整个数位全部用于表示数值。n 位无符号二进制数的范围为 0~（2^n−1）。

（1）两个无符号数相加，由于两个加数均为正数，因此其和也是正数。当和超过其位数所允许的范围时，就向更高位进位。例如：

127+160=7FH+0A0H

为了区分数字和符号，写字母开头的十六进制数，前面应添加一个 0，如 0A0H。

```
  0111 1111
+ 1010 0000
-------------------------------
10001 1111 = 11FH=256+16+15=287
↑
└ 进位
```

（2）两个无符号数相减，被减数大于或等于减数，无借位，结果为正；被减数小于减数，有借位，结果为负。例如：

192−10=0C0H−0AH

```
  1100 0000
− 0000 1010
---------------------------
  1011 0110 =B6H=176+6=182
```

反过来相减，即 10−192，运算过程如下：

```
  0000 1010
− 1100 0000
---------------------------
1 0100 1010 = −B6H=−182
↑
└ 借位
```

由此可见，对无符号数进行减法运算，其结果的符号用进位来判别：Cy=0（无借位），结果为正；Cy=1（有借位）结果为负（对 8 位数值位求补得到它的绝对值）。

2. 符号数的运算

n 位二进制数，除去一位符号位，还有 n−1 位表示数值，所能表示的补码的范围为 -2^{n-1}～（$2^{n-1}-1$）。如果运算结果超过此范围就会产生溢出。例如：

105+50=69H+32H

```
  0110 1001
+ 0011 0010
------------------------------------------
  1001 1011 =9BH=155 或=−65H=−101
```

若把结果视为无符号数，为 155，结果是正确的。若将此结果视为符号数，其符号位为 1，结果为−101，这显然是错误的。其原因是，和数 155 大于 8 位符号数所能表示的补码数的最大值 127，使数值部分占据了符号位的位置，产生了溢出，从而导致结果错误。又如：

−105−50=−155

```
  1001 0111
+1100 1110
-----------
1 0110 0101
↑
└ 进位
```

两个负数相加，和应为负数，而结果 0110 0101B 却为正数，这显然是错误的。其原因是，和数−155 小于 8 位符号数所能表示的补码数的最小值−128，也产生了溢出。若不将第 7 位（从第 0 位开始计）0 看做符号位，也看做数值而将进位看做数的符号，结果为 −1001 1011B=−155，结果就是正确的。

因此，应当注意溢出与进位及补码运算中的进位或借位丢失间的区别，即

（1）进位或借位是指无符号数运算结果的最高位向更高位进位或借位。通常多位二进制数将其拆成两部分或三部分或更多部分进行运算时，数的低位部分均无符号位，只有最高部分的最高位才为符号位。运算时，低位部分向高位部分进位或借位。由此可知，进位主要用于无符号数的运算，这与溢出主要用于符号数的运算是有区别的。

（2）溢出与补码运算中的进位丢失也应加以区别，例如：

−50−5=55

```
  1100 1110
+ 1111 1011
-----------
1 1100 1001= −0011 0111B=−55
↑
└进位
```

两个负数相加，结果为负数是正确的。这里虽然出现了补码运算中产生的进位，但由于和数并未超出 8 位二进制数−128~127 的范围，因此无溢出。那么，如何来判别有无溢出呢？

设符号位向进位位的进位为 Cy，数值部分向符号位的进位为 Cs，则溢出：

$$O=Cy \oplus Cs$$

O=1，有溢出；O=0，无溢出。

下面用 M、N 两数相加来证明。设 MS 和 NS 为两个加数的符号位，RS 为结果的符号位，则表 1-2 所列的真值表。由真值表得逻辑表达式：

$$O= Cy \oplus Cs$$

表 1-2 符号、进位、溢出的真值表

MS	NS	RS	Cy	Cs	O
0	0	0	0	0	0
0	0	1	1	0	1
0	1	0	1	1	0
0	1	1	0	0	0
1	0	0	1	1	0
1	0	1	0	0	0
1	1	0	0	1	1
1	1	1	1	1	0

再来看 105+50、−105−50 和−50−5 三个运算有无溢出。

```
  0110 1001            1001 0111            1100 1110
+ 0011 0010          + 1100 1110          + 1111 1011
-----------          -----------          -----------
  1001 1011          1 0110 0101          1 1100 1001
Cy=0  Cs= 1          Cy=1  Cs= 0          Cy=1  Cs= 1
O=0⊕1=1  有溢出      O=1⊕0=1  有溢出      O=1⊕1=1  无溢出
```

1.1.4 二进制编码

如上所述，计算机中数是用二进制表示的，而计算机又应能识别和处理各种字符，如大小写英文字母、标点符号、运算符号等。这些又如何表示呢？在计算机里，字母、各种符号及指挥计算机执行操作的指令，都是用二进制数的组合来表示的，称为二进制编码。

1. 二进制编码的十进制数

十进制数由 0~9 这 10 个数码组成。要表示这 10 个数码需要用 4 位二进制数，这称为二进制编码的十进制数，简称为 BCD 数（Binary Coded Decimal）。用 4 位二进制数编码表示 1 位十进制数的方法很多，较常用的是 8421 BCD 编码，见表 1-3。

表 1-3 8421 BCD 编码表

十进制数	BCD 编码
0	0H（0000B）
1	1H（0001B）
2	2H（0010B）
3	3H（0011B）
4	4H（0100B）
5	5H（0101B）
6	6H（0110B）
7	7H（0111B）
8	8H（1000B）
9	9H（1001B）

8 位二进制数可以放两个十进制数位，这种表示的 BCD 数称为压缩的 BCD 数。而把用 8 位二进制数表示 1 个十进制数位的数称为非压缩的 BCD 数。例如，将十进制数 1994 用压缩的 BCD 数表示为 0001 1001 1001 0100B；而用非压缩的 BCD 数表示为 0000 0001 0000 1001 0000 1001 0000 0100B。

十进制数与 BCD 数的转换是比较直观的，但 BCD 数与二进制数之间的转换是不直接的，要先将其转换为十进制数；反之亦然。

2. ASCII（American Standard Code for Information Interchange）码

计算机是用 8 位二进制数表示一个字符，普遍采用 ASCII 码，常用字符的 ASCII 码见表 1-4。

表 1-4 常用字符的 ASCII 码

字符	ASCII 码
0~9	30~39
A~Z	41~5A
a~z	61~7A
换行 LF	0A
回车 CR	0D

十进制数的 10 个数码 0~9 的 ASCII 码是 30H~39H，它们的低 4 位与其 BCD 码相同，且又是用 8 位二进制数表示 1 个十进制数，因此也称非压缩 BCD 数为 ASCII BCD 数。

1.1.5 逻辑电路

1. 正逻辑与负逻辑

逻辑电路实现的逻辑关系，可用高电平表示逻辑 1，用低电平表示逻辑 0，在这种规定下的逻辑关系称为正逻辑。事实上，还有另一种规定：用低电平表示逻辑 1，用高电平表示逻辑 0，在这种规定之下的逻辑关系称为负逻辑。对于同一个逻辑电路，由于采用的逻辑制度不同，使它实现的逻辑关系也就不同。

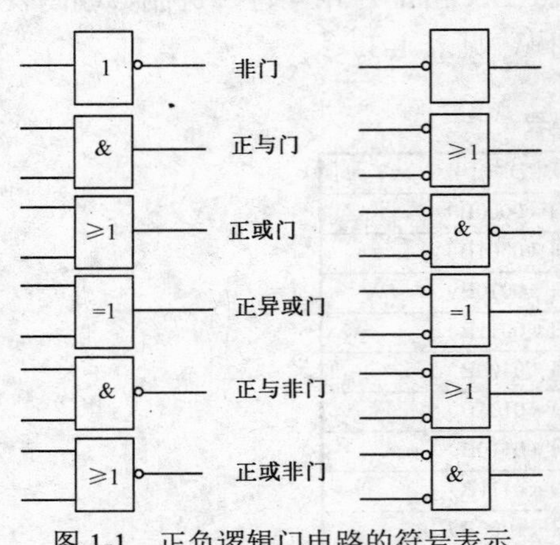

图 1-1　正负逻辑门电路的符号表示

逻辑门的正逻辑和负逻辑形式如图 1-1 所示。在图中可以看到，每一种逻辑门都可以用两种逻辑符号来表示。在电路的输入和输出端上的小圆圈可以看成是逻辑运算中的“非”，所以称做反相圈。在逻辑电路中使用反相圈是为了强调此处的逻辑关系是负逻辑。分析“正与门”和“负或门”的输入/输出关系可以看出，正与门就是负或门，正或门就是负与门。计算机中常使用负逻辑，即信号多数是低电平有效，所以正逻辑的“或门”往往都表示成负逻辑的“与门”形式，就是为了表示这里是低电平的“与”操作，即输入同时为低电平时，输出为低电平。

2. 三态输出门

在逻辑电路中，逻辑值有 1 和 0，它们分别对应于高电平和低电平这两种状态。三态输出门除去上述的两种状态之外，还有被称做“高阻抗”的第三种状态。可以把高阻抗状态理解为输出与输入之间近于开路的状态。决定三态输出门是否进入高阻态，是由一条辅助控制线来控制的：当这条线的控制电平为允许态时（1 或者 0），三态输出门与一般的两态输出门一样；当这条线的控制电平成为禁止态时（0 或者 1），三态门就进入高阻态。这种三态输出门电路的符号如图 1-2 所示。三态输出门也可以称做三态缓冲器。

三态输出门电路可以加到寄存器的输出端上，这样的寄存器就称为三态（缓冲）寄存器。使用三态输出门电路，计算机可以通过一组信息传输线与一个寄存器接通，也可以与其断开而与另外一个寄存器接通，即一组信息传输线可以传输任意多个寄存器的信息，这组传输线就是计算机的总线（BUS）。

三态输出门电路还可以使一组总线实现双向信号传输。双向信号传输线如图 1-3 所示，当 E=0 时，数据 Di 传向 Dj；当 E=1 时，数据 Dj 传向 Di。

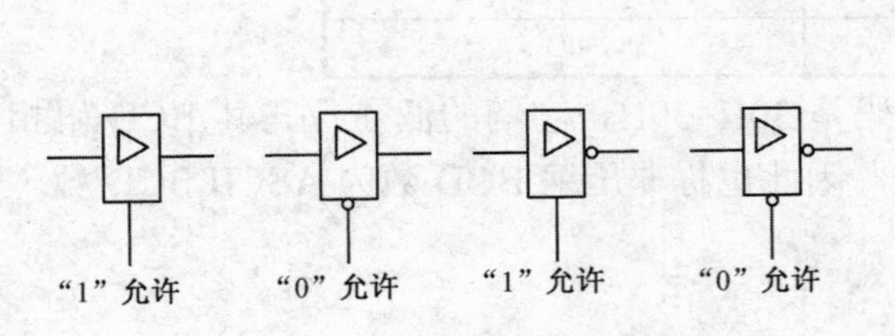

图 1-2　4 种类型的三态缓冲器

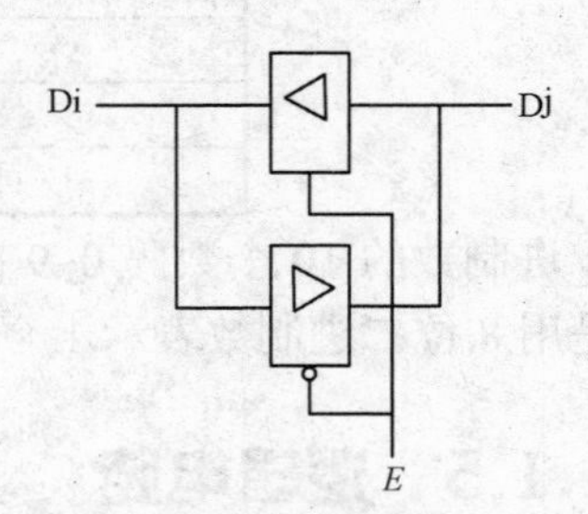

图 1-3　由三态缓冲器组成的双向传输线

1.2 单片机概论

1.2.1 嵌入式系统、单片机

1. 嵌入式系统

现代计算机系统有两大分支：通用计算机系统和嵌入式计算机系统（简称嵌入式系统）。前者是人类的“智力平台”；后者是人类工具的“智力嵌入”。

嵌入式系统是嵌入到应用对象中的微型计算机系统，是硬件、软件接合的智力系统。大规模集成电路技术的发展，推动众多企业为嵌入式系统研发、生产出体积越来越小、功耗越来越低、性能越来越强、价位越来越廉的芯片。如嵌入式微控制器、嵌入式微处理器、DSP、FPGA/CPLD、ASIC、SOC 等。其中的“嵌入式微控制器”简称为“微控制器（Microcontroller Unit，MCU）”。

微控制器是面向应用对象设计、突出控制功能的芯片。在该芯片中集成了中央处理器（CPU）、存储器（ROM、RAM）、I/O 口等主要功能部件及连接它们的总线。国内早期称它为“单芯片微型计算机”，简称为“单片机”，一直沿用至今。但应将“单片机”的“机”理解为“控制器”，即理解“单片机”为“微控制器”。

2. 单片机（微控制器）

单片机就是微控制器，它是嵌入式系统中重要且发展迅速的组成部分。单片机接上振荡元件（或振荡源）、复位电路和接口电路，载入软件后，可以构成单片机应用系统。将它嵌入到形形色色的应用系统中，它就成为众多产品、设备的智能化核心。所以，生产企业称单片机为“微电脑”。单片机的种类很多，型号也很多，如 AT89C51、AT89S51、P87C51、W7851E、MCS-51、PIC、ARM7、ARM9 等。其中，前四种均是采用 MCS-51 内核的兼容机。图 1-4 为 MCS-51 系列单片机 80C51 的内部结构原理示意框图。

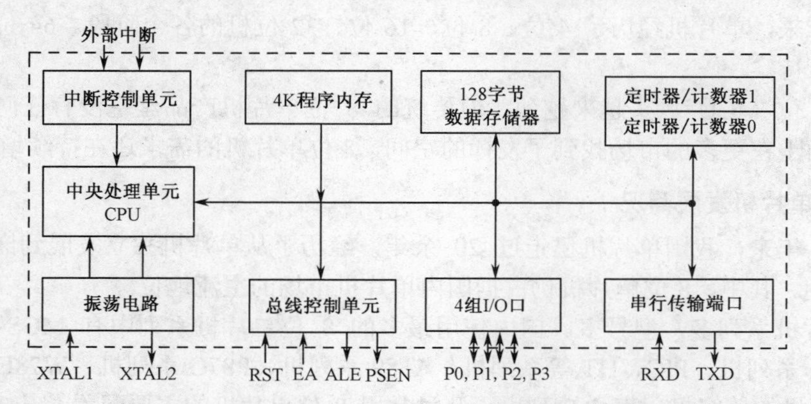

图 1-4 MCS-51 系列单片机 80C51 的内部结构原理示意框图

3. 单片机的特点

单片机除体积小、灵活性强、可靠性高、用途广、价格低等优点外，还具有许多特点。

（1）突出控制功能

单片机设计的依据是对象体系的控制要求，其结构、功能和指令系统都突出了控制功能。故对外部信息能及时采集，对被控制对象能实时控制。

（2）ROM 和 RAM 分开

ROM 用来固化调试好的程序、常数、数据表格等；RAM 只存放运行中的临时数据、变量等。ROM 和 RAM 分开，可使系统运行可靠，即使掉电，也能确保程序、常数、数据表格等的安全。

（3）单片机资源具有广泛的通用性

同一种单片机可用于不同的对象系统中，只要固化不同的应用程序即可。

（4）易于扩展 ROM、RAM、定时器/计数器、中断源等资源

单片机的资源（ROM、RAM、定时器/计数器、中断源等）一般能满足较小应用系统的要求。若应用系统大，单片机本身资源可能不够，就需扩展资源。单片机有便于扩展的结构及控制引脚。利用它们容易构成各种规模的单片机系统和单片机应用系统。

1.2.2 单片机的发展概况

1. 单片机发展简要历程

1975 年美国德克萨斯仪器公司发明了世界上第一个 4 位单片机 TMS-1000。

1976 年 Intel 公司推出 8 位单片机 MCS-48 系列单片机。

1980 年 Intel 公司推出 8 位单片机 MCS-51 系列单片机。

1982 年 Intel 公司推出 16 位单片机 MCS-96 系列单片机。

近年来，ARM 等公司推出了各种型号的 32 位单片机，并获得了迅速发展。例如，ST 公司近期推出了基于 ARM9 内核的 32 位 STR91x 系列产品，该产品是包含以太网、CAN、USB 和 DSP 功能的 Flash MCU。

三十多年来，单片机经历了 4 位、8 位、16 位、32 位机的各个阶段。64 位 MCU 走向市场也指日可待。

尽管 32 位 MCU 风头越来越劲，但传统的 8 位单片机产品丝毫没有任何退隐江湖之意；相反，由于在更多的市场找到了发挥的空间，8 位单片机的需求还在持续增长。

2. 我国单片机发展简况

自 1986 年来，我国单片机已走过 20 余年，经历了从单片机独立发展到嵌入式系统全面发展的时期。其中，8 位单片机仍占据国内单片机市场的主流地位。

8 位单片机系列多，型号多。国内使用最多的 8 位单片机系列中有 MCS-51、AT89、P87C、W78E 系列机、PIC、HT 等系列机。AT89 系列机、P87C 系列机、W78E 系列机均是 MCS-51 系列机的兼容机。表 1-5 列出了几种常用 8 位单片机的主要配置。其中，AT89C51 是 AT89 系列机的标准型，而 AT89S51 是在 AT89C51 基础上增加新功能而成的新型号。

表 1-5 几种常用 8 位单片机的主要配置

型号	存储器					定时器/计数器个数	I/O 口引脚数	串口数	中断源	最高晶振频率
	ROM	OTP	EPROM	Flash	RAM					
Intel 80C51	4KB				128B	2	32	1	5	12MHz
Intel 87C51			4KB		128B	2	32	1	5	12MHz
AT89C51				4KB	128B	2	32	1	5	24MHz
AT89S51				4KB	128B	2	32	1	5	33MHz
P87C51		4KB			128B	2	32	1	5	33MHz
W78E51			4KB		128B	2	32	1	5	40MHz

1.2.3 应用广泛的 AT89 系列单片机

ATMEL 公司是世界著名的高性能、低功耗、非易失性存储器和数字集成技术的一流半导体制造公司。ATMEL 公司最引人注目的是其一直处于世界领先地位的 EEPROM 电可擦技术，闪光存储器技术，以及高质量、高可靠性的生产技术。在 20 世纪末，公司又以全世界应用最为广泛的 MCS-51 单片机技术为内核，结合本公司技术优势，推出了独树一帜的 AT89 多种系列的单片机，受到单片机应用领域的极大关注。

1. AT89 系列机

AT89 系列机是 ATMEL 公司将先进的 Flash 存储器（快闪擦写存储器）技术和 Intel80C51 单片机的内核相结合的单片机系列，是与 MCS-51 系列机兼容的 Flash 单片机系列。它既继承了 MCS-51 原有的功能，又拥有了一些独特的优点，是目前应用广泛的主流机型之一。AT89 系列有 AT89C 系列和 AT89S 系列，各系列中又有低档型、标准型和高档型之分。AT89C51、AT89S51 还与 80C51、87C51 的引脚兼容，可直接进行代换。

AT89 系列的低档型包括 AT89C1051、AT89C2051 等，它们是双列直插式封装，有 20 条引脚，最低工作电压为 2.7V。

AT89 系列标准型包括 AT89C51、AT89LV51、AT89C52、AT89LV52 等型号，其中型号中带有“LV”代表低工作电压，最低工作电压可低至 2.7V。

AT89 系列高档型包括 AT89S51、AT89S52、AT89S53 和 AT89S8252 等型号，这一系列单片机的功能有了很大的增强，如片内 Flash 容量增加到 4~12KB，而且还支持 ISP 下载功能，静态工作频率为 0~33MHz，大大拓宽了工作频率和运算速度，还新增了其他功能，如 SPI 串行接口，可编程监视器（看门狗）等，这都为广大用户提供了极大方便。

2. AT89C51 单片机

AT89C51 单片机是 AT89 系列机的标准型单片机，是低功耗高性能的 8 位单片机，使用最高晶振频率为 24MHz。它除具有 MCS-51 单片机的优点外，还具有下列优点。

（1）片内 ROM 是 Flash 存储器（快闪擦写存储器）

由于片内 ROM 是 Flash 存取器，电擦、电写都很方便，且可重复擦写许多次。所以，错误编程之后可擦除重新编程，直到正确为止，废品率低。这样不仅明显缩短了单片机系统的应用开发周期，降低了开发成本，而且明显提高了单片机课程教学效率和质量。

（2）与 80C51 兼容

AT89C51 单片机不仅可取代 80C51 单片机，还可以取代与 80C51 兼容的其他型号的单片机。

（3）静态逻辑设计

由于采用静态逻辑设计，可进行低至 0Hz 频率的静态逻辑操作，并支持两种由软件选择的节电工作模式，即空闲模式和掉电模式。空间模式：CPU 停止工作，但 RAM、定时器、串口和中断系统等可继续工作。掉电模式：振荡器停振，但维持 RAM 中的内容不被丢失，所有其他片内功能部件停止工作直至下一个硬件复位。

（4）可反复进行系统试验

用 89 系列单片机设计的系统，可以反复进行系统试验，每次试验可以编入不同的程序。这样，不仅可以保证用户系统设计达到最优，而且可随用户需要进行修改。

3. AT89S51 单片机

AT89S51 单片机的基本功能、基本优点、引脚等与 AT89C51 相同，但增加了一些新功能。例如，增加了 ISP 在系统编程、看门狗、双 DPTR 等功能；并将工作频率提高到 33MHz。所以，可认为 AT89S51 是 AT89C51 的增强型，它正在取代 AT89C51。它们的不同之处请参阅附录 1。

由于 AT89C51 与 80C51 兼容、性能明显优于 80C51，并且已经获得了广泛应用等原因，本书以 AT89C51 为例同时对 AT89S51 单片机的双 DPTR、看门狗、ISP 在系统编程等功能也做了叙述。这样安排也符合高职院校单片机课程教学的要求。

1.3 单片机应用研发工具和教学实验装置

单片机应用研发工具一般也是单片机课程教学工具，种类、型号很多，广泛应用于单片机应用产品研发和单片机课程教学实践中。这里只简单介绍本课程用到的部分单片机应用研发工具。

1.3.1 单片机应用研发工具

1. 单片机软件调试仿真器

单片机软件调试仿真器有许多种，如 Keil、WAVE。如图 1-5 所示的是常用的 Keil 软件调试仿真器。将它安装到计算机中，启动后出现如图 1-5 所示左边的启动界面，随后进入工作状态。图 1-5 右图为其工作台面，可将它用于 MCS-51 系列及其兼容的单片机应用产品研发中，如 AT89 系列中的单片机 AT89C51、AT89S51 等。

Keil 支持汇编语言和 C51 语言。本书采用 Keil 对 AT89 系列单片机进行源程序设计、编辑、汇编（编译）生成目标代码和仿真调试。

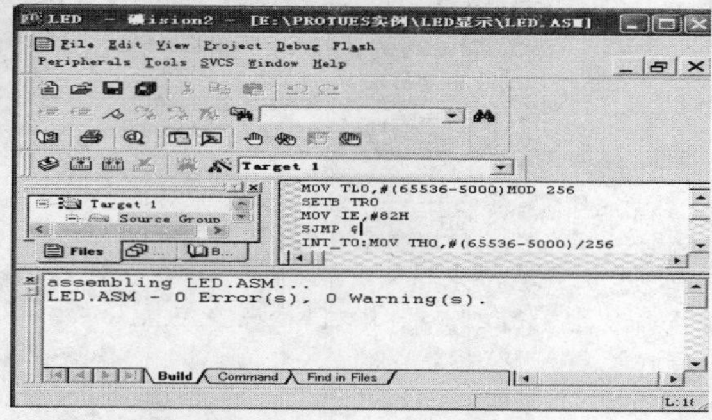

图 1-5　Keil 软件调试仿真器

2. 单片机仿真器

单片机仿真器又称单片机硬件仿真器，型号很多，如图 1-6 所示是万利 52P 型仿真器。使用时先要将其软件系统安装到计算机中，再将通信插口与计算机并行口相连，最后将对应单片机型号的仿真头与单片机应用板的单片机插座对插。使用单片机硬件仿真器可对用户设计的单片机应用系统进行实时仿真，还可以采用设置断点等方式进行调试。

3. 编程器和 ISP 在系统编程

编程器完成将单片机目标代码编程（也称固化、烧入）到单片机 ROM 中的任务。编程器型号很多，如图 1-7 所示的是 WH-500 型编程器，使用时要通过串口与计算机相连。该编程器又有好的用户界面，可对众多公司的许多型号的单片机进行编程操作，使用方便。

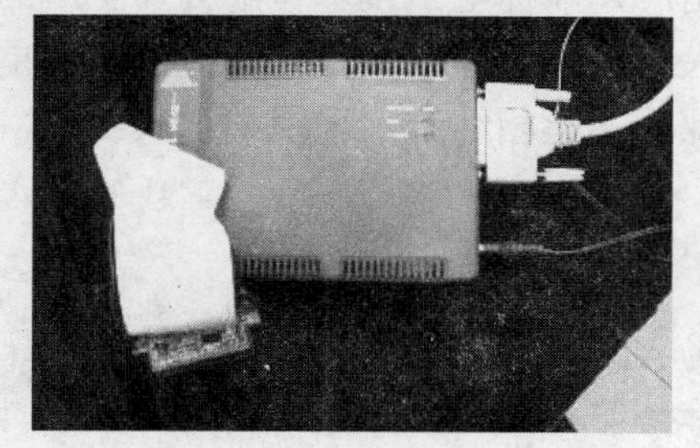

图 1-6　万利 52P 型仿真器

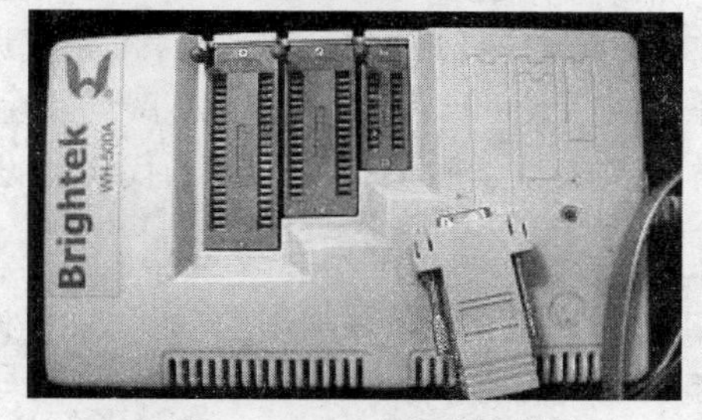

图 1-7　WH-500 型编程器

有些 Flash ROM 存储器（快闪擦写存储器）的单片机（如 AT89S51）可进行 ISP 在系统编程，简称 ISP 下载。即使单片机已装配在 PCB 上，也能进行 ISP 编程，使用非常方便。

4. 单片机系统的 Proteus 设计与仿真平台

Proteus 是英国 Labcenter Electronics 公司研发的 EDA 工具软件。Proteus 不仅是模拟电路、数字电路、模数混合电路的设计与仿真平台，更是目前世界上最先进、最完整的多种型号单片机（微控制器）系统的设计与仿真平台。它真正实现了在计算机上完成从原理图设计与电路设计、电路分析与仿真、单片机代码级调试与仿真、系统测试与功能验证到形成 PCB 的完整的电子设计、研发过程。Proteus 从 1989 年问世至今，经过了近 20 年的使用、发展和完善，功能越来越强。

将 Proteus 安装到计算机中，启动后出现如图 1-8 所示的 Proteus 设计与仿真平台（ISIS），可进行电路设计、单片机软件设计与仿真。

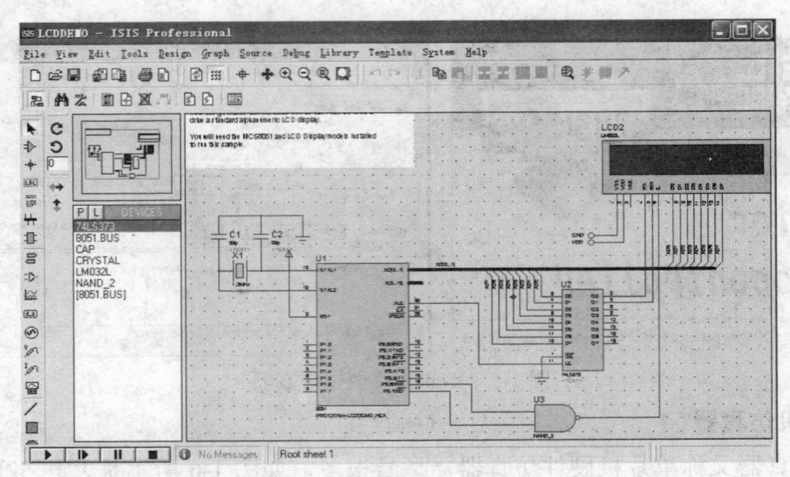

图 1-8 Proteus 设计与仿真平台（ISIS）

1.3.2 单片机课程教学实验装置

1. MCS-51 单片机教学支持包 A 包

单片机课程教学实验装置类型多种多样，有的公司、厂家取名为单片机试验箱、单片机教学支持包。它们有的既能用于单片机课程教学实践，又能用于单片机应用产品研发。“MCS-51 单片机教学支持包 A 包”的实验装置，是广州风标电子技术有限公司生产的基于 Proteus 设计与仿真平台的试验箱，可完成近 30 个大学单片机课程实验。其特点是将单片机应用系统的 Proteus 设计与仿真实践同实际单片机课程实验相结合，采用积木式结构，为提高单片机实验教学效果提供了新一代实验设备。

2. 单片机产品、常用安装工具

如图 1-9 所示是几种常用的单片机的外形，分属 AT89 系列、PIC 系列、HT 系列、AVR 系列和 ARM 系列。

图 1-9 AT89 系列、PIC 系列、HT 系列、AVR 系列和 ARM 系列等单片机外形

如图 1-10 所示是常用安装工具，从左到右依次为电路实验 PCB、面包板、剥线钳、尖嘴钳、剪线钳、镊子、电烙铁等。

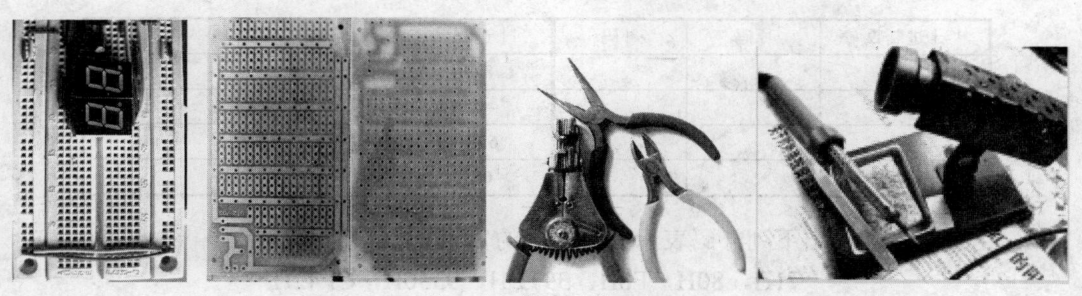

图 1-10 常用安装工具

1.3.3 AT89C51 单片机研发工具操作演示

1. 单片机软件调试仿真器 Keil 的操作演示。
2. 单片机在线仿真器的操作演示。
3. 单片机编程器操作演示。
4. 单片机系统的 Proteus 设计与仿真平台操作演示。

小结

1. 掌握数制之间的转换；溢出概念的理解及判断。
2. 理解逻辑电路的作用。
3. 掌握 AT89C51 的主流芯片。
4. 了解单片机产品开发流程及所用相关工具。

练习题 1

1. 将表中的十进制数按表中要求转换后用十六进制数填入表中。

十进制数	十六进制数	非压缩的 BCD 数	压缩的 BCD 数	ASCII 码
64				
80				
100				
125				
255				

2. 将下列十六进制无符号数转换为十进制数。

2CH，4FEH，378H，100H，CADH

3. 将下列十进制数的原码和补码，用二位或四位或八位十六进制数填入表中。

十进制数	原码	补码	十进制数	原码	补码
18			8796		
−18			−8796		
347			65530		
−347			−65530		

4．用十进制数写出下列补码表示的机器数的真值。

71H，80H，F8H，397DH，9350H，CF42H

5．下列两个数相加，结果是否产生了溢出。

（1）33H+5AH （2）（−29H）+（−5DH）（3）4CH+（−68H）

6．什么是单片机、单片机系统和单片机应用系统？

7．单片机有哪些特点？

8．为什么说 AT89C51 单片机是 MCS-51 系列机的兼容机？AT89C51 单片机有何优点？

9．AT89C51 单片机有哪些主要功能部件组成？

10．面包板、电路实验 PCB 在产品开发过程中有什么作用？它们各有什么优缺点？

11．简述单片机应用研发过程和研发工具。

第 2 章

AT89C51 单片机芯片的硬件结构

【内容提要】

本章主要介绍了 AT89C51 的硬件结构、逻辑结构和信号引脚、单片机的时钟与复位电路。重点介绍了 AT89C51 的存储器配置，内部数据存储器、内部程序存储器的作用、结构和特点，AT89C51 的堆栈相关知识等。

2.1 AT89C51 单片机的逻辑结构及信号引脚

2.1.1 AT89C51 单片机的结构框图

本章将重点介绍 AT89 系列标准型 AT89C51 单片机。其内部结构如图 2-1 所示，图中包含了单片机的基本硬件资源。

从图 2-1 可知，AT89C51 单片机有下列主要部件。

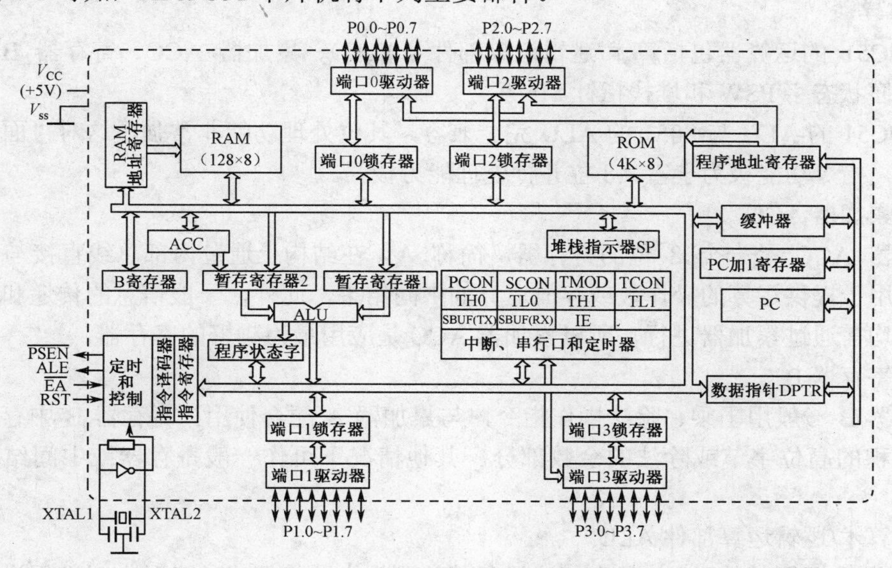

图 2-1 AT89C51 单片机的结构框图

（1）一个以 ALU 为中心的 8 位中央处理器（CPU），完成运算和控制功能。

（2）4KB 可重擦写 Flash 闪速存储器（片内 ROM），用来存储程序、原始数据和表格等。

（3）128B 内部数据存储器（内部 RAM），其地址范围为 00H~7FH。

（4）21 个特殊功能寄存器（在内部 RAM 的 SFR 块中，又称专用寄存器），离散分布于地址 80H~FFH 中。特殊功能寄存器是用来对片内各部件进行管理、控制、监视的控制寄存器和状态寄存器。

（5）4 个 8 位可编程并行 I/O 口（P0、P1、P2、P3），以实现数据的并行输入/输出。

（6）一个全双工的（UART）串行通信口。以实现单片机和其他设备之间的串行数据传送，该串行口功能比较强，既可作全双工异步收发器使用，也可作同步移位器使用。

（7）2 个 16 位定时/计数器（T0 和 T1）。以实现定时或计数功能，并以其定时或计数结果对单片机进行控制。

（8）5 个中断源，两个中断优先级的中断控制系统，即外部中断 2 个，定时器中断 2 个，串行口中断 1 个。

（9）一个片内振荡器和时钟电路。外接石英晶体和微调电容即可构成 AT89C51 单片机产生时钟脉冲序列的时钟电路，振荡器的最高工作频率可达到 24MHz。

2.1.2 AT89C51 单片机芯片内部结构

AT89C51 单片机的核心部件是一个字长为 8 位的高性能中央处理器（CPU），它包括运算器和控制器两个部分，是 AT89C51 单片机的指挥中心、执行机构。它的作用是读取和分析指令，并根据指令的功能要求，指挥和控制单片机的有关部件有步骤地执行指定的操作，完成指令所要求的功能。

1. 运算器

AT89C51 的运算器包括算术/逻辑运算部件（ALU）、累加器 ACC、寄存器 B、暂存器 TMP、程序状态字 PSW 和堆栈指针 SP 等。

AT89C51 的 ALU 与 8051 的 ALU 完全兼容，其位处理功能非常强，这对“面向控制”特别有用，指令功能极为丰富，8 位并行处理能力极强。

（1）累加器 ACC

累加器 ACC 是一个 8 位的寄存器，简称 A，在结构上通过内部总线直接与 ALU 相连，主要用于提供运算的操作数或存放运算的中间结果，此外，一般信息的传递和交换等大部分操作均需通过累加器进行，所以累加器 ACC 是应用最为频繁的寄存器。

（2）寄存器 B

寄存器 B 一般用于乘、除法操作指令，与累加器 A 配合使用。寄存器 B 中存放第二操作数、乘积的高位字节或除法的余数部分。其他情况下可作一般寄存器或中间结果暂存器使用。

（3）算术/逻辑运算部件 ALU

算术/逻辑运算部件 ALU 是由加法器和其他逻辑电路等组成的，具有对数据进行算术四则运算和逻辑运算、移位操作和位操作等功能。算术/逻辑运算部件 ALU 的两个操作数一个由累加器 ACC 通过暂存器 2 输入，另一个由暂时器 1 输入，运算结果的状态送 PSW。

（4）程序状态字寄存器 PSW

程序状态字寄存器 PSW 是一个 8 位的专用寄存器，用于存储程序运行中的各种状态信息。

2. 控制器

控制器由程序计数器 PC、指令寄存器、定时控制与条件转移逻辑电路等组成，它的功能是对来自存储器中的指令进行译码，通过定时控制电路，在规定的时刻发出各种操作所需的全部内部和外部的控制信号，使各部分协调工作，完成指令所规定的功能。控制器各功能部件简述如下。

（1）程序计数器 PC

PC 是一个 16 位的专用寄存器，用来存放当前正在执行指令的下一条指令的地址。它具有自动加 1 的功能。当 CPU 要取指令时，PC 的内容送地址总线上，从程序存储器中取出指令后，PC 内容则自动加 1，指向下一条指令，以保证程序按顺序执行。

（2）指令寄存器

指令寄存器是一个 8 位的寄存器，用于暂存待执行的指令，等待译码。

（3）指令译码器

指令译码器是对指令寄存器中的指令进行译码，将指令转变为执行此指令所需要的电信号。根据译码器输出的信号，再经定时控制电路定时产生执行该指令所需要的各种控制信号。

（4）数据指针 DPTR

数据指针 DPTR 是个独特的 16 位寄存器，它由两个独立的 8 位寄存器 DPH 和 DPL 组合而成，既可作为 16 位数据指针（DPTR）用，也可分开以 8 位的寄存器（DPH、DPL）各自单独使用。16 位的数据指针 DPTR 常用于访问 64KB 范围内的任意地址单元。

2.1.3 AT89C51 的信号引脚

AT89 系列单片机与 MCS-51 系列单片机引脚兼容，所以 AT89C51 单片机也是 40 个引脚，共有 3 种不同形式的封装，即 PDIP（其引脚排列如图 2-2（a）、（b）所示）、PLCC 和 TQFP（呈正方形）。

尽管三种不同封装在引脚数量上略有差异，但有效引脚都只有 40 个，现以 PDIP（双列直插式）封装为例简单介绍 AT89C51 单片机的各引脚功能。

1. 主电源供电引脚

（1）GND（20 脚）：电源接地引脚。

（2）V_{CC}（40 脚）：接 DC 电源引脚。在−40~85℃时，V_{CC}=5.0V±20%。基本上正常操作和对 Flash EPROM 编程及验证时均接+5V 电源。

2. 外接晶振或外部振荡器引脚

（1）XTAL1（19 脚）：当采用内部振荡方式时，接外部晶振的一个引脚。片内振荡器由一个单级反相器组成，XTAL1 为反相器的输入。当采用外部时钟方式时，外部时钟由 XTAL1 端输入。

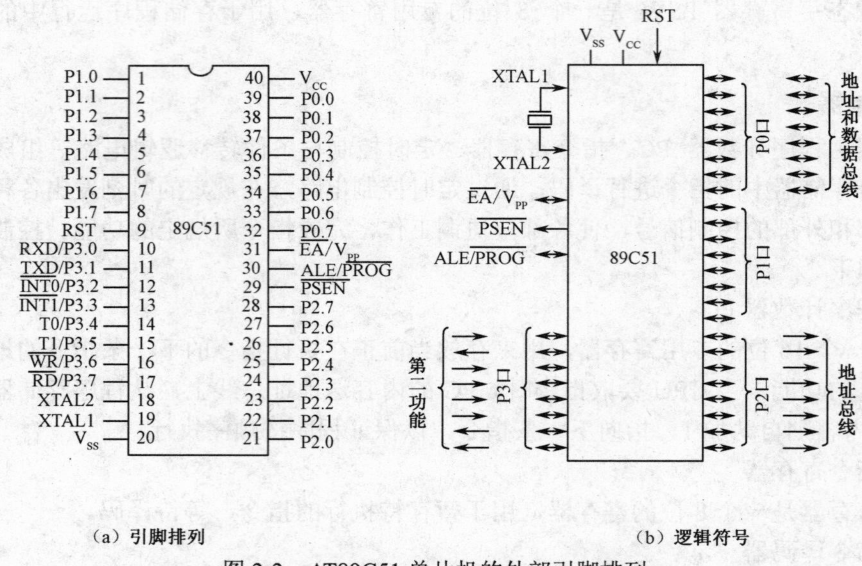

图 2-2　AT89C51 单片机的外部引脚排列

（2）XTAL2（18 脚）：当采用内部振荡方式时，接外部晶振的另一个引脚，片内为单级反相器的输出。当采用外部时钟方式时，则本引脚悬空。

3. 控制、选通和复位引脚

（1）RST（9 脚）：复位信号输入端。当振荡器工作时，RST 引脚出现两个周期以上高电平将使单片机复位。

（2）ALE/$\overline{\text{PROG}}$（30 脚）：地址锁存使能端/编程脉冲。当访问外部器件时 ALE 的负跳变将低 8 位地址写入地址锁存器；在 Flash 编程时输入编程脉冲 $\overline{\text{PROG}}$。在非访问外部器件期间，ALE 引脚仍以 1/6 振荡频率的脉冲输出，可用于外部计数或时钟信号。

（3）$\overline{\text{PSEN}}$（29 脚）：访问外部程序存储器读选通信号。在访问外部程序存储器读取指令码时，每个机器周期产生两次有效信号，即输出两个 $\overline{\text{PSEN}}$ 有效脉冲，$\overline{\text{PSEN}}$ 有效信号作为外部 ROM 芯片输出允许 OE 的选通信号。在读内部 ROM 或片内外 RAM 时，$\overline{\text{PSEN}}$ 信号无效。

（4）$\overline{\text{EA}}/V_{PP}$（31 脚）：访问内部或外部程序存储器选择信号/编程电源。AT89C51 单片机有 4KB 的片内 ROM，若不够用时，可扩展片外 ROM。当 $\overline{\text{EA}}$ 端保持高电平（接 V_{CC}）时则 CPU 首先从片内 0000H 单元开始执行内部程序存储器程序，如果外部还有扩展程序存储器，则 CPU 在执行完内部程序存储器的程序后自动转向执行外部程序存储器的程序；$\overline{\text{EA}}$ 端保持低电平（接 GND 端）时，只访问片外 ROM，即从 0000H~FFFFH 单元顺序访问（MCS-51 系列芯片 8031 无片内 ROM，则直接接低电平）；如果保密位被编程，则复位时内部会锁存 $\overline{\text{EA}}$ 端的状态。

V_{PP} 为 Flash 编程电压。在对片内 Flash 编程时，此引脚施加 12V 编程允许电压（如果选用的 Flash 编程电压是 12V 允许值的话）。

4. 多功能 I/O 口引脚

（1）P0 口（39~32 脚）：8 位并行 I/O 口，作为输出口时，每个引脚可带 8 个 TTL 负载。在外扩存储器时，它定义为低 8 位地址（A0~A7）/数据总线（D0~D7）；当 P0 口作用 I/O 口使用时，为准双向 I/O 口，需外接上拉电阻，在写入“1”后就成为高阻抗输入口。

（2）P1 口（1~8 脚）：内接上拉电阻的 8 位准双向 I/O 口，能负担 4 个 TTL 负载。

（3）P2 口（21~28 脚）：内接上拉电阻的 8 位准双向 I/O 口，能接 4 个 TTL 负载。当访问外部存储器时定义为高 8 位地址总线（A8~A15），只需 8 位地址线时，它将输出特殊功能寄存器（锁存器）中内容。

（4）P3 口（10~17 脚）：内接上拉电阻的 8 位准双向 I/O 口，能接 4 个 TTL 负载。

由于 P3 口是一个多功能端口，除了作为 8 位准双向 I/O 端口外，它还具有第二功能，分别定义如下：

P3.0（10 脚）：RXD（串行接收端口）。

P3.1（11 脚）：TXD（串行发送端口）。

P3.2（12 脚）：$\overline{INT0}$（外部中断 0 请求端）。

P3.3（13 脚）：$\overline{INT1}$（外部中断 1 请求端）。

P3.4（14 脚）：T0（定时/计数器 0 外部计数输入端）。

P3.5（15 脚）：T1（定时/计数器 1 外部计数输入端）。

P3.6（16 脚）：$\overline{WR}$（外部数据写选通）。

P3.7（17 脚）：$\overline{RD}$（外部数据读选通）。

2.1.4 时钟与复位电路

1. 单片机的时钟电路

单片机内部有一个用于构成振荡器的高增益反相放大器，引脚 XTAL1 和 XTAL2 分别是此放大器的输入和输出端。单片机的这个放大器与作为反馈元件的片外晶体或陶瓷谐振器一起构成了稳定的自激振荡器，发出的脉冲直接送入内部的时钟电路。图 2-3（a）为 AT89C51 单片机的内部时钟电路，C1 和 C2 对频率有微调作用，其值通常选择 30pF。AT89C51 单片机也可外接振荡器，外部振荡器的信号接至 XTAL1，而 XTAL2 不用（悬空），具体接法如图 2-3（b）所示。

对 AT89C51 来说，振荡器的工作频率最高可达 24MHz，也可以很低。振荡频率的倒数称为振荡周期。振荡周期、状态时钟周期、机器周期、指令周期之间的关系如图 2-4 所示。

（1）状态时钟发生器、状态时钟周期

内部时钟发生器实质上是一个二分频的触发器，其输入由振荡器引入，输出为两个节拍（P1 节拍和 P2 节拍）的状态时钟信号。由图 2-4 可知，状态时钟周期是振荡周期的两倍，又称为状态周期或 S 周期。在每个状态周期的前半周期，节拍 1（P1）信号有效；后半周期，节拍 2（P2）信号有效。

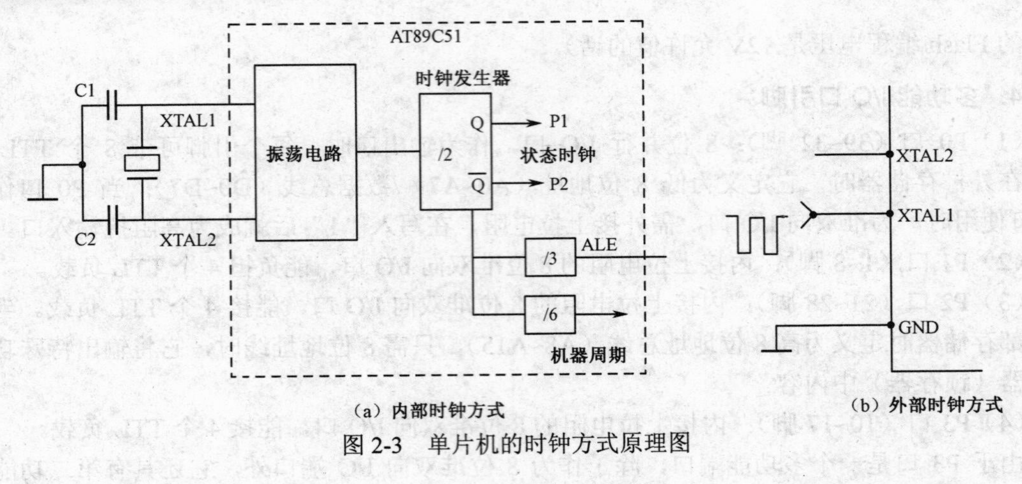

（a）内部时钟方式　　　　（b）外部时钟方式

图 2-3　单片机的时钟方式原理图

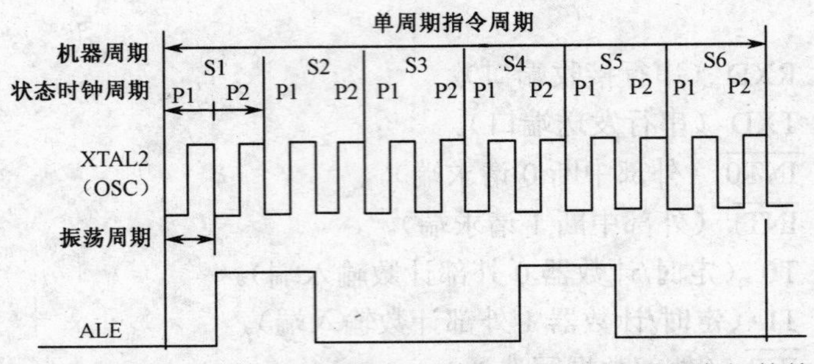

图 2-4　振荡周期、状态时钟周期、机器周期、指令周期之间的关系

（2）机器周期

由图 2-4 可知，一个机器周期由 6 个状态组成，即 S1、S2、S3、S4、S5、S6。所以，一个机器周期包含 6 个状态时钟周期或包含 12 个振荡周期。

（3）指令周期

指令周期是指单片机执行一条指令所占用的时间，一般用机器周期表示。AT89C51 单片机有单机器周期指令、双机器周期指令和四机器周期指令。有关“指令”的内容可参阅第 3 章。

（4）振荡周期、状态时钟周期、机器周期、指令周期之间的关系

由图 2-4 可知振荡周期、状态时钟周期、机器周期、指令周期之间的关系。当单片机外接晶振频率为 12MHz 时，AT89C51 单片机的振荡周期、状态时钟周期、机器周期分别为 1/12μs、1/6μs、1μs；对应的单周期指令、双周期指令和四周期指令的指令周期分别为 1μs、2μs、4μs。

2. 单片机的复位电路

复位是使 CPU 和系统中其他部件都处于一个确定的初始状态，并从这个状态开始工作。AT89C51 单片机在振荡器正常运行的情况下，复位是靠 RST 引脚加持续 2 个周期的高电平来实现的。有效复位后，RST 端变低电平。

单片机的复位电路有上电复位电路和按钮手动复位电路。分别如图 2-5（a）、（b）所示。

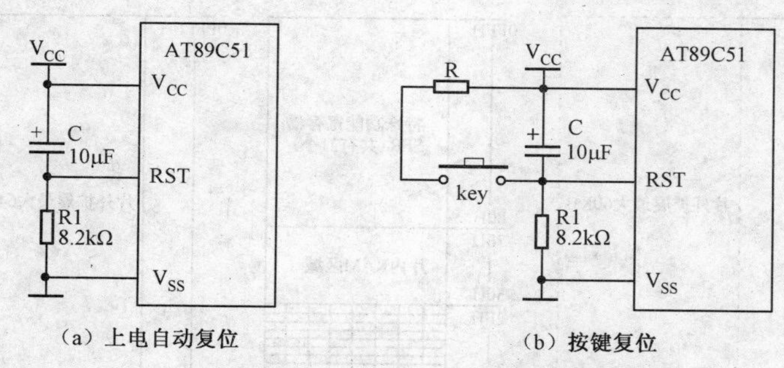

图 2-5　单片机的复位电路

复位后，把程序计数器 PC 的值初始化为 0000H，即（PC）=0000H，这样，单片机在复位后就从程序存储器 ROM 的 0000H 单元开始执行程序。另外，当程序运行出错或因操作错误而使系统处于死锁状态时，为摆脱困境，也可按复位键来重新初始化单片机。除程序计数器 PC 初始化外，复位操作还对其他属于片内 RAM 的 SFR 块中的特殊功能寄存器的值有影响，它们的复位初始化状态见表 2-1。

表 2-1　复位后各寄存器的状态

寄存器符号	复位后的状态	寄存器符号	复位后的状态
PC	0000H	TCON	00H
ACC	00H	TH0	00H
PSW	00H	TL0	00H
SP	07H	TH1	00H
DPTR	0000H	TL1	00H
P0~P3	FFH	SCON	00H
IP	XX000000B	SBUF	不定
IE	0XX00000B	PCON	0XXXXXXXB（HMOS）
TMOD	00H		0XXX0000B（CHMOS）

2.2　AT89C51 的内部存储器

与 MCS-51 系列单片机存储器结构类似，AT89C51 单片机的存储器结构与一般的微型计算机不同。一般微机通常只有一个逻辑存储器地址空间，ROM 和 RAM 可以随意安排。CPU 访问存储器时，一个地址对应唯一的存储单元，可以是 ROM 也可以是 RAM，并用同类指令访问。

AT89C51 单片机的存储器配置在物理上是把程序存储器和数据存储器分开，并且存储器有内外之分，共有 4 个物理存储空间：片内程序存储器、片外程序存储器、片内数据存储器与片外数据存储器。

从用户使用的角度，AT89C51 单片机的存储器分为 3 个逻辑地址空间，如图 2-6 所示。

（1）片内、外统一编址的 64KB 程序存储器（ROM）地址空间 0000H~0FFFFH；

（2）64KB 外部数据存储器或扩展 I/O 接口（外 RAM）地址空间 0000H~0FFFFH；

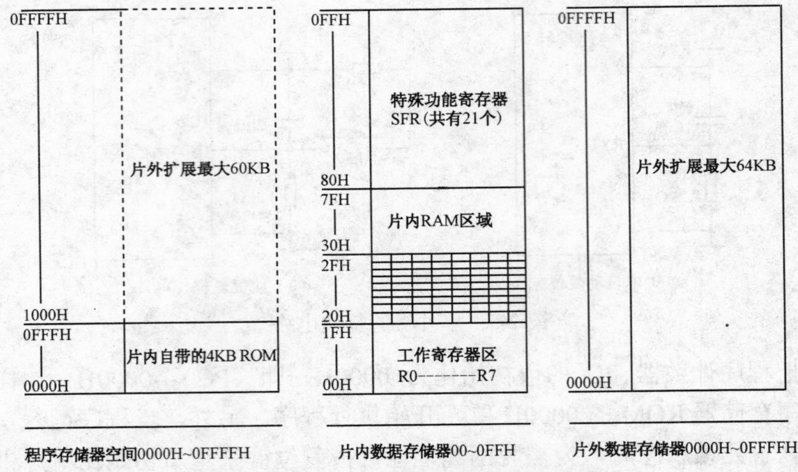

图 2-6　AT89C51 单片机的存储器结构

（3）256B 的片内数据存储器（内 RAM）地址空间 00H~0FFH（包括低 128B 的内部 RAM 地址 00H~7FH 和高 128B 的特殊功能寄存器地址空间）。

对于不同的存储地址空间，AT89C51 单片机采用不同的存取指令和控制信号。因此，尽管程序存储器地址和数据存储器地址空间重叠，但不会发生混乱。

2.2.1　内部数据存储器低 128 单元

AT89C51 单片机片内数据存储器共 256 个单元，由低 128B（00H~7FH）的内部 RAM 区和高 128B（80H~0FFH）特殊功能寄存器区组成。

片内低 128 单元是单片机的真正 RAM 存储器，按其用途划分为工作寄存器区、位寻址区和用户数据缓冲区 3 个区域，如图 2-7 所示。

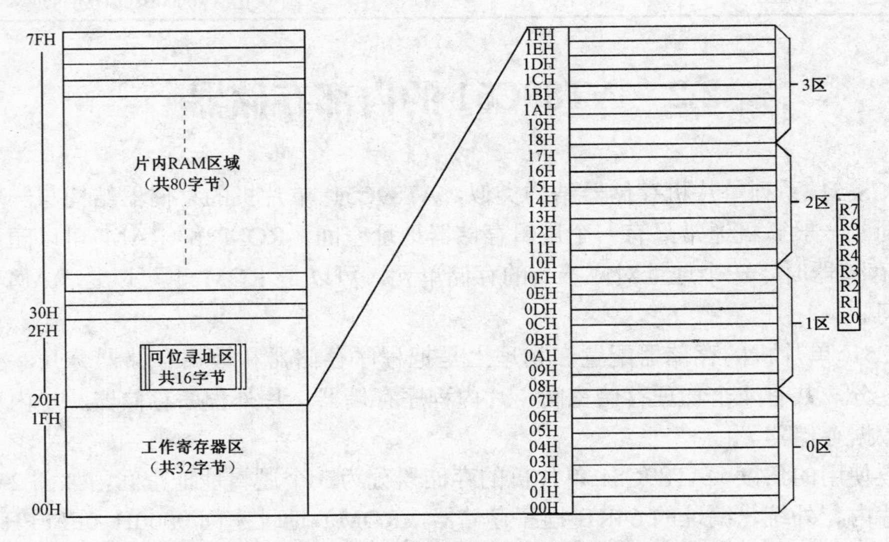

图 2-7　AT89C51 单片机内部数据存储器低 128 单元

1. 工作寄存器区（00H~1FH）

寄存器区 32 个单元共分 4 个组，每个组有 8 个 8 位的寄存器 R0~R7。在任何时刻，4 个组中只能有 1 组可以成为当前工作寄存器组使用，其他 3 组作为一般的内部 RAM 使用。当前工作寄存器组由程序状态字寄存器 PSW 的 RS0 和 RS1 两个位的状态来决定，见表 2-2。单片机复位后，RS1 和 RS0 都为 0，CPU 选中第 0 组作为当前工作寄存器组。

表 2-2 工作寄存器的选择

RS1	RS0	组号	寄存器名	字节地址
1	1	3	R7	1FH
			⋮	⋮
			R0	18H
1	0	2	R7	17H
			⋮	⋮
			R0	10H
0	1	1	R7	0FH
			⋮	⋮
			R0	08H
0	0	0	R7	07H
			⋮	⋮
			R0	00H

2. 位寻址区（20H~2FH）

内部 RAM 的 20H~2FH 共 16 个单元，每个单元有 8 个位，每个位都有一个位地址，编号为 00H~7FH，如图 2-8 所示。它们可以单独作为软件触发器，由位操作指令直接对它们进行置位、清零、取反和测试等操作。在 AT89C51 的指令系统中，有位操作指令，具体可参阅第 3 章。若程序中没有位操作，则该区的地址单元可以按字节寻址，作为一般的内部 RAM 使用。

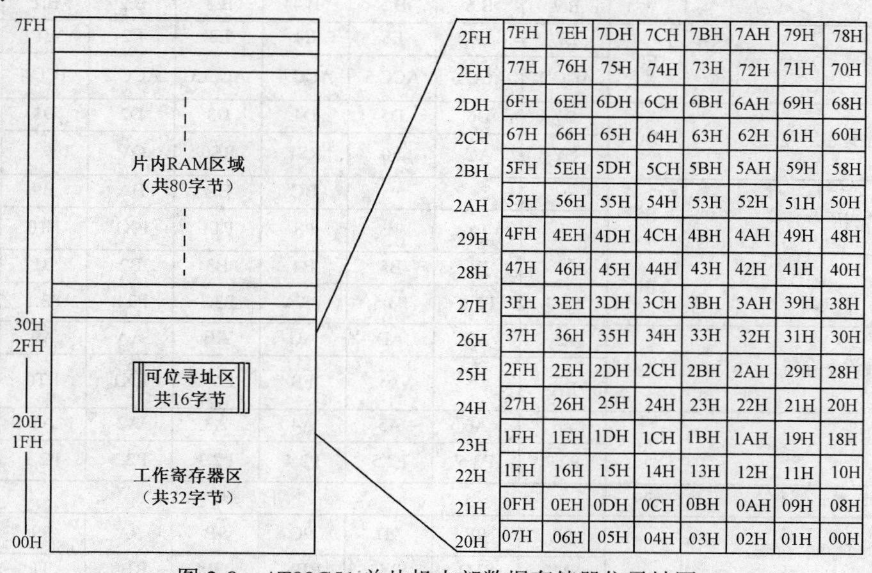

图 2-8 AT89C51 单片机内部数据存储器位寻址区

需要指出的是，位地址 00H~7FH 和片内 RAM 字节地址 00H~7FH 的编码表示相同，但要注意它们的区别，位地址指令中的地址是位地址，而不是字节地址。

3. 通用 RAM 区（30H~7FH）

这部分存储空间是单片机的真正 RAM 存储器，作为一般的内部 RAM 缓冲区或堆栈区，用于存放各种数据和中间结果，起到数据缓冲作用，CPU 只能按字节方式寻址。但要注意，没有使用的工作寄存器单元和没有使用的位寻址单元均可用做数据缓冲区。

用做堆栈区使用时，单片机复位后，堆栈指针 SP 指向 07H 单元，但由于 00H~1FH 为工作寄存器区，20H~2FH 为位寻址区，所以一般要修改 SP 在 30H~7FH 之间。

2.2.2 内部数据存储器高 128 单元

这部分区域的地址为 80H~FFH，是供给特殊功能寄存器（SFR，也称专用寄存器）使用的。AT89C51 单片机有 21 个 8 位的特殊功能寄存器（Special Function Registers，SFR）。它们的地址离散地分布在内部数据存储器的 80H~FFH 地址空间，其中有 11 个 SFR 具有位地址，可以进行位寻址，对应的位也有位名称，它们的字节地址正好能被 8 整除。可位寻址的特殊功能寄存器的每一位都有位地址，有的还有位名称、位编号。有的 SFR 有位名称，却无位地址，也不可以进行位寻址、位操作，如 TMOD。不可位寻址操作的 SFR 只有字节地址，无位地址，如 SBUF。SFR 的名称、符号、字节地址及可位寻的位名称和位地址，其分配情况见表 2-3。

表 2-3　AT89C51 单片机的特殊功能寄存器

特殊功能寄存器符号及名称	字节地址	位地址、位标志							
		D7	D6	D5	D4	D3	D2	D1	D0
B：B 寄存器	F0	F7	F6	F5	F4	F3	F2	F2	F0
		B.7	B.6	B.5	B.4	B.3	B.2	B.1	B.0
ACC：累加器	E0	E7	E6	E5	E4	E3	E2	E1	E0
		ACC.7	ACC.6	ACC.5	ACC.4	ACC.3	ACC.2	ACC.1	ACC.0
PSW：程序状态字	D0	D7	D6	D5	D4	D3	D2	D1	D0
		CY	AC	F0	RS1	RS0	OV	…	P
IP：中断优先级寄存器	B8	…	…	…	BC	BB	BA	B9	B8
		…	…	…	PS	PT1	PX1	PT0	PX0
P3：P3 口	B0	B7	B6	B5	B4	B3	B2	B1	B0
		P3.7	P3.6	P3.5	P3.4	P3.3	P3.2	P3.1	P3.0
IE：中断允许寄存器	A8	AF	AE	AD	AC	AB	AA	A9	A8
		EA	…	…	ES	EY1	EX1	ET0	EX0
P2：P2 口	A0	A7	A6	A5	A4	A3	A2	A1	A0
		P2.7	P2.6	P2.5	P2.4	P2.3	P2.2	P2.1	P2.0
SBUF：串口数据缓冲寄存器	99	不可位寻址							
SCON：串口控制寄存器	98	9F	9E	9D	9C	9B	9A	99	98
		SM0	SM1	SM2	REN	TB8	RB8	TI	RI

续表

特殊功能寄存器符号及名称	字节地址	位地址、位标志							
		D7	D6	D5	D4	D3	D2	D1	D0
P1：P1 口	90	97	96	95	94	93	92	91	90
		P1.7	P1.6	P1.5	P1.4	P1.3	P1.2	P1.1	P1.0
TH1：T1 寄存器高 8 位	8D	不可位寻址							
TH0：T0 寄存器高 8 位	8C	不可位寻址							
TL1：T1 寄存器低 8 位	8B	不可位寻址							
TL0：T0 寄存器低 8 位	8A	不可位寻址							
TMOD：定时器/计数器方式寄存器	89	不可位寻址							
		GATE	C/$\overline{T}$	M1	M0	GATE	C/$\overline{T}$	M1	M0
TCON：定时器/计数器控制寄存器	88	8F	8E	8D	8C	8B	8A	89	88
		TF1	TR1	TF0	TR0	IE1	IT1	IE0	IT0
PCON：电源控制寄存器	87	不可位寻址							
		SMOD	…	…	…	GF1	GF0	PD	IDL
DPH：数据指针高 8 位	83	不可位寻址							
DPL：数据指针低 8 位	82	不可位寻址							
SP：栈指针寄存器	81	不可位寻址							
P0：P0 口	80	87	86	85	84	83	82	81	80
		P0.7	P0.6	P0.5	P0.4	P0.3	P0.2	P0.1	P0.0

内部数据存储器的 80H~FFH 地址空间共有 128 个单元，除 SFR 占用 21 个单元外，其余的大部分是空余单元，它们没有定义不能作内部 RAM 使用。另外，PC 程序地址计数器，是一个不可寻址的特殊功能寄存器，它不占据 RAM 单元，在物理上是独立的。

在使用特殊功能寄存器时，只能采用直接寻址方式，表达时可用寄存器符号，也可用寄存器单元地址。例如，累加器可用符号 ACC 表示（在指令助记符中常用 A 表示），也可用地址 E0H 表示；在能进行位寻址的 SFR 或内 RAM 的位寻址区中，可表示的位地址有如下两种方式，用 ACC 的第 0 位地址来示意：（1）ACC.0（或 E0H.0）；（2）D0H。

下面简单介绍部分特殊功能寄存器。

1. 程序状态字寄存器 PSW

程序状态字 PSW 是一个 8 位寄存器，字节地址为 D0H，用于存放程序运行中的各种状态信息。其中有些位的状态是根据程序执行结果，由硬件自动设置的，而有些位的状态是由用户通过软件方法设定的。PSW 的位状态可以用专门指令进行测试，也可以用指令读出。

因此许多指令的执行结果将影响 PSW 相关的状态标志。另外，PSW 可以进行位寻址，其各位的定义如图 2-9 所示。

- CY（PSW.7）：高位进位标志位。当前指令运算结果高位产生进位（或借位），则 CY 位由硬件置 1；否则清零。在进行位操作时，CY 又可以被认为是位累加器（又称布尔累加器），其作用相当于 CPU 中的累加器 A。
- AC（PSW.6）：辅助进位标志位，又称半字节进位标志位，在进行加或减运算时，低 4 位向高 4 位产生进位或借位，将由硬件置 1；否则清零。AC 位可用于 BCD 码调整时的判断位。

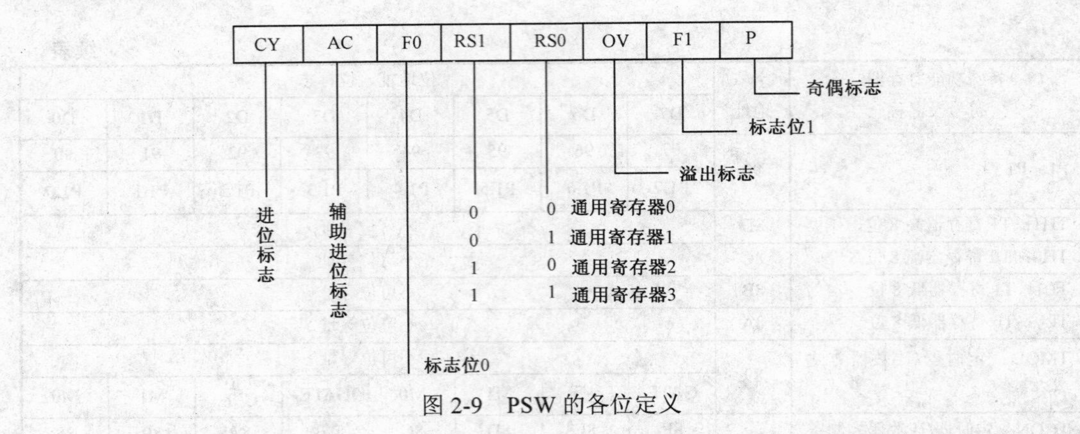

图 2-9　PSW 的各位定义

- F0（PSW.5）：用户标志位，由用户置位或复位。可作为用户自行定义的一个状态标记。
- RS1（PSW.4）、RS0（PSW.3）：工作寄存器组选择位，用于选择内部 RAM 区的 4 组工作寄存器的某组于前台。每个寄存器组由 8 个 8 位的寄存器（R0~R7）组成。其选择编码见表 2-2。
- OV（PSW.2）：溢出标志位，用于表示带符号数的运算结果是否溢出。如果溢出，由硬件将该位置 1；否则清零。
- F1（PSW.1）：保留位，无定义。
- P（PSW.0）：奇偶校验标志位，该位始终跟踪累加器 A 中 1 的奇偶性。当采用奇校验时，如果累加器 ACC 中有奇数个 1 时，则 P 位由硬件清零；否则置 1。若采用偶校验，如果累加器 ACC 中有偶数个 1，则 P 位由硬件清零；否则置 1。

凡是改变累加器 ACC 中内容的指令均会影响 P 标志位。P 标志位对串行通信中的数据传输有重要的意义。在串行通信中常采用奇偶校验的办法来校验数据传输的可靠性。

2. 累加器 ACC

ACC 是 8 位寄存器，通过暂存器与 ALU 相连。它是 CPU 中工作最繁忙的寄存器，因为在进行算术、逻辑类操作时，运算器的一个输入多为 ACC，而运算器的输出即运算结果也大多要送到 ACC 中。在指令系统中累加器的助记符为 A，作为直接地址时助记符为 ACC。

3. 数据指针 DPTR

由于 89C51 可以外接 64KB 的数据存储器和 I/O 接口电路，因此在控制器中设置了一个 16 位的专用地址指针。它主要用以存放 16 位地址，作为间址寄存器使用。

4. B 寄存器

在乘、除法运算中用 B 寄存器暂存数据。在其他指令中，B 寄存器可作为 RAM 中的一个单元使用。B 寄存器的地址为 B0H。

5. 堆栈指针 SP

堆栈是个特殊的存储区，主要功能是暂时存放 8 位数据和地址，通常用来保护断点和现场。它的特点是按照先进后出的原则存取数据，这里的进与出是指进栈与出栈操作。

注意

栈顶超出内部 RAM 单元时，会引起程序运行出错。对于 AT89C51 单片机而言，SP 的值不能超过 7FH。这常常是单片机初学者和使用高级语言编程者易犯的错误之一。

2.2.3 MCS-51 的堆栈

堆栈是在片内数据存储器中开辟的一片数据存储区，通常选择内 RAM 的数据缓冲区作堆栈区。这片存储区的一端固定，另一端活动，且只允许数据从活动端进出。这与在货栈中从下至上堆放货物的方式一样，最先堆放进去的货物总是压在最底层，而取出货物时，它将最后取出，即“先进后出”。堆栈中数据的存取也遵循“先进后出”的原则。把堆栈的活动端称为栈顶，固定端称为栈底。只是因为栈顶是活动端，所以需要有一指示栈顶位置，即栈顶地址的指示器，这个指示器就是堆栈指示器 SP（State Pointer），它总是指向堆栈的栈顶。往堆栈存入或从堆栈取出数据，一般是通过 SP 从栈顶存取。MCS-51 单片机的堆栈设置在内部 RAM 中，因此 SP 是一个 8 位的寄存器。

栈的伸展方向既可以从高地址向低地址，也可以从低地址向高地址。80x86 的堆栈的伸展方向是从高地址向低地址，MCS-51 单片机的栈的伸展方向是从低地址向高地址。MCS-51 单片机的堆栈操作是字节操作。将一个字节压入堆栈称为进栈，进栈时 SP 自动加 1，进栈的字节就存放在新增加的那个单元内。把一个字节从栈顶弹出称为出栈，出栈时 SP 自动减 1，弹出的字节是 SP 让出的那个单元的内容。

系统复位之后 SP 的内容为 07H，应根据应用系统的需要来设置 SP。

堆栈的设置主要用来解决多级中断，子程序嵌套和递归等程序设计中难以处理的实际问题。还可以用来保护现场，寄存中间结果，并为主、子程序的转返提供强有力的依托。

对堆栈进行操作的指令，可参阅第 3 章。

2.2.4 内部程序存储器

AT89C51 单片机的程序存储器主要用来存放编制好的程序与表格常数。程序存储器以程序计数器 PC 作为地址指针，通过 16 位地址总线，可寻址 64KB 的地址空间（片内、外程序存储器）。

AT89C51 片内带有 4KB Flash 只读存储器，主要用做程序存储器，其地址范围为 0000H~0FFFH。实际应用时，如果用户编制的程序大于 4KB 时，就需要在单片机的外部进行扩展，最多可扩展到 64KB（片内、外程序存储器统一编址）。

在程序存储器地址空间中，某些特定的存储单元是留给系统使用的，这些存储单元是为了满足系统复位和各类中断的，系统复位后主程序的入口地址和各中断向量的入口地址见表 2-4。

表 2-4　系统复位和中断向量地址表

入口地址	用途
0000H	复位操作后的程序入口
0003H	外部中断 0（$\overline{INT0}$）服务程序入口
000BH	定时器 0（T0）溢出中断服务程序入口
0013H	外部中断 1（$\overline{INT1}$）服务程序入口
001BH	定时器 1（T1）溢出中断服务程序入口
0023H	串行口中断服务程序入口

AT89C51 单片机复位后 PC 的内容为 0000H，因此单片机复位后，CPU 总是从 0000H 单元开始执行程序。0003H~002AH 单元均匀地分为 5 段，每段 8 个字节，被保留用于 5 个中断服务程序或中断入口。因此对于 AT89C51 单片机来说，用户主程序最好存放在 002AH 单元以后。通常在 0000H~0002H 单元安排一条无条件转移指令，使之转向主程序真正的入口地址。

2.3　实训 1：单片机复位、晶振、ALE 信号的观测

实训目的：

1. 熟悉单片机应用研发工具和教学实验装置的使用方法，熟悉 AT89C51 的引脚分布。
2. 掌握 AT89C51 的最小系统电路结构和调试方法。
3. 掌握 AT89C51 的最小系统相关信号的测试方法。

实训设备：

1. 单片机应用研发工具和教学实验装置及导线若干。
2. 40MHz 双踪示波器。

2.3.1　电路安装

方案 1：在本教材配套的教学实验装置上找到 AT89C51 单片机最小系统模块（参考单片机复位、晶振与 ALE 信号观测电路原理图 2-10），根据 AT89C51 单片机的引脚分布图找到所实训项目测量所需信号引脚（RST、XTAL1、XTAL2、ALE）所在位置。

方案 2：根据所给 AT89C51 单片机复位、晶振与 ALE 信号观测电路原理图 2-10，用所给的元件在面板上进行电路安装，然后根据 AT89C51 单片机的引脚分布图找到所实训项目测量所需信号引脚（RST、XTAL1、XTAL2、ALE）所在位置，准备通电测量。

2.3.2　信号观测

1. 用示波器观测单片机复位状态电信号

如图 2-10 所示，要实现单片机复位操作，必须使单片机 RST（9 脚）引脚上保持至少两个机器周期的电平。一般可用上电复位和按键复位方法。

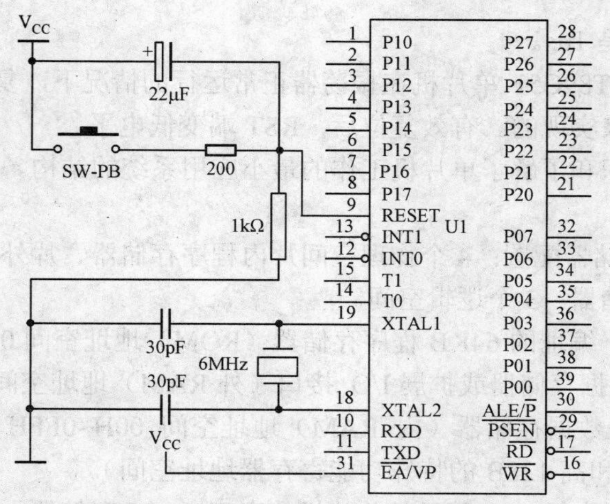

图 2-10 单片机复位、晶振与 ALE 信号观测电路原理图

（1）将示波器（最好为数字存储示波器）接在单片机 RSTET 引脚上（即 9 脚），上电时观察并记录上电复位电信号波形。观察并说明复位高电平持续时间与什么有关。

（2）将示波器（最好为数字存储示波器）接在单片机 RSTET 引脚上（即 9 脚），上电后观察用按键复位的电波形并记录。观察并说明复位高电平持续时间与什么有关。

2. 用示波器观察单片机复位后的晶振信号和 ALE 信号波形

（1）将示波器接单片机引脚 x2（18 脚），观察、记录振荡波形并进行振荡周期的测量。

（2）将示波器接单片机 ALE/$\overline{P}$ 引脚（即 30 脚），观察、记录振荡波形并进行振动周期的测量。

（3）说明测得的以上两信号周期间的关系。

小结

本章需要掌握的知识点如下：

1. 了解 AT89C51 的硬件结构、逻辑结构，掌握 AT89C51 主要的硬件组成部分。

2. 了解 AT89C51 的 40 个信号引脚，要求理解引脚的基本功能。重点如下：

（1）控制、选通和复位引脚。

RST（复位）；ALE/$\overline{PROG}$（地址锁存使能端/编程脉冲）；$\overline{PSEN}$（外部程序存储器读选通信号）；$\overline{EA}/V_{PP}$（访问内部或外部程序存储器选择信号/编程电源）。

（2）P0 口：8 位并行双向 I/O 口，在外扩存储器时，它定义为低 8 位地址（A0~A7）/数据总线（D0~D7）；P1 口：并行双向 I/O 口；P2 口：并行双向 I/O 口，当访问外部存储器时定义为高 8 位地址总线（A8~A15）；P3 口：并行双向 I/O 口，由于 P3 口是一个多功能端口，除了作为 8 位准双向 I/O 端口外，它还具有第二功能。注意，在实际使用时，总是先按需要优先选用它的第二功能，剩下不用的才作为口线使用。

3. 掌握时钟电路与复位电路。

（1）时钟电路：1 个机器周期=6 个状态周期=12 个振荡周期，对于晶振是 12MHz 时，

AT89C51 的机器周期是 1μs。

（2）复位电路：AT89C51 单片机在振荡器正常运行的情况下，复位是靠 RST 引脚加持续 2 个周期的高电平来实现的。有效复位后，RST 端变低电平。

通过实训 1，认识和了解了单片机工作的最小应用系统的结构。即能正常工作的振荡与复位电路。

4. AT89C51 的存储器配置：4 个物理空间片内程序存储器、片外程序存储器、片内数据存储器与片外数据存储器；3 个逻辑空间。

（1）片内、外统一编址的 64KB 程序存储器（ROM）地址空间 0000H~0FFFFH；

（2）64KB 外部数据存储器或扩展 I/O 接口（外 RAM）地址空间 0000H~0FFFFH；

（3）256B 的片内数据存储器（内 RAM）地址空间 00H~0FFH（包括低 128B 的内部 RAM 地址 00H~7FH 和高 128B 的特殊功能寄存器地址空间）。

5. 内部 RAM：片内低 128 单元是单片机的真正 RAM 存储器，按其用途划分为工作寄存器区、位寻址区和用户数据缓冲区 3 个区域。

6. SFR 区：内部数据存储器的 80H~FFH 地址空间共有 128 个单元，除 SFR 占用 21 个单元外，其余的大部分是空余单元，它们没有定义不能作内部 RAM 使用。另外，PC 程序地址计数器，是一个不可寻址的特殊功能寄存器，它不占据 RAM 单元，在物理上是独立的。

在使用特殊功能寄存器时，只能采用直接寻址方式，表达时可用寄存器符号，也可用寄存器单元地址。在能进行位寻址的 SFR 或内 RAM 的位寻址区中，可表示的位地址有如下两种方式，用 ACC 的第 0 位地址来示意：（1）ACC.0（或 E0H.0）；（2）D0H。

7. 程序 ROM：AT89C51 片内带有 4KB Flash 只读存储器; 其地址范围为 0000H~0FFFH，实际应用时，如果用户编制的程序大于 4KB 时，就需要在单片机的外部进行扩展，最多可扩展到 64KB（片内、外程序存储器统一编址）。

在程序存储器地址空间中，某些特定的存储单元是留给系统使用的，这些存储单元是为了满足系统复位和各类中断的，0003H~002AH 单元均匀地分为 5 段，每段 8 个字节，被保留用于 5 个中断服务程序或中断入口。

8. 掌握 MCS-51 的堆栈的基本概念。

本章是后面学习很重要的硬件基础，学习的难点是如何掌握 AT89C51 的存储器配置，重点是理解本章所出现的一些专业名词，对于初学者，还是有一定的难度的。

练习题 2

1. 单项选择题

（1）MCS-51 系列单片机的 CPU 主要是由____________组成的。

A. 运算器、控制器　　　　B. 加法器、寄存器

C. 运算器、加法器　　　　D. 运算器、译码器

（2）单片机中的程序计数器 PC 用来____________。

A. 存放指令　　　　B. 存放正在执行的指令地址

C. 存放下一条指令地址　　　　D. 存放上一条指令地址

（3）单片机AT89C51的$\overline{EA}$引脚______________________。

A. 必须接地　　　　　　　　B. 必须接+5V电源

C. 可悬空　　　　　　　　　D. 以上三种情况视需要而定

（4）外部扩展存储器时，分时复用做数据总线和低8位地址线的是__________。

A. P0口　　　B. P1口　　　C. P2口　　　D. P3口

（5）PSW中的RS1和RS0两位用来__________。

A. 选择工作寄存器组　　　　B. 指示复位

C. 选择定时器　　　　　　　D. 选择工作方式

（6）单片机上电复位后，PC的内容为________。

A. 0000H　　　B. 0003H　　　C. 000BH　　　D. 0800H

（7）AT89C51单片机的CPU是________位的。

A. 16　　　B. 4　　　C. 8　　　D. 准16位

（8）程序是以____________________形式存放在程序存储器中的。

A. C语言汇程序　　　　　　B. 汇编程序

C. 二进制编码　　　　　　　D. BCD码

（9）AT89C51单片机的程序计数器PC为16位计数器，其寻址范围为____________。

A. 8KB　　　B. 16KB　　　C. 32KB　　　D. 64KB

（10）单片机的ALE引脚是以晶振频率的______固定频率输出正脉冲，因此它可作为外部时钟或外部定时脉冲使用。

A. 1/2　　　B. 1/4　　　C. 1/6　　　D. 1/12

2. 填空题

（1）单片机应用系统是由______________和______________组成的。

（2）除了单片机芯片和电源外，AT89C51单片机最小系统包括_____电路和____电路。

（3）在进行单片机应用系统设计时，除了电源和地线引脚外，_______、_______、_______、_______引脚信号必须连接相应电路。

（4）AT89C51单片机的存储器主要有4个物理存储空间，即_________、_________、__________、______________。

（5）AT89C51单片机的XTAL1和XTAL2引脚是__________引脚。

（6）AT89C51单片机的应用程序一般存放在______________中。

（7）片内RAM的低128单元，按其用途划分为________、______和______3个区域。

（8）当振脉冲荡频率为12MHz时，一个机器周期为__________；当振荡脉冲频率为6MHz时，一个机器周期为_________。

（9）MCS-51单片机的复位电路有两种，即__________和____________。

（10）输入单片机的复位信号需要_____个机器周期以上的_______电平时即为有效，用以完成单片机的复位初始化操作。

3. 简答题

（1）P3口的第二功能是什么？

（2）AT89C51单片机片内RAM低128B是有什么特点？分为几个功能区域？

（3）简述AT89C51单片机的特殊功能寄存器的特点。

第 3 章

单片机的指令系统及程序设计

【内容提要】

本章主要介绍了 AT89C51 单片机寻址方式及各类指令的格式、功能和使用方法等，详细介绍了顺序、分支、循环和子程序四种基本程序结构，并列举了大量的例子。此外还从功能方面介绍了各种基本算术运算程序、定时程序、数制转换程序和查表程序等实用程序的编程方法和技巧。通过本章的学习应达到以下目的：（1）熟悉 AT89C51 单片机指令系统；（2）会编简单的顺序、分支、循环和子程序等汇编语言源程序；（3）通过上机训练 Keil 与 Proteus ISIS 软件，熟练掌握汇编语言源程序的编程、调试方法和技巧。

3.1 基本概念

3.1.1 指令、指令系统、机器代码

指令是单片机 CPU 执行某种操作的命令。单片机 CPU 所能执行的全部指令的集合称为指令系统。AT89C51 单片机是 MCS-51 单片机的兼容机，所以其指令系统与 MCS-51 单片机一样，也是 255 条指令的集合（参阅附录 3 指令表）。AT89C51 单片机的硬件结构是指令及指令系统的基础。

指令用单片机 CPU 能识别和执行的 8 位二进制机器代码表示，有单字节、双字节、三字节指令之分。下列 3 条指令分别为单字节、双字节、三字节指令，分号后是对其功能操作的注释。

【例 3-1】 单字节、双字节、三字节指令举例。

```
0110101 10010000 11110001  ;将数据 11110001 传送到片内 RAM 地址单元 10010000 中
11111000                   ;将寄存器 A 中的内容传送到寄存器 R0 中
10000000 11111110          ;短转移指令，11111110 是转移相对地址
```

每条指令必有表示功能操作（传送、运算、转移等）的部分，称为操作码。上述指令的操作码用下画线标出，分别为 01110101、11111 和 10000000。其余部分可以是参与操作的数据（包括指令地址）、参与操作的数据地址、参与操作的数据所在的寄存器等。如果将

指令中除操作码外的其余部分统称为操作数，则可以将指令看做由操作码和操作数构成。因此要注意“操作数”是比“参与操作的数据”更为广泛的概念。操作数可以是字节，如第一条指令中的 10010000、11110001，第三指令中的 11111110；可以是字节中的若干位，如第二条指令中的低 3 位 000 代表 R0；也可以隐含于其中，如第二条指令中的寄存器 A 是隐含的。

由于指令用 8 位二进制机器代码表示，所以指令又称为机器代码。机器代码也可以用十六进制表示。【例 3-1】的指令用十六进制表示为（省去了“H”本书对机器代码都做此处理）：

```
7590F1          ;将数据 F1 传送到片内 RAM 地址单元 90 中
F8              ;将寄存器 A 中的内容传送到寄存器 R0 中
80FE            ;是短转移指令，FE 是转移相对地址
```

3.1.2 程序、程序设计、机器语言

要使单片机按人的意志来完成某一项目的任务，就要求设计者按单片机指令系统规则来编写一序列的指令。这种按人的要求又符合单片机指令系统有规则而编排的指令序列被称为程序。设计者编写程序的过程称为程序设计。显然，程序设计实际上是人根据指令系统规则与单片机交流信息的过程。

根据机器代码表编写出的程序称为机器代码程序。因为单片机 CPU 能认识和直接执行它，所以又称它为代码程序。从人与单片机交流信息的角度看，机器代码程序可视为人与单片机相互交流的“语言”，即机器语言。所以机器代码程序又称为机器语言程序。【例 3-1】是由 3 条指令构成的机器语言程序。

3.1.3 汇编语言、汇编语言指令格式

1. 汇编语言

用机器语言编写程序是编辑方法之一，也是编辑的基础；但要记住这么多的机器码实在不容易，编写的程序越多，也不好检查和修改。因而，出现了用汇编语言表示机器语言的方法。汇编语言是用助记符、字符串和数字等来表示指令的程序语言，汇编语言指令与机器语言指令是一一对应的（参阅附录 3 指令表），比较接近人的自然语言。汇编语言的助记符多是与指令操作相关的英文缩写，便于记忆、检查和修改，明显提高了编程效率。若将【例 3-1】的机器语言指令用汇编语言来写便见表 3-1。

表 3-1 机器语言指令与汇编语言指令的对应关系机器指令功能

机器语言指令	汇编语言指令	指令功能
7590F1	MOV P1，#0F1H	将数（称立即数）F1H 传送到特殊功能寄存器 P1 中
F8	MOV R0，A	将寄存器 A（累加器）中的内容传送到寄存器 R0 中
80FE	SJMP $	短转移指令，符号$表示该条指令的首地址

其中，助记符“MOV”的中文意义是“传送”操作，“SJMP”中文意义是“短转移”。P1 是特殊功能寄存器地址 90 的符号，代表单片机 P1 口。寄存器 A 的专用名为累加器。

MCS-51 单片机汇编语言指令系统有 42 种助记符和 111 种指令。按指令长短可分单字节指令、双字节指令和三字节指令。按指令执行时间可分为单机器周期指令（64 种）、双机器周期指令（45 种）和四机器周期指令（只有乘、除法指令两种）。

本书重点介绍 AT89C51 汇编语言（兼容 MCS-51 汇编语言）、汇编语言程序及其应用。

汇编语言仍有不足之处。例如，不同类型的单片机的汇编语言也不同，不好移植。这样就出现了高级语言，如 C51 语言（本书不作介绍）。虽然使用汇编语言、C51 语言等比机器语言易懂、方便，但单片机 CPU 是不认识的，必须要将它们转换成机器语言。

2. 汇编语言指令的书写格式

AT89C51 汇编语言指令系统的指令格式一般为：

```
[标号:]操作码    [操作数 1] [,操作数 2] [,操作数 3] [;注释]
```

标号：用符号表示的该条指令的首地址，根据需要设置。标号位于一条指令（语句）的开头，以冒号结束。它以英文字母开头，由字母、数字、下画线等组成。

操作码：操作码规定指令实现何种功能（传送、加法、减法等）操作。操作码是由助记符表示的字符串，是任一指令语句不可缺少的部分。

操作数：在汇编语言中，操作数可以是被传送的数据（立即数）、数据在片内 RAM 中的地址、寄存器、转移的指令地址等，可以采用字母、字符和数字等多种表示形式。操作数的个数因指令的不同而不同，多至 3 个操作数，各操作数之间要用“，”号分开。

注释：为便于阅读而对指令附加的说明语句。注释必须以“；”开始，可以采用数字、字母和汉字等多种表示形式。

注意事项：

① 每条指令必须有操作码，方括号内所包含的内容可有可无，由指令、编程情况决定；
② 标号不能采用系统中已定义过的字符（如 MOV、DB 等）；
③ 标号与操作码之间要有“：”隔开；
④ 操作码和操作数之间一定要有空格；
⑤ 操作数之间必须用“，”隔开；
⑥ 每行只能有一条指令。

3.1.4 汇编（编译）和编程（固化）

用汇编语言写的程序通常称源程序。单片机 CPU 是不认识的，所以他们都必须转换成机器语言，也就是转换成二进制格式（BIN）文件或十六进制格式（HEX）文件（通常称目标代码文件）。可用手工转换，但一般都用计算机软件（如 Keil、WAVE）来实现。这一转换过程称为“汇编”。汇编后的 BIN 或 HEX 文件在通过编程器编程（固化）到单片机 ROM 中。有的单片机（如 AT89S51）还可以通过 ISP（在系统编程）下载到单片机 Flash ROM 中。编程后，程序中第一条指令的机器码必须安置在单片机 ROM 中 0000H 单元开始的地址单元中。单片机 CPU 从 ROM 的 0000H 地址开始读取指令并执行。

【例 3-2】 汇编语言程序及其代码在 ROM 中的安排举例。

```
MOV     P1，#0F1H   ;将数（称立即数）F1H 传送到特殊功能寄存器 P1 中
```

```
MOV    R0，A       ;将寄存器A（累加器）中的内容传送到寄存器R0中
SJMP   $           ;短转移指令，符号$表示该条指令的首地址
```

通过Keil汇编后生成的十六进制机器码为：

```
75 90  F1
F8
80 FE
```

通过编程器编程（固化）到AT89C51 ROM中的机器代码安排如图3-1所示。

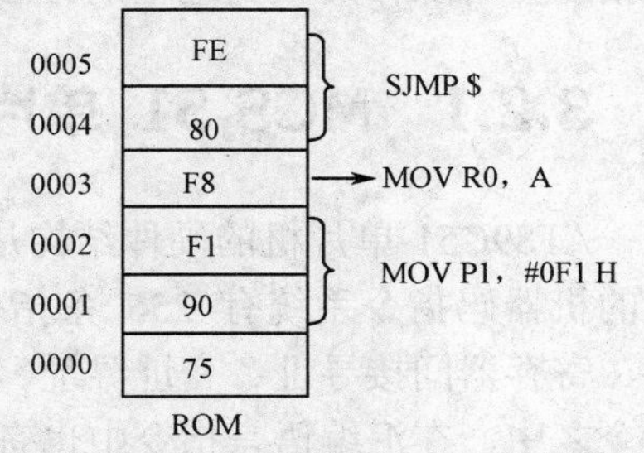

图3-1 程序机器码在ROM中的安排

3.1.5 汇编语言常用符号

指令系统中除表示操作码的42种助记符之外（如MOV、JB等），还是用了一些符号。这些符号的含义如下。

Rn——当前选中的工作寄存器组中的8个寄存器R0~R7（n=0~7）。

Ri——当前选中的工作寄存器组中的两个寄存器R0、R1（i=0，1）。

direct——8位直接地址。可以是片内RAM单元的地址（00H~7FH）或特殊功能寄存器的地址。

#data——包含在指令中的8位二进制数。

#data16——包含在指令中的16位二进制数。

Addr16——16位二进制数地址，用于LCALL、LJMP等指令中，能调用或转移到64KB程序存储器地址空间的任何地方。

Addr11——用于ACALL和AJMP指令中，可在该指令的下条指令地址所在页的2KB范围内调用或转移地址的低11位。其含义在相关汇编语言指令中介绍它的意义。

rel——在相关的汇编语言指令中介绍它的意义。

DPTR——数据指针，可用16位二进制的地址寄存器。

bit——位，片内RAM（包括特殊功能寄存器）中的可寻址位。

A——累加器。

B——特殊功能寄存器，常用于乘法、除法指令MUL和DIV中。

C——进位标志或进位位，或处理器中的累加器，也可用Cy表示。

@——间址寄存器或基址寄存器的前缀，如@Ri、@DPTR。

/——位操作的前缀，表示对该位操作数取反，如/bit。

（X）——X中的内容。

((X)）——X中的内容为地址的空间中的内容。

←——用箭头右边的内容取代箭头左边的内容。

$——指本条指令的首地址。

3.2 MCS-51 单片机指令的寻址方式

寻址是指单片机 CPU 寻找指令中参与操作的数据的地址。寻址方式是指单片机 CPU 寻找指令参与操作的数据地址的方法。

3.2.1 MCS-51 单片机指令的寻址方式

AT89C51 单片机的硬件结构是寻址方式的基础。AT89C51 单片机 CPU 能直接认识和执行的机器码指令系统有 255 条指令，有七种寻址方式，即立即寻址、直接寻址、寄存器寻址、寄存器间接寻址、变址寻址、相对寻址和位寻址。它们体现在机器语言的各种机器代码指令之中，在汇编语言指令中也有相对应的表现形式。不同的寻址方式有不同的寻址存储器范围，熟悉并灵活运用单片机采取的寻址方式是至关重要的。

1. 寄存器寻址

操作数据在寄存器（累加器 A，寄存器 B，数据指示器 DPTR，通用寄存器 Rn）中。

特征：参与操作的数据存放在寄存器中。

例如，MOV　A，Rn；机器代码：E8~EF；n=0~7

机器代码是单字节，用其低 3 位（数值范围为 000~111）表示寄存器 R0~R7。若 Rn 为 R1，则机器代码：E9；即低 3 位为 001，对应汇编语言指令：MOV　A，R1；该指令将 R1 中的内容传送到累加器 A 中。汇编语言中可用符号 A←（R1）表示。

若该指令的机器代码地址在 ROM 中的 0100H 单元，且 R1 中内容为 40H，则执行此指令的过程及结果可用示意图 3-2 表示。最后执行结果为（A）=40H。

2. 立即寻址

操作数就在符号指令给出的源操作数中，实际上就是不需要寻址。

特征：指令中直接给出参与操作的数据，称为立即数，用 data 表示。在汇编语言中，为表明立即数，在该 data 前加前缀“#”。立即数可以是 8 位二进制数和 16 位二进制数，分别用#data 和#data16 表示。例如，汇编语言指令：MOV　A，#data；对应机器代码：74　data；双字节指令；若 data 为 40H，则机器代码：74　40H；汇编语言指令：MOV　A，#40H。该指令将立即数 40H 传送到累加器 A 中。汇编语言中可用符号标识法表示功能操作，即用符号 A←40H 表示将立即数 40H 送到累加器中的操作。

若该指令的机器代码首址在 ROM 中的 0100H，则执行此指令的过程与结果可用示意图 3-3 表示，最后执行结果为（A）=40H。从图中可看出，立即数也有它所在的地址，该地址就在 ROM 中，从而说明立即寻址范围为程序存储器 ROM。立即寻址实际上是寻找立即数在 ROM 中的地址。

3. 直接寻址

操作数据在内部数据存储器或特殊功能寄存器（SFR）中。

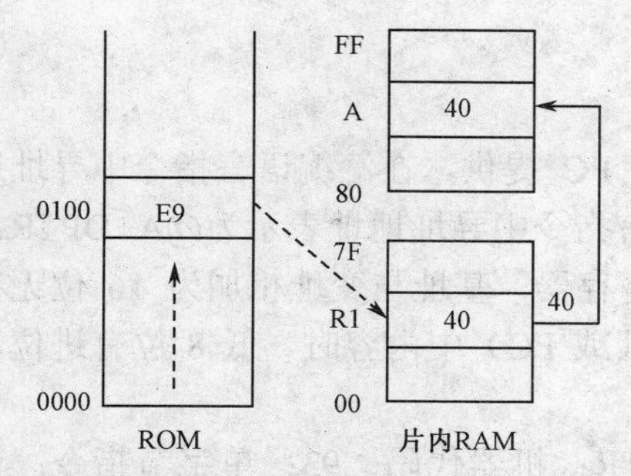

图 3-2 寄存器寻址指令 MOV A，R1 的执行示意图

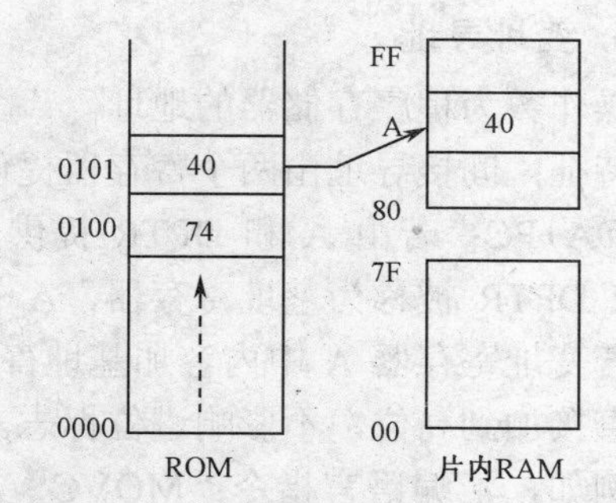

图 3-3 立即寻址指令 MOV A，#40H 的执行示意图

特征：指令直接给出参与操作的数据的地址，该地址一般用 direct 表示。

例如，汇编语言指令：MOV A，direct；机器代码：E5 direct；双字节指令；若 direct 为 40H，则机器代码：E5 40；对应汇编语言指令：MOV A，40H；A←（40H）。该指令的功能操作是将片内 RAM 地址 40H 单元中的内容传送到累加器 A 中。

若该指令的机器代码首址在 ROM 中 0100H，且片内 RAM 地址 40H 单元中的内容为 68H。单片机 CPU 执行此指令的过程与结果可用示意图 3-4 表示，最后执行结果为（A）=68H。

4. 寄存器间接寻址

操作数在内部数据存储器或特殊功能寄存器（SFR）中。

特征：寄存器间接寻址为二次寻址。第一次寻址得到寄存器的内容位（Ri）或（DPTR），第二次寻址是将第一次寻址所得的寄存器内容作为地址，并在其中存、取参与操作的数据。在汇编语言中，寄存器的前缀@是寄存器间接寻址的标志，有@Ri、@DPTR 等。

例如，汇编语言指令：MOV A，@Ri；i=0、1；机器代码：E6~E7；单字节指令；若 i=1，则机器代码：E7 ；对应汇编语言指令：MOV A，@R1。

该指令是将 R1 中的内容作为地址，再将该地址中的内容传送到累加器 A 中。汇编语言中可用符号 A←（（R1））表示。

若该指令的机器代码首址在 ROM 中的 0100H 单元，并设 R1 中的内容为 40H，地址 40H 中的内容为 59H，则执行此指令的过程与结果可用示意图 3-5 表示。最后执行结果为（A）=59H。

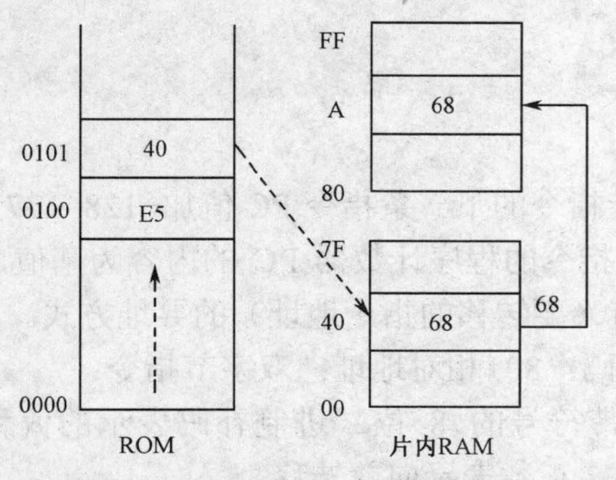

图 3-4 直接寻址指令 MOV A，40H 的执行示意图

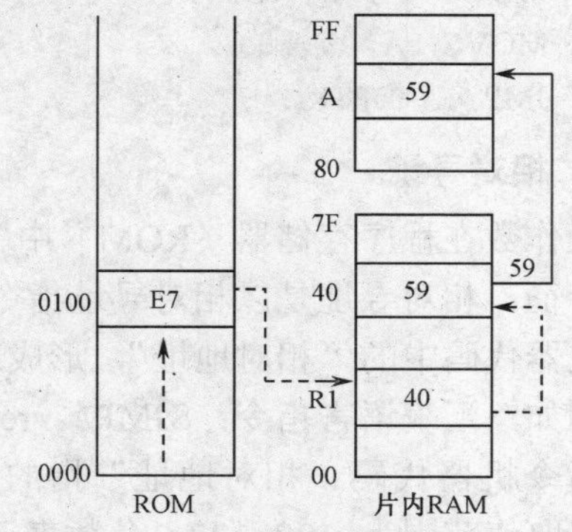

图 3-5 寄存器间接寻址指令 MOV A，@R1 的执行示意图

5. 变址寻址

操作数为程序存储器的地址。

特征：间接寻址由两个寄存器提供。若由 A、PC 提供，在汇编语言指令中寻址地址表示为@A+PC；若由 A 和 DPTR 提供，在汇编语言指令中寻址地址表示为@A+DPTR。其中 PC 或 DPTR 被称为基址寄存器，A 被称为变址寄存器，基址与变址相加为 16 位无符号加法。若变址寄存器 A 中内容加基址寄存器 DPTR（或 PC）中内容时，低 8 位有进位，则该进位直接加到高位，不影响进位标志。

例如，汇编语言指令：MOVC　A，@A+DPTR；机器代码：93；单字节指令；该指令将 DPTR 中的内容加上 A 中的内容作为地址，再将该地址中的内容传送到累加器 A 中。汇编语言中可用符号 A←（（A）+（DPTR））表示。因变址寻址指令多用于查表，故常称它为查表指令。

若该指令的机器代码地址在 ROM 中的 0100H 单元，并设 DPTR 中的内容为 0500H，A 中内容位 0EH，而 ROM 地址 050EH 中的内容为 18H，则执行此指令的过程及结果可用示意图 3-6 表示。最后 A 中的内容由 0EH 改为 18H，即（A）=18H。

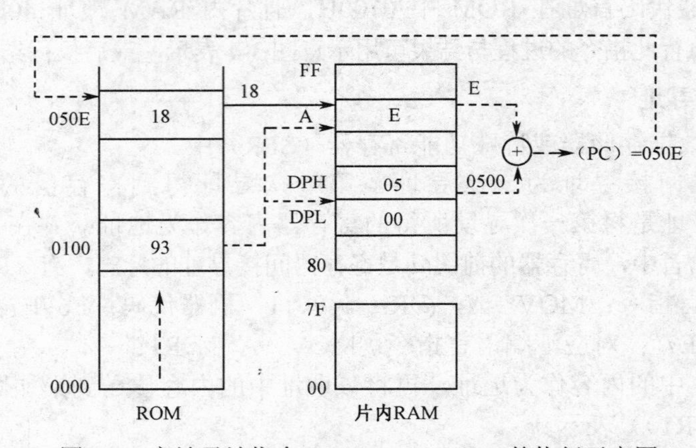

图 3-6　变址寻址指令 MOVC　A，@R1 的执行示意图

MCS-51 单片机的变址寻址方式的指令总共 3 条，它们是：

```
MOVC  A，@A+DPTR;
MOVC  A，@A+PC;
JMP @A+DPTR;
```

6. 相对寻址

操作数在程序存储器（ROM）中（相对寻址指令的下一条指令 PC 值加−128~127）。

特征：相对寻址是以相对寻址指令的下一条指令的程序计数器 PC 的内容为基值，加上指令机器代码中的“相对地址”，形成新的 PC 值（要转移的指令地址）的寻址方式。

例如，汇编语言指令：SJMP　rel；机器代码：80+相对地址；双字节指令；

指令机器代码“相对地址”指的是用一个带符号的 8 位二进制补码表示的偏移字节数，其取值范围为−128~127。负数表示向后转移，正数表示向前转移。

若（PC）表示该指令在 ROM 中的首地址，该指令字节数为 2；执行该指令的操作分为两步：

PC←（PC）+2 ；得下条指令首址

PC←（PC）+相对地址

第一步完成后，PC 中的值为该指令的下一条指令的首址。第二步完成后，PC 中的内容（PC）为转移的目标地址。所以，转移的目标地址范围是该相对寻址指令的下一条指令首址加上−128~127 字节的地址。

汇编语言相对寻址指令中的“rel”往往是一个标号地址，表示 ROM 中某转移目标地址。汇编软件对该汇编语言指令进行汇编时，自动算出“相对地址”并填入机器代码中。所以，应将汇编语言中的“rel”理解为“带有相对意义的转移目标地址”。

“相对地址”与“rel”的关系可用下式表示：

rel=（PC）+相对寻址指令字节数+相对地址

其中，（PC）为该指令所在 ROM 中的首地址。

若该指令机器代码在 ROM 中的首地址为 0100H，并设“相对地址”为 21H，它是带符号二进制补码表示的偏移字节数。则机器代码：80 21。执行该指令的过程与结果用示意图 3-7 表示。最后转移的目的地址为 0123H。

可由上式算出对应汇编语言指令 SJMP rel 中，rel=0100H+0002H+0021H=0123H

7. 位寻址

操作数特征：参与操作数据为“位”，而不是字节。是对片内数据存储器 RAM 和 SFR 中可寻址单元的位进行操作的寻址方式。例如，

汇编语言指令：ANL C，bit；机器代码：82 bit

该指令将 bit 中的内容（0 或 1）与 C 中的内容进行与操作，再将结果传送到 PSW 中的进位标志 C 中。汇编语言中可用符号 C←（C）∧（bit）表示。

若 bit 为位地址 26H，且（26H）=1，则指令为汇编语言指令：ANL C，26H；机器代码：82 26。

若该指令机器代码在 ROM 中的首地址为 0100H，设（C）=1，执行该指令的过程及结果可用示意图 3-8 表示。执行结果是进位标志（C）=1。

应注意位地址 26H 是字节地址 24H 中的 D6 位的位地址。

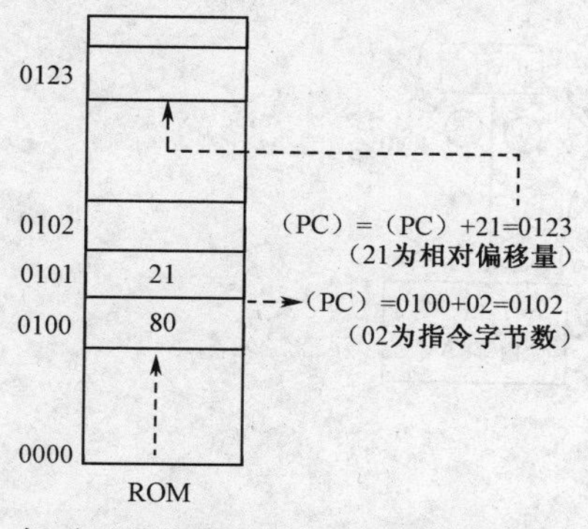

图 3-7 相对寻址指令 SJMP rel 的执行示意图

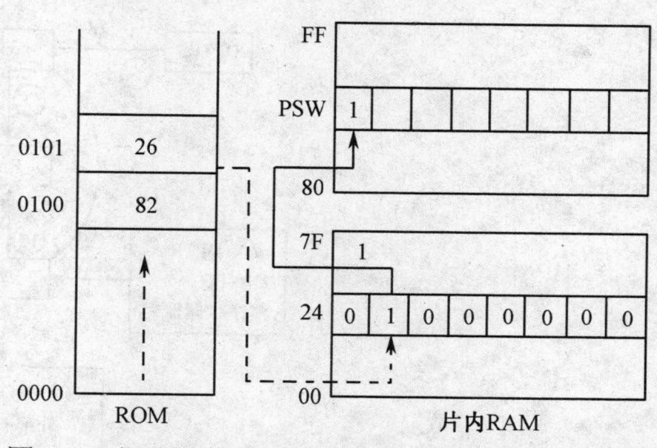

图 3-8 位寻址指令 ANL C，26H 的执行示意图

3.2.2 MCS-51 单片机指令寻址方式小结

7 种寻址方式均有相应的存储器寻址范围，下面归纳见表 3-2。

表 3-2 7 种寻址方式均有相应的存储器寻址范围

寻址方式	寻址存储器的范围
立即寻址	程序存储器 ROM
直接寻址	片内 RAM 低 128B，特殊功能寄存器
寄存器寻址	工作寄存器 R0~R7，A，DPTR，B
寄存器间接寻址	片内 RAM 低 128B，片外 RAM
变址寻址	程序存储器 ROM（@A+DPTR，@A+PC）
相对寻址	程序存储器 ROM（相对寻址指令的下一条指令 PC 值加−128~+127）
位寻址	片内 RAM 的 20H~2FH 字节中所有的位，可位寻址的特殊功能寄存器

3.3 汇编语言的指令系统

按指令功能可把 111 种指令分为 5 类。

① 数据传送指令（29 种）；

② 算术运算指令（24 种）.

③ 逻辑运算及移位指令（24 种）；

④ 控制转移指令（22 种）；

⑤ 布尔变量操作指令（12 种），即位操作类指令。

3.3.1 数据传送指令

数据传送指令有 29 种，可分为片内 RAM 数据传送指令（MOV 类）、片外 RAM 数据传送指令（MOVX 类）、程序存储器 ROM 数据传送指令（MOVC 类）、堆栈操作指令、数据交换指令。数据传送指令操作数一般为两个，即“操作数 1”和“操作数 2”。“操作数 2”可称为“源操作数”，“操作数 1”可称“目的操作数”。指令的意义是将一个字节操作数从源传送到目的地（源操作数保持不变），传送指令的操作数及其传送方向如图 3-9 所示。

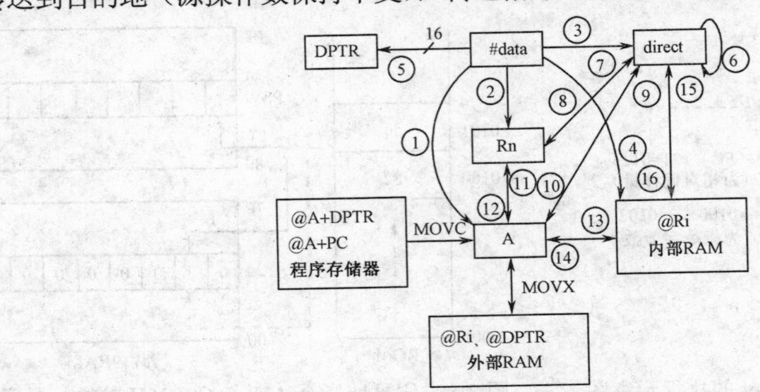

图 3-9 传送指令的操作数及其传送方向

1. 内部 RAM 数据传送指令

表 3-3 列出了内部 RAM 数据传送指令、功能操作、机器代码和执行机器周期数。此类指令的特征是操作码为“MOV”。

表 3-3 内部 RAM 数据传送指令、功能操作、机器代码和执行机器周期数

序号	指令	功能操作		机器代码（十六进制）	机器周期数
1	MOV A，#data	A		74 data	1
2	MOV Rn，#data	Rn		78~7F data	1
3	MOV @Ri，#data	Ri	← data	76~77 data	1
4	MOV direct，#data	Direct		75 direct data	2
5	MOV DPTR，#data16	DPTR		90 data15~8 data7~0	2
6	MOV A，direct	A		E5 direct	1
7	MOV Rn，direct	Rn	←（direct）	A8~AF direct	2
8	MOV @Ri，direct	Ri		A6~A7 direct	2
9	MOV direct1，direct2	direct1	←（direct2）	85 direct2 direct1	2
10	MOV @Ri，A	Ri	←（A）	F6~F7	1
11	MOV A，Rn	A	←（Rn）	E8~EF	1
12	MOV Rn，A	Rn	←（A）	F8~FF	1
13	MOV direct，A	Direct	←（A）	F5 direct	1
14	MOV direct，Rn	Direct	←（Rn）	88~8f direct	2
15	MOV A，@Ri	A	←（(Ri)）	E6~E7	1
16	MOV direct，@Ri	direct	←（(Ri)）	86~87 direct	2

注：n=0~7，i=0~1

【例 3-3】 写出下列指令的机器代码和对源操作数的寻址方式，并注释其操作功能。

```
MOV  R6，#88H     ;机器代码 7E 88，立即寻址，将立即数 88H 传送到寄存器 R6 中
MOV  @R1，48H     ;机器代码 A7 48，直接寻址，将内 RAM 中 48H 地址单元中内容传送到以
                  寄存器 R1 中的内容为地址的存储单元中去
MOV  30H，R0      ;机器代码 88 30，寄存器寻址，将寄存器 R0 中的内容传送到内 RAM 30H
                  地址单元中去
MOV  50H，@R0     ;机器代码 86 50，寄存器间址寻址，以 R0 中的内容为地址，再将该地址中
                  的内容传送到内 RAM 的 50H 地址单元中去
```

【例 3-4】 用符号标识法标出以下顺序执行的各条指令操作功能、执行结果和每条指令带下画线操作数的寻址方式。

```
ORG  0000H        ;伪指令，指出下一指令首地址为 00H
MOV  A，#30H      ;A←30H，(A)=30H，立即寻址
MOV  R0，#23H     ;R0←23H，(R0)=23H，寄存器寻址
MOV  23H，#40H    ;23H←40H，(23H)=40H，立即寻址
MOV  @R0，#50H    ;(R0)←50H，(R0)=23H，(23H)=50H，寄存器间接寻址
MOV  A，23H       ;A←(23H)，(A)= 50H，直接寻址
MOV  R1，23H      ;R1←(23H)，(R1)=50H，寄存器寻址
```

```
MOV  12H，23H       ;12H←(23H)，(12H)=50H，直接寻址
MOV  @R1，12H       ;(R1)←(12H)，(R1)=50H，(50H)=12H，寄存器间接寻址
MOV  A，@R0         ;A←((R0))，(A)=50H，寄存器间接寻址
MOV  34H，@R1       ;34H←((R1))，(34H)=12H，直接寻址
MOV  DPTR，#6712H   ;DPTR←6712H，(DPTR)=6712H，寄存器寻址
MOV  12H，DPH       ;12H←(DPH)，(12H)=67H，直接寻址
MOV  R0，DPL        ;R0←(DPL)，(R0)=12H，直接寻址
MOV  A，@R0         ;A←((R0))，(A)=67H，寄存器寻址
MOV  @R0，A         ;(R0)←(A)，(R0)=12H，(12H)=67H，寄存器寻址
MOV  A，R0          ;A←(R0)，(A)=12H，寄存器寻址
SJMP $              ;短转到本指令的首地址，相对寻址
END                 ;伪指令结束汇编
```

2. 外部 RAM 数据传送指令

表 3-4 列出了外部 RAM 数据传送指令、功能操作、机器代码和执行机器周期数，它们都是与外部 RAM 有关的数据传送指令，其特征是操作码为“MOVX”。该类指令均涉及对外 RAM 64KB 地址单元操作，而指令 MOVX @Ri，A MOVX A，@Ri 中 Ri 只提供外 RAM 地址的低 8 位地址，所以高 8 位应由 P2 口提供。

表 3-4 外部 RAM 数据传送指令、功能操作、机器代码和执行机器周期数

序号	指令	功能操作		机器代码（十六进制）	机器周期数
17	MOVX A，@Ri	(A)	←((Ri))	E2~E3	2
18	MOVX @Ri，A	(Ri)	←(A)	F2~F3	2
19	MOVX A，@DPTR	(A)	←((DPTR))	E0	2
20	MOVX @DPTR，A	(DPTR)	←(A)	F0	2

注：i=0~1

【例 3-5】 将立即数 18H 传送到外部 RAM 中的 0100H 单元中去，接着从外部 RAM 中的 0100H 单元取出数再送到外部 RAM 中的 0280H 单元中去。

```
ORG     0000H          ;伪指令，指出下一指令首地址为 0H
MOV     A，#18H        ;将立即数 18H 传送到累加器 A 中
MOV     DPTR，#0100H   ;将立即数外 RAM 的地址 0100H 送到 DPTR 中
MOVX    @DPTR，A       ;将 A 中内容 18H 送到外 RAM 地址 0100H 中
MOVX    A，@DPTR       ;将外 RAM 的 0100H 单元中内容 18H 送到累加器 A 中
MOV     R0，#80H       ;将立即数 80H 送到寄存器 R0 中，作为外 RAM 地址低 8 位
MOV     P2，#02        ;将外 RAM 地址高 8 位置 2，由 P2 给出地址的高 8 位
MOVX    @R0，A         ;将 A 中内容 18H 送到外 RAM 的 0280H 单元地址中
SJMP    $
END                    ;伪指令，表示程序结束
```

3. ROM 数据传送指令（查表指令）

表 3-5 列出了 ROM 数据传送指令、功能操作、机器代码和执行机器周期数。这类指令共有两条，其特征是操作码为“MOVC”，均属变址寻址指令，涉及 ROM 的寻地址空间均

为 64K。它们在程序中多用于查数据表，故又称查表指令。一般 A 中内容称变址，DPTR、PC 中内容称基址。

表 3-5 ROM 数据传送指令、功能操作、机器代码和执行机器周期数

序号	指令	功能操作	机器代码（十六进制）	机器周期数
21	MOVC A，@A+DPTR	A←（(A)+(DPTR)）	93	2
22	MOVC A，@A+PC	PC←（PC）+1 A←（(A)+(PC)）	83	2

MOVC A，@A+DPTR 指令首先执行 A 中内容与 DPTR 中内容的 16 位无符号数的加法操作，获得基址与变址之和，将和作为地址，再将该地址中的内容传送到累加器 A 中。低 8 位相加产生进位时，直接加到高位，并不影响标志。

MOVC A，@A+PC 指令首先将 PC 值修正到指向该指令的下一条指令地址，然后执行 16 位无符号数加法操作，获得基址与变址之和，将和作为地址，再将该地址中的内容传送到累加器 A 中。低 8 位相加产生进位时，直接加到高位，并不影响标志。

【例 3-6】 若（A）=10H，（DPTR）=2000H，ROM 中（2010H）=68H。则执行 MOVC A，@A+DPTR 后，（A）=68H。若（A）=10H，MOVC A，@A+PC 指令的首地址为 2000H，（2010H）=66H，（2011H）=88H，指令执行后，（A）=88H。

4. 堆栈操作指令

表 3-6 列出了堆栈操作指令、功能操作、机器代码和执行机器周期数。

表 3-6 堆栈操作指令、功能操作、机器代码和执行机器周期数

序号	指令	功能操作	机器代码（十六进制）	机器周期数
23	PUSH direct	SP←（SP）+1；（SP）←（direct）	C0 direct	2
24	POP direct	direct←（(SP)）；SP←（SP）−1	D0 direct	2

第一条指令称为入栈指令，用于把 direct 地址中的内容传送到堆栈中去。这条指令执行分为两步走：第一步使 SP 中的值加 1，使之指向新的栈顶单元；第二步是把 direct 中的数压入由（SP）为地址的栈顶单元中，即（SP）←（direct）。

第二条指令称为弹出指令。这条指令执行分为两步走：第一步把栈顶单元中数传送到 direct 单元中，即 direct←（(SP)）；第二步是使 SP 中的原栈顶地址减 1，使之指向新的栈顶地址。

堆栈操作指令对堆栈指针 SP 而言是寄存器间接寻址指令，对 direct 而言是直接寻址，所以编写程序时应注意 direct 所表示的是直接地址。例在 Keil 中认定 A、R1 为寄存器，ACC、01H 为直接地址；所以，指令 PUSH ACC、PUSH 01H、POP 01H 和 POP ACC 均为正确指令书写格式；而 PUSH A、PUSH R1、POP R1 和 POP A 均为错误书写格式。

【例 3-7】 写出以下程序每条指令的运行结果并指出（SP）的值。设（SP）初值为 07H。

```
        ORG   0000H
```

```
MOV  30H，#12H        ；(SP)=07H，(30H)=12H
MOV  A，#23H          ；(SP)=07H，(A)=23H
PUSH 30H              ；(SP)=08H，(08H)=12H
PUSH ACC              ；(SP)=09H，(09H)=23H
POP  30H              ；(30H)=23H，(SP)=08H
POP  ACC              ；(A)=12H，(SP)=07H
SJMP $
END
```

结果是（30H）=23H，而（A）=12H。即 30H 与 A 的内容进行了交换。从这个例子可以看出，使用堆栈时，利用"先进后出"的原则，可实现两地址单元的数据交换。

5. 数据交换指令

表 3-7 列出了数据交换指令、功能操作、机器代码和执行机器周期数。

表 3-7 数据交换指令、功能操作、机器代码和执行机器周期数

序号	指令	功能操作	解释	机器代码	机器周期数
25	XCH A，Rn	A←→(Rn)	A 的内容和片内 RAM 单元内容相交换	C8~CF	1
26	XCH A，direct	A←→(direct)		C5 direct	
27	XCH A，@Ri	A←→((Ri))		C6~C7	
28	XCHD A，@Ri	A←→((Ri))	低四位相交换，高四位不变	D6~D7	1
29	SWAP A	$A_{3\sim0}$←→($A_{7\sim4}$)	同一字节中高低四位互换	C4	1

【例 3-8】 设（A）=12H，（R5）=34H，指出执行下列程序段中每条指令后的结果。

程序如下：

```
ORG     0000H
MOV     A，#12H       ；(A)=12H
MOV     R5，#34H      ；(R5)=34H
XCH     A，R5         ；(A)←→(R5)，(A)=34H，(R5)=12H
SJMP    $
END
```

3.3.2 算术运算指令

1. 加法指令

表 3-8 列出了加法指令、功能操作、机器代码和执行机器周期数。

表 3-8 加法指令、功能操作、机器代码和执行机器周期数

序号	指令	操作	机器代码	机器周期数
1	ADD A，Rn	A←(A)+(Rn)	28~2F	1
2	ADD A，direct	A←(A)+(direct)	25 direct	1
3	ADD A，@Ri	A←(A)+((Ri))	26~27	1
4	ADD A，#data	A←(A)+data	24 data	1

这些指令分别将工作寄存器中的数、内部 RAM 单元中的数、以 Ri 内容为地址中的数或 8 位二进制立即数和累加器 A 中的数相加，并将“和”存放在 A 中。源操作数保持不变。若相加时第 3 位或第 7 位有进位时，则分别将 AC、C 标志位置 1；否则为 0。当运算的结果不在补码数范围（−128~+127）内时，OV=1；否则 OV=0

【例 3-9】 用符号标识法注释下列程序各指令的操作功能、结果及加法指令对标志位的影响。设 C=1，AC=1，OV=1。

```
ORG     0000H
MOV     34H，#18H     ;34H←18H，(34H) =18H，C=1，AC=1，OV=1
MOV     R0，#13H      ;R0←13H，(R0) =13H，C=1，AC=1，OV=1
MOV     A，34H        ;A← (34H)，(A) =18H，C=1，AC=1，OV=1
ADD     A，R0         ;A← (A) + (R0)，(A) =2BH，C=0，AC=0，OV=0
MOV     R1，#34H      ;R1←34H，(R1) =34H，C=0，AC=0，OV=0
ADD     A，@R1        ;A← (A) + ((R1))，(A) =43H，C=0，AC=1，OV=0
SJMP    $
END
```

其中两加法指令（执行前 C 分别为 1 和 0）的竖式算式表示如下：

```
    ADD  A，R0                          ADD  A，@R1
    (A)：18H   00011000             (A)：    2BH 00101011
+)  (R0)：13H  00010011         +)  ((R1))：18H 00011000
               00101011                      01000011
(A)=2BH，C=0，AC=0，OV=0        (A)=43H，C=0，AC=1，OV=0
```

2. 带进位 C 的加法指令（C 是此指令执行前的 C）

表 3-9 列出了带进位 C 的加法指令、功能操作、机器代码和执行机器周期数。这些指令执行后，累加器 A 中内容为“和”。若相加时第 3 位或第 7 位有进位时，则分别将 AC、C 标志位置 1；否则为 0。OV 标志与不带进位位的加法指令一样。

表 3-9 带进位 C 的加法指令、功能操作、机器代码和执行机器周期数

序号	指令	操作	机器代码	机器周期数
5	ADDC A，Rn	A←（A）+（Rn）+C	38~3F	1
6	ADDC A，direct	A←（A）+（direct）+C	35 direct	1
7	ADDC A，@Ri	A←（A）+（（Ri））+C	36~37	1
8	ADDC A，#data	A←（A）+#data+ C	34 data	1

【例 3-10】 用符号标识法注释下列程序各指令的操作功能、结果及带进位加法指令对标志位的影响。设 C=1，AC=1，OV=1。

```
ORG     0000H
MOV     A，#0E0H      ;A←E0H，(A) =E0H，C=1，AC=1，OV=1
ADDC    A，#28H       ;A← (A) +28H+C，(A) =09H，C=1，AC=0，OV=0
MOV     30H，#28H     ;30H←28H，(30H) =28H，C=1，AC=0，OV=0
ADDC    A，30H        ;A← (A) + (30H) +C，(A) =32H，C=0，AC=1，OV=0
SJMP    $
END
```

其中两带进位加法指令（执行前 C 均为 1）的竖式算式表示如下：

```
    ADDC   A，#28H                     ADDC  A，30H
（A）：E0H     11100000           （A）：9          00001001
       28H     00101000           （30H）：28H      00101000
+）    C              1           +）    C                1
               00001001                            00110010
（A）=09H，C=1，AC=0，OV=0        （A）=32H，C=0，AC=1，OV=0
```

3. 加 1 指令

表 3-10 列出了加 1 指令、功能操作、机器代码和指令执行机器周期。这些指令执行后，不影响 PSW 中的标志位 C、AC、OV。

表 3-10　加 1 指令、功能操作、机器代码和指令执行机器周期数

序号	指令	功能操作	机器代码（十六进制）	机器周期数
9	INC Rn	Rn←（Rn）+1	08~0F	1
10	INC direct	Direct←（direct）+1	05　direct	1
11	INC @Ri	（Ri）←（（Ri））+1	06~07	1
12	INC　A	A←（A）+1	04	1
13	INC　DPTR	DPTR←（DPTR）+1	A3	2

【例 3-11】　用符号标识法注释下列程序各指令的操作功能，并标出机器代码、结果及加 1 指令对标志位的影响。设（R1）=0FEH，（DPTR）=0FFFFH，C=0，AC=0，OV=0。

```
ORG     00H
INC     R1       ;机器代码 09，R1←（R1）+1，（R1）=FFH，C=0，AC=0，OV=0
INC     01H      ;机器代码 05 01，01H←（01H）+1，（01H）=00H，C=0，AC=0，OV=0
INC     DPTR     ;DPTR←（DPTR）+1，（DPTR）=0000H，C=0，AC=0，OV=0
SJMP    $
END
```

从执行结果可看出，执行加 1 指令对 C、AC、OV 不发生影响。

4. 带进位 C 减法指令

表 3-11 列出了带进位 C 减法指令、功能操作、机器代码和执行机器周期。减法操作会对 PSW 中标志位 C、AC、OV 产生影响。当减法有借位时，则 C=1；否则 C=0。若低 4 位向高 4 位有借位时，AC=1；否则 AC=0。若减法时最高位与次高位不同时发生借位时，OV=1；否则 OV=0。

表 3-11　带进位 C 减法指令、功能操作、机器代码和执行机器周期数

序号	指令	功能操作	机器代码（十六进制）	机器周期数
14	SUBB A，Rn	A←（A）–（Rn）–C	98~9F	1
15	SUBB A，direct	A←（A）–（direct）–C	95 direct	1
16	SUBB A，@Ri	A←（A）–（（Ri））–C	96~97	1
17	SUBB A，#data	A←（A）– #data–C	94 data	1

【例 3-12】 用减法竖式表明下列两条减法指令的执行情况。

（1）设（A）=83H，（30H）=53H，C=1，执行减法指令 SUBB A，30H；

（2）设（A）=C9H，（R0）=54H，C=0，执行减法指令 SUBB A，R0。

```
        SUBB   A，30H
（A）：    83H    10000011
（30H）：53H    01010011
-）C                   1
------------------------
               00101111
（A）=2FH，C=0，AC=1，OV=1，P=0
```

```
        SUBB   A，R0
（A）：   C9H     11001001
（R0）：54H     01010100
-）C                   0
------------------------
               01110101
（A）=75H，C=0，AC=0，OV=1，P=0
```

虽然没有不带进位 C 的减法指令，但可在带进位 C 的减法指令前将 C 清零（加清进位标志指令 CLR C）即可，其实际效果就是不带进位的减法运算。

5. 减 1 指令

表 3-12 列出了减 1 指令、功能操作、机器代码和指令执行机器周期数。这些指令执行后，不影响标志位 C、AC、OV。

表 3-12 减 1 指令、功能操作、机器代码和指令执行机器周期数

序号	指令	功能操作	机器代码（十六进制）	机器周期数
18	DEC Rn	Rn←（Rn）–1	18~1F	1
19	DEC direct	direct←（direct）–1	15 direct	1
20	DEC @Ri	（Ri）←（（Ri））–1	16~17	1
21	DEC A	A←（A）–1	14H	1

【例 3-13】 用符号标识法注释下列程序各指令的操作功能，并标出机器代码、结果及减 1 指令对标志位的影响。设（R1）=00H，（R0）=0H，C=0，AC=0，OV=0。

```
ORG     0000H
DEC     @R1     ;机器代码 17，（R1）←（（R1））–1，R0=FFH，C=0，AC=0，OV=0
DEC     R1      ;机器代码 19，R1←（R1）–1，（R1）=FFH，C=0，AC=0，OV=0
DEC     01H     ;机器代码 15 01，01H←（01H）–1，（01H）=FEH，C=0，AC=0，OV=0
SJMP    $
END
```

从执行结果可看出，减 1 指令执行对 C、AC、OV 不发生影响。

6. 十进制调整指令

表 3-13 列出了十进制调整指令、功能操作、机器代码和执行机器周期数。指令将 A 中按二进制相加后的结果调整成按 BCD 数相加的结果。

表 3-13 十进制调整指令、功能操作、机器代码和执行机器周期数

序号	指令	功能操作	机器代码	机器周期数
22	DA A	若[（$A_{3\sim0}$）>9]∨[（AC）=1]则 $A_{3\sim0}$←（$A_{3\sim0}$）+6 若[（$A_{7\sim4}$）>9]∨[（C）=1]则 $A_{7\sim4}$←（$A_{7\sim4}$）+6	D4	1

【例 3-14】 设计将两个 BCD 码数相加的程序。

程序如下：

```
ORG  0000H
MOV  A，#56H       ;将 56H 传送到 A 中，但表示的是 BCD 数 56
MOV  B，#67H       ;将 67H 传送到 B 中，但表示的是 BCD 数 67
ADD  A，B          ; C=0，（A）=0BDH，但数 0BDH 为二进制加法结果
                   ;要得出正确的 BCD 码的和数，必须对结果进行十进制调整
DA   A             ;调整后 C=1、（A）=23H、AV=1。C 中内容和 A 中内容构成的数正
                   ;是 BCD 和数 56+67=123，可见 C 中内容表示 BCD 的和数的百位
SJMP $
END
```

说明：① 指令 ADD A，B 和 DA A 共同完成了两 BCD 数的相加运算，即 56+67=123；

② 加法指令中（A）和（B）中的内容表示的是 BCD 数；

③ 指令 DA A 必须紧跟在 ADD 加法或 ADDC 带进位加法指令后，对结果进行十进制调整。调整过程：若两个 BCD 数相加后的和中，低 4 位大于 9，则低 4 位加 6 调整，若高 4 位大于 9，则高 4 位加 6 调整。该指令对 C 产生影响。本例可用下列竖式说明。

```
         0101 0110   ;表示 BCD 码 56
+)       0110 0111   ;表示 BCD 码 67
         1011 1101   ;是二进制加法结果，且高四位和低四位都大于 9
+)       0110 0110   ;DA A 调整，对高四位和低四位都加 6
C=1      0010 0011   ;调整结果得 BCD 和数为 123
```

BCD 和数：1 2 3

④ 不能用 DA 指令对减法操作的结果进行调整。

7. 乘除法指令

表 3-14 列出了乘除法指令、功能操作、机器代码和和执行机器周期数。

MUL 指令实现 8 位无符号数的乘法操作，被乘数与乘数分别放在累加器 A 和寄存器 B 中，执行后乘积为 16 位，低 8 位放在 A 中，高 8 位放在 B 中，并清进位标志 C 为 0。若乘积大于 FFH（255），溢出标志 OV 置位（1），否则复位（0）。乘法指令是整个指令系统中执行时间最长的两条指令之一。它需要 4 个机器周期（48 个振荡周期）完成一次操作，对于 12MHz 晶振的系统，其执行一次的时间为 4μs。

表 3-14 乘除法指令、功能操作、机器代码和和执行机器周期数

序号	指令	功能操作	机器代码	机器周期数
23	MUL AB	$B_{7\sim0}A_{7\sim0}$ ←（A）×（B）	A4	4
24	DIV AB	A←（A）/（B）的商 B←（A）/（B）的余数	84	

DIV 指令实现 8 位无符号数除法，一般被除数放在 A 中，除数放在 B 中，指令执行后，商放在 A 中，余数放在 B 中，并清进位标志 C 为 0，当除数为 0 时，此时 OV 标志置

位，说明除法溢出。

【例 3-15】 设被乘数为（A）=4EH，乘数为（B）=5DH，C=1，OV=0。注释出执行如下的程序后的结果。

```
ORG  00H
MOV  A，#4EH        ;将被乘数 4EH 传送到 A 中
MOV  B，#5DH        ;将乘数 5DH 传送到 B 中
MUL  AB             ;相乘后积为 1C56H，（A）=56H，（B）=1CH，C=0，OV=1
SJMP  $
END
```

【例 3-16】 设被除数（A）=FBH，除数（B）=12H，C=1，OV=1。注释出执行下列程序后的结果。

```
ORG  00H
MOV  A，#0FBH       ;将被除数 FBH 传送到 A 中
MOV  B，#12H        ;将除数 12H 传送到 B 中
DIV  AB             ;相除后商在 A 中，（A）=0DH，余数放在 B 中，（B）=11H，C=0，OV=0
SJMP  $
END
```

3.3.3 逻辑运算类及移位类指令

1. 逻辑与指令

表 3-15 列出了逻辑与指令、功能操作、机器代码和执行机器周期数。

表 3-15 逻辑与指令、功能操作、机器代码和执行机器周期

序号	指令	功能操作	机器代码	机器周期数
1	ANL A，Rn	A←（A）∧（Rn）	58~5F	1
2	ANL A，direct	A←（A）∧（direct）	55 direct	1
3	ANL A ，@Ri	A←（A）∧（(Ri)）	56~57	1
4	ANL A，#data	A←（A）∧ data	54 data	1
5	ANL direct，A	Direct←（direct）∧（A）	52 direct	1
6	ANL direct，#data	Direct←（direct）∧ data	53 direct data	2

【例 3-17】 设（A）=05H，（30H）=16H，执行指令 ANL A，30H 后，结果（A）=04H。程序如下：

```
ORG     0000H
MOV     A，#05H
MOV     30H，#16H
ANL     A，30H          ;A←（A）∧（30H），（A）=04H
SJMP    $
END
```

说明：ANL 与指令可用来取出目的操作数与源操作数的 1 对应位。如 ANL A，#0FH，结果为取出 A 中的低 4 位，将 A 的高 4 位清零，保留低 4 位。若 A 中 BCD 数为 0~9 的

ASCII 码 30H~39H，该指令执行后，则将 A 中的 BCD 数的 ASCII 码转换为 BCD 数。

2. 逻辑或指令

表 3-16 列出了逻辑或指令、功能操作、机器代码和执行机器周期数。

图 3-16　逻辑或指令、功能操作、机器代码和执行机器周期数

序号	指令	功能操作	机器代码	机器周期数
7	ORL A，Rn	A←（A）∨（Rn）	48~4F	1
8	ORL A，direct	A←（A）∨（direct）	45 direct	1
9	ORL A ，@Ri	A←（A）∨（(Ri)）	46~47	1
10	ORL A，#data	A←（A）∨ data	44 data	1
11	ORL direct，A	Direct←（direct）∨（A）	42 direct	1
12	ORL direct，#data	Direct←（direct）∨ data	43 direct data	2

【例 3-18】 设（A）=C3H，（R0）=55H，执行指令 ORL　A，R0 后，结果（A）=D7H。程序如下：

```
ORG     0000H
MOV     A，#0C3H
MOV     R0，#55H
ORL     A，R0           ；（A）←（A）∨（R0），（A）=D7H
SJMP    $
END
```

说明：ORL 指令可以用来将目的操作数和源操作数中的所有 1 位拼合在一起。

3. 逻辑异或指令

表 3-17 列出了逻辑异或指令、功能操作、机器代码和执行机器周期数。

表 3-17　逻辑异或指令、功能操作、机器代码和执行机器周期数

序号	指令	功能操作	机器代码	机器周期数
13	XRL A，Rn	A←（A）⊕（Rn）	68~6F	1
14	XRL A，direct	A←（A）⊕（direct）	65 direct	1
15	XRL A ，@Ri	A←（A）⊕（(Ri)）	66~67	1
16	XRL A，#data	A←（A ）⊕data	64 data	1
17	XRL direct，A	Direct←（direct）⊕（A）	62 direct	1
18	XRL direct，#data	Direct←（direct）⊕ data	63 direct data	2

【例 3-19】 设（A）=C3H，（R0）=AAH，执行指令 XRL　A，R0 后，结果（A）=69H。程序如下：

```
ORG     0000H
MOV     A，#0C3H
MOV     R0，#0AAH
XRL     A，R0           ;A←（A）⊕（R0），（A）=69H
SJMP    $
END
```

XRL 指令可以用来将累加器置零，指令是 XRL A，ACC。

XRL 指令还可以用来将目的操作数的内容求反，如指令 XRL A，#0FFH，就将 A 的内容取反。

4. 累加器清零、取反指令

表 3-18 列出了累加器清零、取反指令、功能操作、机器代码和执行机器周期数。这两类指令皆为单字节单周期指令。

表 3-18 累加器清零、取反指令、功能操作、机器代码和执行机器周期数

序号	指令	功能操作	机器代码（十六进制）	机器周期数
19	CLR A	A← 0	E4	1
20	CPL A	A←（！A）	F4	1

【例 3-20】 设（A）=55H，执行指令 CLR 后，结果（A）=0，接着再执行指令 CPL 后，结果（A）=FFH。程序如下：

```
ORG     0000H
MOV     A，#55H
CLR     A           ;A←0，（A）=0
CPL     A           ;A←（Ā），（A）=FFH
SJMP    $
END
```

5. 移位指令

MCS-51 单片机的移位指令只能对累加器 A 进行逻辑移位，一条指令只能移一位。移位有循环右移、循环左移、带进位循环右移和带进位循环左移 4 种。表 3-19 列出了移位指令、功能操作、机器代码和执行机器周期数。

表 3-19 移位指令、功能操作、机器代码和执行机器周期数

序号	指令	功能操作	机器代码	机器周期数
21	RL A	A_{n+1}←（A_n）；n＝6~0；A_0←（A_7）	23	1
22	RR A	A_n←（A_{n+1}）；n＝0~6，A_7←（A_0）	03	1
23	RLC A	A_{n-1}←（A_n）；n＝6~0，A_0←（C），C←（A_7）	33	1
24	RRC A	A_n←（A_{n+1}）；n＝0~6；A_7←（C）；C←（A_0）	13	1

（1）循环右移 RR

指令格式：RR A

指令的意义是将累加器 A 中的 8 位二进制数向右移动 1 位，最右边 1 位（即最低位）移至最左边 1 位（即最高位）。例如：

（A）=abcdefgh（abcdefgh 均为二进制数 1 或 0），循环右移指令执行后，（A）=habcdefg

（2）循环左移 RL

指令格式：RL A

指令的意义是将累加器 A 中的 8 位二进制数向左移动 1 位，最左边 1 位（即最高位）移至最右边 1 位（即最低位）。例如：

（A）=abcdefgh（abcdefgh 均为二进制数 1 或 0），循环左移指令执行后，（A）=bcdefgha。

（3）带进位循环右移 RRC

指令格式：RRC A

指令的意义是将累加器 A 和进位 Cy 中的 9 位二进制数一同向右移动 1 位，累加器 A 中的最右边 1 位（即最低位）移至 Cy，Cy（原内容）移至累加器 A 的最左边 1 位（即最高位）。例如：

（A）=abcdefgh，Cy=i（abcdefghi 均为二进制数 1 或 0），带进位循环右移指令执行后，（A）=iabcdefg，Cy=h。

（4）带进位循环左移 RLC

指令格式：RLC A

指令的意义是将累加器 A 中的 8 位二进制数和进位 Cy 一同向左移动 1 位，累加器 A 中的最左边 1 位（即最高位）移至 Cy，Cy（原内容）移至累加器 A 的最右边 1 位（即最低位）。例如：

（A）=abcdefgh，Cy=i（abcdefghi 均为二进制数 1 或 0），带进位循环左移指令执行后，（A）=bcdefghi，Cy=a。

【例 3-21】 移位指令常用于乘 2 和除 2 操作。如将 R7 中的无符号数乘以 2 送 R6 和 R7 的程序段如下：

```
        ADD     A，#00H         ;清 Cy
        MOV     R6，#00H        ;清 R6
        MOV     A，R7           ;R7 乘以 2
        RLC     A
        MOV     R7，A
        MOV     A，R6           ;R6 乘以 2
        RLC     A
        MOV     R6，A
```

以上程序段的执行过程如图 3-10 所示。

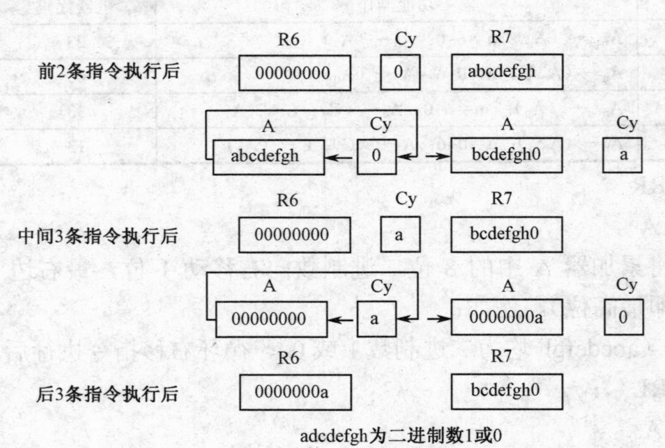

图 3-10 R7 中的无符号数乘以 2 送 R6 和 R7 的操作

3.3.4 控制转移类指令

控制转移类指令通过修改 PC 的内容来控制程序执行的流向。这类指令包括无条件转移指令、条件转移指令、比较转移指令、循环转移指令、子程序调用和返回指令、空操作指令等。

1. 无条件转移指令

表 3-20 列出了无条件转移指令、功能操作、机器代码和执行机器周期数。

表 3-20 无条件转移指令、功能操作、机器代码和执行机器周期

序号	指令	功能操作	机器代码（十六进制）	机器周期数
1	LJMP addr16 长转移	PC←$addr_{15\sim0}$	02 $addr_{15\sim8}$ $addr_{7\sim0}$	2
2	AJMP addr11 绝对转移	PC←（PC）+2 $PC_{10\sim0}$←指令中的 $addr_{10\sim0}$	$a_{10}a_9a_8$0 0001 $addr_{7\sim0}$	2
3	SJMP rel 相对短转移	PC←（PC）+2 PC←（PC）+rel	80　相对地址	2
4	JMP @A+DPTR 间接长转移	PC←（A）+（DPTR）	73	2

（1）长转移指令：LJMP addr16

本指令为三字节指令，其转移的目标地址范围在 ROM 的 64KB 中，addr16 一般用代表转移地址的标号表示，也可以是 ROM 中的地址。若 addr16 为 1234H，则执行 LJMP 1234H 后，转移到 ROM 中的 1234H 处。

（2）绝对转移指令：AJMP addr11

该指令为二字节指令。若该指令地址为（PC），执行指令时，先（PC）←（PC）+2（本指令字节数），使 PC 的内容指向该指令的下一条指令地址；这时（PC）内容的高 5 位 PC_{15}~PC_{11} 决定页。对该 5 位而言，它的变化范围为 00000~11111（0~31），所以共有 32 个页，对应页号为 0~31，每页对应的地址范围不同，见表 3-21。但每页地址范围的字节数都是 2KB（因 11 位二进制数的范围是 0~7FFH），真正转移的地址是 ROM 中的某个 16 位地址，其高 5 位必须是该指令的下一条指令地址的高 5 位（表示页号），它可在下一条指令地址之前或之后。但该地址不能超出对应页号的 2KB 地址范围；否则出错。

表 3-21 ROM 空间中 32 个（页）2KB 地址范围（省去十六进制后缀 H）

页号	地址范围	页号	地址范围	页号	地址范围	页号	地址范围
0	0000~07FF	8	4000~47FF	16	8000~87FF	24	C000~C7FF
1	0800~0FFF	9	4800~4FFF	17	8800~8FFF	25	C800~CFFF
2	1000~17FF	10	5000~57FF	18	9000~97FF	26	D000~D7FF
3	1800~1FFF	11	5800~5FFF	19	9800~9FFF	27	D800~DFFF
4	2000~27FF	12	6000~67FF	20	A000~A7FF	28	E000~E7FF
5	2800~2FFF	13	6800~6FFF	21	A800~AFFF	29	E800~EFFF
6	3000~37FF	14	7000~77FF	22	B000~B7FF	30	F000~F7FF
7	3800~3FFF	15	7800~7FFF	23	B800~BFFF	31	F800~FFFF

该指令机器代码为两字节。第一字节的低五位是 00001，是指令操作码；其高 3 位是低 11 位地址的前三位。第二字节是低 11 位地址的后八位。这是该指令机器代码结构上的特点。

若该指令正好在某页地址范围的最后两个单元，则绝对转移地址将在下一页 2KB 的地址范围内（例指令地址在 0 页中的 07FE、07FF 单元，则绝对转移地址应在 1 页的 0800~0FFF 内）。

实际编程时，汇编语言指令 AJMP addr11 中“addr11”往往是代表绝对转移地址的标号或 ROM 中的某绝对转移的十六位地址。经汇编后自动翻译成相对应的绝对转移机器代码。所以不要将“addr11”理解成一个 11 位地址，而应理解为该指令的下一条指令地址高 5 位所决定的页内的“绝对转移”地址。

【例 3-22】 若绝对转移指令 AJMP 1789H 的地址为 1500H，试讨论用 Keil 汇编此指令是否会成功？若出错不成功，请说明出错原因；若成功，请写出该指令的机器代码。

本指令下一条指令的地址为 1500H+2H=1502H，二进制表示（高位在前）为 00010101 00000010。该地址高五位为 00010，对应页号为 2，从表 3-21 查得该页 2KB 地址范围为 1000H~17FFH。因绝对转移地址为 1789H，正好在该页的 2KB 地址范围之中。所以用 Keil 汇编此指令结果为成功。

转移地址 1789H 的二进制表示为 0001011110001001，它的低 11 位地址为 11110001001，而该低十一位地址中的高 3 位是 111，它作为高 3 位与指令操作码 00001 构成指令的第一字节 11100001，即 E1H；指令的第二字节是低 11 位地址的低八位 10001001，即 89H。最后指令的机器代码为 E189。

（3）相对短转移指令：SJMP rel

机器代码是：80 相对地址。

其中“相对地址”是用补码表示的单字节带符号偏移字节数，取值范围为−128~+127。

执行该指令的操作是：若该指令地址为（PC），（PC）加本指令字节数 2 就是[（PC）+2]，它就是下一条指令的首地址，然后把它和“相对地址”相加就是“目标转移地址”。

所以“目标转移地址”=[（PC）+ 相对短转移指令字节数 2] +“相对地址”

因而“相对地址”=“目标转移地址”−［（PC）+相对短转移指令字节数 2］

对应的汇编语言指令 SJMP rel 中的符号“rel”实际上表示的是“目标转移地址”，只是要求该地址应在相对于该指令下一指令地址的−128~+127 字节的范围内，即“有相对意义的目标转移地址”。汇编 SJMP rel 指令后自动生成“相对地址”，其指令的机器代码为“80 相对地址”。

【例 3-23】 若指令 SJMP $ 的地址为 30H，求该指令的机器代码。

根据题意（PC）=30H，“$”表示“目标转移地址”为此指令的首地址，所以也等于 30H，将它们代入上述相对地址计算式可得：

相对地址=30H−（30H+2）=−2；−2 的补码为 FEH，所以 SJMP $ 的机器代码为[80 FE]。

因执行此指令后的转移地址为该指令的首址，所以指令将实现“原地”转圈的运行状态。

AT89C51 单片机指令系统中，没有停机指令，通常就用指令 SJMP $ 实现动态停机的操作。

（4）间接长转移指令：JMP @A+DPTR

机器代码为 73。转移地址由 DPTR 中的内容和 A 中的内容相加而成。即转移的目的地址=A+DPTR。该指令以 DPTR 的内容为基地址，A 的内容作变址。因此只要把 DPTR 的值固定，而给 A 赋予不同的值，即可实现程序的多分支转移。如有多个分支程序，这些分支程序通过绝对转移指令 AJMP 进行转移，把这些转移指令按序填入转移表中。假定分支序号值在 R7 中，则可以用如下的程序段实现多分支转移。

```
            MOV A，R7
            CLR C                    ;分支序号值乘以 2
            RLC A
            MOV DPTR，#JPTAB         ;转移表首址送 DPTR
            JMP@A+DPTR               ;实现散转
    JPTAB：AJMP ROUT0                ;转分支程序 ROUT0
            AJMP ROUT1               ;转分支程序 ROUT1
            ⋮
            AJMP ROUTN               ;转分支程序 ROUTN
    ROUT0：  …
    ROUT1：  …
            ⋮
    ROUTN：…
```

其中，CLR C 指令和 RLC A 指令把分支序号值乘以 2 的原因是 AJMP 指令为 2 字节指令。分支实现过程是根据分支序号值，通过了 JMP @A+DPTR 指令转向 JPTAB 表中的某一条 AJMP 指令，把程序转移到指定的分支程序。因此这种分支实际上是通过两次转移而实现的。使用这种方法最多可实现 128 个分支的程序的转移，所以 ROUTN 中的 N 最大取值为 127。

思考一下。如将 AJMP 指令换成 LJMP 指令，ROUTN 中的 N 最大取值又是多少呢？

2. 条件转移指令

条件转移指令包含累加器 A 判零转移、比较条件转移和循环转移（减 1 条件）指令等。

（1）条件转移指令

表 3-22 列出了条件转移指令、功能操作、机器代码和执行机器周期数。条件转移指令执行的操作是：条件成立，PC 的当前地址加上偏移量（rel），条件不成立，不进行上述操作，即执行条件转移指令的下一条指令。

表 3-22 条件转移指令、功能操作、机器代码和执行机器周期数

序号	指令	功能操作		机器代码	机器周期数
5	JZ rel	若（A）=0	PC←（PC）+2+相对地址	60 相对地址	2
		若（A）≠0	PC←（PC）+2		
6	JNZ rel	若（A）≠0	PC←（PC）+2+相对地址	70 相对地址	
		若（A）=0	PC←（PC）+2		
7	JC rel	若（Cy）=1	PC←（PC）+2+相对地址	40 相对地址	2
		若（Cy）=0	PC←（PC）+2		
8	JNC rel	若（Cy）=0	PC←（PC）+2+相对地址	50 相对地址	
		若（Cy）=1	PC←（PC）+2		
9	JB bit，rel	若（bit）=1	PC←（PC）+3+相对地址	20bit 相对地址	3
		若（bit）=0	PC←（PC）+3		

续表

序号	指令	功能操作		机器代码	机器周期数
10	JNB bit，rel	若（bit）=0	PC←（PC）+3+相对地址	30bit 相对地址	
		若（bit）=1	PC←（PC）+3		
11	JBC bit，rel	若（bit）=1	PC←（PC）+3+相对地址；且（bit）=0	10bit 相对地址	
		若（bit）=0	PC←（PC）+3		

上述汇编语言指令中“rel”的意义和转移地址范围均与相对短转移指令 SJMP rel 中的“rel”相同。

【例 3-24】 给定 R0 中值后，再执行下列程序，分析程序运行过程及结果。

```
        ORG     0000H
        MOV     A，R0
        JZ      L1              ；（A）=0 转 L1
        MOV     R1，#00H
        AJMP    L2
L1：    MOV     R1，#0FFH
L2：    SJMP    L2
        END
```

如果在执行上面这段程序前（R0）=0，则移到 L1 执行，因此最终的执行结果（R1）=0FFH。

如果（R0）≠0，则顺序执行，也就是执行 MOV R1，#00H 指令。最终的执行结果（R1）=0。

（2）比较条件转移指令（影响 C 标志）

比较条件转移指令均为 3 字节。表 3-23 列出了比较条件转移指令、功能操作、机器代码和执行机器周期数。指令中都有 3 个操作数，可用操作数 1、操作数 2、操作数 3 表示。其中“rel”（操作数 3）的意义和转移地址范围均与相对短转移指令 SJMP rel 中的“rel”意义相同。

表 3-23 比较条件转移指令、功能操作、机器代码和执行机器周期数

序号	指令	功能操作		机器代码	机器周期数
12	CJNE A，#data，rel	若（A）≠data	PC←（PC）+3+相对地址	B4 data 相对地址	2
		若（A）= data	PC←（PC）+3		
13	CJNE A，direct，rel	若（A）≠（direct）	PC←（PC）+3+相对地址	B5 direct 相对地址	
		若（A）=（direct）	PC←（PC）+3		
14	CJNE Rn，#data，rel	若（Rn）≠data	PC←（PC）+3+相对地址	B8~BF data rel 相对地址	
		若（Rn）=data	PC←（PC）+3		
15	CJNE @Ri，#data，rel	若（(Ri)）≠ data	PC←（PC）+3+相对地址	B6~B7 data 相对地址	
		若（(Ri)）= data	PC←（PC）+3		

若操作数 1 中的内容≥操作数 2 或其中内容，则 C=0；否则，C=1。显然，可用此实现对大于、小于和等于的判断。指令如下：

CJNE dest，source，$+3;dest 为目的操作数，source 为源操作数，$+3 为下条指令的地址

JNC rel 或 JC rel　　　;等不等都执行该条件转移指令

例如，若（R6）=68H，CJNE R6，#98H，85H 指令的地址为 0100H，执行指令则转移到 ROM 中地址 0085H 处执行程序，且 C=1。

（3）循环转移指令

表 3-24 列出了循环转移指令、功能操作、机器代码和执行机器周期数。汇编语言指令中“rel”的意义和转移地址范围均与相对短转移指令 SJMP rel 中的“rel”意义相同。

表 3-24　循环转移转移指令、功能操作、机器代码和执行机器周期数

序号	指令	功能操作	机器代码	机器周期数
16	DJNZ Rn，rel	Rn←（Rn）–1，n＝0~7	D8~DF 相对地址	2
		若（Rn）≠0，PC←（PC）+2+相对地址		
		若（Rn）＝0，PC←（PC）+2		
17	DJNZ direct，rel	direct←(direct) –1	D5 direct 相对地址	
		若（direct）≠0，PC←（PC）+3+相对地址		
		若（direct）＝0，PC←（PC）+3		

该指令执行的操作是将目的操作数执行减 1 操作，并再判别目的操作数是否等于 0，若不等于 0，则转去有相对意义的目标转移地址（rel），否则顺序执行。目的操作数可以为 Rn 和内部 RAM 或 SFR。目的操作数是 Rn，则它是 2 字节的相对转移指令；目的操作数是内部 RAM 或 SFR，则它是 3 字节的相对转移指令。

3. 子程序调用和返回指令

表 3-25 列出了子程序调用和返回指令、功能操作、机器代码和执行机器周期数。

表 3-25　子程序调用和返回指令、功能操作、机器代码和执行机器周期数

序号	指令	功能操作	机器代码	机器周期数
18	ACALL addr11 绝对调用	PC←（PC）+2	$a_{10}a_9a_8$10001 $addr_{7\sim0}$	2
		SP←（SP）+1，（SP）←（$PC_{7\sim0}$）		
		SP←（SP）+1，（SP）←（$PC_{15\sim8}$）		
		$PC_{10\sim0}$←Addr11[注：它应在该指令的下条指令所在页内的 2KB 地址范围内（参看表 3-23）]		
19	LCALL addr16 长调用	PC←（PC）+3	00010010 $addr_{15\sim8}$ $addr_{7\sim0}$	
		SP←（SP）+1，（SP）←（$PC_{7\sim0}$）		
		SP←（SP）+1，（SP）←（$PC_{15\sim8}$）		
		$PC_{15\sim0}$←Addr16		
20	RET 子程序返回	$PC_{15\sim8}$←（(SP)），SP←（SP）–1	22	2
21	RETI 中断返回	$PC_{7\sim0}$←（(SP)），SP←（SP）–1	32	

（1）绝对调用子程序和返回指令

绝对调用子程序指令为 2 字节指令。功能操作除有堆栈和返回操作外，其余与绝对转移指令 AJMP addr11 雷同。由指令调用的子程序入口地址应在该指令的下一条指令地址所在页内的 2KB 地址范围内（参看表 3-21）。子程序最后一条指令应是子程序返回指令

RET。其作用是返回到原先调用子程序指令的下一条指令的首地址处。

（2）长调用子程序和返回指令

长调用子程序指令为 3 字节指令。该指令调用的子程序入口地址可以是 ROM 中的任一地址。子程序最后一条指令应是子程序返回指令 RET。其作用是返回到原先调用子程序指令的下一条指令的首地址处。

（3）中断返回指令

该返回指令在中断中使用，是中断服务子程序的最后一条指令。具体功能操作在关于中断的章节中介绍。

4. 空操作指令 NOP

NOP；PC←（PC）+1，机器代码为 00H。

这是一条单字节单机器周期控制指令，执行这条指令仅使（PC）加 1，耗 1 个机器周期，常用来延时。

3.3.5 位操作指令

表 3-26 列出了位操作指令、功能操作、机器代码和执行机器周期数。位操作指令的操作数不是字节，而只是字节中的某一位，每位取值只能是 0 或 1。位操作指令有位传送、位置位和位清零操作，以及位运算、位控制转移指令。注意，本书已将位控制转移类归于控制转移类指令中。

表 3-26 位操作指令、功能操作、机器代码和执行机器周期数

序号	位指令类型	指令	机器代码	机器周期数	功能操作
1	位传送	MOV C，bit	A2 bit	1	Cy←（bit）
2		MOV bit，C	92 bit		bit←（Cy）
3	位置位和位清零	CLR C	C3		Cy←0
4		CLR bit	C2		bit←0
5		SETB C	D3		Cy←1
6		SETB bit	D2		bit←1
7	位运算	ANL C，bit	82 bit	2	Cy←（Cy）∧（bit）∨
8		ANL C，/bit	B0 bit		Cy←（Cy）∧（/ bit）
9		ORL C，bit	72 bit		Cy←（Cy）∨（bit）
10		ORL C，/bit	A0 bit		Cy←（Cy）∨（/ bit）
11		CPL C	B3	1	Cy←（/Cy）
12		CPL bit	B2		Bit←（/bit）

为便于阅读程序和设计程序，位寻址的表示方法有四种。

① 直接使用位地址，例如：

```
MOV C，7FH              ;C←（7FH）
```

其中，7FH 是位地址，它表示内 RAM 区中 2FH 的最高位 D7。

② 采用字节某位的表示法，此时可将上例改写为：

```
MOV C，2FH.7            ;C←2FH.7
```

③ 可位寻址的特殊功能寄存器名+位数的命名法，例如，累加器 A 中最高位可以表示为 ACC.7，可以把 ACC.7 位状态送到进位标志位 C 的指令是：

```
MOV C，ACC.7            ;C←ACC.7
```

④ 经伪指令定义后的字符名称，例如：

```
BUSY  BIT  P3.2  ;BUSY=P3.2
JB BUSY，$
```

3.4 MCS-51 单片机伪指令

汇编语言的特点之一是用助记符表示指令所执行的操作，而它的另一个特点就是在操作数中使用符号。在源程序中使用符号给编程带来了极大的方便，但却给汇编带来困难。因为汇编程序无法区分源程序中的符号是数据还是地址。汇编语言为了解决这个问题，使汇编程序准确而顺利地完成汇编工作，专门设置了伪指令。

伪指令仅为汇编程序将符号指令翻译成机器指令提供信息，没有与它们对应的机器指令，汇编时，它们不生成代码，汇编工作结束后它们就不存在了。

汇编语言的伪指令较多，本书仅介绍 MBUG 汇编器中的一部分，不做全面的介绍。

3.4.1 常量和标号

为了表示某个存储单元的地址、数据，需要定义一些符号，符号必须是以字母开始的一串字符。MBUG 汇编语言中定义的符号有常量和标号两类。

1. 常量

常量是指那些在汇编时已经有确定数值的量。常量可以数值形式出现在符号指令中，这种常量称做数值常量；也可将那些经常使用的数值预先给它定义一个名字，然后用该名字来表示该常量，这种常量称做符号常量。

为便于程序设计，数值常量有多种表示形式。常用的有二进制数、十进制数、十六进制数和 ASCII 码字符。ASCII 码字符用做数值常量时，需用引号引起来，如‘A’、‘BC’、‘$’等。

符号常量由伪指令 EQU 定义，其格式是：

常量名 EQU 表达式

例如，P EQU 314

汇编程序不给符号常量分配存储单元，它可以使源程序简洁明了，改善程序的可读性，可方便地实现参数的修改，增强程序的通用性。

汇编语言允许对常量进行算术（+、−、×、/、MOD）、逻辑（AND、OR、XOR、NOT）和关系（EQ、NE、LT、GT、LE、GE）3 种运算。由常量和这 3 种运算符组成的有意义的式子，称做**数值表达式**。数值表达式的值的计算是在汇编时进行的，其结果仍为一数值常量。因此，数值表达式也可以出现在源程序中，正确地使用数值表达式能给程序设计带来极大的方便。

2. 标号

MCS-51 MBUG 把标号分为数据标号和指令标号两类。

（1）数据标号

数据标号是程序存储器中的数据或数据区的符号表示。数据标号名即是数据的地址或数据区的首地址。同数值表达式一样，由数据标号、常量、间址寄存器和运算符组成的有意义的式子称做地址表达式。指令中的存储器操作数可以用数据标号或地址表达式给出。数据标号用数据定义伪指令 DB（定义字节）和 DW（定义字）来定义。其格式是：

[数据标号名] 数据定义伪指令 表达式[，…]

若无数据标号名则为定义无名数据区。表达式确定了数据标号的初值，所使用的表达式可以是以下几种。

① 数值表达式；

② ASCII 码字符串（用 DW 定义数据标号时，串长度只能是 1 个字符）；

③ 地址表达式；

④ 以上表达式组成的序列，各表达式用逗号分隔。

用 DW 定义的字数据标号占用两个存储单元，低地址单元存放的是字的高字节，高地址单元存放的是字的低字节。下面用一个综合实例说明常量与标号的综合应用。

【例 3-25】 请写出以下指令经汇编后，从 ROM 开始的 0100H 单元开始的相继地址单元的赋值。

```
ORG      0100H
S1:      DB       34，34H，0101B，"a"，'23'
S2:      DW       3343H，12H，
COUNT    EQU      09H
         DW       S1，S2
```

以上指令经汇编后，从 ROM 地址 0100H 开始的相继地址单元中赋值如下：

```
（0100H）=22H      ;为十进制 34 对应的十六进制
（0101H）=34H      ;为十六进制
（0102H）=05H      ;为二进制 0101B 对应的十六进制数
（0103H）=61H      ;“a”的 ASCII 码
（0104H）=32H      ;“2”的 ASCII 码
（0105H）=33H      ;“3”的 ASCII 码
（0106H）=33H      ;字的高 8 位
（0107H）=43H      ;字的低 8 位
（0108H）=00H      ;字的高 8 位没有，补 00H
（0109H）=12H      ;字的低 8 位
（010AH）=01H      ;S1 标号地址字的高 8 位
（010BH）=00H      ;S1 标号地址字的低 8 位
（010CH）=01H      ;S2 标号地址字的高 8 位
（010DH）=06H      ;S2 标号地址字的低 8 位
```

注意

由于 COUNT 是常量，它不占用 ROM 空间，仅赋值 COUNT=09H。

（2）指令标号

指令标号是指令地址的符号表示。对于多字节指令，仅其机器指令的操作码地址为指令地址。指令标号用冒号“：”定义，直接写在指令前，如标号 CYCLE 的定义为：

LOOP：MOV A，@R0

3.4.2 常用伪指令

汇编语言中常用的伪指令有 8 条，见表 3-27。下面将分别介绍。

表 3-27 常用伪指令表

伪指令名称（英文含义）	伪指令格式	作用
ORG（origin）	ORG Addr16	汇编程序段起始
END	END	结束汇编
DB（Define Byte）	DB 8 位二进制数表	定义字节
DW（Define Word）	DW 十六位二进制数表	定义字
DS（Define Storage）	DS 表达式	定义预留存储空间
EQU（equate）	字符名称 EQU 数据或汇编符	给左边的字符名称赋值
DATA（Define Lable Data）	字符名称 DATA 表达式	数据地址赋值，定义标号数值
BIT	字符名称 BIT 位地址	位地址赋值

1. ORG——汇编程序段起始伪命令

格式：ORG Addr16

功能；规定下一程序段的起始地址，例如：

```
        ORG   30H              ;指出下一程序段的起始地址为 30H
STAR:   MOV   P1，#0           ;（P1）←0
        ………
```

第一句伪指令指出下一程序段的起始地址为 30H，所以，标号 STAR 所代表的地址就为 30H。一个汇编语言程序（通常称源程序），可以有多个 ORG 伪指令，以规定不同的程序段的起始地址。但要符合程序地址从小到大的顺序，不同的程序段不能相同。还要注意，一个源程序第一条指令的机器代码必须存放在 ROM 中的 0000H 地址单元。通常在该源程序开头使用伪指令 ORG 0000H。ORG 与 Addr16 之间要用空隔符分开。

2. END——结束汇编伪指令

格式：END

功能：一般放在程序的结尾，表示汇编到此结束；在 END 后面的指令不汇编。

3. EQU——赋值伪指令

EQU 在 3.4.1 节已经介绍过。汇编软件自动把 EQU 右边的“数据或汇编符号”赋给左边的“字符名称”。（本书采用汇编软件 Keil，注意，不同汇编软件可能有些不同）

“字符名称”不是标号，不能用“：”作分隔符。字符名称、EQU、数据或汇编符号之间要用空隔符分开。用 EQU 伪指令赋值的字符名称可以用做数据地址、寄存器、代码地址、位地址或者当做一个立即数来使用。给字符名称所赋的值可以是 8 位或 16 位的数据或地址。字符名称一旦被赋值，它就可以在程序中作为一个数据或地址使用。通过 EQU 赋值的字符名称不能被第二次赋值，即一个字符名称不可以指向多个数据或地址。

字符名称必须先定义后使用，所以该语句通常放在源程序的开头。

4. DATA——数据地址赋值伪指令

格式：字符名称　DATA　表达式

功能：将数据、地址、表达式赋值给规定的字符名称。字符名称、DATA 与表达式之间要用空隔符分开，例如：

```
FST     DATA    30H           ;用 FST 代表 30H
SEC     DATA    FST*2+8       ;用 SEC 代表表达式
ORG     00H
MOV     A，FST                ;A←（FST）
MOV     R1，#SEC              ;R1←SEC
SJMP    $
END
```

可见，DATA 伪指令可将一个表达式赋给字符名称，所定义的字符变量也可出现在表达式中。

5. DB——定义字节伪指令

DB 在 3.4.1 节已经介绍。

6. DW——定义字伪指令

DW 在 3.4.1 节已经介绍。

7. DS——定义预留存储空间伪指令

格式：DS　表达式

功能：从指定的地址开始预留一定数量的内存单元。预留单元数量由 DS 语句中“表达式”的值决定，例如：

```
ORG     100H
DS      7
CLR     A
```

汇编后从 100H 单元开始，保留 7 字节的内存单元，然后从 107H 放置指令“CLR A”的机器码 0E4H，即（107H）=E4H。

8. BIT——定义位地址伪指令

格式：字符名称　BIT　位地址

功能：将位地址赋值给写出的字符名称，例如：

```
FT1   BIT   P0.0
FT2   BIT   ACC.1
```

把 P0.0 和 ACC .1 的位地址分别赋于字符名称 FT1 和 FT2。在以后的编程中 FT1、FT2 可作位地址用。

3.4.3 手工汇编和机器汇编

1. 手工汇编

在单片机应用中，对于简单的应用程序，还存在着手工编程键盘输入这种纯手工作业的方式。即先把程序用助记符指令写出，然后通过查指令编码表，逐个把助记符指令“翻译”成机器码，最后再把机器码的程序输入单片机，进行调试和运行。通常把这种查表翻译指令的方法称为手工汇编。

由于手工编程是按绝对地址进行定位，所以手工汇编时要根据转移的目标地址计算转移指令的偏移量，不但麻烦而且容易出错。此外，对汇编后的目标程序，如需增加、删除或修改指令，就会引起其后各条指令地址的改变，转移指令的偏移量也要随之重新计算。因此手工编程和汇编不是理想的方法，通常只有小程序或受条件限制时才使用，如下例所示：

源程序			地址	目标程序（机器代码）	
				第一次汇编	第二次汇编
	ORG	1000H			
START：	MOV	R0，BUFFER-1	1000	A82F	A82F
	MOV	R2，#00H	1002	7A00	7A00
	MOV	A，@R0	1004	E6	E6
	MOV	R3，A	1005	FB	FB
	INC	R3	1006	0B	0B
	SJMP	NEXT	1007	80NEXT	8005
LOOP：	INC	R0	1009	08	08
	CJNE	@R0，#44H，NEXT	100A	B644NEXT	B64401
	INC	R2	100D	0A	0A
NEXT：	DJNZ	R3，LOOP	100E	DBLOOP	DBF9
	MOV	RESULT，R2	1010	8A2A	8A2A
	SJMP	$	1012	80FE	80FE
BUFFER	DATA	30H			
RESULT	DATA	2AH			
	END				

第一次汇编：确定地址，翻译成各条机器码，字符标号原样写出；

第二次汇编：标号代真，将字符标号用所计算出的具体地址值或偏移量代换。

2. 机器汇编

机器汇编是指借助于微型机或开发器进行单片机的程序设计。通常都是使用编辑软件（本书使用的是 Keil 软件）进行源程序的编辑，编辑完成后，生成一个由汇编指令和伪指令组成的 ASCII 码文件，其扩展名为“.ASM”，机器编辑可以大大减轻手工编程的烦琐劳动。

它有两次扫描过程：

第一次扫描：检查语法错误，确定符号名字；建立使用的全部符号名字表；每一符号名字后跟一对应值（地址或数）。

第二次扫描：是在第一次扫描基础上，将符号地址转换成真地址（代真）；利用操作码表将助记符转换成相应的目标码。

3.5 汇编语言程序设计

1. 程序设计步骤

根据任务要求，采用汇编语言编制程序的过程称为汇编语言程序设计。接收研发项目任务书后，从拟制设计方案、编程序、调试直到通过，通常分为以下六步。

（1）明确任务、分析任务、构思程序设计基本框架

根据项目任务书，明确功能要求的技术指标，构思程序设计基本框架是程序设计的第一步。若设计任务较大或较复杂，可将程序划分为多个程序模块，每个模块完成特定的子任务，这种程序设计也称模块化设计方法。

（2）合理使用单片机资源

单片机资源有限，合理使用单片机资源很重要，它能使程序占用 ROM 少，执行速度快，处理突发事件强，工作稳定可靠。例如，若定时精度要求较高，则应采用定时/计数器；若要求及时处理片内、片外发生的事件，宜采用中断；若要求用多个 LED 数码管，则宜采用动态扫描方式，以减少使用 I/O 口的数目。

确定好存放初始数据、中间数据、结果数据的存储器单元。安排好工作寄存器、特殊寄存器、堆栈及其他内 RAM 存储单元，也属合理使用单片机资源内容。

（3）选择算法、优化算法

一般单片机应用设计，都有逻辑运算、数学运算的要求。对要求逻辑运算、数字运算的部分，要合理选择算法和优化算法，力求程序占用 ROM 少，执行速度快。

（4）设计程序流程图

根据构思的程序设计框架设计好程序流程图。流程图包括总程序流程图、子程序流程图和中断服务程序流程图。程序流程图使程序设计形象、程序设计思路清晰。

（5）编写程序

编写程序是程序设计实施的步骤，要力求正确、简练、易读、易改。

（6）程序调试

程序调试是检验程序设计正确性的必经步骤。要借助单片机开发工具进行调试，一般可分为以下两步。

① 程序汇编。通过汇编工具（如 Keil）进行汇编，汇编通过则说明汇编语言程序没计语法正确。

② 仿真调试。例如，用万利 52P 型单片机仿真器进行调试，通过后则说明程序设计符合设计任务要求，是正确的程序设计。或用“单片机系统的 Proteus 设计与仿真平台”来进行程序设计仿真调试。

2. 程序设计流程图

程序流程图设计既是程序设计前的准备阶段，又是程序的结构设计阶段。对于一个较大或较复杂的设计任务，还应根据实际情况，把总设计任务划分为若干子任务，并分别绘制出总流程图和相应的子流程图。因此程序流程图不仅可以体现程序的设计思想，而且可使设计的程序条理，层次清楚，易读，易懂，易修改。

流程图由各种示意图形、符号、指向线、说明、注释等组成。用来说明程序执行各阶段任务处理和执行走向。表 3-28 列出了常用的流程图符号。

表 3-28　流程图符号和说明

符号	名称	功能
	起止框或结束框	程序的开始或结束
	处理框	各种处理操作
	判断框	条件转移操作
	输入/输出框	输入/输出操作
	流程线	描述程序的流向
	引入引出连线	流向的连接

3. 程序设计技巧

在进行程序设计时，应注意以下事项及技巧。

（1）尽量采用循环结构和子程序。这样可以使程序的总容量大大减少，提高程序的编写和执行效率，节省内存。采用多重循环时，要注意各重循环的初值和循环结束条件。

（2）尽量采用模块化设计方法，使程序有条理，层次清楚，易读，易懂，易修改。

（3）尽量少用无条件转移指令。这样可以使程序条理更清楚，从而减少错误。

（4）对于子程序考虑到其通用性，要考虑保护现场和恢复现场。

（5）由于中断请求是随机产生的，所以在中断处理程序中，更要注意保护现场和恢复现场。除了要注意保护和恢复程序中用到的寄存器外，还要注意专用寄存器 PSW 的保护和恢复。

（6）采用累加器 A 传递参数。用累加器 A 传递入口参数或返回参数比较方便，即在调用子程序时，通过累加器传递程序的入口参数，或反过来，通过累加器 A 向主程序传递返回参数。

3.5.1 顺序程序设计

顺序结构程序是按程序顺序一条指令紧接一条指令执行的程序。顺序结构程序是所有程序设计中最基本的程序结构，是应用最普遍的程序结构。它是实际编写程序的基础。

【例 3-26】 设计一个顺序结构程序，将内部 RAM 30H 中的数据送到内 RAM 的 40H 和外 RAM 的 40H 中，再将内 RAM 30H 和 31H 的数据相互交换。设（30H）=16H，（31H）=28H。

解：程序流程图如图 3-11 所示，为顺序结构程序。汇编语言程序如下：

```
        ORG     00H
        SJMP    STAR
        ORG     30H
STAR:   MOV     30H，#16H
        MOV     31H，#28H
        MOV     A，30H          ;A←（30H）
        MOV     40H，A          ;40H←（A），（A）=16H
        MOV     R0，#40H        ;R0←40H
        MOV     P2，#00H        ;P2←00H
        MOVX    @R0，A          ;外 0040H←（A）
        XCH     A，31H          ;（A）与（31H）数据互换
        MOV     30H，A          ;30H←（A）
        SJMP    $
        END
```

结果：（40H）=16H，（0040H）=16H ，（30H）=28H，（31H）=16H。

【例 3-27】 设计一个顺序程序，求解 Y=（3×X+4）×5÷8−1。X 的取值范围为 0~15，X 值存放于 30H 中，设（X）=4，计算结果 Y 存放在 31H 中。

解：程序设计流程图如图 3-12 所示。设计程序如下：

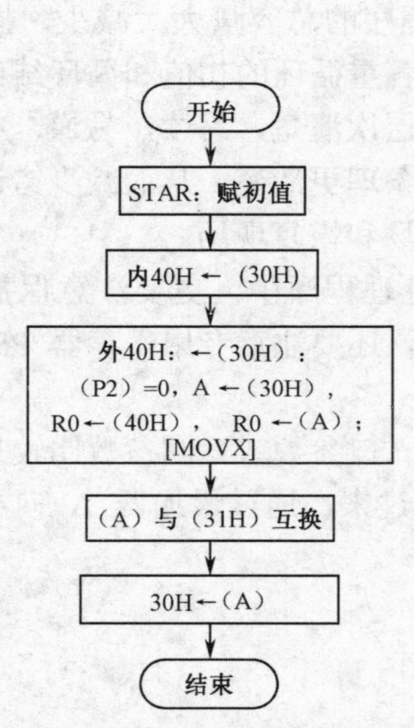

图 3-11 【例 3-26】顺序结构流程图

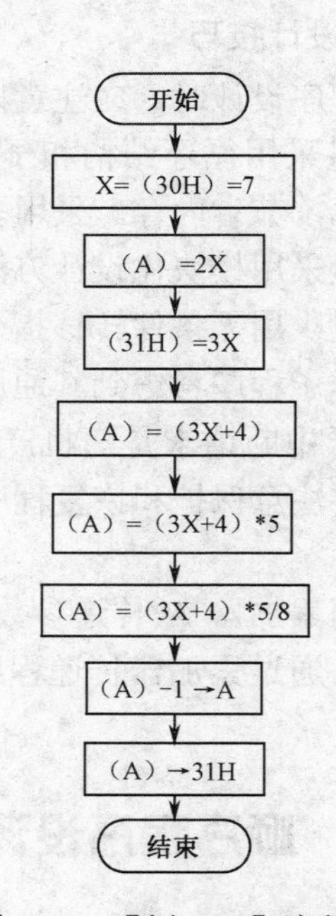

图 3-12 【例 3-27】流程图

```
        ORG     0
        LJMP    STAR
        ORG     100H
STAR:   MOV         30H，#4          ;X=4，(30H)=4
        MOV     A，30H
        CLR     C
        RLC     A                   ;2X
        ADD     A，30H               ;(A)=3X
        MOV     31H，A               ; (31H)=(A)=3X
        MOV     A，#4
        ADD     A，31H               ; (A) =3X+4
        MOV     B，#5
        MUL     AB                  ; (A)=5(3X+4)
        MOV     B，#8ADD             A，31H   ; (A)=3X+4
        MOV     B，#5
        MUL     AB                  ; (A)=5(3X+4)
        MOV     B，#8
        DIV     AB                  ; (A)=5(3X+4)/8
        DEC     A                   ; (A)=[5(3X+4)/8]–1
        MOV     31H，A               ;结果在31H中，余数在B中。
        SJMP    $
        END
```

结果：（31H）=9。

3.5.2 分支程序设计

分支程序是程序执行过程中依据条件选择执行不同分支程序的程序。为实现程序分支，编写选择结构程序时要合理选用具有判断功能的指令，如条件转移指令、比较转移指令和位转移指令等。下面举三个选择结构程序实例。

【例 3-28】 设计比较两个无符号 8 位二进制数大小，并将较大数存入高地址中的程序。设两数分别存入 30H 和 31H 中。并设（30H）=42H，（31H）=30H。

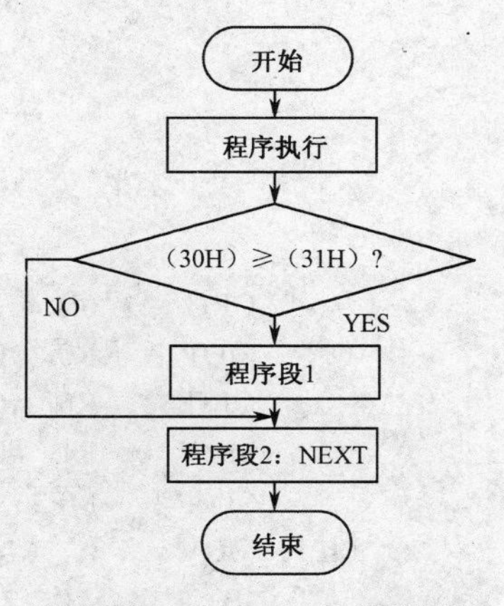

图 3-13 【例 3-28】流程图

解：程序流程图如图 3-13 所示，为选择结构程序中的单分支程序流程图。汇编语言程序如下：

```
        ORG     0H
        LJMP    STAR
        ORG     200H
STAR:   MOV     30H，#42H     ;30H←42H
        MOV     31H，#30H     ;31H←30H
        CLR     C            ; C←0
        MOV     A，30H        ;A←（30H）
```

```
            SUBB    A，31H          ;作减法比较两数
            JC      NEXT            ;（31H）≥（30H）转
            MOV     A，30H          ;（30H）大则
            XCH     A，31H          ;大数存入 31H 中
            MOV     30H，A          ;小数存入 30H 中
    NEXT：  SJMP    $
            END
```

结果：（31H）=42H，（30H）=30H。

【例 3-29】 已知 X、Y 均为 8 位二进制数，分别存在 R0、R1 中，试编制能实现下面符号函数的程序。结果送入 R1 中。

$$Y=\begin{cases}+1，当 X>0\\ 0，当 X=0\\ -1，当 X<0（补码表示）\end{cases}$$

解：程序设计流程图如图 3-14 所示，为选择结构程序中的有嵌套的分支程序。设 X=−6（补码为 FAH），汇编语言程序如下：

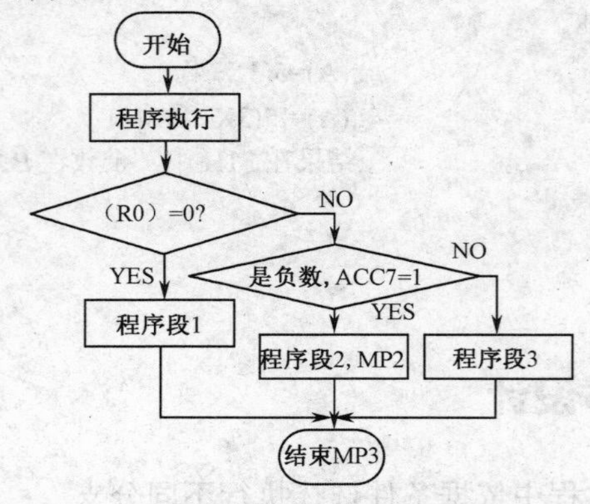

图 3-14 【例 3-29】有嵌套分支程序流程图

```
        ORG     0H
        MOV     R0，#0FAH           ;X 数赋给 R0
        CJNE    R0，#00H，MP1       ;R0≠0 转 MP1
        MOV     R1，#00H            ;（R0）=0 则（R1）=0
        SJMP    MP3                 ;转程序尾
  MP1： MOV     A，R0               ;（A）←（R0）
        JB      ACC.7，MP2          ;A 的符号位=1 转 MP2，表明（A）<0
        MOV     R1，#01H            ;A 的符号位=0 则（R1）=1
        SJMP    MP3                 ;转程序尾
  MP2： MOV     R1，#0FFH           ;送−1 的补码 0FFH 到 R1
  MP3： SJMP    $
        END
```

结果：（R1）=FFH。

【例 3-30】 若（R3）=12H，（R4）=89H。根据寄存器 R2 中的内容，散转执行三个不同的分支程序段。

（R2）=0，将 R3 的内容送到内 RAM 中的 50H 中；

（R2）=1，将 R3 的内容送到外 RAM 中的 50H 中；

（R2）=2，将 R3、R4 的内容交换。

解：程序流程图如图 3-15 所示，是选择结构程序中多分支程序。R2 中内容可分别设为 0、1、2。其汇编语言源程序设计如下：

```
        ORG     00H
        MOV     R2，#0          ;设（R2）=0
        MOV     R3，#12H        ;（R2）=12H
        MOV     DPTR，#TAB      ;（DPTR）=#TAB
        MOV     A，R2           ;A←（R2）
        MOVC    A，@A+DPTR      ;查表
        JMP     @A+DPTR         ;根据查表结果转
TAB：   DB      TAB0-TAB
        DB      TAB1-TAB
        DB      TAB2-TAB
TAB0：  MOV     50H，R3         ;50H←（R2）
        SJMP    ENDF            ;转 ENDF
TAB1：  MOV     P2，#0          ;P2←0
        MOV     R0，#50H        ;R0←50H
        MOV     A，R3           ;A←（R3）
        MOVX    @R0，A          ;外 50H←（A）
        SJMP    ENDF            ;转 ENDF
TAB2：  MOV     R4，#89H        ;R4←89H
        MOV     A，R3           ;A←（R3）
        XCH     A，R4           ;交换
        MOV     R3，A           ;R3←（A）
ENDF：  SJMP    $
        END
```

结果：（50H）=12H。（改设 R2 值为 1 或 2，结果又如何?）

分支结构程序允许嵌套，即一个程序的分支又由另一个分支程序所组成，从而形成多级选择程序结构。汇编语言本身并不限制嵌套的层数，但过多的嵌套将使程序的结构变得十分复杂和臃肿，以致造成逻辑上的混乱，因此应尽量避免过多的嵌套。

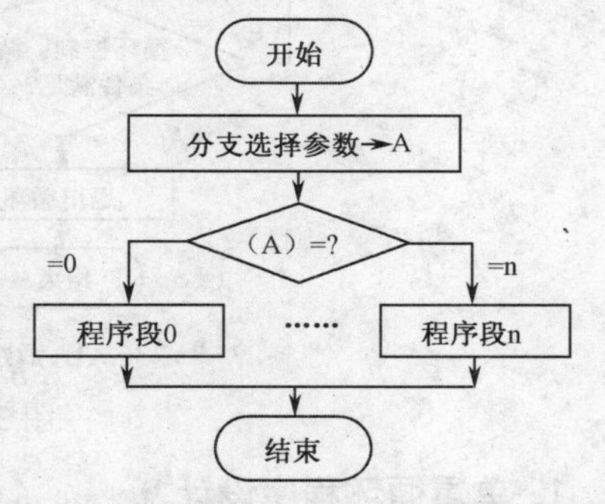

图 3-15 【例 3-30】多分支程序结构形式

3.5.3 循环程序设计

循环是 CPU 反复地执行某种相同的操作。从本质上讲，只是分支程序中的一个特殊形式而已。因其重要性，故将它独立为一种程序结构。循环结构如图 3-16 所示，由以下四个主要部分组成。

（1）初始化部分（赋初值）

在进入循环体之前需给用于循环过程的工作单元设置初值，如循环控制计数初值、地址指针的起始地址的设置、变量初值等，它们是保证循环程序正确执行所必需的。

（2）处理部分（循环体）

这是循环结构的核心部分，完成实际的处理工作。在循环体中，有的还包括改变循环变量、地址指针等有关修改循环参数部分。

（3）循环控制部分（循环控制）

这是控制循环与结束的部分，通过循环变量和结束条件进行控制。判断是否符合结束条件，若符合就结束循环程序的执行。有的修改循环参数和判断结束条件由一条指令完成，如 DJNZ 指令。

（4）退出循环

循环处理程序的结束条件不同，相应的控制部分的实现方法也不一样；分循环计数控制法和条件控制法。经常使用的延时程序便是其中的典型。

循环程序的基本结构有两种，如图 3-16 所示。一种是“先执行，后判断”，即先执行一次循环体，后判断循环是否结束。这种结构的循环至少执行一次循环体。另一种是“先判断，后执行”，即首先判断是否进入循环，再视判断结果，决定是否执行循环体。这种结构的循环，如果一开始就满足循环结束的条件，会一次也不执行循环体，即循环次数可以为 0。若能确保一个循环程序在任何情况下都不会出现循环次数为 0 的情况，采用以上任何一种结构都可以；当不能确保时，用后一种结构为好。

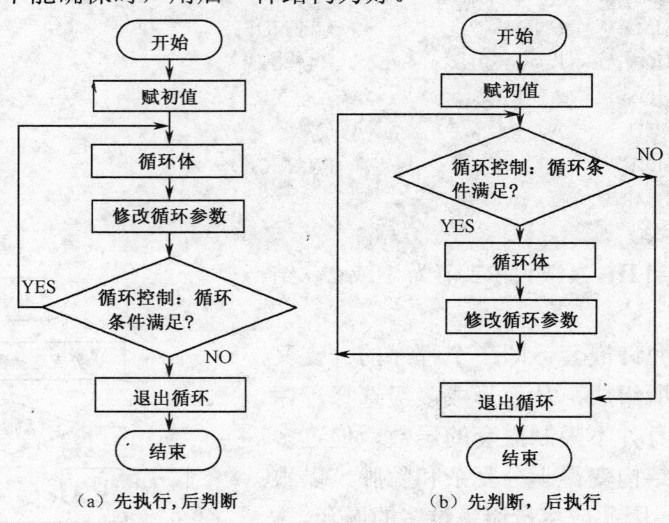

图 3-16　循环程序的基本结构

1. 单重循环程序设计

【例 3-31】　编程统计（A）中有多少位 1。

解：这个程序最好采用“先判断，后执行”的结构。先判（A）是否为 0，如果（A）=0，则不必做统计工作了；如果（A）≠0，则将（A）左移或者右移 1 位，通过判移出位是 1 还是 0，决定是否加 1 来统计（A）中 1 的位数。其程序如下：

```
        ORG     00H
        MOV     R7，#00H
LOOP1： JZ      DONE
LOOP2： RLC     A
        JNC     LOOP2
        INC     R7
        SJMP    LOOPl
DONE：  SJMP    $
        END
```

【例 3-32】 有 20 字节无符号数存放在内部 RAM 50H 开始的单元中，求它们的和，将和放内部 RAM 4EH 和 4FH 两单元中。

解：加法共计进行 20 次，用 R7 计数，用 R0 间址。4EH 和 4FH 两单元既存放最终结果也存放中间结果，开始时将它们清零，程序如下：

```
       ORG   00H
       MOV   4EH，#00H
       MOV   4FH，#00H
       MOV   R7，#20          ;设置计数器
       MOV   R0，#50H         ;设置间址指针
LOOP： MOV   A，4FH
       ADD   A，@R0           ;加一单元的内容
       MOV   4FH，A
       CLR   A
       ADDC  A，4EH           ;加累加时产生的进位
       MOV   4EH，A
       INC   R0               ;修改间址指针
       DJNZ  R7，LOOP
       SJMP  $
       END
```

【例 3-33】 将内部 RAM 中起始地址为 30H 的字节数据传送到外部 RAM 3000H 为首地址的区域，直到发现“$”字符的 ASCII 码为止。数据的最大长度为 32B。

解：这是计数（32 个）控制和条件控制（‘$’）双重控制的循环程序。程序如下：

```
       ORG   00H
       MOV   R0，#30H           ;内部 RAM 字节串间址指针
       MOV   DPTR，#3000H       ;外部 RAM 字节串间址指针
       MOV   R7，#32            ;设置计数循环计数器
LOOP： CJNE  @R0，# ‘$’，ISO    ;是 ‘$’ 吗?不是转移去 IS（）
       SJMP  $                  ;是，结束
ISO：  MOV   A，@R0             ;从内部 RAM q13 取数
       MOV   X @DPTR，A         ;送外部 RAM
       INC   R0                 ;修改内部 RAM 间址指针
       INC   DPTR               ;修改外部 RAM 间址指针
       DJNZ  R7，LOOP           ;已传送 32 个吗?没有，循环
       SJMP  $                  ;传送达 32 个，结束
       END
```

2. 多重循环程序设计

多重循环指的是循环体内仍然是循环程序，也就是循环嵌套。称具有嵌套的循环程序为多重循环程序。下面用对数据的排序程序来介绍多重循环程序的结构。排序有从小到大排，有从大到小排等。

数据排序的算法很多，现以冒泡法为例，说明数据升序排序算法及编程实现。

冒泡法是一种相邻数互换的排序方法，因其过程类似水中气泡上浮，故称冒泡法。执行时从前向后进行相邻数比较，如数据的大小次序与要求顺序不符时（逆序），就将两个数互换，否则为正序不互换。为进行升序排序，应通过这种相邻数互换方法，使小数向前移，大数向后移。如此从前向后进行一次冒泡（相邻数互换），就会把最大数换到最后；再进行一次冒泡，就会把次大数排在倒数第二的位置……

如原始数据为顺序 50、38、7、13、59，则第一次冒泡的过程是：

50、38、7、13、59、44、78、22　　（逆序，互换）
38、50、7、13、59、44、78、22　　（逆序，互换）
38、7、50、13、59、44、78、22　　（逆序，互换）
38、7、13、50、59、44、78、22　　（正序，不互换）
38、7、13、50、59、44、78、22　　（逆序，互换）
38、7、13、50、44、59、78、22　　（正序，不互换）
38、7、13、50、44、59、78、22　　（逆序，互换）
38、7、13、50、44、59、22、78　　（第一次冒泡结束）

如此进行，各次冒泡的结果是：

第一次冒泡　38、7、13、50、44、59、22、78
第二次冒泡　7、13、38、44、50、22、59、78
第三次冒泡　7、13、38、44、22、50、59、78
第四次冒泡　7、13、38、22、44、50、59、78
第五次冒泡　7、13、22、38、44、50、59、78
第六次冒泡　7、13、22、38、44、50、59、78
第七次冒泡　7、13、22、38、44、50、59、78

可以看出冒泡排序到第五次已实际完成。

针对上述冒泡排序过程，有两个问题需要说明。

（1）由于每次冒泡都从前向后排定了一个大数（升序），因此每次冒泡所需进行的比较次数都递减 1。例如有 n 个数排序，则第一次冒泡需比较（n−1）次、第二次则需（n−2）次……但实际编程时，有时为了简化程序，往往把各次的比较次数都固定为（n−1）次。尽管有许多重复操作也在所不惜。

（2）对于 n 个数，理论上说应进行（n−1）次冒泡才能完成排序，但实际上有时不到（n−1）次就已排好序。如本例共 8 个数，按说应进行 7 次冒泡，但实际进行到第五次时排序就完成了。判定排序是否完成的最简单方法是看各次冒泡中是否有互换发生，如果有数据互换，说明排序还没完成；否则就表示已排好序。为此，控制排序结束一般不使用计数方法，而使用设置互换标志的方法，以其状态表示在一次冒泡中有无数据互换进行。

【例 3-34】 假定有 11 单字节无符号的正整数连续存放在 AT89C51 中内 RAM 50H~5AH 中，使用冒泡法进行升序排序编程。设 R7 为比较次数计数器。F0 为冒泡过程中是否有数据互换的状态标志，F0=0 表示无互换发生，F0=1 表示有互换发生。

解：程序设计流程图如图 3-17 所示。先将不等的 11 个任意数据置于 AT89C51 中内 RAM 50H~5AH 中，设依次为 56H、88H、34H、57H、18H、62H、42H、24H、01H、31H、11H。设计程序如下：

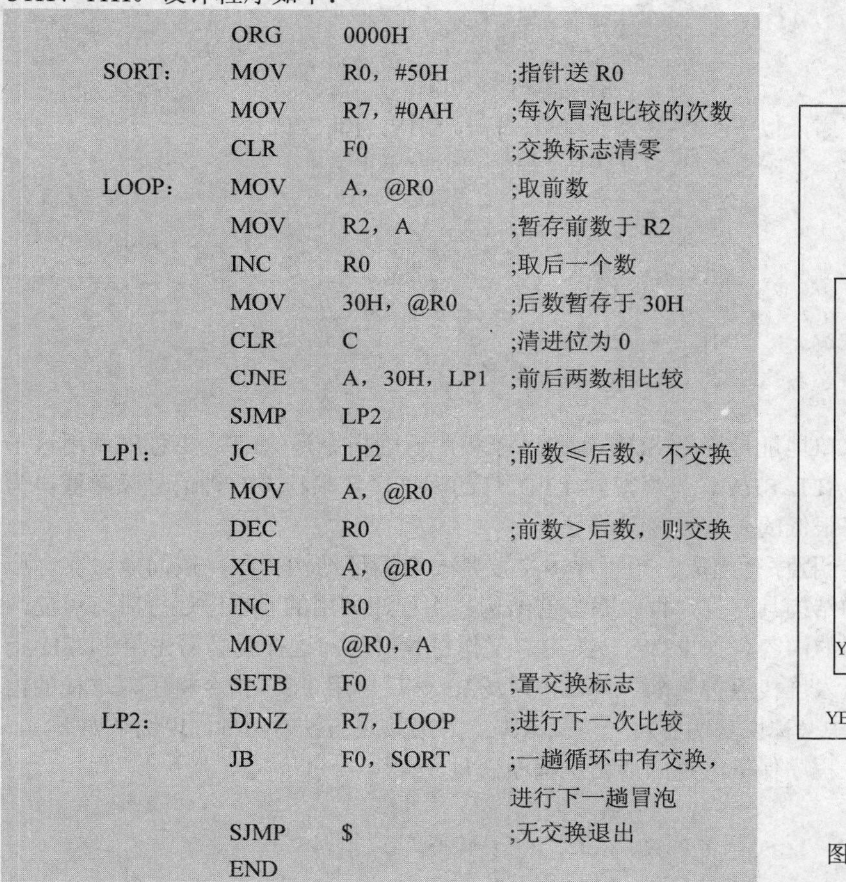

```
        ORG     0000H
SORT:   MOV     R0，#50H        ;指针送 R0
        MOV     R7，#0AH        ;每次冒泡比较的次数
        CLR     F0              ;交换标志清零
LOOP:   MOV     A，@R0          ;取前数
        MOV     R2，A           ;暂存前数于 R2
        INC     R0              ;取后一个数
        MOV     30H，@R0        ;后数暂存于 30H
        CLR     C               ;清进位为 0
        CJNE    A，30H，LP1     ;前后两数相比较
        SJMP    LP2
LP1:    JC      LP2             ;前数≤后数，不交换
        MOV     A，@R0
        DEC     R0              ;前数>后数，则交换
        XCH     A，@R0
        INC     R0
        MOV     @R0，A
        SETB    F0              ;置交换标志
LP2:    DJNZ    R7，LOOP        ;进行下一次比较
        JB      F0，SORT        ;一趟循环中有交换，
                                进行下一趟冒泡
        SJMP    $               ;无交换退出
        END
```

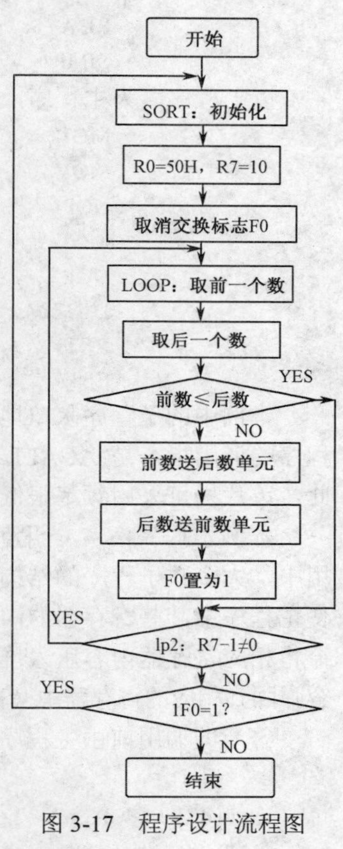

图 3-17 程序设计流程图

结果：RAM 从小到大在 50H~5AH 中的排列依次为 01H、11H、18H、24H、31H、34H、42H、56H、57H、62H、88H。

3.5.4 子程序设计

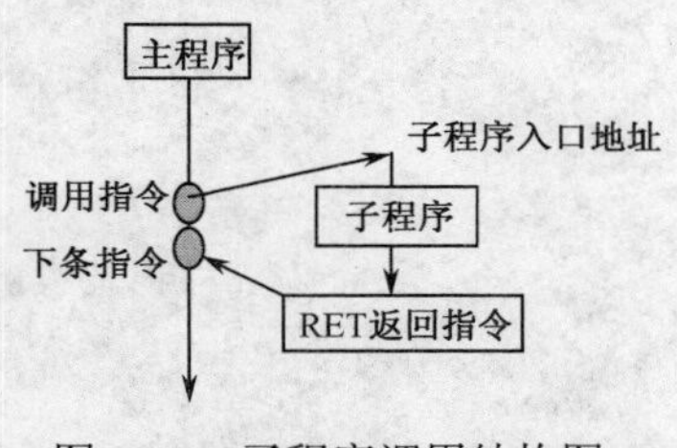

图 3-18 子程序调用结构图

子程序是可在主程序中通过 LCALL、ACALL 等指令调用的程序段，该程序段的第一条指令地址称子程序入口地址，它的最后一条指令必须是 RET 返回指令，即返回到主程序中调用子程序指令的下一条指令。典型的调用结构如图 3-18 所示。

【例 3-35】 设计一程序，由它的主程序循环调用子程序 SHY。子程序 SHY 使连接到单片机 P1 口上的 8 个 LED 灯中的某个闪烁 5 次。主程序中的指令 RL A 将确定某个 LED 灯闪烁。

解：

```
            ORG     00H
            MOV     A，#0FEH      ;灯亮初值
STAR:       ACALL   SHY           ;调用闪烁子程序
            RL A                  ;左移
            SJMP    STAR          ;短跳到 STAR，循环
```

以上程序段为主程序，以下程序段为子程序，标号 SHY 为其入口。

```
SHY:        MOV     R2，#5        ;闪烁子程序，闪烁 5 次计数
SHY1:       MOV     P1，A         ;点亮
            NOP                   ;延时
            MOV     P1，#0FFH     ;熄灭
            NOP                   ;延时
            DJNZ    R2，SHY1      ;循环
            RET                   ;子程序返回
            END
```

本例中的子程序入口地址是标号 SHY 地址，子程序返回指令是 RET，主程序调用该子程序的调用指令是 ACALL SHY。为观察到 LED 灯的闪烁，要求状态时钟信号频率低，为此，单片机可采用频率很低的外部振荡器信号。

本例子程序由 7 个程序行组成。子程序内主要是一个循环结构程序，很简单。实际应用中，大多数子程序的结构具有复杂程度不等的结构。主程序调用的子程序运行时有可能改变主程序中某些寄存器的内容，如 PSW、A、B、工作寄存器等。这样就必需先用 PUSH 指令将相应寄存器内容压入堆栈保护起来（称保护现场），然后再用 POP 指令将压入堆栈的内容弹回到相应的寄存器中（称恢复现场）。一般，保护、恢复现场方法有两种，现例举如下。

（1）即调用前由主程序保护，返回后由主程序恢复。

```
⋮
PUSH    PSW             ;将 PSW、ACC、B 压栈保护
PUSH    ACC
PUSH    B
ACALL   ZCX1            ;主程序调用子程序 ZCX1
POP     B               ;恢复 PSW、ACC、B
POP     ACC
POP     PSW
⋮
```

（2）在子程序开头保护现场，在子程序末尾恢复。

```
        LCALL  ZCX2
        ⋮
ZCX2:   PUSH   PSW      ;子程序开头保护现场
        PUSH   ACC
```

```
        PUSH    B
        ⋮
        POP     B           ;子程序末尾恢复现场
        POP     ACC
        POP     PSW
        RET                 ;子程序返回
```

3.6 经典功能模块汇编语言程序设计实例

3.6.1 定时程序

在单片机应用系统中，延时程序是经常使用的程序，一般设计成具有通用性的循环结构延时子程序。在设计延时子程序时，延时的最小单位为机器周期，所以要注意晶振频率。

【例 3-36】 当晶振频率为 12MHz 时，用 AT89C51 汇编语言设计延时 200μs 的程序段。

解：因晶振频率为 12MHz，所以机器周期为 1μs。可采用先执行后判断循环结构程序。程序段的流程图如图 3-16（a）所示。程序段如下：

```
BB:  MOV    R6，#49          ;单机器周期指令 1μs，赋初值（R6）←49
AA:  NOP                     ;单机器周期指令 1μs
     NOP                     ;单机器周期指令 1μs
     DJNZ   R6，AA           ;双机器周期指令 2μs
     NOP                     ;单机器周期指令 1μs
     NOP                     ;单机器周期指令 1μs
     NOP                     ;单机器周期指令 1μs
```

结果：延时时间=（1+4×49+1+1+1）μs=200μs。

【例 3-37】 当晶振频率为 12MHz 时，设计延时 20ms 的子程序。

解：图 3-19 是标号为 YASH20 的延时子程序流程图。为便于理解调用子程序过程和子程序的通用性，将程序设计为主程序中调用子程序方式。子程序的流程图如图 3-19 所示。程序设计如下：

```
         ORG     0H
         LCALL   YASH20   ;调用延时 20ms 子程序
         SJMP    $
YASH20:  MOV     R7，#100 ;延时 20ms 子程序
AA0:     MOV     R6，#49
AA1:     NOP
         NOP
         DJNZ    R6，AA1
         NOP
         DJNZ    R7，AA0
         NOP
         RET               ;子程序返回
         END
```

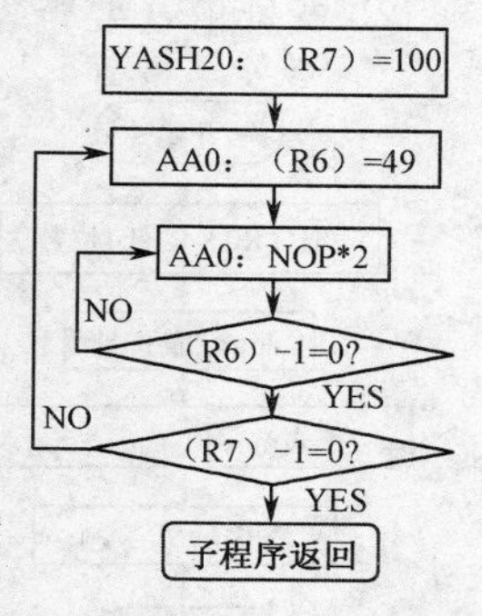

图 3-19 延时子程序流程图

结果：经 Keil 运行测得延时 20.006ms。

如果系统中有多个定时需要，可以先设计一个基本的延时程序，使其延迟时间为各定时时间的最大公约数，然后就以此基本程序作为子程序，通过调用的方法实现所需要的不同定时。例如，要求的定时时间分别为 5s、10s 和 20s，并设计一个 1s 延时子程序 DELAY，则不同定时的调用情况表示如下：

```
        MOV     R0，#05H     ;5s 延时
L00Pl:  LCALL   DELAY
        DJNZ    R0 L00P1
        ⋮
        MOV     R0，#0AH     ;10s 延时
L00P2:  LCALL   DELAY
        DJNZ    R0 L00P2
        ⋮
        MOV     R0，#14H     ;20s 延时
L00P3:  LCALL   DELAY
        DJNZ    R0 L00P3
```

3.6.2 查表程序

在单片机应用系统中查表程序是一种常用的程序，它可以完成数据计算、转换、补偿等各种功能，具有程序简单、执行速度快等优点。在 AT89C51 单片机中，数据表格是存放在程序存储器 ROM 中，而不是在 RAM 中。编写程序时，可以通过 DB 或 DW 伪指令以表格形式将数据类似表格的形式列于 ROM 中。用于查表的指令有两条：

```
MOVC  A，@A+DPTR
MOVC  A，@A+PC
```

1. 使用查表指令 MOVC　A，@A+DPTR 的查表程序

当用 DPTR 作基址寄存器时，寻址范围为整个程序存储器的 64KB 空间，表格可放在 ROM 的任何位置。查表的步骤分三步。

① 基址值（表格首地址）→DPTR 中；

② 变址值（要查表中的项与表格首地址之间的间隔字节数）→A；

③ 执行 MOVC　A，@A+DPTR。

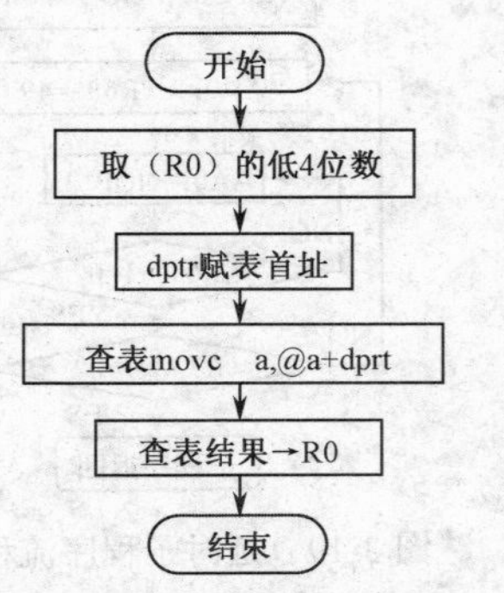

图 3-20　HEX 转换为 ASCII（1）

【例 3-38】 将一位十六进制数转换为 ASCII 码。设一位十六进制数放在 R0 的低四位，转换为 ASCII 后再送回 R0。（用查表法设计程序，使用查表指令 MOVC A，@A+DPTR）

解： 程序设计流程图如图 3-20 所示。设计程序如下：

```
ORG     0000H
MOV     R0，#0BH      ;设（R0）=BH
MOV     A，R0         ;读数据
ANL     A，#0FH       ;屏蔽高 4 位
```

```
MOV     DPTR，#TAB  ;置表格首地址
MOVC    A，@A+DPTR  ;查表
MOV     R0，A       ;回存
SJMP    $
ORG     50H
TAB:    DB 30H，31H，32H，33H，34H，35H，36H，37H，38H，39H
;0~9 的 ASCII 码
DB 41H，42H，43H，44H，45H，46H
;0~F 的 ASCII 码
END;
```

结果：用查表法查得一位十六进制数 B 的 ASII 码为 42H。

2. 使用查表指令 MOVC　A，@A+PC 的查表程序

当用 PC 作基址寄存器时，基址 PC 是当前程序计数器的内容，即查表指令的下条指令的首址。查表范围是查表指令后的 256B 的地址空间。由于 PC 本身是一个程序计数器，与指令的存放地址有关，所以查表操作有所不同。也可分为三步：

① 变址值（表中要查的项与表格首地址之间的间隔字节数）→（A）；

② 偏移量（查表指令下一条指令的首地址到表格首地址之间的间隔字节数）+（A）→A；

③ 执行 MOVC　A，@A+PC 指令。

【例 3-39】 用查表指令 MOVC A，@A+PC 实现【例 3-38】的功能。

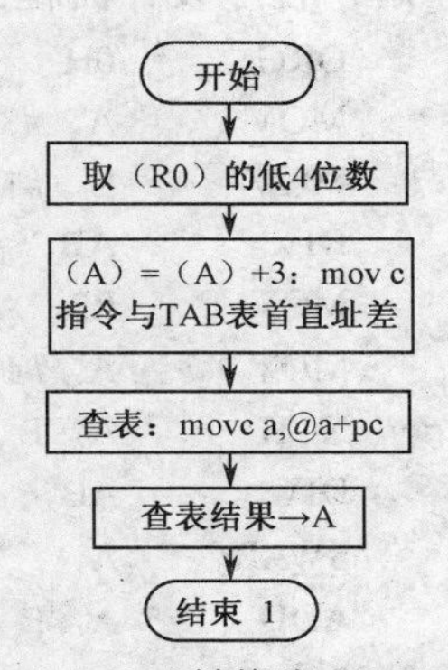

图 3-21　HEX 转换为 ASCII（2）

解：程序设计流程图如图 3-21 所示。设计程序如下：

```
     ORG     0000H
     MOV     R0，#07H      ;设（R0）=7H
     MOV     A，R0         ;读数据
     ANL     A，#0FH       ;屏蔽高 4 位
     ADD     A，#03H       ;加偏移量
     MOVC    A，@A+PC      ;查表
     MOV     R0，A         ;回存
     SJMP    $
TAB: DB 30H，31H，32H，33H，34H，35H，36H，37H，38H，39H    ;0~9 的 ASCII 码
     DB  41H，42H，43H，44H，45H，46H                      ;A~F 的 ASCII 码
     END
```

结果：用查表法查得一位十六进制数 7H 的 ASCII 码为 37H。

3.6.3　码制转换程序

在单片机应用程序的设计中，经常涉及各种码制的转换问题。在单片机系统内部进行数据计算和存储时，多采用二进制码。二进制码具有运算方便、存储量小的特点。在输入/输出

中，按照人的习惯多采用代表十进制数的 BCD 码（用 4 位二进制数表示的十进制数）表示。

1. 二进制（或十六进制）数转换成 BCD 码

十进制数常用 BCD 码表示。而 BCD 码又有两种形式：一种是 1 字节放 1 位 BCD 码，它适用于显示或输出，另一种是压缩的 BCD 码，即 1 字节放两位 BCD 码，高 4 位、低 4 位各存放一个 BCD 码，可以节省存储单元。

将单字节二进制（或十六进制）转换为 BCD 码的一般方法是把二进制（或十六进制）数除以 100 得百位数，余数除以 10 的商和余数分别为十位数、个位数。

单字节二进制（或十六进制）数在 0~255 之间，设单字节数在累加器 A 中，转换结果的百位数放在 R3 中，十位和个位同放入 A 中。除法指令完成的操作为：A 除以 B 的商放入 A 中，余数放入 B 中。

【例 3-40】 将单字节二进制数转换成 BCD 码。

解：程序设计流程图如图 3-22 所示。设计程序如下：

```
ORG     0H
MOV     A，#89H        ;十六进制数 89H 送 A 中
MOV     B，#100        ;100 作为除数送入 B 中
DIV     AB             ;十六进制除以 100
MOV     R3，A          ;百位数送 R3，余数在 B 中
MOV     A，#10         ;分离十位和个位数
XCH     A，B           ;余数送入 A 中，除数 10 在 B 中
DIV     AB             ;分离出十位在 A 中个位在 B 中
SWAP    A              ;十位数交换到 A 中的高 4 位
ADD     A，B           ;将个位数送入 A 中的低 4 位
SJMP    $
END
```

结果：（R3）=1，（A）=37H，89H 的 BCD 为 137。

2. BCD 码转换成二进制（或十六进制）数

【例 3-41】 将两位压缩 BCD 码按其高、低 4 位分别转换为二进制数。

解：程序设计流程图如图 3-23 所示。设计程序如下：

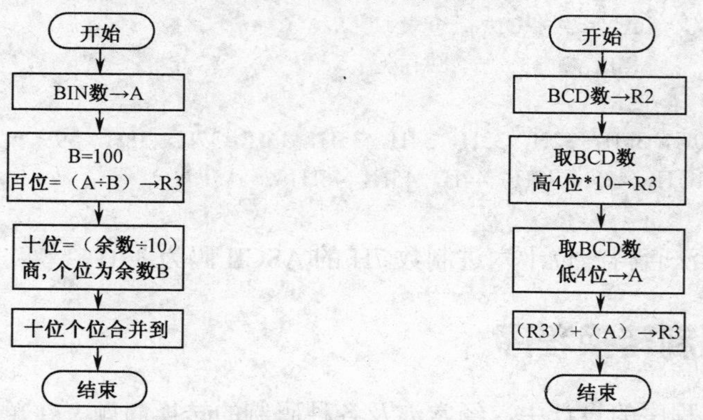

图 3-22 单字节二进制转换为 BCD 码　　图 3-23 单字节压缩 BCD 码转换为二进制数

两位压缩 BCD 码存放在 R2 中。将其高、低 4 位分别转换为二进制数，并存于 R3 中。

```
STAR: MOV   R2，#89H     ;表示 BCD 码为 89
      MOV   A，R2        ;A←（R2）
      ANL   A，#0F0H     ;屏蔽低 4 位
      SWAP  A            ;高四位与低四位交换
      MOV   B，#10       ;乘数
      MUL   AB           ;相乘
      MOV   R3，A        ;R3←（A）
      MOV   A，R2        ;A←（R2）
      ANL   A，#0FH      ;屏蔽高 4 位
      ADD   A，R3        ;A←（A）+（R3）
      MOV   R3，A        ;R3←（A）
      SJMP  $
      END
```

结果：BCD 码 89，转换为十六进制为 59H，放在 R3 中。

3.6.4 算术运算程序

AT89C51 指令系统中有加、减、乘、除、加 1、减 1 等指令，可通过设计程序来处理一般不太复杂的算术运算。设计中要注意程序执行对 PSW 的影响。

【例 3-42】 用程序实现 $c=a^2+b^2$。设 a、b、c 存于内 RAM 的 3 个单元 R2、R3、R4 中。该题可用子程序来实现。通过两次调用查平方表子程序来得到 a^2 和 b^2，并在主程序中完成相加。（设 a、b 为 0~9 之间的数，若 a=6，b=4）

解： 程序设计流程图如图 3-24 所示。图 3-24（a）为主程序流程，图 3-24（b）为实现平方子程序 SQR 的流程图。设计程序如下：

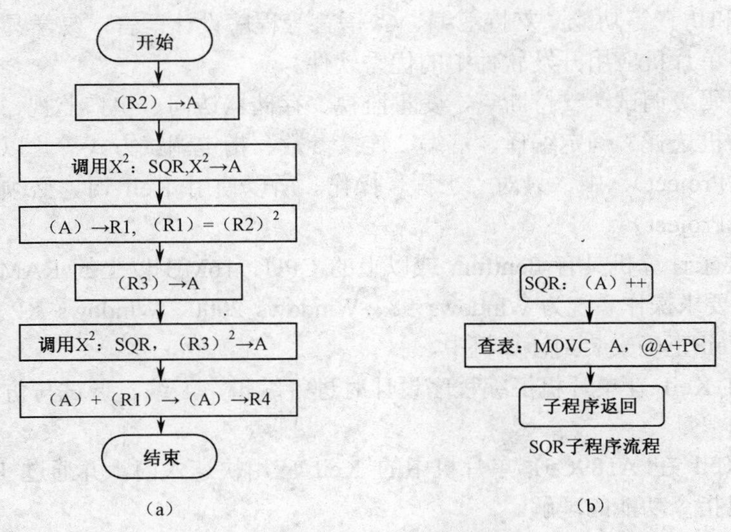

图 3-24 【例 3-42】流程图

```
        ORG     0000H
        MOV     R2，#6          ;赋值（R2）=6
        MOV     R3，#4          ;赋值（R3）=4
        MOV     A，R2           ;取第一个被加的数据 a
        ACALL   SQR             ;第一次调用，得 a2
        MOV     R1，A           ;暂存 a2 于 R1 中
        MOV     A，R3           ;取第二个被加的数据 a
        ACALL   SQR             ;第二次调用，得 b2
        ADD     A，R1           ;完成 a2+ b2
        MOV     R4，A           ;存 a2+ b2 结果到 R4
        SJMP    $               ;
SQR：   INC     A               ;查表位置调整
        MOVC    A，@A+PC        ;查平方表
        RET                     ;子程序返回
TAB：   DB      0，1，4，9，16，25，36，49，64，81
        END
```

结果：（R4）=34H=52

3.7 实训 2：软件调试仿真器 Keil u Vision 及其应用

3.7.1 Keil u Vision 快速入门

1. Keil u Vision 介绍

Keil u Vision 是支持 51 系列与 ARM 的 IDE（Integrated Develop Environment，可释为集成开发环境），简称 Keil。它集成了工程管理、源程序编辑、MAKE 工具（汇编/编译、链接）、程序调试和仿真等功能；支持汇编、C 语言等程序设计语言，易学易用；支持数百种单片机，是众多单片机应用开发软件中的优秀软件。

Keil 提供源码级调试，支持断点、变量监视、存储器访问、串口监视、指令跟踪。

Keil 将单片机选择、确定编译、汇编、连接参数、指定调试方式等，以及所有文件都加在一个“工程（Project）”中，只对“工程”操作。所以使用 Keil 时，必须建立针对某开发项目的“工程（Project）”。

运行 keil 要求计算机具有 Pentium 或以上的 CPU、16MB 以上的 RAM、20MB 以上的空闲硬盘空间；要求操作系统为 Windows 98、Windows 2000、Windows XP 等，根据 Keil 的安装指导，将 Keil 正确安装到计算机中。

本书只介绍 Keil 在单片机汇编程序设计时进行编辑、汇编、调试与仿真中的应用，采用 V2.37 版本。

本章介绍 Keil 在 AT89C51 单片机中的 Keil 应用快速入门，并通过 Keil 实践加深对 AT89C51 单片机指令功能的理解。

2. Keil 应用入门

为快速入门，用实例来讲解 Keil 的应用。该例取工程名为 LITI，源程序名为 JILB.ASM。假设读者已正确安装了 Keil，并在桌面上已建立了快捷方式图标。

（1）进入 Keil u Vision

双击快捷菜单，则出现如图 3-25 所示的 Keil u Vision 的工作界面。

（2）建立工程

用 Keil 进行单片机应用项目的开发时，要求为此项目建立工程。选择菜单“Project”→“New Project”命令，则弹出如图 3-26 所示对话框，为项目取名和选择合适的路径（如桌面），输入工程名（如 LITI），单击“保存”按钮，则名为 LITI.uv2（.uv2 是自动加上的）的工程文件存盘。随即弹出“Select Device for Target ‘Target1’”对话框，如图 3-27 所示，要求选择用于工程的某型号单片机（如 AT89C51）。

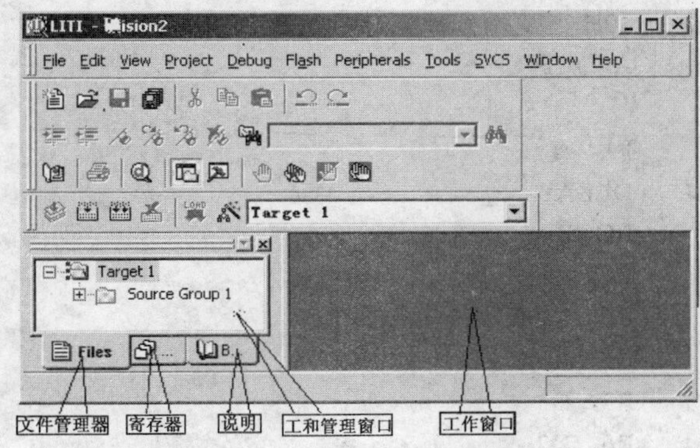

图 3-25 Keil u Vision 的工作界面

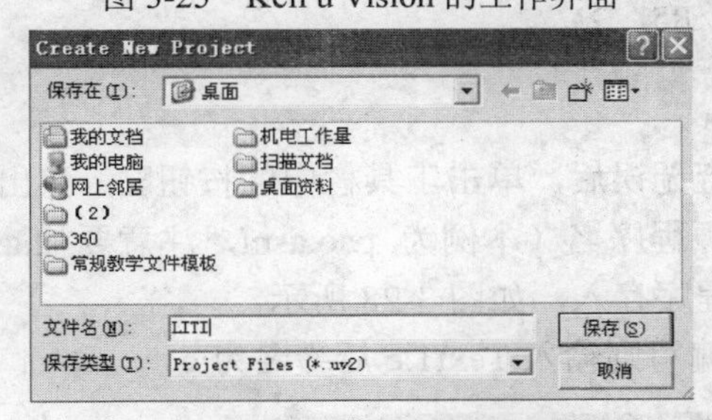

图 3-26 为项目取名和选择合适的路径

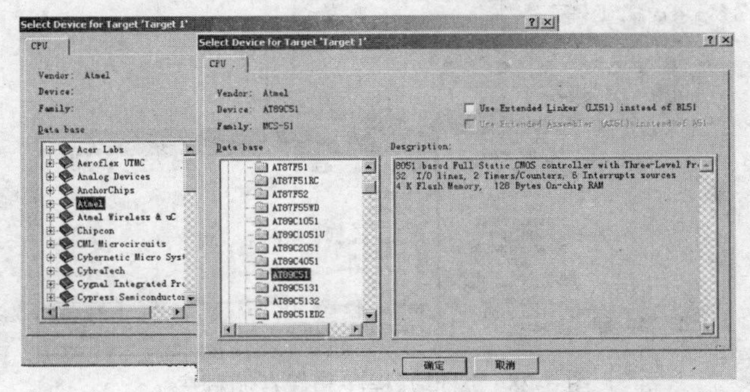

图 3-27 “Select Device for Target ‘Target1’”对话框

（3）选择项目工程使用的单片机型号

双击左方单片机选择框中的“Atmel”，则列出 Atmel 公司生产的各种型号的单片机，选中 AT89C5l 再单击“确定”按钮，则选好单片机 AT89C51，并返回工作界面。

注意

有时可能会弹出提示选择栏“Copy Standard 8051 Starrup Code to Project Folder and File to Project?”，只要单击“否”按钮即可。

（4）编辑源程序并存盘

选择菜单“File”→“New”命令或单击按钮，弹出一个文本编辑窗口，可在文本窗口内进行源程序编辑。将下列跑马灯的程序输入（可不输注释）到文本窗口中。

```
        ORG     00H
        LJMP    START
        ORG     30H
START:  MOV     A，#7FH
LOOP:   RL A
        MOV     P1，A
        LCALL   DELAY
        LJMP    LOOP
DELAY:  MOV     R5，#5
D1:     MOV     R6，#200
D2:     MOV     R7，#250
D3:     DJNZ    R7，D3
        DJNZ    R6，D2
        DJNZ    R5，D1
        RET
        END
```

上述程序经编辑、检查无误后，单击工具栏中的按钮，弹出保存文件对话框。选好路径，在文件名一栏中输入源程序名（本例为 pao.asm，注意要加.asm 后缀），单击对话框中的“保存”按钮，则将源程序存入，如图 3-28 所示。

提示：如果用 C 语言编写则输入 Text1.c 后缀名为.c。

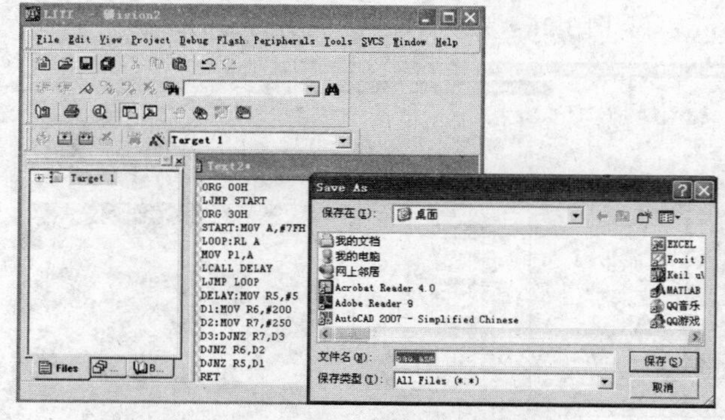

图 3-28　编辑源程序和保存源程序

（5）将源程序文件添加到工程中

单击工程管理窗口中的文件夹“Target”，出现下层文件夹“Source Group 1”，右击“Source Group l”，弹出菜单，如图3-29所示。单击选项“Add Files to Group…”，弹出菜单“Add Files to Group…”，在弹出的菜单中单击文件类型栏右端的下拉按钮，选择文件类型为Asm Source File，再选择或输入源程序文件，如pao.asm。单击“Add”按钮，接着再单击“Close”按钮，则将源程序文件pao.asm添加到工程LITI．uv2中，如图3-29所示。这时，文件夹“Source Group l”前出现“+”，单击它则打开文件夹“Source Group l”，可看到该文件夹中有源程序文件pao.asm（注意，选择文件类型为“Asm Source”），如图3-30所示。

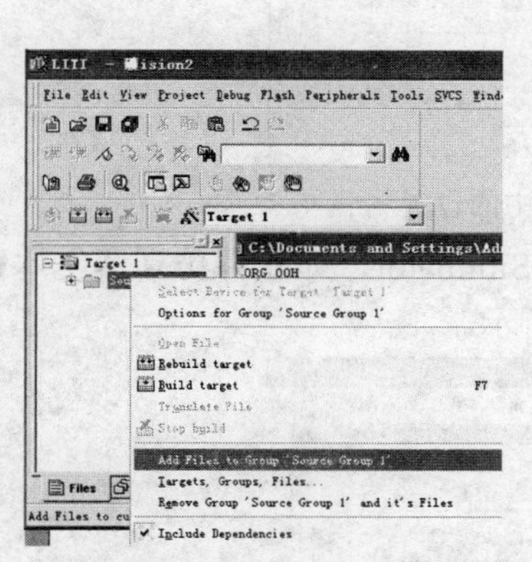

图3-29　打开工程管理文件夹

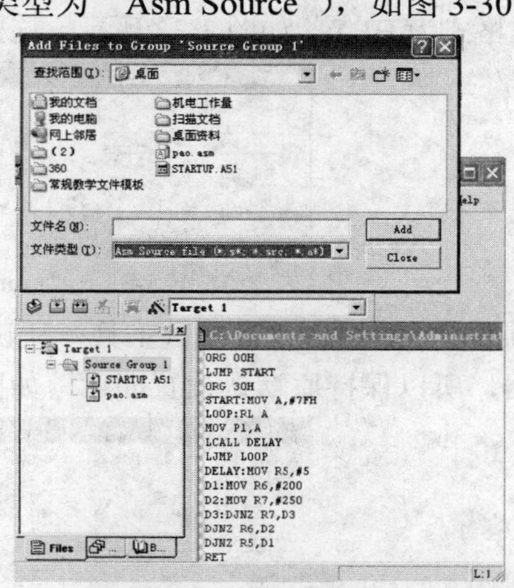

图3-30　添加源程序文件到工程

（6）设置Keil工程目标选项

先选中工程管理窗口中的“Target l”，再选择菜单项“Project”→“Option for Target ‘Target l’”，出现对工程设置的对话框。该对话框有10个页面（或称选项卡），如图3-31所示，当前页面为“Target”。Keil工程目标选项设置相当复杂，要全部搞清它实在不容易，好在大部分页面设置项取默认值便可。一般要设置下列页面中的某些项。

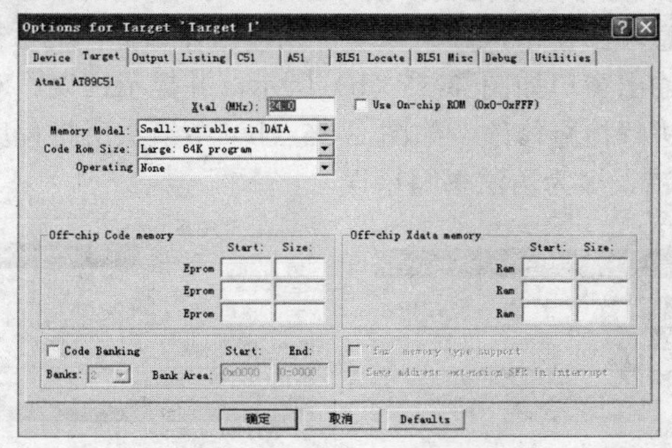

图3-31　工程设置的对话框

①“Target”页面：此页面中，一般只要在Xtal栏中填写振荡频率。AT89C51最高频率的默认值为24.0MHz，根据本项目实际使用的振荡频率，填写为12MHz，如图3-32所示。

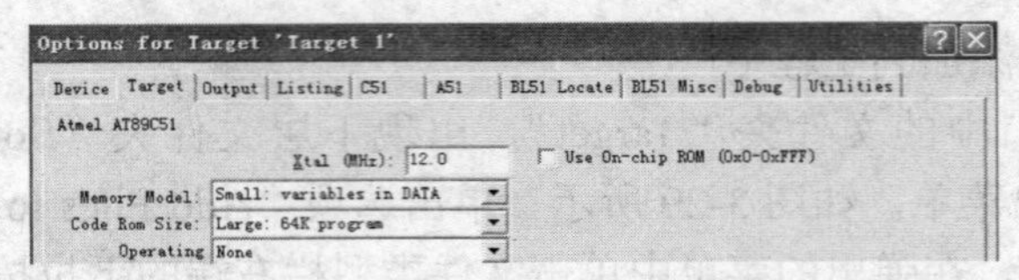

图 3-32　在“Target”页面中设置振荡频率

②“Output”页面：单击页面标签“Output”则进入该页面。在该页面中，一般只要设置“Name of Executable”和“Create HEX File”两项。在“Name of Executable”的输入框中输入文件名（如 pao），单击“Create HEX File”项前的选择框，当框中出现“✓”，则表示设置输出格式为 HEX，如图 3-33 所示。这样设置后汇编生成的目标代码文件为 pao.hex。

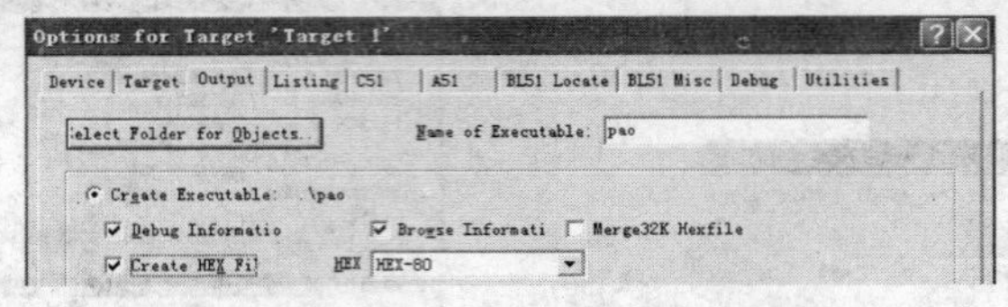

图 3-33　“Output”页面中的设置

③“Debug”页面：设置调试工具，默认为 Use Simulator，即软件仿真器。本章只用到软件仿真器，所以保持原默认设置即可，如图 3-34 所示。

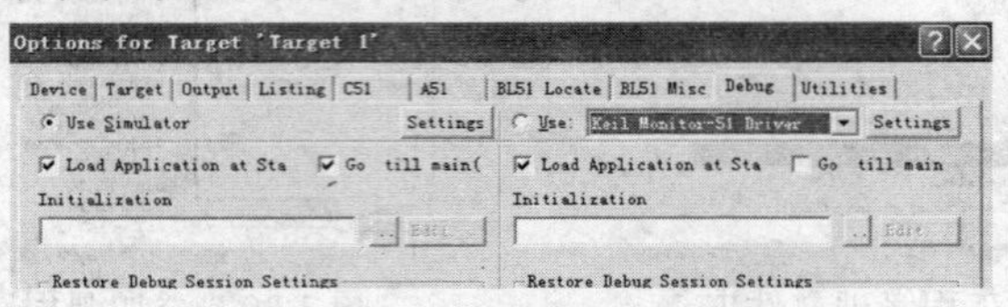

图 3-34　“Debug”页面设置

对 Keil 工程设置好以后，单击“确定”按钮，则完成设置，并返回到图 3-30 所示的界面。

（7）源程序汇编

单击工具栏中的两个按钮之一，进行源程序汇编。两个按钮的含义如下。

① 汇编/编译修改过的文件，生成目标代码文件*.HEX，并建立连接；

② 不管是否修改过，全部重新汇编，编译生成目标代码文件*.HEX，并建立链接。

汇编后弹出汇编信息输出窗口，如果成功，则输出窗口如图 3-35（a）所示；如果源程序有错误，则汇编信息输出窗口如图 3-35（b）所示，并提示错误。双击错误提示，系统可指出出错的地方，以便进行检查修改。如图 3-35（b）中箭头所指程序行，错误原因为多了个字母“A”。注：此处错误多为语法书写错误。

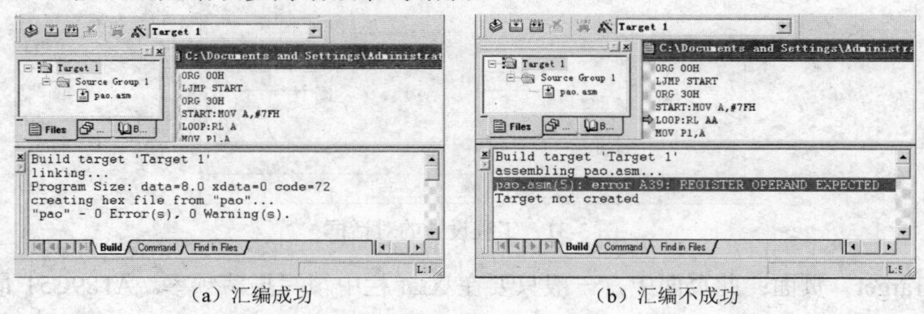

（a）汇编成功　　（b）汇编不成功

图 3-35　汇编信息输出窗口

（8）运行调试

单击工具栏中工具按钮（或选择菜单“Debug”→“Start/Stop Debug Session”命令）进入调试状态，工作界面有明显的变化。工程管理窗口中显示出寄存器窗口，有常用的寄存器，如 r0、r1、r2、r3、r4、r5、r6、r7、a、b、dptr、sp、psw、pc 等，如图 3-36 所示。工具栏中多出一个与调试有关的工具条，如图 3-36 上方所示，其中有供选择的调试工具按钮，自左到右分别为复位、全速运行、暂停、单步运行、过程单步、执行完当前子程序、运行到当前窗口、内存窗口、性能分析、工具按钮等命令。本章只关注常用寄存器窗口和复位、全速运行、暂停、单步运行、反汇编和内存窗口等工具按钮的应用。

① 设置观察反汇编窗口。单击调试工具条中的按钮，弹出反汇编窗口（Disassembly）。从窗口中可看到对应汇编语言程序的机器代码（程序目标代码）及其在 ROM 中的安排，如图 3-36 右方所示。

② 设置观察窗口。单击调试工具条中的按钮，则在工作界面的右下方弹出存储器窗口，如图 3-37 下方所示。它由 4 个（或称选项卡）组成，分别为 Memory#1、Memory# 2、Memory#3、Memory#4，可用来设置观察代码存储空间（ROM，用“C”表示）、直接寻址的片内空间（片内 RAM，用“D”表示）、间接寻址的片内存储空间（用“I”表示）和片外扩展 RAM 存储空间（用“X”表示）。

为观察 ROM 中的程序目标代码，设置 Memory#1 为代码存储空间（ROM）。单击页面标签“Memory#1”，选中该页面，在其上方 Address 输入栏中填上 C:0（“:”应为英文符）后回车，则显示出 ROM 中的内存。可以看出从 ROM 中的地址 0x0000（“0x”表示十六进制）开始安排了 pao.asm 程序汇编后的目标代码：74　7F　23　F5　90　12　00……

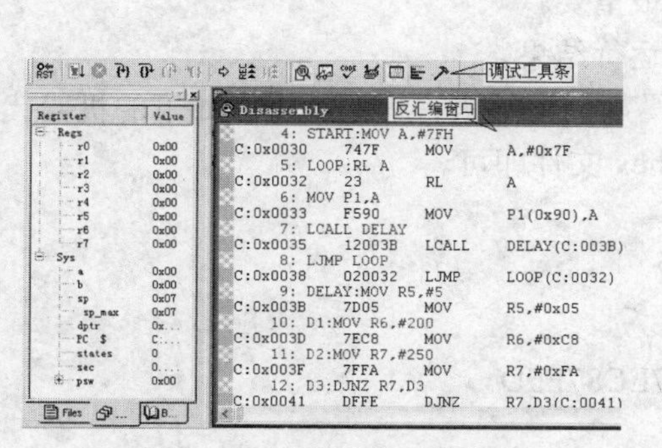

图 3-36　运行时的工作界面

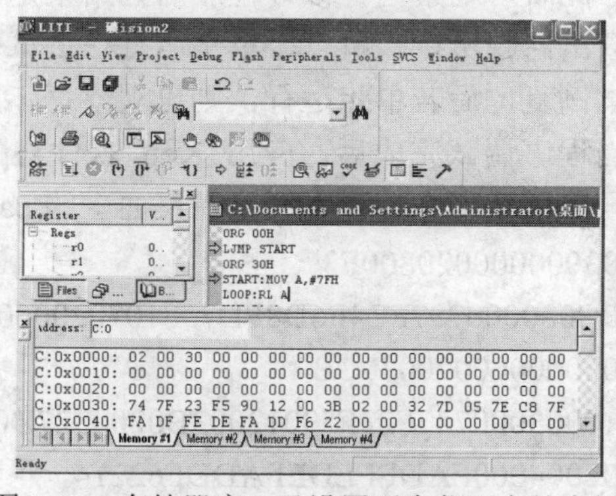

图 3-37　存储器窗口及设置观察代码存储空间

在程序 pao.asm 执行时，将对片内 RAM 直接寻址存储器的内容产生影响。为观察影响，设置 Memory#2 为直接寻址的片内空间（片内 RAM）。单击页面标签“Memory#2”，选中该页面，在其上方 Address 输入栏中填上 D:0 后回车，则显示出片内 RAM 中的内容，如图 3-38 所示。单击页面标签“Memory#3”，选中该页面，其上方 Address 输入栏中填上 I:0 后回车，则可设置间接寻址的片内存储空间。单击页面标签“Memory#4”，选中该页面，在其上方 Address 输入栏中填上 X:0 后回车，则可设置片外 RAM 存储空间。

③ 复位。单击调试工具条中的按钮，则可实现复位。这时黄色箭头指向程序的第一

条指令（本例中为 MOV A，#7FH），如图 3-38 所示。打开 Memory#2，就可观察到片内RAM 中对应 P0、SP、P1、P2、P3 等的地址 Ox80、0x81、0x90、0xA0、0xB0，它们的复位值分别为 0xFF、0x07、0xFF、0xFF、0xFF，如图 3-38 所示。

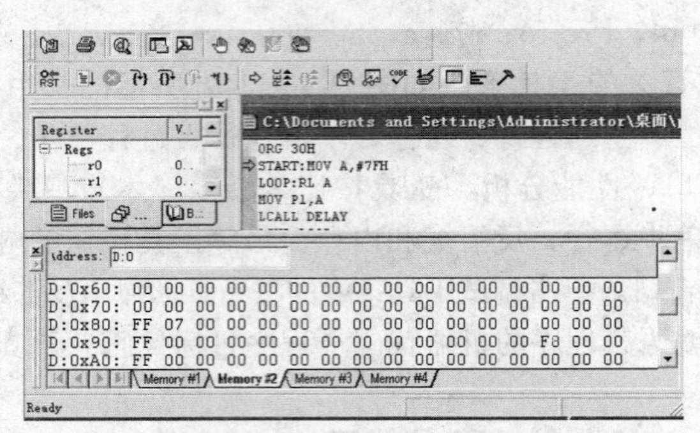

图 3-38　设置片内 RAM 直接寻址存储空间

④ 全速运行。单击调试工具条中的按钮，或快捷键“F5”，则可以全速执行程序，暂停工具按钮由灰色变为红色，即在不间断地执行程序指令。此时，执行速度快，并且可观察程序执行的总体效果。但程序中有错，则难以确认错误出于何处。

本例若全速运行，可观测到 P1 口的内容在不停的变化。只有单击暂停工具按钮才能中止运行。

⑤ 单步运行。单击调试工具条中的按钮，或按快捷键“F11”，则单步执行程序。每单击一次按钮，则执行一行程序（即一条指令）便停止。相应的黄色箭头也移到程序的下一行，此时可观察运行该行程序后的结果是否与预期的结果一致；若不一致，也可以较容易地检查出问题所在。所以，单步运行在调试中很重要。

本例复位后若单步运行，则可观察每步的运行结果。

当程序调试完成后，应用 Keil 软件将跑马灯的汇编语言程序编译成如下的机器代码，代码只需用记事本打开本例存在桌面上的 pao.hex 文件即可。

```
:03000000020800F3
:0C080000787FE4F6D8FD75810702000047
:03000000020030CB
:10003000747F23F59012003B0200327D057EC87F5D
:08004000FADFFEDEFADDF62214
:00000001FF
```

到此为此已经成功地使用 Keil u Vision2 来编写程序了，只要把 HEX 文件下载到单片机里面就可以完成了。

3. 总结

Keil u Vision2 编写程序一般步骤如下：

（1）新建工程；

（2）新建源程序文件，可以是 C 语言或汇编语言等；

（3）把源程序添加到工程中；

（4）编译并生成 HEX 文件；

（5）程序运行调试。（注：这一步主要是检查程序的逻辑故障）

3.7.2 用 Keil 设计延时子程序并仿真调试

1. 目的

在 Keil 集成开发环境下，当晶振为 12MHz 时，设计 20ms 延时子程序（对应机器周期为 1μs），并进行仿真调试与延时测量。

2. 用 Keil 设计延时源程序并存盘

将 3.6.1 节中【例 3-37】延时 20ms 源程序输入图 3-28 中的文本编辑窗口内，检查无误后单击保存按钮，取文件名 LITI37. ASM 存盘，如图 3-39 所示。但工程管理窗口的文件管理栏中还没有文件 LITI37.ASM，这是因为尚未将文件添加到工程中。

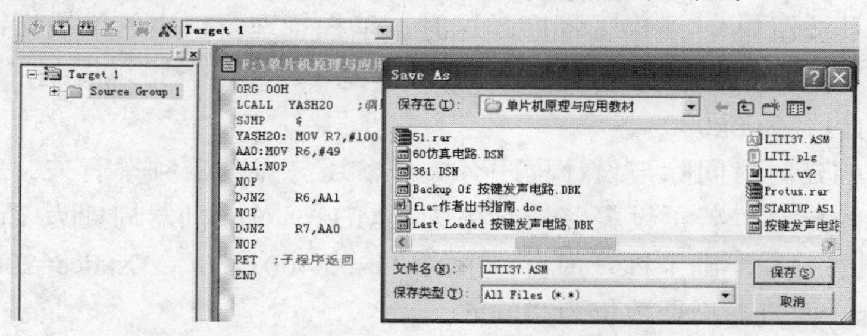

图 3-39 输入源程序并取名 LITI37.ASM 存盘

3. 添加源程序文件到工程

将源程序文件添加到工程，进行源程序汇编，结果如图 3-40 所示。从工程管理窗口中可看到源程序 LITI37.ASM 已添加到工程中，从汇编信息窗口中可看到源程序已通过汇编，并建立了 HEX 目标代码文件。

4. 运行、观察时间和延时时间调试

单击工具栏中的工具按钮，进入运行调试状态。当复位后按调试工具条中的“过程单步”工具按钮，则运行调用子程序指令 LCALL YASH20，从标号 YASH20 开始到返回指令 RET 结束为子程序，共 9 行指令。整个子程序为一个过程，“过程单步”运行的意思是“将子程序这个过程当成单步”来完成。所以，运行后不是跳进子程序中去，而是执行完子程序的所有指令后返回停止到下一条指令（本例为 SJMP $指令），图 3-41 中的箭头正指向 SJMP $指令。从工程管理窗口的寄存器列表中可看到“sec=0.02000600”，这是以秒为单位的运行时间，近似等于 20ms，差数微不足道，所以设计的子程序是 20ms 的延时子程序。而“states=20006”表示的是运行整个子程序的机器周期数为 20006。

如果有需要观察子程序中的指令运行情况，则单击单步运行工具按钮，运行 LCALL YASH20 指令，跳入子程序中运行程序。这时工程管理窗口中堆栈指针（寄存器）SP 由 7 变为 9，表示已将主程序中调用指令的下一条指令地址自动压入堆栈中，这时片内 RAM 堆栈区的 0x08 和 0x09 单元中的内容为 03 00，即主程序中调用指令的下一条指令地址为 0x0003。

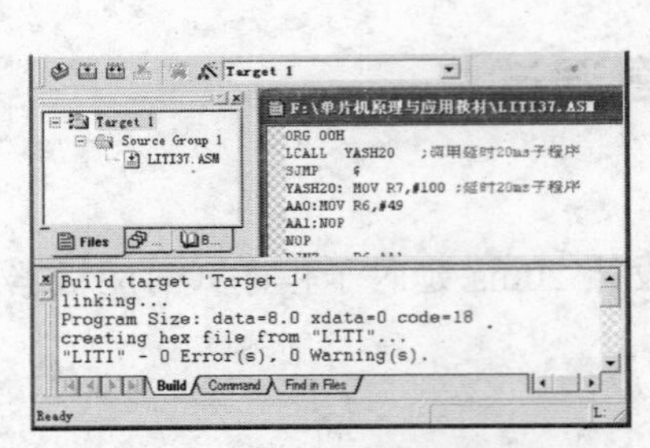

图 3-40　添加源程序文件到工程

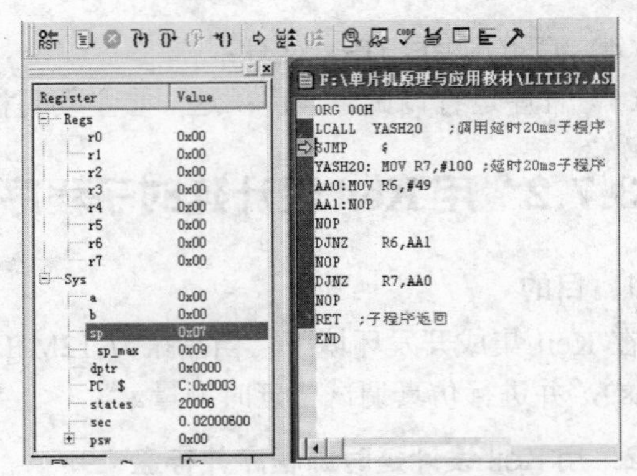

图 3-41　观察时间、延时时间

每按一次按钮，运行子程序中一条指令。机器周期数“states”与执行时间“s”均在累积增加，“states”与“s”都是从程序运行开始累计的数目。若要退出子程序，可单击“执行完当前子程序工具按钮”，跳出子程序。这时，工程管理窗口中的堆栈指针（寄存器）SP又由 9 变为 7，表示原先压入堆栈的地址已自动弹到 PC 中了，可以看到工程管理窗口中的PC 程序计数器的内容为 0x0003。

延时子程序的延时时间除与设计程序有关外，还与振荡器频率有关。上面是对应振荡器频率 12MHz 的延时。若重设振荡器频率为 6MHz，对应机器周期为 2μs。复位后单击“过程单步”工具按钮，则工程管理窗口中的“s=0.04001200”，“states=20006”。表明这时子程序延时 40ms，而机器周期数仍为 20006。

3.7.3　用 Keil 设计分支结构程序并仿真调试

在 Keil 集成开发环境下，当 AT89C51 单片机振荡器频率为 12MHz 时，研究【例 3-30】的程序运行过程及相关存储单元内容的变化情况。

假定已建立起名为 LITI 的工程，并按题意设置好了 Keil 工程目标选项。将【例 3-30】的分支结构源程序输入 Keil 的文本编辑窗口内，取（R2）=0 的情况。检查无误后单击保存按钮，取文件名为 LITI30.ASM 并存盘。再将该源程序加载到工程 LITI 中，对源程序进行汇编。汇编、连接通过后，建立目标代码文件 LITI30.HEX，弹出汇编信息窗口，如图 3-42 所示。

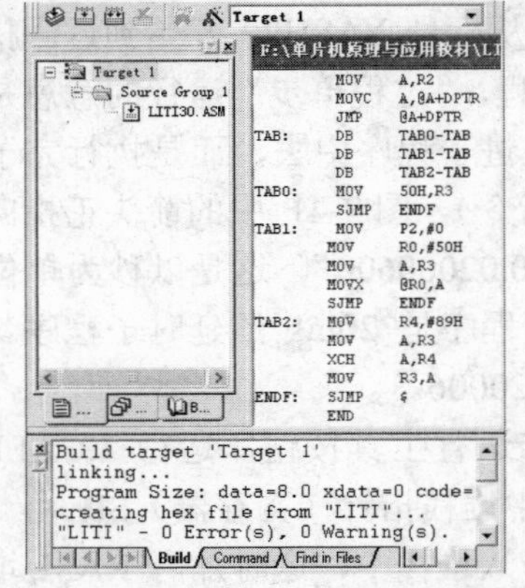

图 3-42　程序编辑、汇编和信息窗口

单击工具栏中的工具按钮进入运行调试状态。关闭汇编信息窗口，单击调试工具条中的按钮，则在工作界面的右下方弹出存储器窗口，设置片内 RAM（D：）和片外 RAM（X：）存储器窗口，分别对应 Memory#1、Memory#2，这时工作界面如图 3-43 所示。复位后，单击工具按钮（STEP INTO，译为“单步”），从源程序窗口和反汇编窗口可看到每单击一次按钮，运行一条程序行，黄色箭头也跟着移动，并显示每步运行结果。例如，在工程管理窗口的寄存器窗口中，显示出 R2、R3、DPTR、A、R0、PC 等的内容，在存储器窗口中也显示出来。运行时，程序计数器 PC 的内容在变化，但它的内容总是指向下一条要运行的程序行，也能看到根据 R2 中的内容，转移指令 JMP @A+DPTR 将转到对应的程序行 TAB0、TAB1、TAB3。运行完程序后的结果如图 3-44 所示。因（R2）=0，所以，这时片内 RAM 中的（50H）=12H。

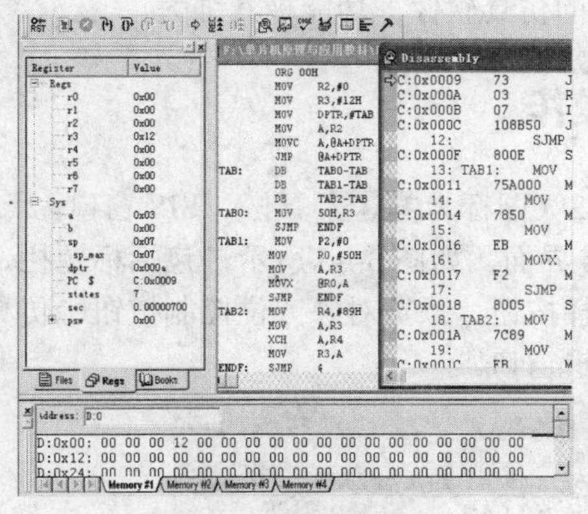

图 3-43 运行调试工作状态

图 3-44 单步运行、调试工作界面状态

若将程序的第二句改为“MOV R2，#1”，则转移指令“JMP @A+DPTR”将转到程序行 TABl，运行完程序后的结果是片外 RAM 中（50H）=12H。若程序的第二句改为“MOV R2，# 2”，同样可看到程序预期的结果。

3.7.4 用 Keil 设计查表程序并仿真调试

在 Keil 集成开发环境卜，当 AT89C51 单片机晶振频率为 6MHz 时，研究【例 3-38】或【例 3-39】程序的运行过程及相关存储单元内容的变化情况。

通过以上实训，重点掌握的内容有 4 项。

① 用 Keil 查看指令执行时间，延时子程序的设计、观测和调试。

② 用 Keil 的工程管理窗口或片内 RAM 窗口观察子程序调用时堆栈的变化情况。

③ 用 Keil 的存储器窗口观察片外 RAM 窗口中相关单元的变化情况。

④ 结合实例强化 Keil 实训，通过 Keil 实训来增强编写程序的能力和对程序的理解。

3.8 实训 3：跑马灯的 Proteus 设计与仿真

Proteus ISIS 是英国 Labcenter 公司开发的电路分析与实物仿真软件。它运行于 Windows 操作系统上，可以仿真、分析（SPICE）各种模拟器件和集成电路，该软件的特点是：①实现了单片机仿真和 SPICE 电路仿真相结合。具有模拟电路仿真、数字电路仿真、单片机及其外围电路组成的系统的仿真、RS-232 动态仿真、I^2C 调试器、SPI 调试器、键盘和 LCD 系统仿真的功能；有各种虚拟仪器，如示波器、逻辑分析仪、信号发生器等。②支持主流单片机系统的仿真。目前支持的单片机类型有 68000 系列、8051 系列、AVR 系列、PIC12 系列、PIC16 系列、PIC18 系列、Z80 系列、HC11 系列及各种外围芯片。③提供软件调试功能。在硬件仿真系统中具有全速、单步、设置断点等调试功能，同时可以观察各个变量、寄存器等的当前状态，因此在该软件仿真系统中，也必须具有这些功能；同时支持第三方的软件编译和调试环境，如 Keil C51 u Vision2 等软件。④具有强大的原理图绘制功能。总之，该软件是一款集单片机和 SPICE 分析于一身的仿真软件，功能极其强大。

3.8.1 Proteus ISIS 窗口与基本操作

在计算机中安装好 Proteus 后，启动 Proteus ISIS（图标为ISIS）进入 ISIS 窗口。

Proteus ISIS 的工作界面是一种标准的 Windows 界面，如图 3-45 所示，包括标题栏、主菜单、标准工具栏、绘图工具栏、状态栏、对象选择按钮、预览对象方位控制按钮、仿真进程控制按钮、预览窗口、对象选择器窗口和图形编辑窗口。

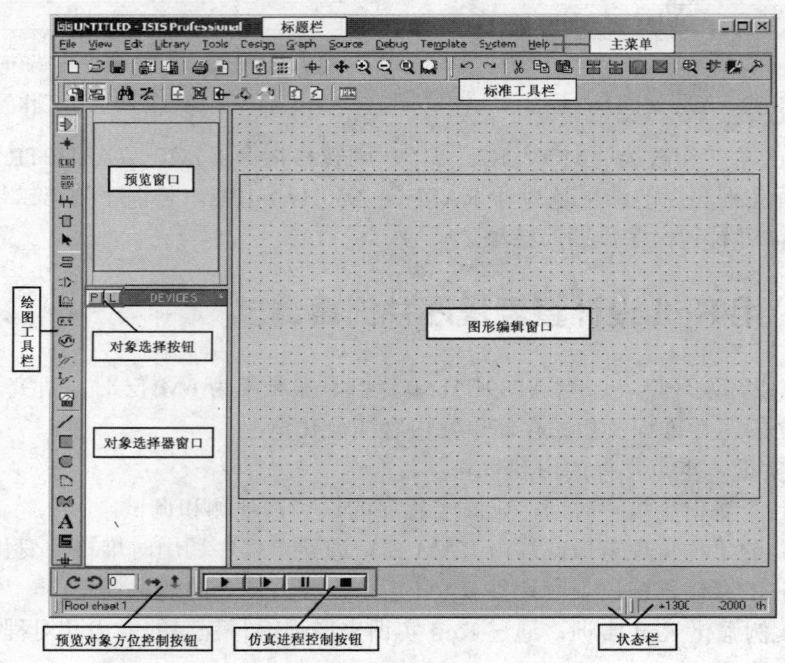

图 3-45 ISIS 窗口

1. 主菜单

Proteus ISIS 的主菜单栏包括 File（文件）、View（视图）、Edit（编辑）、Library（库）、Tools（工具）、Design（设计）、Graph（图形）、Source（源）、Debug（调试）、Template（模板）、System（系统）和 Help（帮助），如图 3-45 所示。单击任一个菜单后都将弹出其子菜单项。

- File 菜单：包括常用的文件功能，如新建设计、打开设计、保存设计、导入/导出文件，也可打印、显示设计文档，以及退出 Proteus ISIS 系统等。

- View 菜单：包括是否显示栅格、设置格点间距、缩放电路图及显示与隐藏各种工具栏等。
- Edit 菜单：包括撤销/恢复操作、查找与编辑元器件、剪切、复制、粘贴对象，以及设置多个对象的层叠关系等。
- Library 菜单：库操作菜单。它具有选择元器件及符号、制作元器件及符号、设置封装工具、分解元件、编译库、自动放置库、校验封装和调用库管理器等功能。
- Tools 菜单：工具菜单。它包括实时注解、自动布线、查找并标记、属性分配工具、全局注解、导入文本数据、元器件清单、电气规则检查、编译网络标号、编译模型、将网络标号导入 PCB，以及从 PCB 返回原理设计等工具栏。
- Design 菜单：工程设计菜单。它具有编辑设计属性，编辑原理图属性，编辑设计说明，配置电源，新建，删除原理图，在层次原理图中总图与子图及各子图之间互相跳转和设计目录管理等功能。
- Graph 菜单：图形菜单。它具有编辑仿真图形，添加仿真曲线、仿真图形，查看日志，导出数据，清除数据和一致性分析等功能。
- Source 菜单：源文件菜单。它具有添加/删除源文件，定义代码生成工具，设置外部文本编辑器和编译等功能。
- Debug 菜单：调试菜单。包括启动调试、执行仿真、单步运行、断点设置和重新排布弹出窗口等功能。
- Template 菜单：模板菜单。包括设置图形格式、文本格式、设计颜色及连接点和图形等。
- System 菜单：系统设置菜单。包括设置系统环境、路径、图纸尺寸、标注字体、热键及仿真参数和模式等。
- Help 菜单：帮助菜单。包括版权信息、Proteus ISIS 学习教程和示例等。

2. 工具栏及其工具按钮

工具栏分类及其工具按钮见表 3-29。

表 3-29 工具栏分类及其工具按钮

工具栏	命令工具栏	文件操作	
		显示查看操作	
		编辑操作	
		设计操作	
	模式选择工具栏	主模式选择	
		小工具箱	
		2D 绘图	
	方向选择工具栏	转向	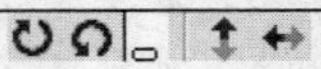
	仿真工具栏	仿真运行控制	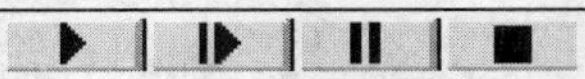

本书涉及的主要工具如下。

（1）文件操作按钮（从左往右，括号里为对应菜单，以下同）

新建（File→New Design）：在默认的模板上新建一个设计文件；

打开（File→Open Design）：打开一个设计文件；

保存（File→Save Design）：保存当前设计；

导入部分文件（File→Import Section）：导入部分已设计的文件；

导出部分文件（File→Export Section）：导出部分已设计文件；

打印（File→Print）：打印图纸；

设置区域（File→Set Area）：设置输出区域。

（2）显示命令按钮（从左往右，括号里为对应菜单）

刷新（View→Redraw）：显示刷新；

栅格开关（View→Grid）：显示/不显示栅格点切换；

原点（View→Origin）：显示/不显示手动原点；

选择显示中心（View→Pan）：以鼠标所在点为中心进行显示；

放大（View→Zoom In）：放大图纸；

缩小（View→Zoom Out）：缩小图纸；

显示全部（View→Zoom All）：显示全部图纸；

缩放一个区域（View→Zoom to Area）：选择一个区域缩放。

（3）编辑操作按钮（从左往右，括号里为对应菜单）

块复制（Block Copy）：复制选中的块对象；

块移动（Block Move）：移动选中的块对象；

块旋转（Block Rotate）：旋转选中的块对象；

块删除（Block Delete）：删除选中的块对象；

拾取元器件或符号（Library→Pick Device/Symbol）：选取元器件，从元件库中选取各种各样的元件。

（4）主模式选择按钮（Mode Selector Toolbar）

要进行哪一类型操作，首先要进入相应的模式。默认是元器件模式，即选择元器件。若要画总线，单击，这时在编辑窗口中画出的线为总线。若要再画非总线的导线，单击即可。

：选择元器件（Component）（默认选择）；

：放置连接点（Junction Dot）；

：放置电线标签（Wire Label）；

：放置文本（Text Script）。

（5）工具箱按钮（Gadgets）

：终端（Terminal），有 Vcc、地、输出、输入等各种终端；

：元器件引脚（Device Pin），用于绘制各种引脚。

（6）转向按钮（Orientation Toolbar）

将对象选择器中的对象进行旋转。

：旋转角度只能是90°的整数倍。连续单击旋转按钮，则以90°为递增量旋转。

：水平镜像和垂直镜像。

（7）仿真运行控制按钮

：仿真控制按钮，从左至右依次是运行、单步运行、暂停和停止。

3.8.2 Proteus ISIS 库元件的认识

由于大部分电路是由库中的元件通过连线来完成的，而库元件的调用是画图的第一步，如何快速准确地找到元件是绘图的关键。而 Proteus ISIS 的库元件都是以英文来命名的，这给英文水平不够好的读者带来不小的障碍。下面对 Proteus ISIS 的库元件按类进行详细的介绍，使读者能够对这些元件的名称、位置和使用有一定的了解。

Proteus ISIS 的库元件是按类存放的，即大类一子类（或生产厂家）—元件。对于比较常用的元件是需要记住它的名称的，通过直接输入名称来拾取。至于哪些是最常用的元件，是因人而异的，根据平时从事的工作需要而定。另外一种元件拾取方法是按类查询，也非常方便。

（1）大类（Category）

元件拾取对话框如图 3-50 所示。在左侧的“Category”中，共列出了以下几个大类，其含义见表 3-30。

当要从库中拾取一个元件时，首先要清楚它的分类是位于表 3-30 中的哪一类，然后在打开的元件拾取对话框中，选中“Category”中相应的大类。

表 3-30　库元件分类示意

Category（类）	含义	Category（类）	含义
Analog ICs	模拟集成器件	PLDs and FPGAs	可编程逻辑器件和现场可编程门阵列
Capacitors	电容	Resistors	电阻
CMOS 4000 series	CMOS 4000 系列	Simulator Primitives	仿真器
Connectors	接头	Speakers and Sounders	扬声器和声响
Data Converters	数据转换器	Switches and Relays	开关和继电器
Debugging Tools	调试工具	Switching Devices	开关器件
Diodes	二极管	Thermionic Valves	热离子真空管
ECL 10000 Series	ECL 10000 系列	Transducers	传感器
Electromechanical	电机	Transistors	晶体管
Inductors	电感	TTL 74 Seriers	标准 TTL 系列
Inplace Primitives	拉普拉斯模型	TTL 74ALS Seriers	先进的低功耗肖特基 TTL 系列
Memory ICs	存储器芯片	TTL 74AS Seriers	先进的肖特基 TTL 系列
Microprocessor ICs	微处理器芯片	TTL 74F Seriers	快速 TTL 系列
Miscellaneous	湿杂器件	TTL 74HC Seriers	高速 CMOS 系列
Modelling Primitives	建模源	TTL 74HCT Seriers	与 TTL 兼容的高速 CMOS 系列
Operational Amplifiers	运算放大器	TTL 74LS Seriers	低功耗肖特基 TTL 系列
Optoelectronics	光电器件	TTL 74S Seriers	肖特基 TTL 系列

（2）子类（Sub-category）

选取元件所在的大类（Category）后，再选子类（Sub-category），也可以直接选生产厂家（Manufacturer），这样会在元件拾取对话框中间部分的查找结果（Results）中显示符合条件的元件列表。从中找到所需的元件，双击该元件名称，元件即被拾取到对象选择器中去了。如果要继续拾取其他元件，最好使用双击元件名称的办法，对话框不会关闭。如果只选取一个元件，可以单击元件名称后单击“OK”按钮，关闭对话框。

如果选取大类后，没有选取子类或生产厂家，则在元件拾取对话框中的查询结果中，会把此大类下的所有元件按元件名称首字母的升序排列出来。对 Proteus ISIS 库元件的各子类不再进行逐一介绍，读者可参考文献资料[1]。

在本节里，把主菜单和主工具及常用工具给读者做了介绍，但真正做到领会和贯通，需要在实际应用中逐步训练，这往往需要一个反复的过程。对于初学者，先浏览一遍，知道有哪些主要菜单和功能，然后由浅入深地做一些实例，通过做图来加深印象，牢固掌握，熟练应用。

3.8.3 跑马灯 Proteus 电路原理图的设计

1. 电路原理图

采用 LED 发光管作亮点跑马灯元件（8 个）。电路原理如图 3-46 所示。晶振频率为 12MHz。

2. 程序设计、汇编

（1）程序设计流程图如图 3-47 所示。要求每隔 500ms 亮点移动一次。

```
          ORG     00H
          LJMP    START
          ORG     30H
START:    MOV     A，#7FH
LOOP:     RL      A
          MOV     P1，A
          LCALL   DELAY
          LJMP    LOOP
DELAY:    MOV     R5，#5
D1:       MOV     R6，#200
D2:       MOV     R7，#250
D3:       DJNZ    R7，D3
          DJNZ    R6，D2
          DJNZ    R5，D1
          RET
          END
```

（2）汇编

按照第 3 章 3.7 节所述的 Keil 使用方法，建立工程（本例 L361.Uv2）；输入、编辑程序，建立源程序文件*.asm（本例取名 pao.asm）；添加源文件到工程；设置工程目标选项；直至汇编源程序生成目标代码文件*.HEX（本例为 pao.hex）。

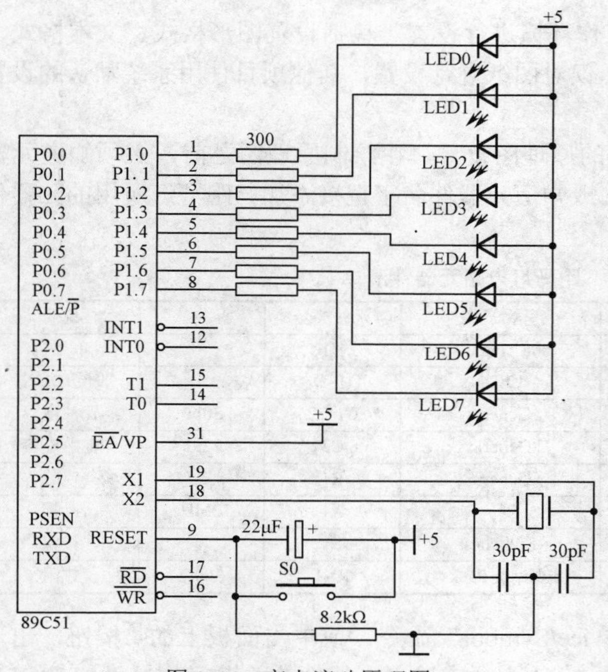

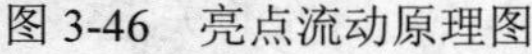
图 3-46　亮点流动原理图

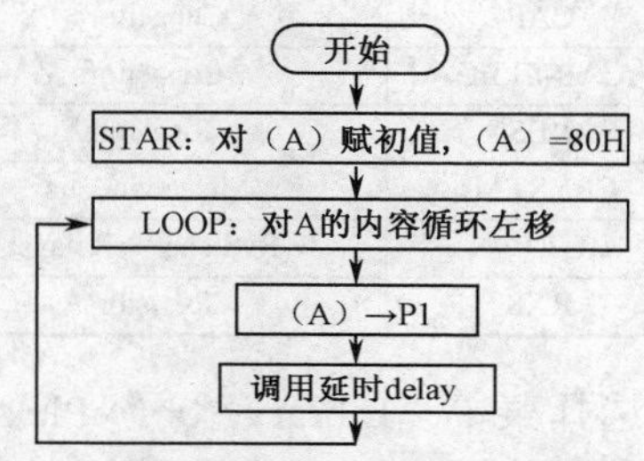

图 3-47　亮点流动流程图

3. 跑马灯 Proteus 电路原理图的设计

（1）建立、保存设计文件并设置图纸大小

选择菜单“File”→“New Design”命令，弹出如图3-48所示的新建设计（Create New Design）对话框。直接单击“OK”按钮，则以默认的模板（DEFAULT）建立一个新的空白文件。

单击工具按钮，取文件名后再单击“保存”按钮，则完成新建文件操作，文件名为362.DSN，后缀 DSN 是系统自动加上的。若文件已存在，则可单击工具栏中的按钮，选择所要求的设计文件（*.DSN）。

（2）改变图纸与设置工作环境

系统默认图纸大小为 A4，长×宽为 7~10in。若要改变图纸大小，选择菜单“System”→“Set Sheet Size”命令，出现如图 3-49 所示的窗口。可以选择 A0~A4 其中之一，也可选中图 3-49 底部“User（自定义）”复选框，再按需要更改右边的长和宽数据。

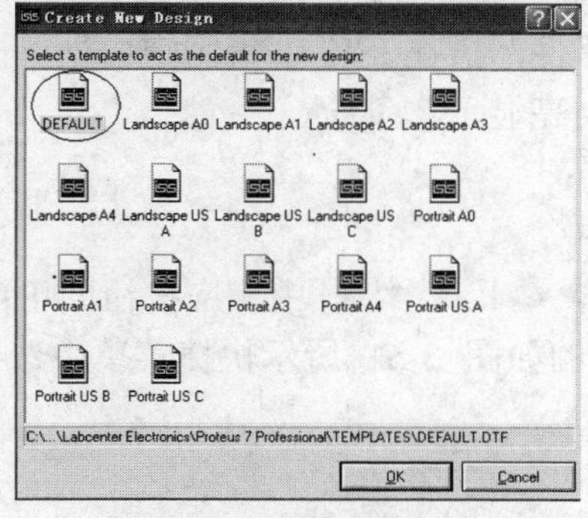

图 3-48　创建新设计文件

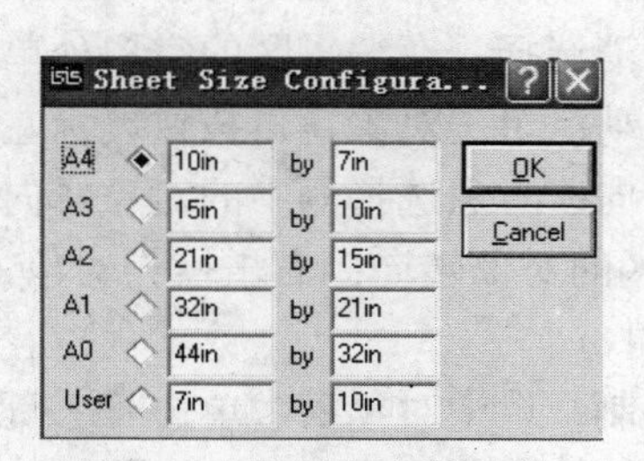

图 3-49　图纸大小设置窗口

选择菜单“Template”命令，对工作环境进行设置。包括设置图形格式、文本格式、设计颜色及连接点和图形等。在本例中，仅对图纸进行设置，其他项目使用系统默认的设置。

（3）拾取元器件

Proteus ISIS 库提供了大量元器件的原理图符号，在绘制原理图之前，必须知道元器件对应的库。在相应的库中找子类元件，或知道元器件名字直接添加。跑马灯所用的元器件清单见表 3-31。

表 3-31　跑马灯电路元器件清单

元件名称	所属类	所属子类	元件编号	标称值	说明
AT89C51	Microprocessor ICs	8051 Family	U1		单片机
LED-TREEN	Optoelectronics	LEDs	D1~D8		发光二极管
CAP	Capacitors	Generic	C1/C2	30pF	瓷片电容
CAP-ELEC	Capacitors	Generic	C3	22μF	电解电容
RES	Resistors	Generic	R1	8.2kΩ	电阻
CRYSTAL	Miscellaneous		X1	12MHz	晶振
BUTTON	Switches & Relays	Switches	S1		按钮
RX8	Resistors	Resistor Packs	RN1	300Ω	排阻

选择菜单“Library”→“Pick Device/Symbol”命令，或单击面板上的P按钮，出现如图 3-50 所示的元器件选择框。在“Keywords”栏中输入元器件的关键字，如“AT89C51”，则可看到元器件列表。从列表中选中 AT89C51 行后，再双击，便可将 AT89C51 选入对象选择器中。其他元件用类似的方法添加到对象选择器中。

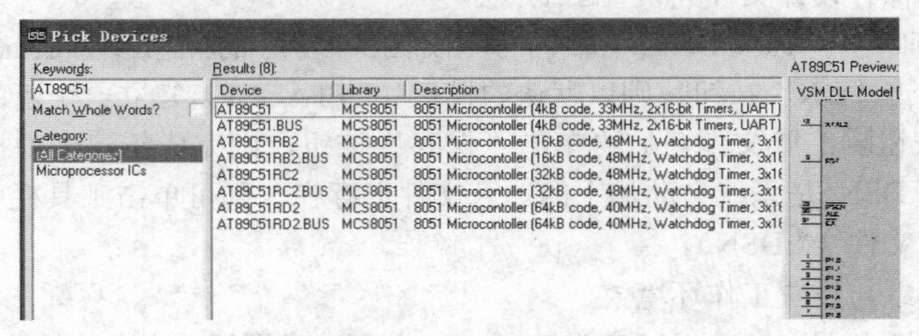

图 3-50　添加元器件

（4）在原理图中放置元器件

在当前设计文档的对象选择器中添加元器件后，就要在原理图中放置元器件。

① 放置：在对象选择器中选取要放置的元器件，再在 ISIS 编辑区空白处单击。

② 选中：单击编辑区某对象，默认为红色高亮显示。

③ 取消选择：在编辑区的空白处单击。

④ 移动：单击对象，再按住鼠标左键拖动。

⑤ 转向：对象选择器中的对象转向：单击中相应按钮即可；

编辑区的对象转向：右击操作对象，从弹出的如图 3-51 所示快捷菜单中选择相应的旋转按钮也可。

⑥ 复制：选中对象后，单击按钮。

⑦ 粘贴：复制操作后，单击按钮，然后在编辑区单击。

⑧ 删除：双击或者右击对象快捷菜单中（或工具栏中）的操作命令✕；

⑨ 编辑（属性设置）：双击或右击对象快捷菜单中的操作命令 Edit Properties。

⑩ 块操作（多个对象同时操作）：选中操作对象，再单击工具按钮。

放置并调整好所有元器件后，选择菜单“View”→“Redraw”命令，刷新屏幕，此时图纸上有了全部元器件，如图 3-52 所示。

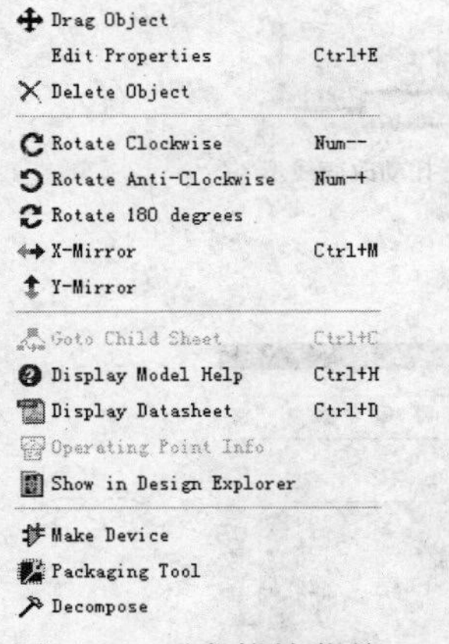

图 3-51 对象快捷菜单

图 3-52 放置元件后

（5）放置电源、地（终端）

单击工具栏中的终端按钮，从图 3-53 所示的终端符号选择 POWER（电源）、GROUND（地）。

（6）元件属性的设置

跑马灯电路属性设置如表 3-31 跑马灯电路元器件清单所示。

以设置电阻 R1 的电阻值为例说明。双击电阻元件，则跳出如图 3-54 所示属性设置栏在“Resistance”栏改写电阻值为 8.2kΩ，则电阻 R1 的阻值为 8.2kΩ。其他依次类推。

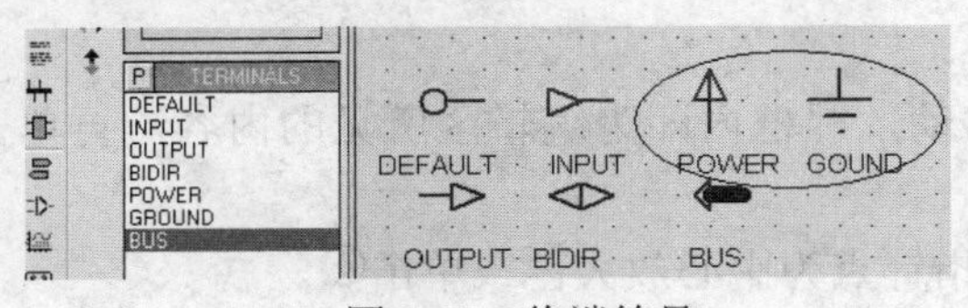

图 3-53 终端符号

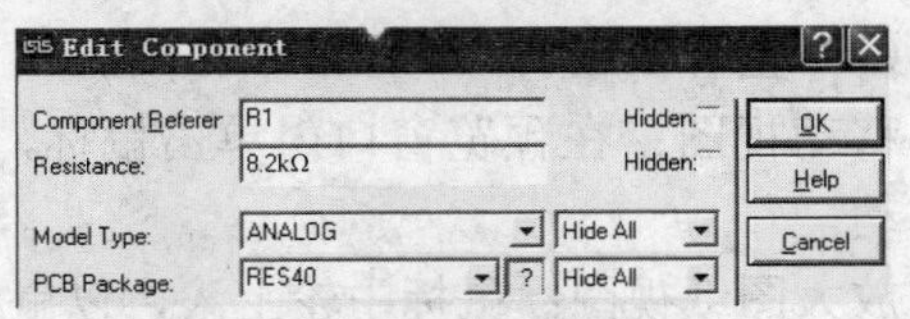

图 3-54 设置电阻属性

（7）连线、布线

① 自动布线：系统默认自动布线是有效。只要单击连线的起点和终点，系统会自动以直角布线，生成连线。如图 3-55（a）、（b）所示。在前一指针着落点和当前点之间会自动预画线，它可以是带直角的线。在引脚末端选定第一个画线点后，随指针移动自动有预画细线出现，当遇到障碍时，布线会自动绕开障碍，如图 3-55（c）所示。这正是智能绘图的表现。

② 手工调整线形：要进行手工直角画线，直接在移动鼠标的过程中单击即可，如图 3-55（d）所示。若要手工任意角度画线，在移动鼠标的过程中按住“Ctrl”键，移动指针，预画线自动随指针呈任意角度，确定后单击即可，如图 3-55（e）所示。

③ 移动画线、改变线形：选中要改变的画线，指针靠近画线，出现“×”捕捉标志，

按下左键，若出现双键头，表示可沿垂直于该线的方向移动。此时拖动鼠标，就近的线会跟随移动，图 3-55（f）所示的为水平拖动；按住拐点或斜线上任意一点，可以任意角度拖动画线。

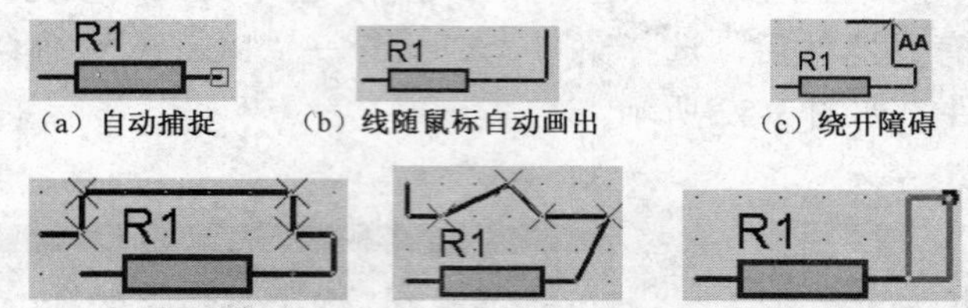

（a）自动捕捉　（b）线随鼠标自动画出　（c）绕开障碍

（d）中途左击改变线的方向　（e）手工布任意的线　（f）平行托动改变线形

图 3-55　画线及其移动、改变形状

根据电路原理图，连接好电路如图 3-56 所示。

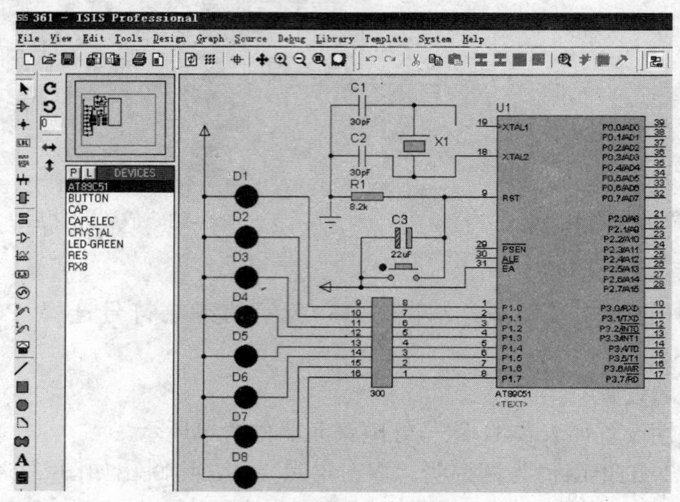

图 3-56　连接好电路

（8）查看图纸

移动视图：在预览窗口内单击鼠标，移动，绿框内即为编辑区所见的内容。再单击停止移动。

放大图纸视图：鼠标中轮上滚，以鼠标指针点为中心放大，或单击。

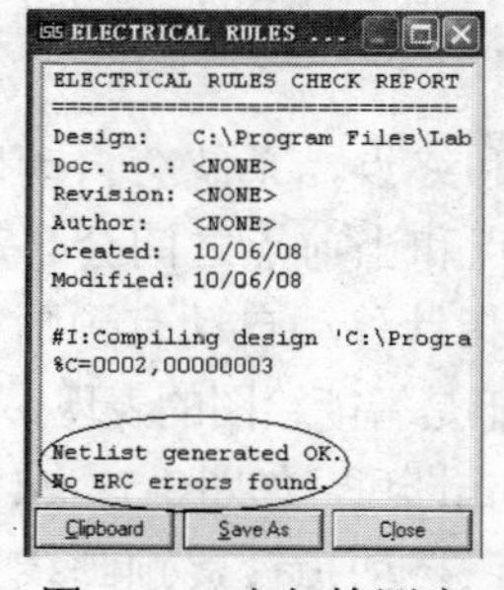

图 3-57.　电气检测窗

缩小图纸视图：鼠标中轮下滚，以指针点为中心缩小，或单击。

查看整张图纸：单击，或按快捷键“F8”。

查看局部图纸：单击，在编辑区单击鼠标，按住并拖出一个方框，把要显示的内容框进框中，或者单击，以鼠标所在点为中心进行显示，或按快捷键“F5”。

（9）电气检测

设计电路完成后，单击工具栏中电气检查按钮，会出现检查结果窗口，如图 3-57 所示。窗口前面是一些文本信息，接着是电气检查结果列表。若有错，会有详细的说明。也可操作菜单“Tools”→“Electrical Rule

Check”，完成电气检测。

3.8.4 跑马灯 Proteus 与 Keil u Vision 的联调与仿真

1. Proteus 与 Keil u Vision 的联调前的设置

① 打开 Proteus 7，在“Debug”下拉菜单中选择“User Remote Debug Monitor”；

② 打开 Keil C51，选中自己建立的工程，单击“Project”，选择 option for target“自己建立的工程名”，在“Debug”标签下选中右边的“use”单选，并在下拉框中选“Proteus VSM Simulator”仿真设备；

③ 单击 Keil“Debug”“运行”，便可以享受联调了。

2. 加载目标代码和设置时钟频率

在 ISIS 编辑区中双击单片机，则弹出如图 3-58 所示的加载目标代码文件和设置时钟频率的窗口。单击在 Program File 栏右侧“”的按钮，弹出文件列表，从中选择目标代码文件 pao.hex；在 Clock Frequency 栏中填上时钟频率（本例为 12MHz），再单击“OK”按钮，则可完成加载目标代码文件和设置时钟频率的操作。

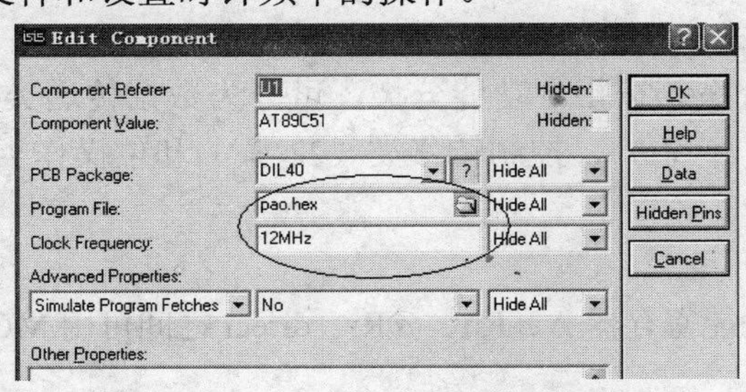

图 3-58 加载目标代码文件和设置时钟频率

3. 仿真

单击“仿真”按钮中的按键 ▶，则全速仿真，出现亮点流动现象。图 3-59 正是 LED 亮点跑马灯的仿真片段。

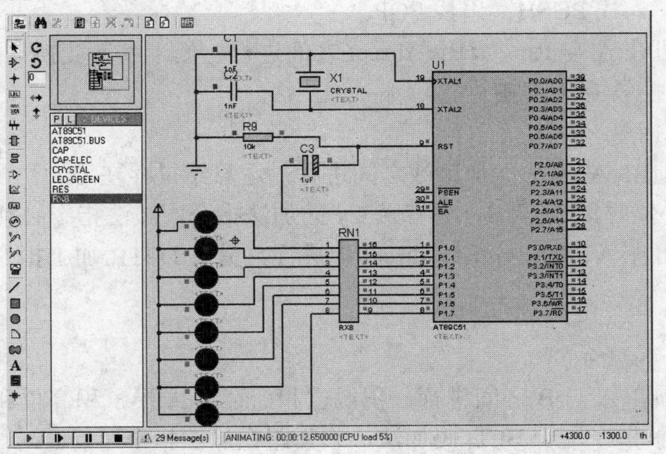

图 3-59 LED 亮点跑马灯的仿真片段

小结

对于小型的单片机系统，单片机常用的编程语言是汇编语言，它具有占存储空间少、运行速度快、实时性强等优点，但缺乏通用性。一般大型程序通常采用高级语言（如 C 语言）。具有直观、易学、通用性强的优点。但是单片机直接能够识别和执行的是机器语言，而汇编语言也是直接面向机器的语言。

本章主要介绍的是 AT89C51 单片机的汇编言指令系统及其基本的程序设计。AT89C51 共有 111 条指令，其指令执行时间短、字节少、位操作指令非常丰富。按指令长度分类，可分为 1 字节、2 字节和 3 字节指令。按指令执行时间分类，可分为 1 个机器周期、2 个机器周期和 4 个机器周期指令。需要理解和掌握内容如下：

1．AT89C51 指令基本格式由标号、操作码、操作数和注释组成。其中标号和注释为选择项，可有可无；操作数可以为 0~3 个；操作码为必需项，代表了指令的操作功能。

2. AT89C51 单片机 7 种寻址方式，即寄存器寻址、直接寻址、寄存器间接寻址、立即寻址、变址寻址、相对寻址和位寻址。寻址方式主要依据源操作数来定，寻址方式的不同主要表现在取操作数的方法和寻址空间范围的不同上。

3．AT89C51 的指令系统按指令功能分类，可分为数据传送类（29 条）、算术运算类（24 条）、逻辑运算类（24 条）、控制转移类（22 条）和位操作类（12 条）五大类指令。下面分类总结。

（1）数据传送类指令

① 内 RAM 和特殊功能寄存器 A、Rn、@Ri、direct 之间可用 MOV 指令互相传送数据。

注意

工作寄存器 Rn 之间不能直接传送。

② 读/写外 RAM 要用 MOVX 指令间址传送。

③ 读 ROM 要用 MOVC 指令。

④ 堆栈操作：入栈 PUSH；出栈 POP。

⑤ 字节交换可在 A 与 Rn、@Ri、direct 之间进行；低半字节交换只能在 A 与@Ri 之间进行；高低 4 位交换只能在 A 中进行。

（2）算术运算指令

① 加减法必须由 A 与另一加减数之间进行；运算结果存在 A 中，有进（借）位时，Cy=1；无进（借）位时，Cy 清 0，另有带 Cy 的加法指令，减法指令必须带 Cy。

② 加 1 减 1 可在 A、Rn、@Ri、direct 中进行，另有 DPTR 加 1 指令。

注意

加 1 减 1 指令不影响 Cy。

③ 乘除法必须在 A 与 B 之间进行，积低位和商存在 A 中，积高位和余数存在 B 中。

④ BCD 码调整指令用于 BCD 码加法，须紧跟在加法指令之后。

（3）逻辑运算及移位指令

① 逻辑运算有“与”、“或”和“异或”运算指令，逐位进行，目的寄存器可以是 A 或 direct。

② 循环移位必须在 A 中进行，分为带或不带 Cy 的左移或右移指令。

③ 字节（8 位）清零和取反必须在 A 中进行。

（4）控制转移类指令

① 无条件转移指令可分为长转移、绝对转移、相对转移和间接转移 4 种。长转移 LJMP 转移范围是 64KB；绝对转移 AJMP 转移范围是与当前 PC 值同一 2KB 范围；相对转移 SJMP 转移范围是当前 PC 为−128B~+127B。使用 AJMP 和 SJMP 指令应该注意转移目标地址是否在转移范围内，若超出范围，程序将出错。间接转移也称散转指令，属变址寻址，以 DPTR 为基址，由 A 的值来决定具体的转移地址。

② 条件转移指令可分为判 C 转移、判 bit 转移、判 A 转移、减 1 非 0 转移和比较转移指令。满足条件，则转移；不满足条件，则程序顺序执行。

③ 调用指令根据其调用子程序范围分为长调用和绝对调用两种，其特点类似于长转移和绝对转移指令。长调用可调用 64KB 范围内的子程序；绝对调用只能调用与当前 PC 值同一2KB 范围内的子程序。

④ 返回指令对应于调用指令，分为子程序返回和中断返回两种，两者不能混淆。其功能都是从堆栈中取出断点地址，送入 PC，使程序从主程序断点处继续执行。

⑤ 空操作指令的功能仅使 PC 加 1，常用于在延时或等待程序中时间“微调”。

（5）位操作类指令

① 位传送只能在 Cy 与 bit 之间进行，bit 与 bit 之间不能直接传送。

② 位修正分置 1、清零和取反，只能由 Cy 或 bit 进行。

③ 位逻辑运算只有“与”、“或”两种指令，无位“异或”指令。

4．伪指令不是指令，是对汇编语言源程序进行汇编时，提供有关汇编信息的辅助标记。其中最常用的有：起始伪指令 ORG，用于规定指令起始地址；等值伪指令 EQU，用于给字符赋值；定义字节伪指令 DB，用于在程序存储器中定义字节数据，定义字伪指令 DW，用于在程序存储器中定义字数据。

对于具体指令，要掌握格式和功能，但因为指令条数多，开始时不宜死记硬背，应在程序设计内容时，多加练习。

5. 在进行程序设计时，首先需要明确单片机应用系统预计完成的设计任务、功能要求和硬件资源，然后确定算法并进行优化，接着画程序流程图，然后再编制和调试程序。程序流程图是用各种图形、符号、指向线等来描述程序的执行过程，可以帮助设计程序、阅读程序和查找程序中的错误。读者在编程的过程中要养成先画流程图的好习惯。

一个好的程序不仅要完成规定的功能任务，而且还应该执行速度快、占用内存少、条理清晰、阅读方便、便于移植、巧妙而实用。采用循环结构和子程序可以使程序的容量大大减少，提高程序的效率，节省内存。

结构化程序设计方法具有明显的优点，任何复杂的程序都可由顺序结构、分支结构和循环结构构成。

（1）顺序结构程序：顺序结构程序比较简单，特点是按指令的先后顺序依次执行，是构成复杂程序的基础。

（2）分支结构程序：分支程序可以根据不同的条件转向不同的处理程序，可用条件转移、比较转移和位转移指令实现分支转移程序。

（3）循环结构程序：循环程序用于需要多次反复执行的某种相同的操作，如求和、统计、排序、延时等。循环程序通常都由初始化部分、循环处理部分和循环控制部分组成。

（4）子程序的设计中应当考虑现场的保护与恢复及参数传递等问题，要有一定的通用性。

6. 本章介绍的查表子程序、码制转换子程序及运算类子程序等都是比较常用的功能子程序，读者可以在理解的基础上模仿进行相应程序的设计。

7. 熟练掌握 Keil 软件的界面操作，学会各种程序的仿真调试，观察内存单元的变化与各个特殊功能寄存器的变化情况。

8. 熟练掌握 Proteus ISIS 软件的界面操作，学会利用此软件制作硬件原理图。关键是查找库里的元件，定义其属性。

9. 学会 Keil 与 Proteus ISIS 联机仿真的操作过程。

练习题 3

1. 简述下列基本概念：指令，指令系统，机器语言，汇编语言。

2. 简述 AT89C51 单片机的指令格式。

3. 简述 AT89C51 的寻址方式和所能涉及的寻址空间。

4. 要访问片外程序存储器和片外数据存储器，应采用哪些寻址方式？

5. 在 AT89C51 片内 RAM 中，已知（30H）=38H，（38H）=40H，（40H）=48H，（48H）=90H。请分析下面各是什么指令，说明源操作数的寻址方式及按顺序执行每条指令后的结果。

6. 指出下列指令的源操作数的寻址方式。

```
MOV     A，65H
MOV     A，#65H
MOV     A，@R0
MOV     A，R2
MOVC    A，@A+PC
```

7. 内部 RAM 和特殊功能寄存器各用什么寻址方式？

8. 已知：（A）=5BH，（R1）=30H，（30H）=0CEH，（P1）=71H，（PSW）=80H，（PC）=2000H，（205CH）=46H，（SP）=30H，（B）=78H。分别求各条指令执行后的结果（要求进行二进制运算验证）及标志位 Cy、P 的影响。

（1）MOV　A，@R1

（2）MOV　40H，30H

（3）MOV　P1，R1

（4）MOVC　A，@A+PC

（5）PUSH　B
（6）POP　DPH
（7）XCHD　A，@R1
（8）ADD　A，30H
（9）ADDC　A，P1
（10）SUBB　A，P1
（11）ANL　P1，#0FH
（12）CLR　PSW.7
（13）RLC　A
（14）ORL　C，90H

9. 对下面一段程序加上机器码和注释，并说明程序运行后寄存器 A、R0 和内部 RAM 50H、51H、52H 单元的内容。

```
MOV     50H，#50H
MOV     A，50H
MOV     R0，A
MOV     A，#30H
MOV     @R0，A
MOV     A，#50H
MOV     51H，A
MOV     52H，#00H
```

10. 区别下列各指令中 20H 的含义，在每条指令后加上注释。

```
MOV     A，#20H
MOV     45H，20H
MOV     C，20H.0
MOV     C，20H
```

11. 写出完成以下功能的指令：
（1）将立即数 30H 送到 R1；
（2）将内 RAM30H 中的数据送到内 RAM78H 单元；
（3）将立即数 30H 送到以 R0 中内容为地址的存储器中；
（4）将 R2 中的内容送到 P1；
（5）将内 RAM 60H 单元的数据送到外 RAM 60H 单元；
（6）将内 RAM 60H 单元的数据送到外 RAM 1060H 单元；
（7）将 ROM 1000H 单元的内容送到内 RAM 30H 单元；
（8）使 ACC.7 置位；
（9）使累加器的低 4 位清零；
（10）使 P1.2 与 Cy 相与，结果送 Cy；
（11）立即数 45H、93H 进行逻辑与、或、异或操作；
（12）两立即数求和：1C0H+45H，结果按高低 8 位存在 30H、31H 中。

12. 写出下列指令执行过程中堆栈的变化（设堆栈初值为 X:）

```
MOV   R6，#11H
MOV   R7，#23H
ACALL   200H
POP   50H
POP   51H
SJMP   $
ORG   200H
RET
```

13. 请写出能实现下列功能的程序段：

（1）一个 16 位数据，高低字节分别放在 20H 和 21H 中，试将该数乘以 2；

（2）16 位二进制数由高位到低位放在 30H 和 31H 单元，将其内容加 1；

（3）将 DPTR 中的数据减 5；

（4）有 3 个位变量 X，Y，Z，请编写程序实现 Y=X+YZ 的逻辑关系式。

14. 将一个按高低字节存放在 21H、20H 中的一个双字节乘以 2 后，再按高低次序将结果存放到 22H、21H、20H 单元。

15. 试编程，将片外 RAM 1000H~1050H 单元的内容置为 55H。

16. 试编程统计数据区长度的程序，设数据区从片内 RAM 30H 单元开始，该数据区以 0 结束，统计结果放入 2FH 中。

17. 试编写程序，将片外 RAM 2000H~200FH 数据区中的数据由大到小排列起来。

18. 若晶振频率位 6MHz，试计算下面延时子程序的延时时间。

```
DELAY:   MOV    R7，#0F6H
LP:      MOV    R6，#0FAH
         DJNZ   R6，$
         DJNZ   R7，LP
         RET
```

19. 试分别编写延时 20ms 和 1s 的程序。

20. 试编写利用调用子程序的方法延时 1min 的程序。

21. 用查表程序求 0~6 之间的整数的立方。已知整数存在 A 中，查表结果存入片内 RAM 31H 中。

22. 编写程序，查找在内部 RAM 的 30H~50H 单元中出现 FFH 的次数，并将查找结果存入 51H 单元。

23. 试用子程序求多项式：Y=（A+B）^{2}+（B+C）^{2}。（要求：两数之和不能超过 2 字节）

24. 已知（60H）=33H，（61H）=43H，试写出程序的功能和运行结果。

```
       ORG      0000H
SS:    MOV      R0，#61H
       MOV      R1，#70H
       ACALL    CRR
       SWAP     A
       MOV      @R1，A
       DEC      R0
```

```
        ACALL  CRR
        XCHD   A，@R1
        SJMP   $
CRR：   MOV    A，@R0
        CLR    C
        SUBB   A，#30h
        CJNE   A，#0AH，NEQ
        AJMP   BIG
NEQ：   JC     CEN
BIG：   SUBB   A，#07H
CEN：   RET
```

25. 内部RAM的30H单元开始存放着一组无符号数，其数目存放在21H单元中。试编写程序，求出这组无符号数中的最小的数，并将其存入20H单元中。

26. 写程序实现散转功能：

（R2）=0 转向RR0

（R2）=1 转向RR1

（R2）=2 转向RR2

27. 试按子程序形式编程，将单字节二进制数高4位、低4位分别转换成两字节的ASCII码。

第 4 章

AT89C51 I/O 及其应用举例

【内容提要】

本章主要介绍了 I/O 口的结构与负载能力；用单片机控制 LED 数码管的静态与动态的显示实例，通过实例仿真与制作，让读者对单片机的最小应用系统有了真正的体会。

4.1 I/O 口结构与负载能力

AT89C51 单片机有 4 个并行双向 8 位输入/输出口，即 I/O 口 P0~P3。每个口都有锁存器、输出驱动器和输入缓冲器，但结构有差异，功能与用途各有异同。每个 I/O 口可以进行“字节”输入/输出，也可单独进行“位”输入/输出。对各 I/O 进行读、写操作，即可实现输入、输出功能。每个 I/O 口 8 个位是相同的，所以每个 I/O 口的结构与工作原理均以位结构进行说明。每个口都有一定的负载能力，不能超过每个引脚的最大电流。

4.1.1 I/O 口结构与工作原理

1. P1 口

（1）结构

P1 口的位结构如图 4-1 所示，包含输出锁存器、输入缓冲器 1（读锁存器）、缓冲器 2（读引脚）及由 FET 晶体管 Q0 和内部上拉电阻组成的输出驱动器。

（2）功能

对 P1 口的操作既可字节操作，又可位操作。

① 输出操作。内部总线输出 0 时，D=0，$\overline{Q}$=0，$\overline{Q}$=1，Q0 导通，A 点被下拉为低电平，即输出为 0；

内部总线输出 1 时，D=1，Q=1，$\overline{Q}$=0，Q0 截止，A 点被上拉为高电平，即输出为 1。

② 读操作。AT89C51 读操作时，为读入正确的引脚信号，必须先保证 Q0 截止。因为 Q0 导通，引脚 A 点电平为 0，显然，从引脚输入的任何外部信号都被 Q0 强迫短路，严重

时可能因有大电流流过 Q0，而将它烧坏。为保证 Q0 截止，必须先向锁存器写“1”，即 D=1，$\overline{Q}$=0，Q0 载止。若外接电路信号（即输入信号）为 1 时，引脚 A 点为高电平；输入信号为 0 时，引脚 A 点为低电平。这样才能保证单片机输入的电平与外接电路电平相同。例如，使用输入指令“MOV　A，P1”时，应先使锁存器置 1（即通常所说的置端口为输入方式），再把 P1 口的数据读入累加器 A。程序设计如下：

```
MOV    P1，#0FFH
MOV    A，P1
```

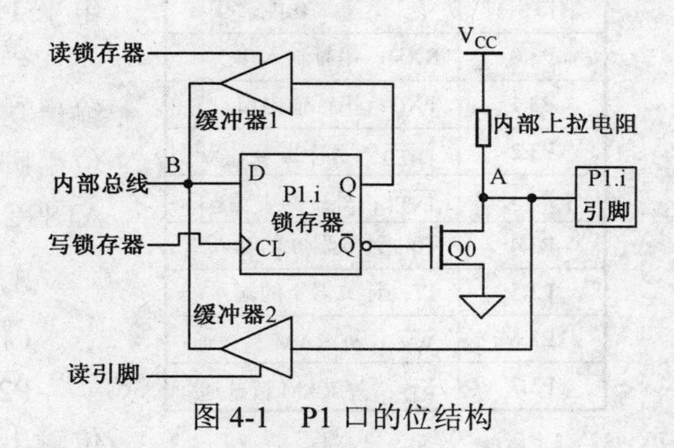

图 4-1　P1 口的位结构

2. P3 口

（1）结构

P3 口的位结构如图 4-2 所示。P3 口有第二功能。从图 4-2 可看出，P3 口除含输出锁存器、输入缓冲器 1（读锁存器）、缓冲器 2（读引脚）及由 FET 晶体管 Q0 和内部上拉电阻组成的输出驱动器外，它与 P1 口还有以下区别。

① 锁存器输出不是从$\overline{Q}$端而是从 Q 端引出。

② P3 口中增加了一个与非门。与非门有两个输入端。一端为锁存器的输出 Q 端，另一端为“第二输出功能”端 B，与非门的输出 C 控制 FET 管 Q0。

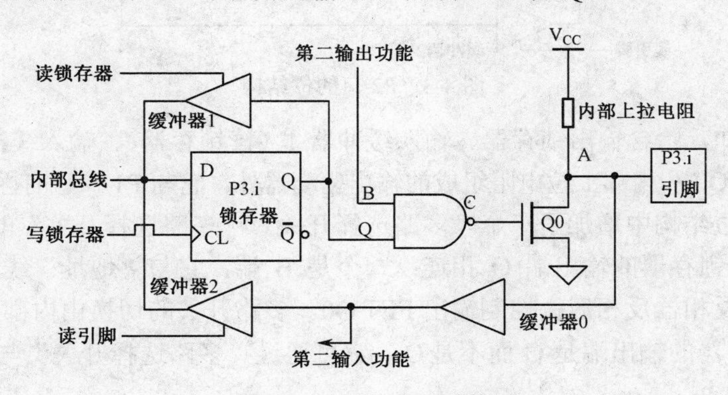

图 4-2　P3 口的位结构

③ 增加一个输入缓冲器 0，“第二输入功能”取自缓冲器 0 的输出端。

（2）功能

① 输出操作。这时，“第二输出功能”端 B 电平为 1。稍加分析便知，尽管结构与 P1 口略有差别，但输出操作时，P3 口的功能与 P1 口相同。

② 读操作。这时，“第二输出功能”端 B 电平为 1，缓冲器 0 开通。稍加分析可知：尽管结构与 P1 口略有差别，但作读操作时，其功能和操作与 P1 口相同。也要先写“1”。

③ 第二功能使用状态。当 P3 口某位要作第二功能输出用时，该位锁存器置 1，Q=1。与非门的输出状态取决于该位的“第二输出功能”端 B 的状态。B 点状态经与非门、Q0 后出现在引脚上，A 点与 B 点的状态一致。这时 P3 口该位工作于第二功能输出状态。若“第二输出功能”端 B 为 0 时，因 Q=1，与非门输出为 C=1，使 Q0 导通，从而使 A=0，引脚上

表 4-1 P3 口引脚第二功能表

端口引脚	第二功能
P3.0	RXD：串行输入口
P3.1	TXD：串行输出口
P3.2	$\overline{INT0}$：外中断 0 输入
P3.3	$\overline{INT1}$：外中断 1 输入
P3.4	T0：计数器 0 的输入
P3.5	T1：计数器 1 的输入
P3.6	$\overline{WR}$：外 RAM 写选通
P3.7	$\overline{RD}$：外 RAM 读选通

为 0。若“第二输出功能”端 B 为 1 时，与非门输出为 C=0，Q0 截止，从而使 A 上拉为高电平，即引脚上为高电平 1。

当 P3 口某位要作第二输入功能用时，该位的“第二输出功能”端 B 和该位“锁存器”都为 1，Q0 截止。该位引脚上的信号通过缓冲器 0 送入“第二功能输入”端。AT89C51 中，P3 口 8 个引脚的第二功能见表 4-1。

3. P2 口

（1）结构

P2 口的位结构图如图 4-3 所示，它兼有地址总线高 8 位输出功能。

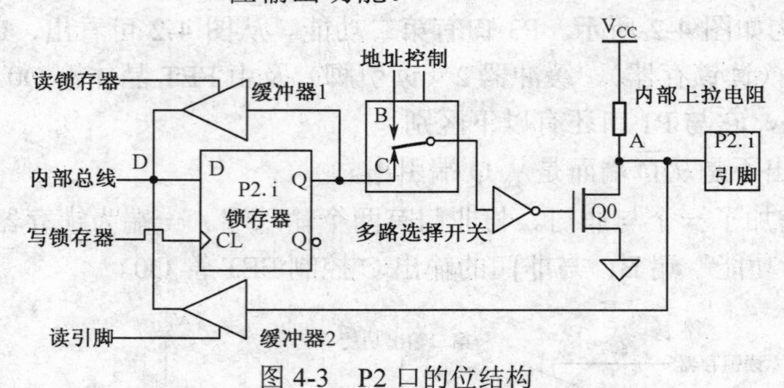

图 4-3 P2 口的位结构

从图 4-3 可知，除含输出锁存器、输入缓冲器 1（读锁存器）、输入缓冲器 2（读引脚）及由 FET 晶体管 Q0 和内部上拉电阻组成的输出驱动器外，它与 P1 口也有区别，其区别是：

① P2 口的位结构中增加了一个“多路选择开关”。“多路选择开关”的输入有两个：一个是 C 端，它与锁存器的输出端 Q 相连；一个是 B 端，它与“地址”线相连。“多路选择开关”的输出经反相器反相后去控制输出 FET Q0。多路开关的切换由内部控制信号控制。

② 输出锁存器的输出端是 Q 而不是 $\overline{Q}$，它可通过“多路选择开关”与反相器相通。

（2）功能

① 输出操作。这时，“多路选择开关”在内部控制信号作用下，连接 C 端（图 4-3 所示），反相器输出为锁存器输出取反。稍加分析便知，尽管结构与 P1 口略有差别，但输出操作时，P2 口的功能与 P1 口相同。

② 读操作。这时，“多路选择开关”在内部控制信号作用下，连接 C 端（图 4-3 所示），反相器输出为锁存器输出取反。稍加分析可知：尽管 P2 口结构与 P1 口略有差别，但作读操作时，P2 口的功能与 P1 口相同。

③ 地址总线的高 8 位输出状态（“多路选择开关”与“地址”线接通）。

当 P2 口某位要作地址总线的高 8 位中的某位输出时，“多路选择开关”在内部控制信号作用下，连接 B 端。这时反相器的输出状态取决于 B 的状态。B 点状态经“多路选择开关”、反相器、Q0 后出现在引脚上。稍作分析可知，A 点与 B 点的状态一致，这时 P2 口工作于地址总线的高 8 位输出状态。

P2 口输出的高 8 位地址可以是片外 ROM、RAM 高 8 位地址，与 P0 口输出的低 8 位地址共同构成 16 位地址线，从而可分别寻址 64KB 的程序存储器和片外数据存储器。地址线以字节为操作单位，8 位一起输出的，不能进行位操作。

如果 AT89C51 单片机有扩展程序存储器（地址≥1000H），访问片外 ROM 的操作连续不断，P2 口要不断送出高 8 位地址，这时，P2 口不宜再作 I/O 口使用。

4. P0 口

（1）结构

图 4-4 是 P0 口的位结构图。它兼有数据/低 8 位地址输出功能。从图 4-4 可知，除含输出锁存器、输入缓冲器 1（读锁存器）、缓冲器 2（读引脚）、输出驱动器中的 FET 晶体管 Q0 外，它与 P1 口还有下列区别。

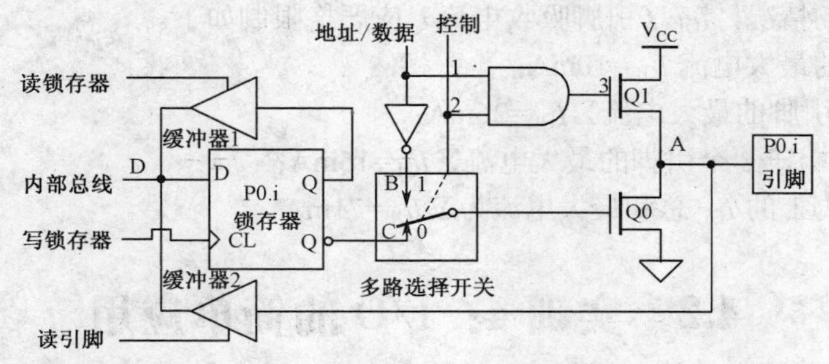

图 4-4 P0 口的位结构

① P0 口中增加了一个多路开关 MUX。MUX 有两个输入，一端接 B，地址/数据输出通过反相器与其相连；另一端为 C，与锁存器的输出 $\overline{Q}$ 端相连。MUX 的输出用于控制 FET 场效应管 Q0 的导通和截止。多路开关的切换由内部控制信号控制。

② 输出驱动器的上拉电路是 FET 场效应管 Q1，而不像其他 I/O 口有内部上拉电阻。P0 口上 Q1 的导通和截止由内部信号“控制”和地址/数据信号相“与”来共同控制。

（2）功能

① 输出操作（多路选择开关接通锁存器）。这时，“多路选择开关”在内部控制信号作用下，连接 C 端（如图 4-4 所示），锁存器输出 $\overline{Q}$ 通过“多路选择开关”与 Q0 相通；同时内部信号使与门控制输入端 2 置 0，从而导致与门输出为 0，Q1 截止。输出驱动器处于开漏状态。这时稍加分析便知，只要外接一个上拉电阻，其输出操作时，P0 口的功能与 P1 口相同。

② 读操作（多路选择开关接通锁存器，“控制”信号置 0）。这时，“多路选择开关”在内部控制信号作用下，连接 C 端（如图 4-4 所示），锁存器输出 $\overline{Q}$ 通过“多路选择开关”与 Q0 相通；同时内部信号使与门输入端 2 为 0，从而导致与门输出为 0，Q1 截止。输出驱动器处于开漏状态。这时稍加分析便知，只要外接一个上拉电阻，其读口操作时，P0 口的功能与 P1 口相同。

③ 作地址（低 8 位）/数据线复用（“控制”信号置 1）。作地址/数据线用时，内部信号“控制”端置 1，同时 MUX 与 B 端相连。这时，Q1 的输入信号就是地址/数据线信号，Q0 的输入信号就是地址/数据线信号取反后的信号。而 A 点的信号与地址/数据线信号一致，此

时引脚输出地址/数据信息。

注意

作地址/数据总线用时，P0 口不能位操作。作 I/O 口用时，输出驱动器是开漏电路，需要外接上拉电阻；当作为地址/数据总线时，则不外接上拉电阻。

4.1.2 I/O 口负载能力

P0 口的每一位以吸收电流方式可驱动 8 个 LS TTL 输入（1 个 LSTTL 输入：高电平时为 20μA，低电平时为 0.36mA）。

P1~P3 口的每一位以吸收或提供电流方式驱动 4 个 LSTTL 输入。

在稳定状态的情况，I_{OL}（引脚吸收电流）应严格限制如下。

每个引脚上的最大电流 I_{OL}=10mA；

P0 端口 8 个引脚的最大电流 ΣI_{OL}=26mA；

P1、P2、P3 端口 8 个引脚的最大电流 ΣI_{OL}=15mA；

所有输出引脚上的 I_{OL} 总和最大电流为 ΣI_{OL}=71mA。

4.2 实训 4：I/O 的简单应用

4.2.1 单片机控制数码管静态显示

1. LED 数码管简介（以下简称数码管）

（1）数码管结构与工作原理

数码管是 LED 显示模块的一种。是由发光二极管作为显示字段的数码型显示器件。图 4-5 表示了数码管的外形和引脚图。其中，七只发光二极管分别对应 a、b、c、d、e、f、g 笔段构成“8”字形，另一只发光二极管 dp 作为小数点。控制某几段发光，就能显示出某个数码或字符。如要显示数字“1”，则只要使 b、c 两段二极管点亮即可。

数码管的结构有共阳极和共阴极两种，如图 4-6 所示。共阴极数码管中的各段二极管的负极连在一起，作为公共端 COM，使用时接低电平。当其中某段二极管的正极为高电平时，此段二极管点亮。共阳极数码管中的各二极管正极并接在一起作为公共端 COM，使用时接高电平。当其中某段二极管的负极为低电平时，此段二极管点亮。所以，在两种极型数码管上显示同一个字符，虽点亮相同的段，但送入各段点亮信号组成的二进制码（简称段码）熄灭正好相反。

数码管的使用与发光二极管相同，根据其材料不同，正向压降一般为 1.5~2V，额定电流一般为 10mA，最大电流一般为 40mA。静态显示时取 10mA 为宜。动态扫描显示时，可加大脉冲电流，但一般不要超过 40mA。

（2）LED 数码管的编码方式

数码管与单片机的接口方法一般是 a、b、c、d、e、f、g、dp 各段依次（有的要通过驱动元件）与单片机某一并行口 PX.0~PX.7 顺序相连接，a 段对应 PX.0 端，……，dp 对应 PX.7 端。如在数码管上要显示数字 8，那么 a、b、c、d、e、f、g 都要点亮（小数点不亮），则送入并行口的段码为 7FH（共阴）或 80H（共阳）。表 4-2 是不亮小数点的数码管的七段码。

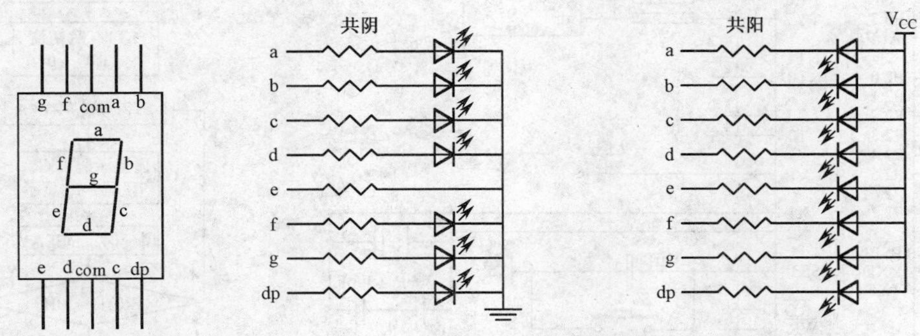

图 4-5　数码管的外形和引脚图

图 4-6　共阴极和共阳极数码管

表 4-2　LED 数码管段码（七段码）

显示字符	共阳段码	共阴段码	显示字符	共阳段码	共阴段码	显示字符	共阳段码	共阴段码
0	C0	3F	5	92	6D	A	88	77
1	F9	6	6	82	7D	B	83	7C
2	A4	5B	7	F8	7	C	C6	39
3	B0	4F	8	80	7F	D	A1	5E
4	99	66	9	90	6F	E	86	79

（3）LED 数码管的显示方式

LED 数码管一般静态显示和动态（扫描）显示两种方式。静态显示时数码管的 COM 端接不变的电平。如共阳数码管 COM 端接在电源上，共阴数码管 COM 端接地。后者多用于多个数码管显示的场合，用该方式明显减少了单片机 I/O 口线资源。

2. 电路原理图

采用共阳型数码管，电路原理图如图 4-7 所示，晶振频率为 12MHz。

3. 程序设计、汇编和编程（固化）

（1）程序设计

流程图如图 4-8 所示。要求数码管依次显示 0~F，每位数字显示 1s。

```
        ORG     00H
        SJMP    STAR
        ORG     30H
STAR:   MOV     P1，#0FFH           ;数码管的 8 段 LED 全暗
ST1:    MOV     R0，#0              ;显示初值
ST2:    MOV     A，R0
        ACALL   SEG7                ;根据显示数字查显示码
        MOVP1， A                   ;显示码送 P1 口显示
```

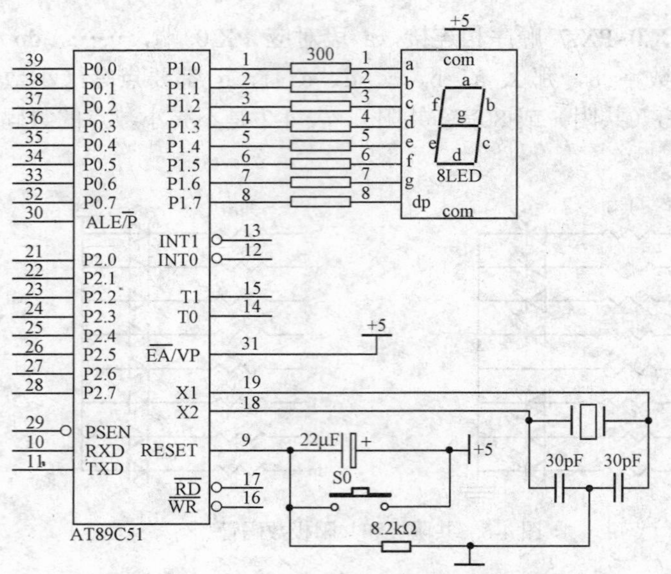

图 4-7 七段数码管静态显示原理图

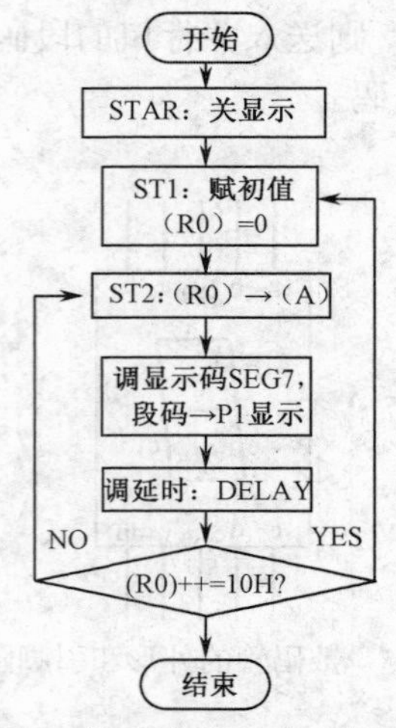

图 4-8 数码管静态显示流程图

```
            ACALL   DELAY               ;延时 500ms
            ACALL   DELAY               ;延时 500ms
            INC     R0                  ;显示数字加 1
            CJNE    R0，#10H，ST2        ;16 个数没显示完转 ST2
            JMP     ST1                 ;16 个数显示完转 ST1，循环显示
DELAY：     MOV     R7，#250
D1：        MOV     R6，#250             ;延时子程序，500ms
D2：        NOP
            NOP
            NOP
            NOP
            NOP
            NOP
            DJNZ    R6，D2
            DJNZ    R7，D1
            RET
SEG7：      INC     A                   ;数字转换为显示码
            MOVC    A，@A+PC
            RET
            DB 0C0H，0F9H，0A4H，0B0H    ;0~3 的共阳型显示码
            DB 99H，92H，82H，0F8H       ;4~7 的共阳型显示码
            DB 80H，90H，88H，83H        ;8~B 的共阳型显示码
            DB 0C6H，0A1H，86H，8EH      ;C~F 的共阳型显示码
            END
```

（2）汇编

按照第 3 章 3.7.1 节所述的 Keil 使用方法，建立工程（本例 LITI.Uv2）；输入并编辑程

序，建立源程序文件*.ASM（本例取名 L421.ASM）；添加源文件到工程；设置工程目标选项；直至汇编源程序生成目标代码文件*.HEX（本例为 L421.HEX）。

（3）Proteus 仿真

在 Proteus ISIS 中设计如图 4-9 所示数码管静态显示电路，所用元件在对象选择器中列出。

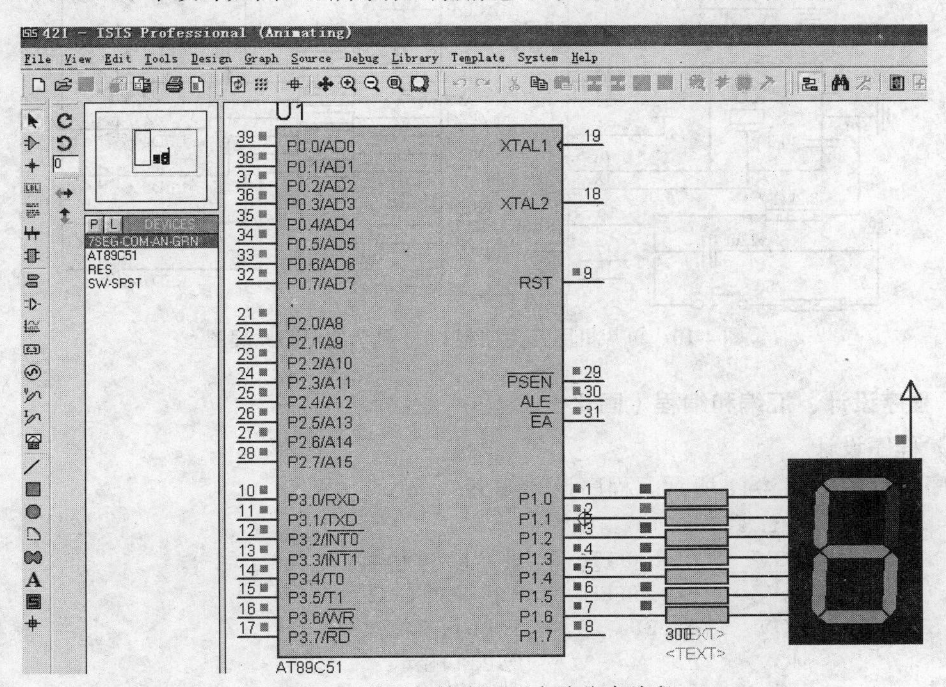

图 4-9 数码管静态显示电路仿真片段

将生成的目标代码文件 L421.HEX 加载到图 4-10 中单片机的“Program File”属性栏中，并设置时钟频率为 12MHz。

4. 电路连接及现象观察

根据电路原理图在单片机课程教学实验板（或面包板、实验 PCB）上安装好电路。将已固化目标代码的单片机安装到单片机插座上。上电后，观察现象。看到数码管上以 1s 的间隔循环显示 0~F。

4.2.2 单片机用开关控制的 LED 显示

1. 电路原理图

采用八位拨动开关作为单片机输入控制元件，LED 发光管作为显示元件，电路原理如图 4-10 所示，晶振频率为 12MHz。

将接在 P1 口的拨动开关输入状态通过单片机输出在 P2 口上，用 LED 发光管表示出来。P1.0~P1.7 上的 8 个开关 1~8 输入对应于输出 P2.0~P2.7。若开关 1 打开，LED0 亮；开关 2 打开，LED1 亮，……，开关 8 打开，LED7 亮。

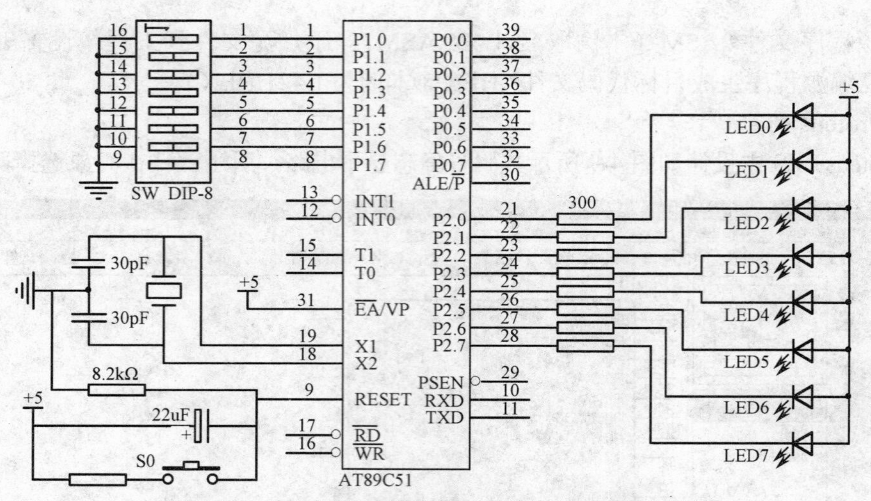

图 4-10　单片机用开关控制 LED 显示的电路原理图

2. 程序设计、汇编和编程（固化）

（1）程序设计

程序流程图如图 4-11 所示。程序设计如下：

```
        ORG     0000H
STAR:   MOV     P1，#0FFH     ;设置 P1 口为输入
        MOV     P2，#0FFH     ;P2 口上的 LED 全暗
ST1:    MOV     A，P1         ;从 P1 口读入
        MOV     P2，A         ;送 P2 口显示
        SJMP    ST1           ;返回 ST1，循环
        END
```

（2）汇编

按照第 3 章 3.7.1 节所述的 Keil 使用方法，建立工程（本例 LITI.Uv2）；输入并编辑程序，建立源程序文件*.ASM（本例 L422.ASM）；添加源文件到工程；设置工程目标选项；直至汇编源程序生成目标代码文件*.HEX（本例 L422.HEX）。

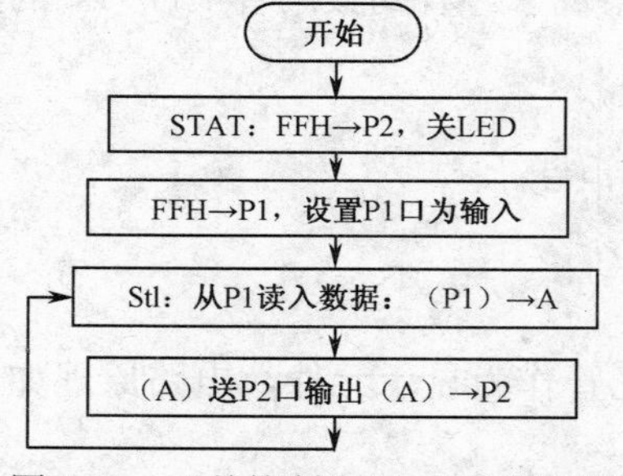

图 4-11　开关控制 LED 显示流程图

（3）Proteus 仿真

在 Proteus ISIS 中设计如图 4-12 所示开关控制 LED 显示电路，所用元件在对象选择器中列出。

将生成的目标代码文件 L422.HEX 加载到图 4-12 中单片机的“Program File”属性栏中，并设置时钟频率为 12MHz。

3. 电路连接及现象观察

根据电路原理图在单片机课程教学实验板（或面包板、实验 PCB）上安装好电路。将已固化目标代码的单片机安装到单片机插座上。上电后，观察现象。拨动开关时，相对的发光管亮。

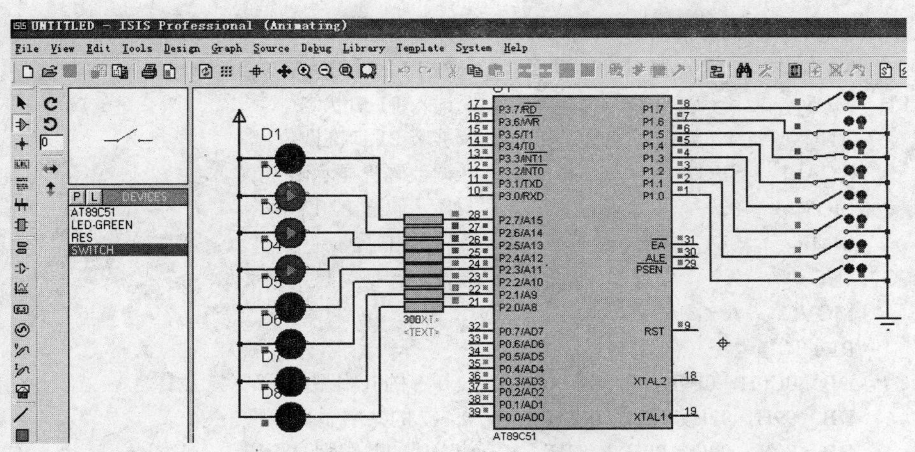

图 4-12 开关控制 LED 显示电路仿真片段

4.2.3 单片机用开关控制数码管静态显示

1. 电路原理图

采用八位拨动开关作为输入控制元件，实际只用低四位。共阳数码管作为显示元件。采用静态显示方式。将八位拨动开关的低四位输入状态 P1.0~P1.3 上。则四位二进制数通过单片机控制接在 P2 口上的数码显示。例如只拨开关 1、2、4 接地，则数码管显 4。电路原理如图 4-13 所示，晶振频率为 12MHz。

2. 程序设计、汇编和编程（固化）

（1）程序设计

程序流程如图 4-14 所示。

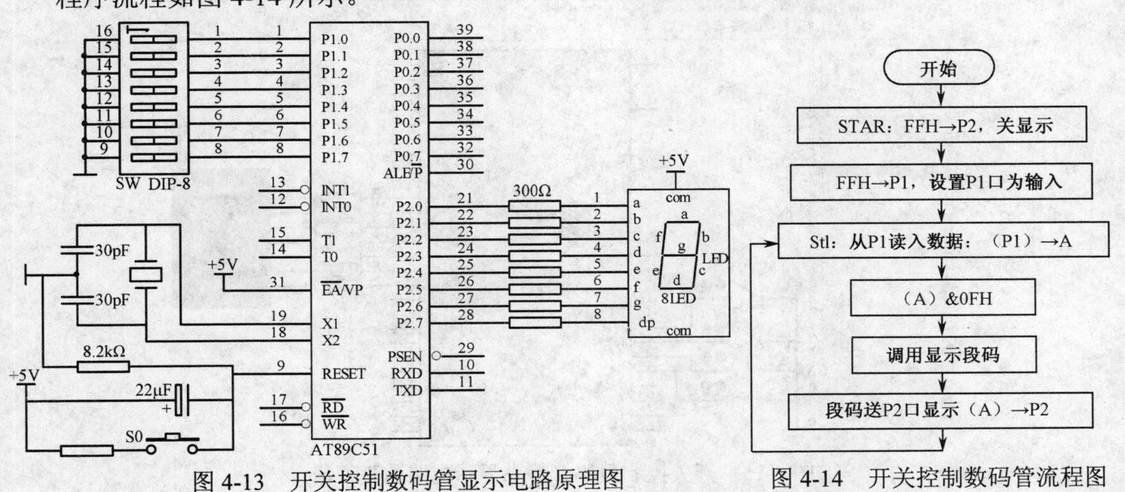

图 4-13 开关控制数码管显示电路原理图　　图 4-14 开关控制数码管流程图

```
        ORG     0000H
        SJMP    STAR
        ORG     30H
```

```
STAR: MOV     P1，#0FFH                          ;设置 P1 口为输入
      MOV     P2，#0FFH                          ;P2 口上数码管暗
ST1:  MOV     A，P1                              ;读入 P1 口状态
      ANL     A，#0FH                            ;屏蔽 P1 口高四位
      ACALL   SEG7                               ;调数码管显示码
      MOV     P2，A                              ;显示码送 P2 口显示
      SJMP    ST1                                ;转 ST1 循环
SEG7: INC     A                                  ;数字转换为显示码
      MOVC    A，@A+PC
      RET
      DB  0C0H，0F9H，0A4H，0B0H                 ; 0~3 的共阳型显示码
      DB  99H，92H，82H，0F8H                    ;4~7 的共阳型显示码
      DB  80H，90H，88H， 83H                    ;8~B 的共阳型显示码
      DB  0C6H，0A1H，86H，8EH                   ;C~F 的共阳型显示码
      END
```

（2）汇编

按照第 3 章 3.7.1 节所述的 Keil 使用方法，建立工程（本例 LITI.Uv2），输入并编辑程序，建立源程序文件*.ASM（本例 L423.ASM），添加源文件到工程，设置工程目标选项，直至汇编源程序生成目标代码文件*.HEX（本例 L423.HEX）。

（3）Proteus 仿真

在 Proteus ISIS 中设计如图 4-15 所示开关控制数码管静态显示电路，所用元件在对象选择器中列出。

将生成的目标代码文件 L423.HEX 加载到图 4-15 中单片机的“Program File”属性栏中，并设置时钟频率为 12MHz。

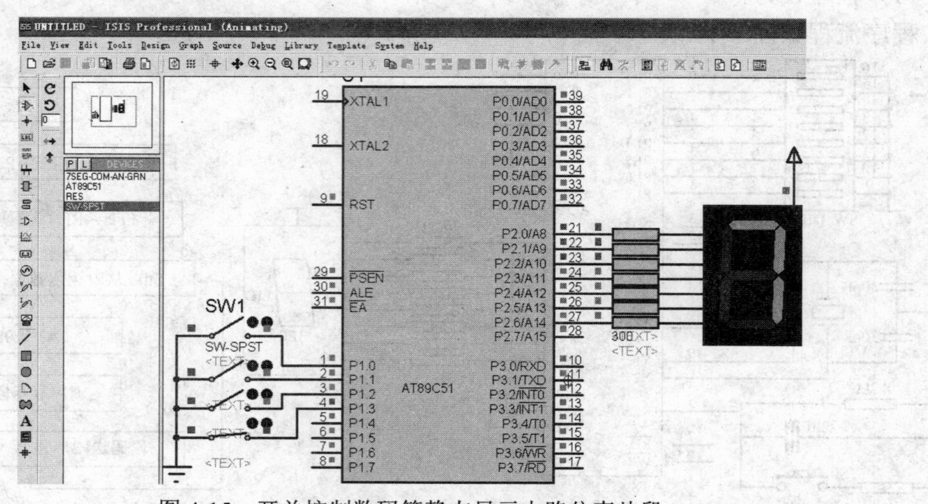

图 4-15　开关控制数码管静态显示电路仿真片段

3. 电路连接及现象观察

根据电路原理图在单片机课程教学实验板（或面包板、实验 PCB）上安装好电路。将

已固化目标代码的单片机安装到单片机插座上。上电后，观察现象。看到当拨动开关的低四位时，其二进制数以十六进制数对应显示在数码管上。

4.3 单片机与矩阵式键盘的接口技术

按键和键盘是单片机应用系统中的重要输入设备，其作用是控制系统的工作状态，向系统输入数据和命令。根据按键的作用可分为数字键和功能键。根据按键的连接方式可分为独立式按键和矩阵式键盘。本节主要叙述 AT89C51 单片机与矩阵式键盘的接口技术。

4.3.1 基础知识

1. 键的可靠输入

机械型按键的开、关分别是机械触点的合、断作用。一个电压信号通过机械触点的闭合、断开过程波形如图 4-16 所示（设按键口平时接高电平，有键按下时为低电平）。由于机械触点的弹性作用，在闭合及断开的瞬间均有抖动过程，会出现一系列电脉冲。抖动时间长短，与开关的机械特性、按键动作等因素有关，一般为 5~10ms。

按键的键稳定时间，由操作者的按键动作决定，一般大于 0.1s。为保证单片机对键的一次闭合仅作一次键输入处理，必须去除抖动影响。通常用硬、软件去除抖动影响的。硬件消抖可采用 R-S 触发器或单稳态电路。软件去抖动可用延时法。单片机在检测到有键按下时，执行约 10ms 的延时程序，以消除前沿抖动影响。接着检查该键是否仍保持键闭合状态电平，若保持闭合状态电平，则确认该键按下。再检测按键是否弹起，一检测到按键弹起，再延时约 10ms，消除后沿抖动影响。此为一个完整的确认按键的过程。

2. 独立式按键

独立式按键是指直接用 I/O 口线构成的单个按键电路。每个独立式按键单独占有一个 I/O 口线，其工作状态不会影响其他 I/O 口线的工作状态。如图 4-17 所示，按键输入采用低电平有效，上拉电阻保证了按键断开时，I/O 口线有确定的高电平。当 I/O 口内部有上拉电阻时，外电路可以不接上拉电阻。图中虚线部分（将各按键输入端口通过与门输出到中断口）为中断按键处理法而设。当不考虑虚线内电路时，相关独立式按键程序可设计如下（键转功能 WORK0，WORK1，WORK2 子程序未写出）。

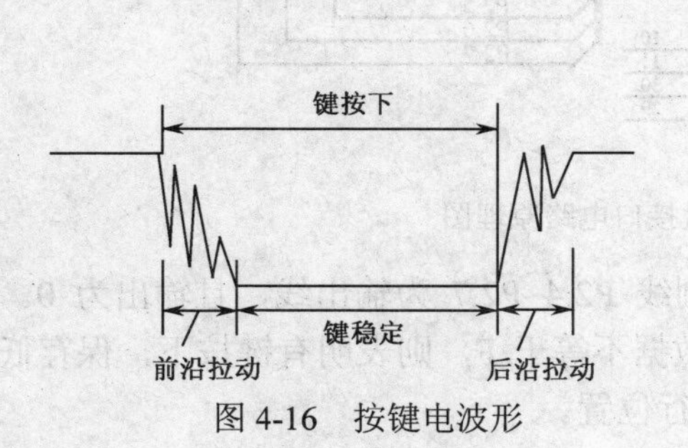

图 4-16　按键电波形

图 4-17　独立式按键电路

```
KEY:     MOV     P1，#0FFH       ;置P1口为输入态
         MOV     A，P1           ;读键
         CPL     A               ;取反
         ANL     A，#07H         ;屏蔽高五位
         JZ      RETT            ;无键闭合，返回
         LCALL   DELALY          ;有按键，前沿消抖动，延时10ms
         JB      ACC.0，KEY0     ;转K0键功能程序
         JB      ACC.1，KEY1     ;转K1键功能程序
         JB      ACC.2，KEY2     ;转K2键功能程序
RETT：   SJMP    KEY
KEY0：   LCALL   WORK0           ;执行K0键功能程序
KEY1：   LCALL   WORK1           ;执行K1键功能程序
KEY2：   LCALL   WORK2           ;执行K2键功能程序
```

在按键较多时，独立式按键占用口线资源多，不宜采用，应采用矩阵式键盘。

3. 矩阵式键盘

矩阵式键盘又称行列式键盘。用I/O口线组成行、列结构，按键设置在行列的交点上。N条口线最多可构造N^2个按键。4×4的行列结构可构成16个键的键盘，如图4-18中右边所示。无按键时各行、列线彼此相交而不相连。当有键按下时，如按下“F”键，则与“F”相连的行线P2.3、列线P2.7相连。由行、列线的电平状态可以识别唯一与之相连的按键，此识别过程为读键。

键盘读键程序设计一般有两种方法，即反转读键法和扫描读键法。

（1）反转读键法

采用反转读键盘法，行、列轮流作为输入线。其电路原理如图4-18中所示。

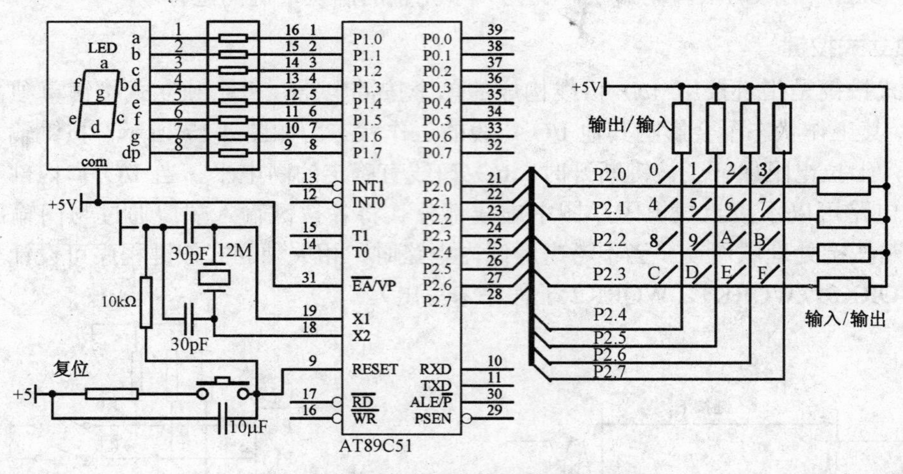

图4-18 矩阵式键盘接口电路原理图

第一步：先置行线P2.0~P2.3为输入线，列线P2.4~P2.7为输出线，且输出为0。相应的I/O口的编程数据为0FH。若读入低四位的数据不等于F，则表明有键按下，保存低四位数据。其中电平“0”的位对应的是被按下键的行位置。

第二步：设置输入、输出口对换，行线 P2.0~P2.3 为输出线，且输出为 0，列线 P2.4~P2.7 为输入线，I/O 口编程数据为 F0H。若读入高四位数据不等于 F，即可确认按下的键。读入高四位数据中为 0 的位为列位置。保存高四位数据，将两次读数值组合，便得按键码。

（2）扫描读键法

扫描读键法，其原理也如图 4-18 所示。给所有行线 I/O 依次置为低电平，如果有键按下，总有一根列线电平被拉至低电平，从而使列输入 I/O 不全为 1。依次向不同行线送低电平，保证在只有一行为低电平的情况下，查所有列的输入线状态。如果全为 1，则按键不在此列；如果不全为 1，则按键必在此列，且是在与 0 电平行线相交点上的那个键。

① 先送 1110 到行线：P2.3~P2.0=1110B，再从列线 P2.7~P2.4 读入数据。若有按键，则其中必有一位为 0，如按“3”键，则读入 P2.7~P2.4=0111B；同理按“1”键，读入数据为 1101B。

② 第一行，接着送出 P2.3~P2.0=1101B 扫描第二行，依次类推。P2.3~P2.0 变化为 1110B→1101B→1011B→0111B→1110B 循环进行。各按键的扫描码列表见表 4-3。

表 4-3　各按键的扫描码列表

	输入				输出			
按键	P2.7	P2.6	P2.5	P2.4	P2.3	P2.2	P2.1	P2.0
0	1	1	1	0	1	1	1	0
1	1	1	0	1	1	1	1	0
2	1	0	1	1	1	1	1	0
3	0	1	1	1	1	1	1	0
4	1	1	1	0	1	1	0	1
5	1	1	0	1	1	1	0	1
6	1	0	1	1	1	1	0	1
7	0	1	1	1	1	1	0	1
8	1	1	1	0	1	0	1	1
9	1	1	0	1	1	0	1	1
A	1	0	1	1	1	0	1	1
B	0	1	1	1	1	0	1	1
C	1	1	1	0	0	1	1	1
D	1	1	0	1	0	1	1	1
E	1	0	1	1	0	1	1	1
F	0	1	1	1	0	1	1	1

③ 由于扫描码不易让人联想按键，因此须将扫描码用程序转换成按键码。

④ 显示按键情况。图 4-18 中设计了数码显示管。使得按“0”显示 0，按“1”显示 1……

4.3.2　接口电路与程序设计

矩阵式键盘接口电路原理图如图 4-18 所示，图中数码管为共阳型，晶振频率 12MHz。

1. 反转读键法的程序设计

```
        ORG     0
        SJMP    STAR
        ORG     30H
STAR:   ACALL   DE100           ;调用延时
KEY:    MOV     P2，#0FH        ;查键开始，行定义输入，列定义输出为 0
        MOV     A，P2           ;读入 P2 的值
        CPL     A
        ANL     A，#0FH         ;确保低四位
        JZ      KEY             ;无键按下返回
        MOV     R5，A           ;有键按下，暂存
        MOV     P2，#0F0H       ;列定义输入，行定义输出为 0
        MOV     A，P2
        CPL     A
        ANL     A，#0F0H
        JZ      KEY
        MOV     R4，A           ;暂存高四位输入
        LCALL   DE10            ;消抖动
KEY1:   MOV     A，P2           ;等待键松开
        CPL     A
        ANL     A，#0F0H
        JNZ     KEY1            ;按键没松开，等待
        LCALL   DE10
        MOV     A，R4           ;取列值
        ORL     A，R5           ;与行值相或为组合键值
        MOV     B，A            ;结果暂存于 B 中
        MOV     R1，#0          ;键值寄存器 R3 赋初值=0
        MOV     DPTR，#TAB      ;取键码表首址到 DPTR
VAL0:   MOV     A，R1
        MOVC    A，@A+DPTR      ;查键码表
        CJNE    A，B，VAL       ;非当前按键码，继续查找
        ACALL   KEYV            ;以按键码查显示码
        MOV     P1，A           ;查找到显示码送 P1 二极管显示
        SJMP    KEY             ;下一次按键输入，循环
VAL:    INC     R1
        SJMP    VAL0
TAB:    DB  11H，21H，41H，81H      ;组合键码
        DB  12H，22H，42H，82H
        DB  14H，24H，44H，84H
        DB  18H，28H，48H，88H
KEYV:   MOV         A，R1
        INC     A
        MOVC    A，@A+PC        ;取显示码（即共阳段码）
        RET
```

```
        DB      0C0H，0F9H，0A4H，0B0H    ;共阳段码 0，1，2，3
        DB      99H，92H，82H，0F8H       ;4，5，6，7
        DB      80H，90H，88H，83H    ;8，9，A，B
        DB      0C6H，0A1H，86H，8EH ;C，D，E，F
DE100： MOV     R6，#200             ;延时 100ms
D1：    MOV     R7，#250
        DJNZ    R7，$
        DJNZ    R6，D1
        RET
DE10：  MOV     R6，#20              ;延时 10ms
D2：    MOV     R7，#248
        DJNZ    R7，$
        DJNZ    R6，D2
        RET
        END
```

2. 扫描读键法程序设计

将上述反转读键法程序设计中读键部分（从标号 KEY 到标号 TAB）换为以下程序，其余部分不变。两种程序设计方法实现的功能完全一样。

```
KEY：   MOV     R3，#0FEH     ;扫描初值
        MOV     R1，#0        ;取码指针
KEY1：  MOV     A，R3         ;开始扫描
        MOV     P2，A         ;将扫描值输出至 P2
        MOV     A，P2         ;读入 P2 值，判断是否有按键按下
        SWAP    A             ;高低 4 位互换
        MOV     R4，A         ;有按键，存入 R4，以判断是否放开
        SETB    C             ;C=1
        MOV     R5，#4        ;扫描 P2.4~P2.7
KEY2：  RRC     A             ;将按键值右移 1 位
        JNC     KEYIN         ;=0 有键按下，转 KEYIN
        INC     R1            ;无按键，取码指针加 1
        DJNZ    R5，KEY2      ;4 列扫描完？
        MOV     A，R3
        SETB    C
        RLC     A             ;扫描下一行
        MOV     R3，A         ;存扫描指针
        JB      ACC.4，KEY1;
        JMP     KEY           ;4 行扫描完
KEYIN： ACALL   DE10          ;消抖动
K1：    MOV     A，P2         ;与上次读入值作比较
        XRL     A，R4
        JZ      K1            ;相等，键未放开
        ACALL   KEYV          ;键放开后调显示段码
        MOV     P1，A         ;段码送 P1 口显示
        SJMP    KEY           ;不相等，键放开，进入下一次的扫描
```

用 Kell 编辑以上程序并保存为 433_1.ASM 和 433_2.ASM 源程序文件，汇编产生目标代码文件 433_1.HEX 和 433_2.HEX，再用编程器将它们分别固化到 AT89C51 中。

3. Proteus 仿真

在 Proteus ISIS 中设计如图 4-19 所示矩阵式键盘仿真电路，所用元件在对象选择器中列出。

将生成的目标代码文件 433_1.HEX 加载到图 4-19 中单片机的“Program File”属性栏中，并设置时钟频率为 12MHz。

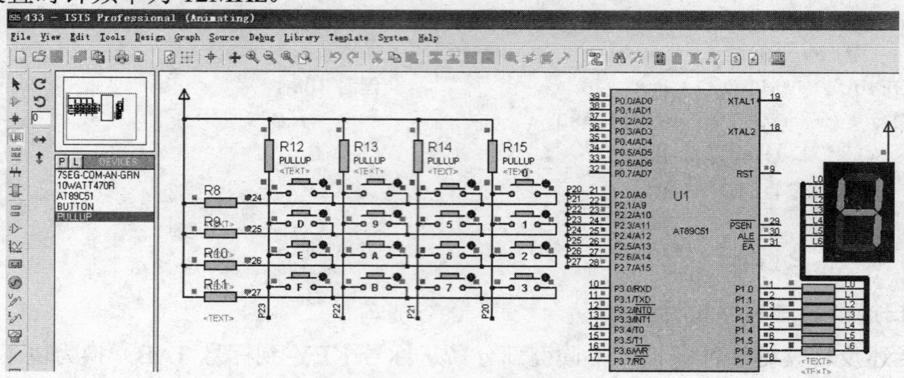

图 4-19　矩阵式键盘仿真片段

4.3.3　运行与思考

根据图 4-18 电路原理图在单片机课程教学实验板（或面包板、实验 PCB）上安装好电路，将已固化目标代码的单片机安装到电路板对应插座上。

1. 运行

检查电路无误后，上电运行。当按下矩阵式键盘上某键时，数码管将显示该按键值，直到有新的不同的按键输入才更新显示。

2. 思考

指出上述程序中消除按键抖动影响的指令，并说明这些指令为什么能消除由于按键而导致的抖动影响。

4.4　实训 5：I/O 口应用

4.4.1　单片机与 LED 数码管的动态显示

1. 基础知识

（1）LED 数码管的动态显示

数码管静态显示稳定，但占用单片机 I/O 口线多。在多位数码管显示的情况下，为节省口线，简化电路，将所有数码管段选线一一对应，并联在一起，由（有时要通过驱动元件）同一个 8 位 I/O 口控制；而位选线独立，分别（一般要通过驱动元件）由各 I/O 口线控制。

如图 4-20 所示为数码管动态显示典型电路原理图。4 个数码管的段选码共用一个 I/O 口 P2，在每个瞬间，数码管的段码相同。要达到多位显示的目的，就要在每一瞬间只有一位 com 端有效，即只选通一位数码管。段码由共用 I/O 口送来，各位数码管依次轮流选通，使每位显示该位的字符，并保持（延时）一段时间，以适应视觉暂留的效果。

（2）延时时间的估算

延时可由人眼视觉暂留时间来估算。一般来说，1s 内对 4 位数码管扫描 24 次，就可看到不闪烁的显示，即扫描一次时间约 42ms。由此可以计算出，对应于每位数码管显示延时约为 11ms。经实验证实，每位延时超过 18ms，则可以观察到明显闪烁。本例中选择每位数码管延时时间为 10ms。

（3）数码管 LED 限流（保护）电阻的估算

数码管由 LED 发光管组成。一般数码管的压降（V_{LED}）为 1.8V 左右。若电源电压为 5V，数码管每段 LED 的电流为 10mA，则估算的限流电阻阻值为

$R=(V-V_{LED})/0.010=320\Omega$。本例取为 300Ω。

2. 接口电路设计

数码管动态显示典型电路原理图如图 4-20 所示。晶振为 12MHz，设计采用动态显示数码管方式，它既满足 4 个数码管的显示要求，又节省了单片机的 I/O 口资源。采用共阳极数码管，与其相串的 7 只限流电阻为 300Ω。

3. 接口程序设计

程序设计的目的是使 4 个数码管稳定显示“0123”，要求不闪烁。

```
        LCALL   DLY             ;延时 10ms
        MOV     P1，#0FFH       ;关闭位选通
        INC     R0              ;计数+1
        CJNE    R0，#4H，ST3    ;4 位是否扫描完
        SJMP    ST1             ;0~3 扫描完，重新开始
ST3：   MOV     A，R1           ;0~3 依次显示
        RL      A               ;更新选通位
        MOV     R1，A
        SJMP    ST2             ;循环，显示下一位
DLY：   MOV     R7，#20         ;延时 10ms
        MOV     R6，00H
DLY1：  DJNZ    R6，$
        DJNZ    R7，DLY1
        RET
SEG7：  INC     A               ;将数字转换为显示码
        MOVC    A，@A+PC
        RET
        DB 3FH，6，5BH，4FH     ;共阴极段码：0，1，2，3
        DB 66H，6DH，7DH，7     ;4，5，6，7
        DB 7FH，6FH，77H，7CH   ;8，9，A，B
        DB 39H，5EH，79H，71H   ;C，D，E，F
        END
```

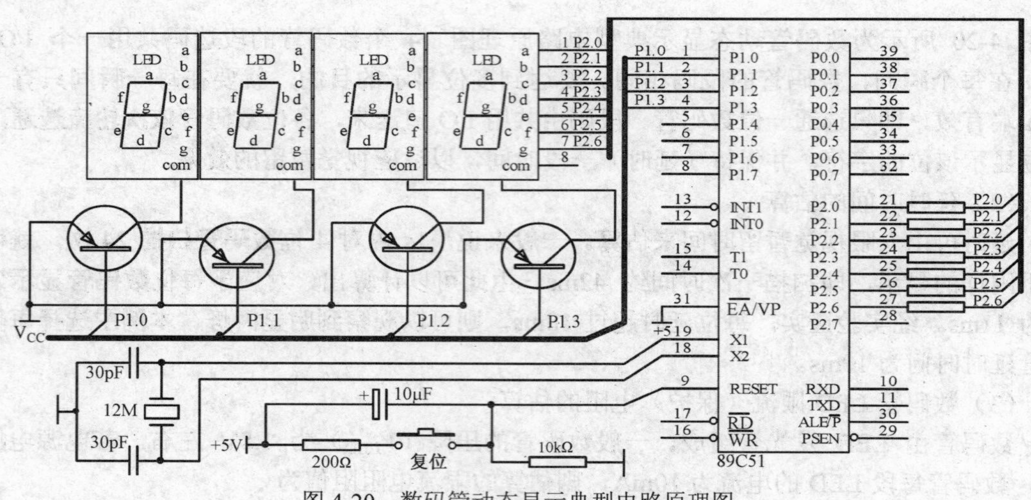

图 4-20　数码管动态显示典型电路原理图

4.4.2　单片机与 LED 数码管的动态显示 Proteus 仿真

1. 汇编

使用 Keil，建立工程（本例为 LITI. uv2），输入并编辑程序，建立源程序文件*.ASM（本例为 L441.ASM），添加源文件到工程，设置工程目标选项，直至汇编源程序生成目标代码文件 L441.HEX（本例为 L431.HEX）。

2. Proteus 仿真

在 Proteus ISIS 中设计如图 4-21 所示按键发声装置电路，所用元件在对象选择器中列出。

将生成的目标代码文件 L441.HEX 加载到图 4-21 中单片机的“Program File”属性栏中，并设置时钟频率为 12MHz。

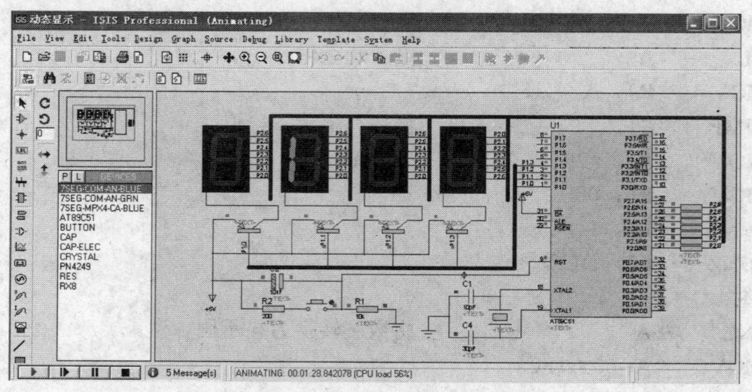

图 4-21　数码管动态显示电路设计与仿真片段

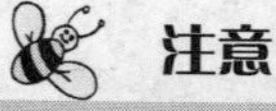

注意

也可在 Proteus 中编辑源程序、汇编源程序生成目标代码文件*.HEX，操作方法参阅文献资料[2]。

4.4.3 编程器的使用

编程器是将程序的机器代码文件（即*.HEX 文件）写入芯片内部的器件，通常称为“烧写器”。下面以 Top Win 编程器为例介绍编程器的使用。

TOP 系列编程器目前常用型号有 TOP2005、TOP2007、TOP2008、TOP2049。若 Top Win 编程器的使用软件已装入计算机，则可单击图标进入编程器操作窗口。图 4-22 所示是 Top Win 5 主窗口各栏功能示意图。

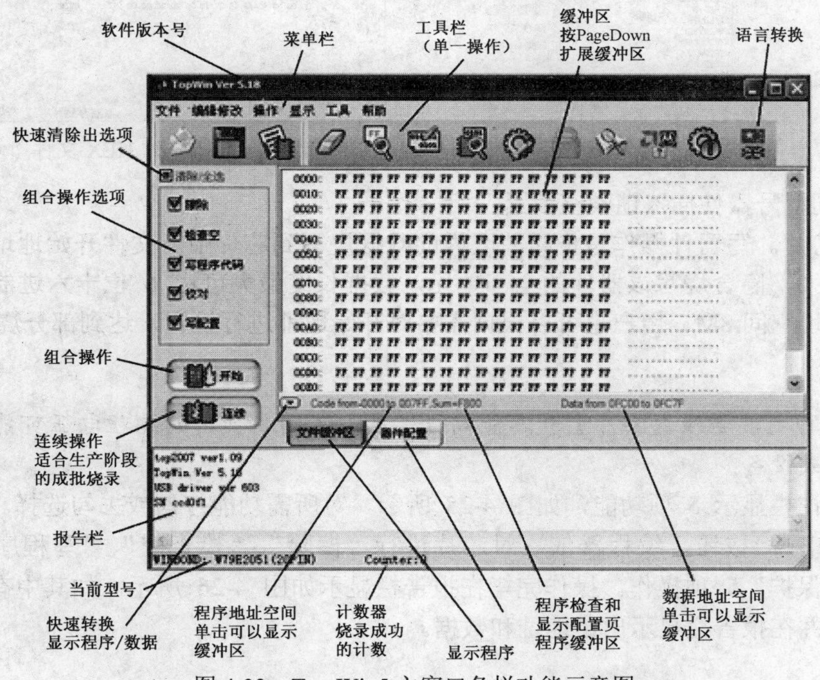

图 4-22　Top Win5 主窗口各栏功能示意图

该编程器配有外接电源，由于计算机种类繁多，通过 USB 接口输出的电流大小不一，USB 连接编程器能够读写大部分芯片，但在读/写 27 系列 EPROM 或读/写电流大于 500mA 的器件时需外接电源。在一般情况下外接电源可不接。

① 选择菜单“操作/选择器件”，或单击工具栏，执行后弹出如图 4-23 所示芯片选择对话框。在“制造厂家”列表框中选择生产厂家，如选择“ATMEl”，在“器件型号”列表框中选择芯片型号，如选择“AT89C51”，在“选择厂家/型号”窗口中会显示类型：单片机；制造厂家： ATMEL；器件型号：AT89C51。

② 擦除。擦除芯片存储器的全部内容，擦除后全为“FF”。只有电擦除器件可以用这个命令，EPROM 需用紫外线擦除。

③ 检查空片。器件在写入之前，要检查是否空片。空片的每一字节都是“FF”（十六进制）。检查过程由进展条直观显示，当发现非空单元，将退出检空操作，并显示非空单元的地址和数据。

该操作检查 EPROM 的所有地址空间，与设置的器件开始地址和数据长度无关。EPROM 可用紫外灯照射后再检查，如仍通不过，则器件已损坏。

④ 打开汇编好的机器代码 BIN 或 HEX 文件，装入文件到缓冲区，如要调出*.HEX 文件如图 4-24 所示。

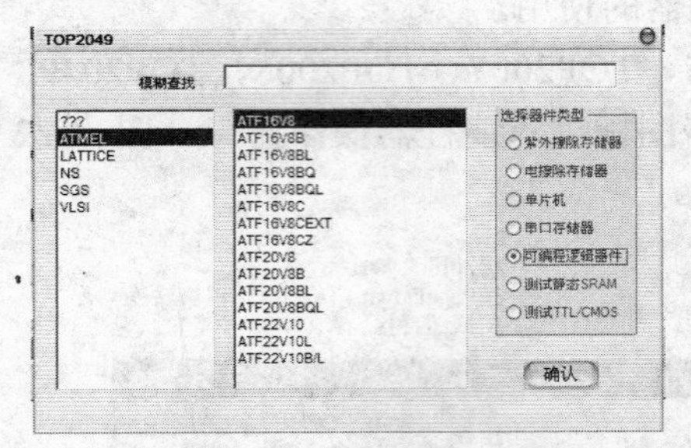

图 4-23　芯片选择对话框

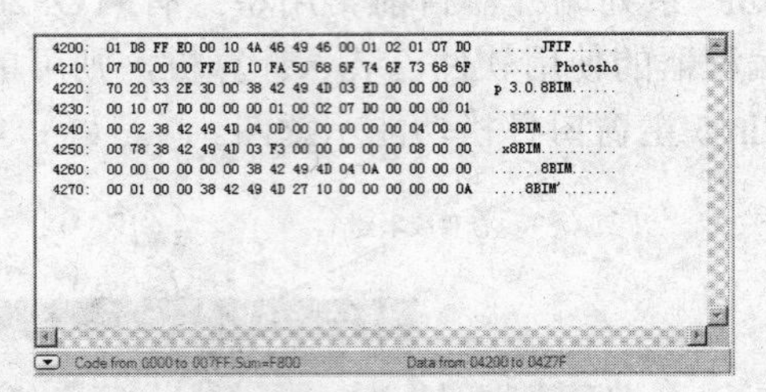

图 4-24　调出*.HEX 文件

⑤ 将同型号器件插入锁紧座锁紧。

⑥ 写芯片。写器件操作是把缓冲区内的数据烧写到芯片中。文件开始地址和器件开始地址默认为 0，隐含烧写该器件的全部单元，数据长度最大可达 6 位十六进制（HEX）数字，最大地址空间 8M。用户也可以根据需要对开始地址进行设置，达到部分烧写的目的。

注意

器件在写之前要注意芯片型号不能搞错，类型不同，使用的编程电压可能不一样，以免损坏器件或设备。

组合操作栏显示 5 项功能，如图 4-25 所示。对所需功能打勾或去勾选择。如果都需要就可单击“开始”按钮，编程器依次对芯片进行“檫除”、“检查空”、“写程序代码”、“校对”、“加密保护”5 项操作。操作完毕在报告栏显示如图 4-26 所示。如其中有一项出错，会停止操作并在报告栏显示出错地址和数据。

图 4-25　写芯片

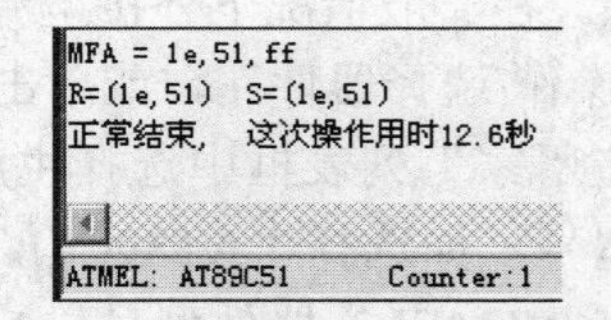

图 4-26　操作完毕在报告栏显示

单片机经过加密后，数据不能从芯片读到缓冲区，单击“读器件”或按钮，在缓冲区看到全是 FF。

4.4.4 制作实训及思考

1. 电路安装及现象观察

应用编程器将目标代码固化到单片机中。读懂电路原理图，并按照电路原理图 4-20 在单片机课程教学实验板（面包板、实验 PCB 等）上安装好电路，读懂程序。将已固化目标代码的单片机安装到单片机插座上。检查电路无误后，上电运行，则可观察到 4 个数码管稳定显示字符 0、1、2、3。

2. 思考

① 用共阴 LED 数码管取代上述接口电路中的共阳数码管行吗？为什么?（提示：从单片机 I/O 驱动能力方面考虑）

② 上述电路中用的是共阳 LED 数码管，而程序中用的是共阴 LED 数码管的段码表，但显示正确，为什么？

③ 在上述程序中，指令“MOV P1，#0FFH；关闭位选通”的作用是什么？没有它会发生什么现象?（提示：从显示效果方面考虑）

小结

本章学习的重点是 AT89C51 的 4 个 I/O 的基本应用，主要内容如下。

1. 理解 AT89C51 的 4 个 I/O 结构与工作原理。主要是 P0 口可用作基本的 I/O，可作低 8 位地址线，8 位数据总线；P1 口可用做基本的 I/O；P2 口可用做基本的 I/O，可作高 8 位地址线；P3 口可用做基本的 I/O，可作为第二功能口用。使用时要根据结构分析每个 I/O 的用途，充分利用其资源。同时要注意 I/O 口的负载能力，在稳定状态的情况，I_{OL}（引脚吸收电流）应严格限制如下。

每个引脚上的最大电流 I_{OL}=10mA；

P0 端口 8 个引脚的最大电流 ΣI_{OL}=26mA；

P1、P2、P3 端口 8 个引脚的最大电流 ΣI_{OL}=15mA；

所有输出引脚上的 I_{OL} 总和最大电流为 ΣI_{OL}=71mA。

2. 掌握 LED 数码管共阴与共阳两种基本的连接方法；学会共阴与共阳两种显码的编码；LED 限流电阻的计算；LED 数码管的静态与动态两种显示方式：静态显示时数码管的 COM 端接不变的电平；数码管静态显示稳定，但占用单片机 I/O 口线多。动态显示多用于多个数码管显示的场合，用该方式明显减少了单片机 I/O 口线资源。

3. 在进行单片机产品制作时，本章以 Top Win 编程器为例介绍编程器的使用，其实编程器的使用大同小异，主要是制作单片机产品的思路及过程。制作产品时要先有硬件连接图，再根据硬件图进行软程序的设计（可用 Keil 进行软程序的调试成功产生机器代码文件 *.HEX），然后利用 3.8 节的 Protues 软件进行软硬结合的仿真调试，调试成功后便可用教学实验板（面包板、实验 PCB）制作出真正的产品。

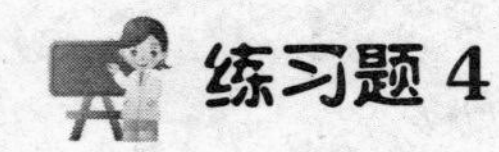

练习题 4

1. AT89C51 的 4 个 I/O 口使用时有哪些分工和特点？试作比较，并填写下表。

I/O 口	相同的结构	不同的结构	基本功能	第二功能	SFR 字节地址	位地址范围	驱动能力
P0							
P1							
P2							
P3							

2. AT89C51 的 4 个 I/O 口作为输入口时，为什么要先写“1”？
3. P0 口作输出口时，为什么要外加上拉电阻？
4. 为什么当 P2 口作为扩展程序存储器的高 8 位地址后，就不宜作 I/O 口用？
5. I/O 口直接驱动数码管显示时，选择共阴型数码管还是共阳型数码管？为什么？试根据 I/O 口的驱动能力及发光二极管的额定电流参数，确定图 4-7 中限流电阻的阻值。
6. 试依图 4-4 简述 P0 口的工作原理。

第 5 章

AT89C51 单片机的中断与定时

【内容提要】

本章主要介绍了数据控制方式、中断的基本概念；AT89C51 单片机的中断系统结构及中断处理过程；用 LED 显示的设计实例帮助对中断、中断优先级、中断优先权、中断过程的理解；AT89C51 单片机的两个定时计数器的定时和计数功能、定时/计数器的控制、定时/计数器初值的计算、定时/计数器的工作方式；通过对定时/计数器四种工作方式的应用举例，能完成定时与中断编写查询控制方式及中断控制方式程序的初步设计；最后用 AT89C51 的 60s 倒计时装置的设计与仿真和基于 AT89C51 的按键发声装置的设计与仿真两个综合实例深化了定时与中断的综合应用。

5.1 中　断

“中断”是单片机应用中的重要概念，“中断系统”是单片机为实现中断、控制中断的功能组成部分。它使单片机能及时响应并处理运行过程中内部和外部的突发事件，解决单片机快速 CPU 与慢速外设间的矛盾，提高单片机的工作效率可靠性。

5.1.1 数据传送控制方式

接口电路控制数据信号的传送，这种传送操作是在中央处理器监控下实现的。对中央处理器而言，数据传送就是输入和输出操作，中央处理器可以采用查询、中断和 DMA 3 种方式控制接口的传送操作。

1. 查询方式

查询方式即中央处理器随时询问接口，数据传送完否或数据准备好否。在查询方式下，中央处理器需要完成下面操作：

① 中央处理器向接口发出传送命令，输入数据或输出数据。

② 中央处理器查询接口状态，数据发送完否或输入数据准备好否，如接口状态允许发送，则中央处理器向接口发出数据。如输入准备好，则中央处理器取回数据。

③ 查询方式下，中央处理器需要花费较多的时间去“询问”状态，而接口处于被动状态。

2. 中断方式

中断方式下，中央处理器不必定时查询接口状态，而由接口在数据发送完毕或接收数据准备好时通知中央处理器，中央处理器再发送或接收数据。中断方式提高了系统工作效率，使中央处理器可以管理更多的接口。

3. DMA 方式

DMA 方式即是数据不经过中央处理器在存储器和外设之间直接传送的操作方式。DMA 方式适合大量的高速数据传送，如存储器与磁盘之间的数据传送。但 DMA 方式控制复杂，需要专用接口控制芯片.

5.1.2 中断基本概念

1. 中断的定义

单片机执行程序的过程中，为响应内部和外部随机发生的事件和突发事件，CPU 暂时中止执行当前程序，转去处理事件，处理完毕后，再返回继续执行原来中止了的程序。这一过程被称为中断。

2. 中断技术

在单片机应用系统的硬件、软件设计中，应用中断系统处理随机发生事件和突发事件的技术称为中断技术。

3. 中断系统

AT89C51 单片机的中断系统由中断源、与中断控制有关的特殊功能寄存器、中断入口、顺序查询逻辑电路等组成，包括 5 个中断请求源、4 个与中断控制有关的寄存器（IE、IP、TCON 和 SCON）、两个中断优先级及顺序查询逻辑电路。

5.2 MCS-51 单片机中断系统结构

AT89C51 中断系统结构示意图如图 5-1 所示。

5.2.1 MCS-51 的中断

1. 中断源

中断源是指能引起中断、发出中断请求的装置或事件。AT89C51 单片机的中断源有 5 个。

① 外中断 0（$\overline{\text{INT0}}$）：中断请求信号从单片机的 P3.2 脚输入。

② 外中断 1（$\overline{\text{INT1}}$）：中断请求信号从单片机的 P3.3 脚输入。

③ 内定时器/计数器 0（T0）：溢出中断。

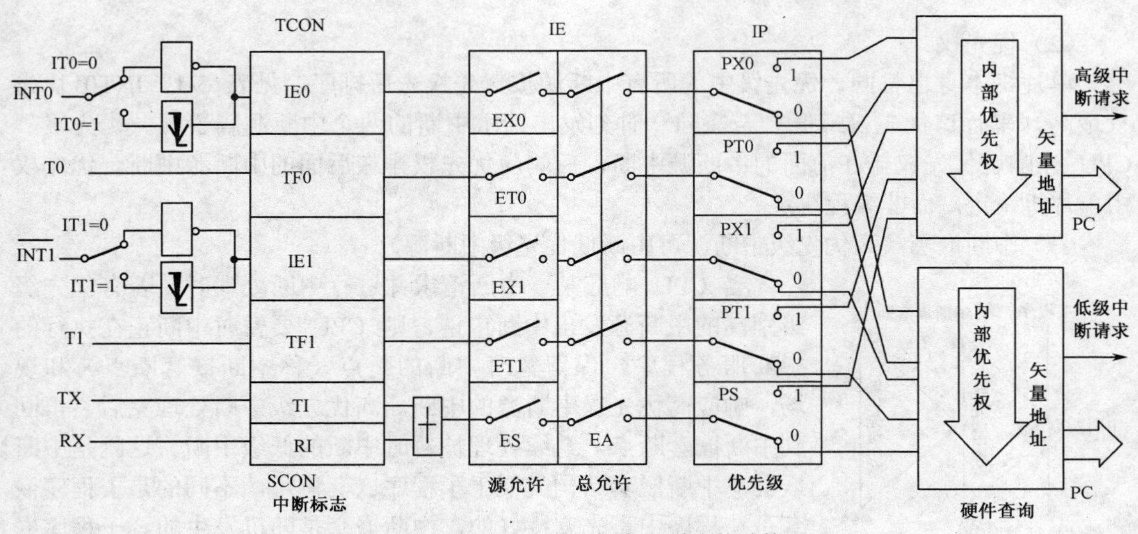

图 5-1　AT89C51 单片机中断系统的结构

④ 内定时器/计数器 1（T1）：溢出中断。

⑤ 串行口中断：包括串行收中断 RI 和串行发中断 TI。

2. 中断入口地址

5 个中断源对应的中断入口地址见表 5-1，它们都在 ROM 中。

表 5-1　中断入口地址及内部优先权

中断源	中断入口地址（ROM）	优先权
INT0	0003H	高
T0	000BH	↓
INT1	0013H	
T1	001BH	
串行口	0023H	低

若启动中断功能，则在程序设计时必须留出 ROM 中相应的中断入口地址，不得被其他程序占用。中断服务程序的首地址多经中断入口处的转移指令导入。

3. 中断优先级、优先权、中断嵌套

（1）优先级

通常在系统中有多个中断源，可能会出现两个或更多的中断源同时提出中断请求的情况，应该先响应哪个中断请求呢？设计者应事先根据轻重缓急给中断源确定一个中断级别，即优先级（priority）。AT89C51 单片机将 5 个中断源分为两个优先级：高优先级和低优先级。当几个中断源同时请求时，CPU 先服务高优先级的中断，后服务低优先级的中断。中断优先级的划分是可编程的，即用指令可设置哪些中断源为高优先级，哪些中断源为低优先级。当发出新的中断申请的优先级与当前中断的优先级相同或更低时，CPU 不立即响应，直到正在处理的中断服务程序执行完以后，才受理该中断（若该中断请求未撤除）请求。

（2）优先权

单片机本身也将同一优先级中的所有中断源按优先权先后排序，见表 5-1。INT0 优先权最高，串行口优先权最低。若在同一时刻发出请求中断的两个中断源属于同一优先级，CPU 先响应优先权排在前面的中断源中断，后响应优先权排在后面的中断源中断。优先权由单片机决定，而非编程决定。

（3）中断嵌套（高优先级中断源可中断低优先级中断源）

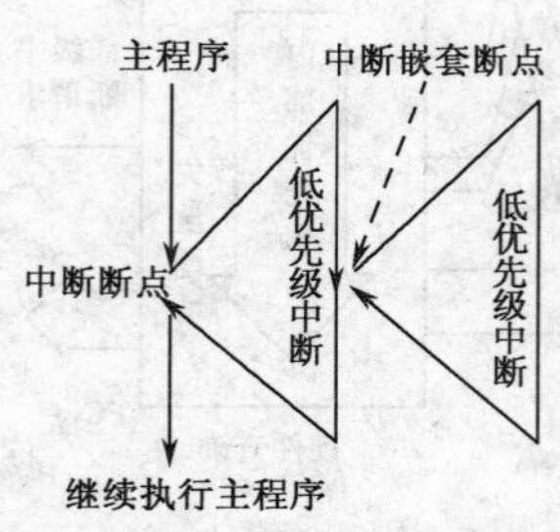

图 5-2　中断嵌套示意图

当 CPU 响应某一中断请求并进行中断处理时，若有优先级级别高的中断源发出中断申请，则 CPU 要暂时中断正在执行的中断服务程序，保留暂时中断的断点（称中断嵌套断点）和现场，响应高优先级中断源的中断。高优先级中断处理完后，再回到中断嵌套断点，继续处理被暂时中断的低级中断。这就是中断嵌套。中断嵌套结构类似于子程序嵌套调用，不同的是子程序嵌套是在程序中事先安排好的，中断嵌套是随机发生的。子程序嵌套无次序限制，中断嵌套只允许"高优先级中断"中断"低优先级中断"，如图 5-2 所示。

5.2.2　与中断控制有关的寄存器

在 AT89C51 单片机中涉及中断控制的有 4 个特殊功能寄存器，通过对它们进行置位（置 1）或清零操作，可实现中断控制功能。

1. IE（中断允许寄存器）

单片机是否接受中断申请、接受哪个中断申请由可位寻址的特殊功能寄存器 IE（Interrupt Enable）决定。其字节地址为 A8H，各位名称与位地址见表 5-2。各控制位置"1"表示中断允许；置"0"表示禁止中断。

EA：中断允许总开关。EA=1 是中断允许的必要条件；EA=0，禁止所有中断。

ES：串行口中断允许控制位。ES=1，允许串行口中断；ES=0，禁止。

ET1：定时器/计数器 1 中断允许控制位。ET1=1，允许定时器/计数器 1 中断；ET1=0，禁止。

EX1：外中断 1 中断允许控制位。EX1=1，允许外部中断 1 中断；EX1=0，禁止。

ET0：定时器/计数器 0 中断允许控制位。ET0=1，允许定时器/计数器 0 中断；ET0=0，禁止。

EX0：外中断 0 中断允许控制位。ET0=1，允许外部中断 0 中断；ET0=0，禁止。

表 5-2　IE 结构及各位名称、地址

位　号	IE.7	IE.6	IE.5	IE.4	IE.3	IE.2	IE.1	IE.0
位　名	EA	—	—	ES	ET1	EX1	ET0	EX0
位地址	AFH	—	—	ACH	ABH	AAH	A9H	A8H

【例 5-1】 如果要设置外中断 1 允许和定时器/计数器 1 中断允许，其他不允许，求 IE 值。

解：参照表 5-2，根据题意将 IE 设置见表 5-3。

求得（IE）=8CH。编写程序时，可用下面字节操作指令设置。

```
MOV   IE，#8CH。
```

也可用下列位操作指令设置：

```
SETB EA
SETB ET1
SETB EX1。
```

表 5-3 根据题设置 IE 中断允许位

EA			ES	ET1	EX1	ET0	EX0
1	0	0	0	1	1	0	0

2. TCON（定时器/计数器和外中断控制寄存器）

TCON 的字节地址为 88H，是可位寻址的特殊功能寄存器。其位地址由低到高依次是 88H~8FH。表 5-4 给出 TCON 结构及位名称、位地址，其中与中断有关的有 6 位，即 TCON.0、TCON.1、TCON.2、TCON.3、TCON.5 和 TCON.7。与定时器/计数器有关的 TCON.4、TCON.6 将在定时器/计数器有关章节中介绍。

表 5-4 TCON 结构及位名称、位地址

位 号	TCON.7	TCON.6	TCON.5	TCON.4	TCON.3	TCON.2	TCON.1	TCON.0
位 名	TF1	TR1	TF0	TR0	IE1	IT1	IE0	IT0
位地址	8FH	8EH	8DH	8CH	8BH	8AH	89H	88H

TF1：T1 溢出中断请求标志。当定时器/计数器 T1 溢出时，由硬件置“1”，请求中断。

TF0：T0 溢出中断请求标志，其功能、意义与 TF1 相似。

IE1：外中断 1 中断请求标志。当$\overline{\text{INT1}}$引脚（P3.3）上出现有效的外部中断信号时，由硬件置“1”，请求中断。

IT1：外中断$\overline{\text{INT1}}$触发方式控制位。由软件置“1”或清零。IT1=1，$\overline{\text{INT1}}$触发方式为边沿触发方式，当 P3.3 引脚出现下跳沿信号有效；IT1=0，$\overline{\text{INT1}}$触发方式为电平触发方式，当 P3.3 引脚出现低电平时信号有效。

IE0：外中断$\overline{\text{INT0}}$中断请求标志，其功能、意义与 IE1 相似。

IT0：外中断$\overline{\text{INT0}}$触发方式控制位，其功能、意义与 IT1 相似。

3. SCON（串行口控制寄存器）

SCON 的字节地址是 98H，它是可位寻址的特殊功能寄存器，位地址由低到高依次是 98H~9FH。表 5-5 给出 SCON 结构及各位名称、位地址，其中只有 TI 和 RI 两位与串行口中断控制有关。

表 5-5　SCON 结构及各位名称、位地址

位号	SCON.7	SCON.6	SCON.5	SCON.4	SCON.3	SCON.2	SCON.1	SCON.0
位名	SM0	SM1	SM2	REN	TB8	RB8	TI	RI
位地址	9FH	9EH	9DH	9CH	9BH	9AH	99H	98H

TI：串行口发送中断请求标志。

RI：串行口接收中断请求标志。

CPU 在响应串行发送、接收中断后，TI、RI 不能自动清零，必须用软件清零。

4. IP（中断优先级控制寄存器）

IP 的字节地址为 B8H，它是可位寻址的特殊功能寄存器。高 3 位地址未用。其余位地址由低到高依次是 B8H~BCH。表 5-6 给出 IP 结构及各位名称、位地址。

表 5-6　IP 结构及各位名称、位地址

位号	…	…	…	IP.4	IP.3	IP.2	IP.1	IP.0
位名	…	…	…	PS	PT1	PX1	PT0	PX0
位地址	…	…	…	BCH	BBH	BAH	B9H	B8H

各中断源的中断优先级控制位置“1”，定义为高优先级；清零，定义为低优先级。若 5 个中断源全部置为高优先级或全部置为低优先级，则等于不分优先级，这时，响应中断的先后顺序依系统内规定的优先权行事，见表 5-1。

PS：串行口中断优先级控制位。

PT1：T1 中断优先级控制位。

PX1：INT1 中断优先级控制位。

PT0：T0 中断优先级控制位。

PX0：INT0 中断优先级控制位。

【例 5-2】　如果要将 T0、外中断 1 设为高优先级，其他为低优先级，求 IP 的值。

解：根据表 5-6 来设置。IP 的高 3 位没用，可任意取值，设为 000，其他各位根据题目要求要设置，见表 5-7。

求得（IP）=06H。可用下面字节操作指令设置：

MOV　IP，#06H。

也可用下两条位操作指令设置：

SETB　PX1

SETB　PT0

表 5-7　根据题意设置 IP 各位

			PS	PT1	PX1	PT0	PX0
0	0	0	0	0	1	1	0

5.2.3 中断响应过程

AT89C51 中断处理过程大致可分为四步：中断请求、中断响应、中断服务和中断返回，如图 5-3 所示。其中大部分操作是 CPU 自动完成的。用户只需了解来龙去脉，设置堆栈，设置中断允许，设置中断优先级，编写中断服务程序等。若为外中断还需设置触发方式。

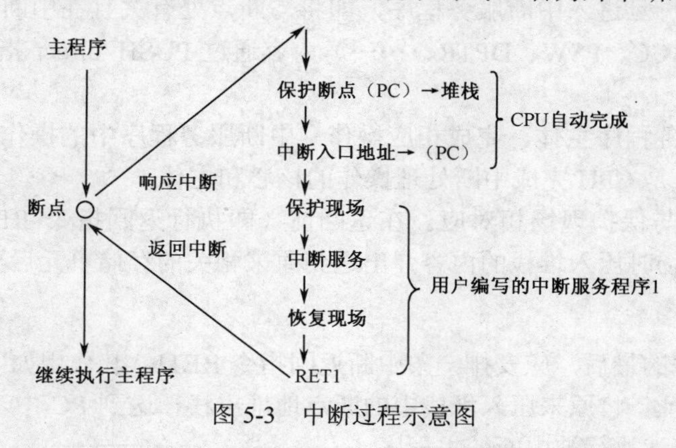

图 5-3 中断过程示意图

1. 中断请求

中断源要求 CPU 为它服务时，必须发出一个中断请求信号。若是外部中断源，则需将外中断源接到单片机的 P3.2（$\overline{\text{INT0}}$）或 P3.3（$\overline{\text{INT1}}$）引脚上。当外中断源发出有效中断信号时，相应的中断请求标志位 IE0 或 IE1 置“1”，提出中断请求。若是内部中断源，如 T0、T1 溢出，则相应的中断请求标志位 TF0 或 TF1 置“1”，提出中断请求。CPU 将不断查询这些中断请求标志，一旦查询到某个中断请求标志置位，CPU 就根据中断响应条件响应中断请求。

2. 中断响应

（1）中断响应条件

中断源发出中断请求后，CPU 响应中断必须满足如下条件。

① 已开总中断（EA=1）和相应中断源的中断（相应允许控制位置位）。

② 未执行同级或更高级的中断。

③ 当前执行指令的指令周期已结束。

④ 正在执行的不是 RETI 和访问 IE、IP 指令，否则要再执行一条指令后才能响应。

（2）中断响应操作

CPU 响应中断后，进行如下操作。

① 在一种中断响应后，屏蔽同优先级和低优先级的其他中断。

② 响应中断后，应清除该中断源的中断请求标志位。否则中断返回后将重复响应该中断而出错。有的中断请求标志（TF0、TF1，边沿触发方式下的 IE0、IE1）在 CPU 响应中断后，会由 CPU 自动清除。有的中断标志（RI、TI）CPU 不能清除，只能由用户编程清除。还有电平触发方式下的中断请求标志（IE0、IE1），一般要通过外电路清除。

CPU 响应中断后，首先将中断点的 PC 值压入堆栈保护起来。然后 PC 装入相应的中断入口地址，并转移到该入口地址执行中断服务程序。当执行中断服务程序最后一条指令 RETI 后自动将原先压入堆栈的中断点的 PC 值弹回至 PC 中，返回执行中断点处的指令。

3. 执行中断服务程序

根据要完成的项目和任务编写中断服务程序。一般来说，中断服务程序包含以下几部分。

① 保护现场。一旦进入中断服务程序，即将与断点处有关且在中断服务程序中可能改变的存储单元（如 ACC、PSW、DPTR、……）内容通过 PUSH direct 指令压入堆栈保护，以便中断返回时恢复。

② 执行中断服务程序主体，完成相应操作。中断服务程序中的操作内容和功能是中断源请求中断的目的，是 CPU 完成中断处理操作的核心和主体。

③ 恢复现场。与保护现场相对应。在返回前（即执行返回指令 RETI 前）通过 POP direct 指令将保护现场时压入堆栈的内容弹出送到原来相关的存储单元后再中断返回。

4. 中断返回

在中断服务程序的最后，应安排一条中断返回指令 RETI，其作用如下。

① 恢复断点地址。将原来压入堆栈中的断点地址出栈，送到 PC 中。这样 CPU 就返回到原中断断点处，继续执行被中断的主程序。

② 开放同级中断，以便允许响应同级中断源的中断请求。

5. 中断响应等待时间和中断请求的撤除

（1）中断响应等待时间

若 CPU 正在执行同级或更高级的中断服务程序，就必须等 CPU 执行完这一服务程序返回后，才能响应新的中断。此时中断响应的等待时间就要看正在执行的同级或更高级的中断服务程序的长短了。除此之外，中断响应等待时间一般为 3~8 个机器周期。

（2）中断请求的撤除

对于已响应的中断请求，若其中断请求标志没撤除，则此中断返回后，可能再次进入中断，导致出错。有关中断请求的撤除，具体分析如下：

① CPU 硬件自动撤除。定时器/计数器 T0、T1 和边沿触发方式下的外中断 INT0、INT1 的中断请求标志位 TF0、TF1、IE0、IE1，在中断响应后由 CPU 硬件自动清除。

② 指令清除。CPU 响应串行中断后，其硬件不能自动清除中断请求标志位。用户应在串行中断服务程序中用指令清除标志位 TI、RI。

③ 电平触发方式下外中断的请求标志 IE0、IE1 是外部中断源而不是由片内硬件控制。当外中断的低电平有效时，IE0、IE1 置 1。其低电平的延续时间要足以让 CPU 响应它；否则这一中断申请丢失。如果在响应它且执行中断服务程序返回之时外中断源仍是低电平，就会重复响应中断。对于这种情况，可采用外加电路方法，清除引起置位中断请求标志的来源，图 5-4 是一种外加清除电路。当外部设备有低电平触发方式的外中

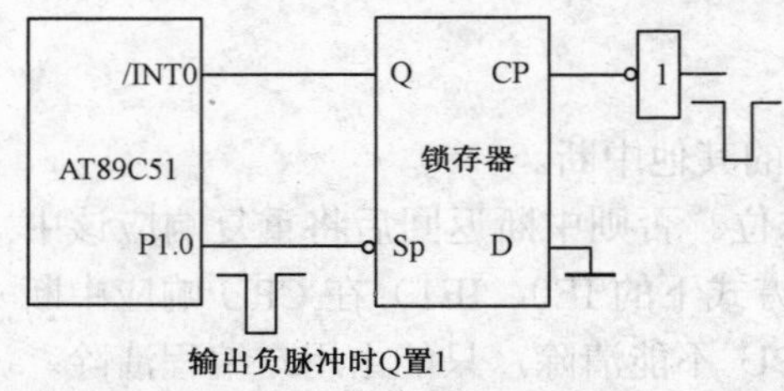

图 5-4　电平触发方式的外中断请求的撤除

断请求时，中断请求信号经反相器，加到锁存器 CP 端，作为 CP 脉冲。由于 D 端接地为 0，Q 端输出低电平，触发 $\overline{INT0}$ 产生中断。当 CPU 响应中断后，在该中断服务程序中安排两条指令：

```
ANL     P1，#0FEH
ORL     P1，#01H
```

使 P1.0 输出一个负脉冲信号，其延续时间为两个机器周期，加到锁存器 Sp 端（强迫置 1 端），足以使锁存器置位，撤销引起重复中断的 INT0 低电平信号，从而撤除中断请求。

5.2.4 中断程序设计举例

中断系统应用中，编写程序要解决的主要问题是中断初始化和中断服务程序。

1. 中断初始化

中断初始化应在产生中断请求前完成，一般放在主程序中，与主程序其他初始化内容一起完成。

（1）定义中断优先级，将中断优先级控制寄存器 IP 中相关的控制位置位。

（2）若是外中断，则要定义外中断触发方式，将控制寄存器 TCON 中相关的控制位置位。

（3）开中断。将控制寄存器中 IE 中的中断控制位 EA 和相应的中断允许控制位置位。

2. 中断服务程序

编写中断服务程序的要求如下。

（1）在相应的中断入口地址处设置一条跳转指令（SJMP、AJMP 或 LJMP），将中断服务程序转到合适的 ROM 空间。若中断服务程序小于等于 8 字节，可直接放置在中断入口地址处。

（2）根据需要保护现场。为减轻堆栈负担，保护现场的数据存储单元数量力求少些。

（3）CPU 响应中断后不能自动清除中断请求标志位时，应考虑的清除中断请求标志位的其他操作。

（4）恢复现场。

（5）最后一条指令必须是中断返回指令 RETI。

3. 中断应用举例

【例 5-3】 外中断（$\overline{INT0}$）实验。

（1）电路原理图

本实验的电路原理图如图 5-5 所示。

（2）程序设计

程序流程图如图 5-6 和图 5-7 所示。设计程序如下：

```
        ORG     0000H
        SJMP    STAR
        ORG     03H                     ;INT0 中断入口地址
        SJMP    INT0S                   ;转 INT0 中断服务
```

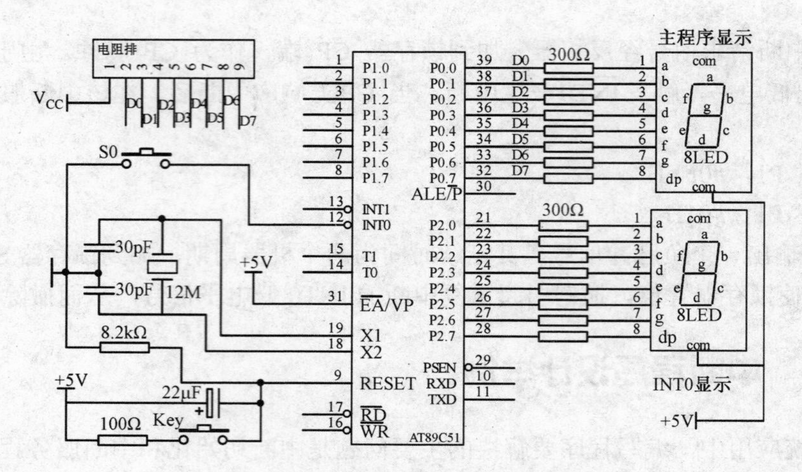

图 5-5　外部中断实验电路原理图

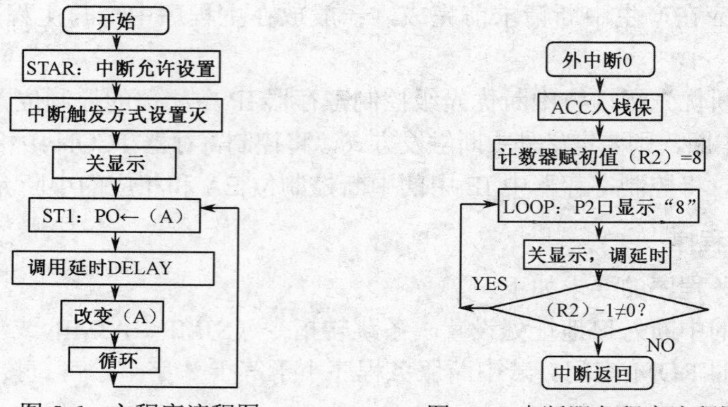

图 5-6　主程序流程图　　　　图 5-7　中断服务程序流程图

```
        ORG     30H
STAR：  MOV     IE，#10000001B      ;INT0 开中断
        MOV     TCON，#O1H          ;INT0 边沿触发方式
        MOV     A，#0FEH            ;P0 口输出初值
ST1：   MOV     P0，A
        ACALL   DELAY               ;延时
        RL      A                   ;改变输出数据
        SJMP    ST1                 ;主程序循环
INT0S： PUSH    ACC                 ;保护现场
        MOV     R2，#8              ;INT0 中断服务，R2 计数器赋初值
LOOP：  CLR     A
        MOV     P2，A               ;数码管亮
        ACALL   DELAY               ;延时
        MOV     A，#0FFH
        MOV     P2，A               ;数码管各段全暗
        ACALL   DELAY               ;延时
        DJNZ    R2，LOOP            ;循环 8 次
```

```
        POP     ACC             ;恢复现场，A
        RETI
DELAY:  MOV     R7，#250        ;延时子程序，500ms
D1:     MOV     R6，#250
D2:     NOP
        NOP
        NOP
        NOP
        NOP
        NOP
        DJNZ    R6，D2
        DJNZ    R7，D1
        RET
        END
```

（3）汇编和编程

按照第 3 章 3.7.1 节所述的 Keil 使用方法，建立工程（本例 LITI.Uv2）；输入并编辑程序，建立源程序文件*.ASM（本例取名 524_1.ASM），添加源文件到工程，设置工程目标选项，直至汇编源程序生成目标代码文件*.HEX（本例 524_1.HEX）。

应用编程器将目标代码固化到单片机中。

（4）电路安装及现象观察

根据电路原理图在单片机课程教学实验板（或面包板、实验 PCB）上安装好电路。将已固化目标代码的单片机安装到单片机插座上，上电运行。观察到 P0 口上的数码管中的各段按 a~g 的顺序点亮，每一时刻只有 LED 一段亮，循环进行。当单击 S0 时，发生外中断 0，与 P2 口相接数码管中的各段全部点亮半秒，再暗半秒，如此循环 8 次后，返回主程序继续中断前的工作。

【例 5-4】 中断优先级实验。

设置 $\overline{\text{INT1}}$ 为高优先级、$\overline{\text{INT0}}$ 为低优先级。如图 5-8 所示表示高优先级中断低优先级（中断嵌套）示意图。如图 5-9 所示表示低优先级等待高优先级返回后再执行的示意图。高优先级可中断低优先级，但低优先级的中断请求不能中断高优先级。同一优先级不能相互中断。

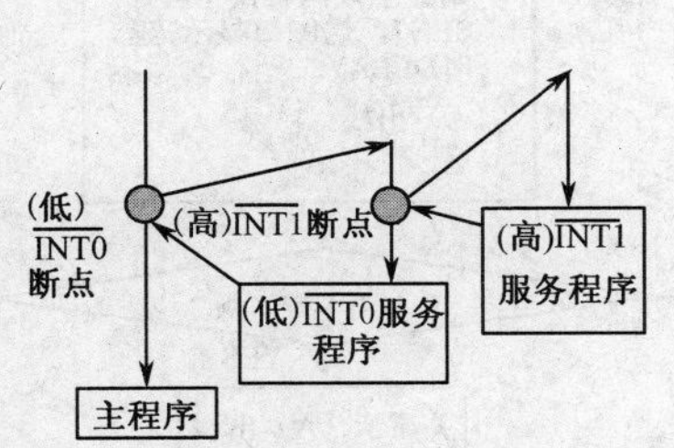

图 5-8 高优先级中断低优先级示意图

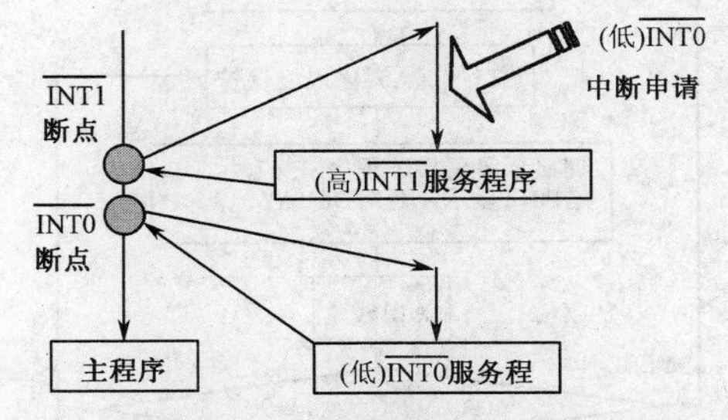

图 5-9 低优先级等待高优先级返回后再执行的示意图

（1）电路原理图

中断优先级电路原理图如图 5-10 所示。

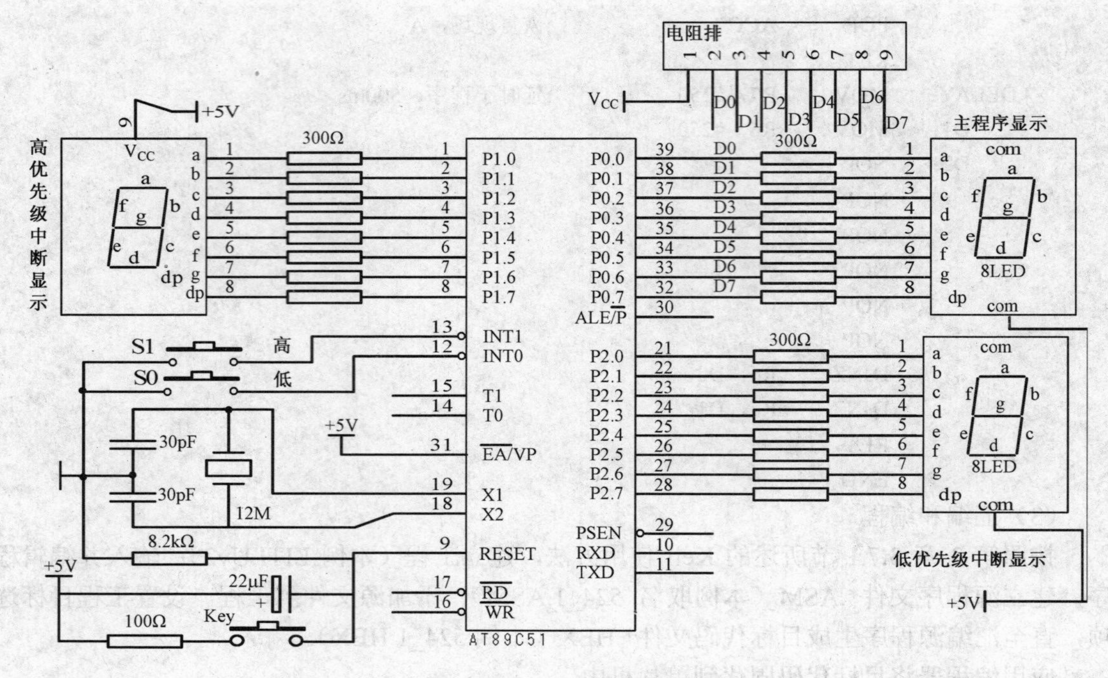

图 5-10　中断优先级电路原理图

（2）程序设计

程序设计流程图如图 5-11 和图 5-12 所示。程序设计如下：

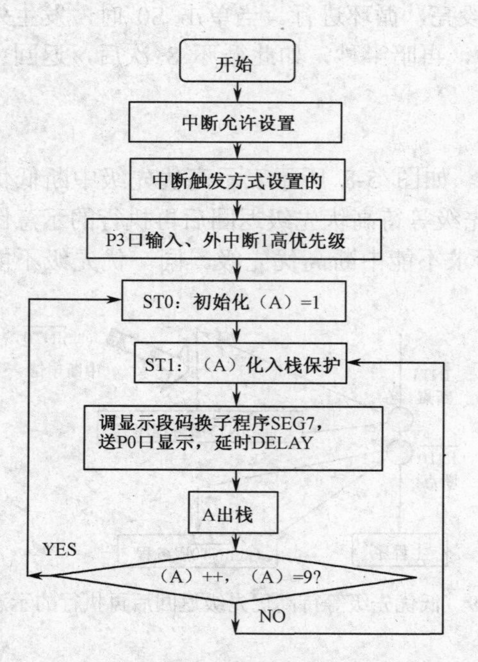

图 5-11　中断优先级主程序流程图

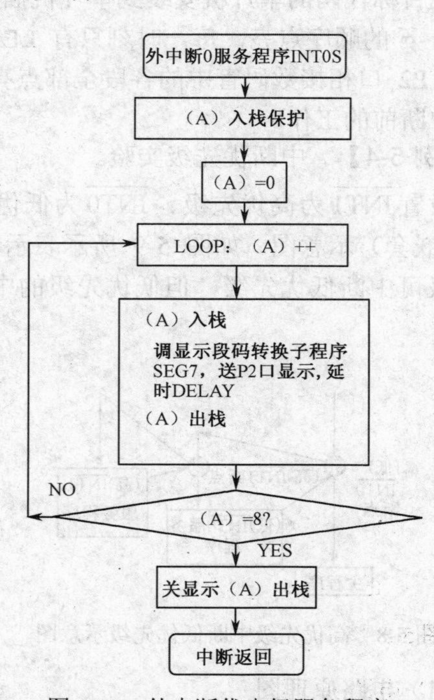

图 5-12　外中断优先级服务程序

```
        ORG     00H
        SJMP    STAR
        ORG     03H
        SJMP    INT0S
        ORG     13H
        SJMP    INT1S
        ORG     30H
STAR:   MOV     IE，#85H
        MOV     TCON，#5
        MOV     A，#0FEH
        MOV     P3，#0FFH
        SETB    PX1
ST0:    MOV     A ，#1
ST1:    PUSH    ACC
        ACALL   SEG7
        MOV     P0，A
        ACALL   DELAY
        POP     ACC
        INC     A
        CJNE    A，#9，ST1
        SJMP    ST0
INT0S:  PUSH    ACC
        MOV     A，#0
LOOP:   INC     A
        PUSH    ACC
        ACALL   SEG7
        MOV     P2，A
        POP     ACC
        ACALL   DELAY
        CJNE    A，#8，LOOP
        POP     ACC
        MOV     P2，#0FFH
        RETI
INT1S:  PUSH    ACC
        MOV     A，#0
LOOP1:  INC A
        PUSH    ACC
        ACALL   SEG7
        MOV     P1，A
        ACALL   DELAY
        POP     ACC
        CJNE    A，#8，LOOP1
        MOV     P1，#0FFH
        POP     ACC
```

```
            RETI
DELAY:      MOV      R7，#250
D1:         MOV      R6，#250
D2:         NOP
            NOP
            NOP
            NOP
            NOP
            NOP
            DJNZ     R6，D2
            DJNZ     R7，D1
            RET
SEG7:       INC  A
            MOVC     A，@A+PC
            RET
            DB 0C0H，0F9H，0A4H，0B0H，99H，92H，82H，0F8H，80H
            END
```

（读者注释每条指令的功能）

（3）汇编和编程

按照第 3 章 3.7.1 节所述的 Keil 使用方法，建立工程（本例 LITI.Uv2）；输入并编辑程序，建立源程序文件*.ASM（本例 524_2.ASM），添加源文件到工程，设置工程目标选项，直至汇编源程序生成目标代码文件*.HEX（本例 524_2.HEX）。

应用编程器将目标代码固化到单片机中。

（4）电路连接及现象观察

根据电路原理图 5-10 在单片机课程教学实验板（或面包板、实验 PCB）上安装好电路。将已固化目标代码的单片机安装到单片机插座上，上电运行。观察到单片机主程序控制 P0 口数码管循环显示 0~8；外中断 0（$\overline{\text{INT0}}$）、外中断 1（$\overline{\text{INT1}}$）发生时分别在 P2、P1 口依次显示 0~8，按以下两种操作方式做中断优先级实验：①先单击 S1，发生$\overline{\text{INT1}}$中断，在$\overline{\text{INT1}}$响应中断未返回时单击 S0，观察现象，并作合理的解释。②先单击 S0，发生$\overline{\text{INT0}}$中断，在$\overline{\text{INT0}}$响应中断未返回时单击 S1。观察现象，并作合理的解释。

【例 5-5】 中断优先权实验。

当有两个同优先级的中断源同时向 CPU 申请中断时，CPU 按单片机系统内定的优先权的先后顺序（$\overline{\text{INT0}}$→T0→$\overline{\text{INT1}}$→T1→串口）响应中断请求。

本例中设两个外中断同为低优先级。

（1）电路原理图

电路原理图如图 5-13 所示。

（2）程序设计

程序设计流程图如图 5-14 所示。程序设计如下：

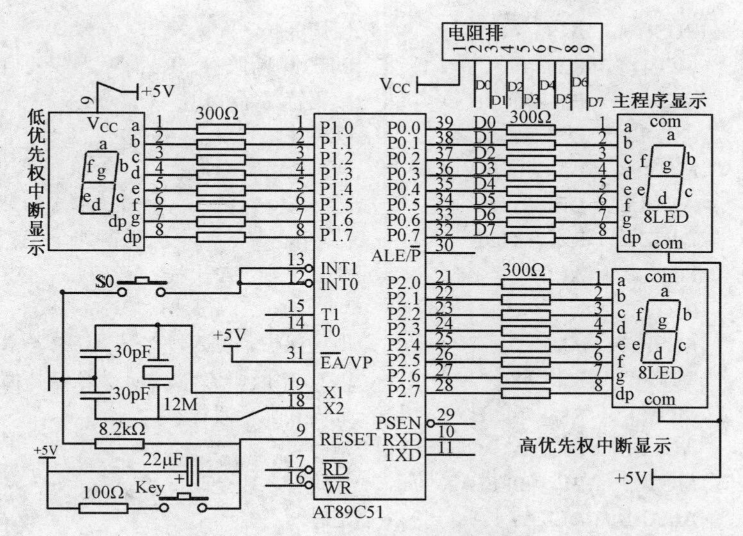

图 5-13　中断优先权实验电路

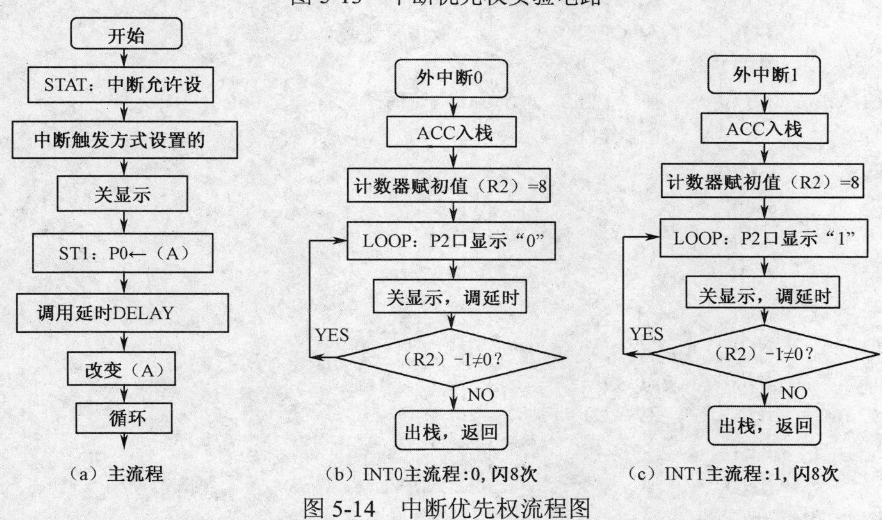

图 5-14　中断优先权流程图

```
        JMP     STAR
        ORG     03H                 ;INT0 中断入口地址
        SJMP    INT0S               ;转 INT0 中断服务
        ORG     13H
        SJMP    INT1S
        ORG     30H
STAR:   MOV     IE，#10000101B      ;INT0 开中断
        MOV     TCON，#5H           ;INT0 边沿触发方式
        MOV     A，#0FEH            ;P2 口输出初值
ST1:    MOV     P0，A               ;
        ACALL   DELAY               ;延时
        RL      A                   ;改变输出数据
        SJMP    ST1                 ;主程序循环
```

```
INT0S:   PUSH    ACC             ;现场保护，A 入栈
         MOV     R2，#8          ;INT0 中断服务，R2 计数器赋初值
LOOP:    MOV     P2，#0C0H       ;数码管显示“0”
         ACALL   DELAY           ;延时
         MOV     P2，#0FFH       ;数码管各段全暗
         ACALL   DELAY           ;延时
         DJNZ    R2，LOOP        ;循环 8 次
         POP     ACC             ;恢复现场，A 出栈
         RETI
INT1S:   PUSH    ACC             ;现场保护，A 入栈
         MOV     R2，#8          ;INT0 中断服务，R2 计数器赋初值
LOOP1:   MOV     P1，#0F9H       ;数码管显示“1”
         ACALL   DELAY           ;延时
         MOV     P1，#0FFH       ;数码管各段全暗
         ACALL   DELAY           ;延时
         DJNZ    R2，LOOP1       ;循环 8 次
         POP     ACC             ;恢复现场，A 出栈
         RETI
DELAY:   MOV     R7，#250        ;延时子程序，500ms
D1:      MOV     R6，#250        ;
D2:      NOP
         NOP
         NOP
         NOP
         NOP
         NOP
         DJNZ    R6，D2
         DJNZ    R7，D1
         RET
         END
```

（3）汇编和编程

按照第 3 章 3.7.1 节所述的 Keil 使用方法，建立工程（本例 LITI.Uv2）；输入并编辑程序，建立源程序文件*.ASM（本例 524_3.ASM），添加源文件到工程，设置工程目标选项，直至汇编源程序生成目标代码文件*.HEX（本例 524_3.HEX）。

应用编程器将目标代码固化到单片机中。

（4）电路安装及现象观察

根据电路原理图 5-13 在单片机课程教学实验板（或面包板、实验 PCB）上安装好电路。将已固化目标代码的单片机安装到单片机插座上。上电运行。观察到主程序控制的与 P0 口相接的数码管的 a~g 段循环点亮。当单击 S0，INT0、INT1 同时向 CPU 发出中断请求时，CPU 先响应优先权高的 INT0，在 P2 口的数码管上闪烁 8 次“0”。等处理完 INT0 服务程序返回后，再响应 INT1，在 P1 口的数码管上闪烁 8 次“1”。可从优先权顺序分析现象，并作合理的解释。

5.3 MCS-51的定时器/计数器

5.3.1 定时方法

在控制系统中，常常要求有一些实时时钟以实现定时或延时控制，如定时中断、定时检测、定时扫描等，也往往要求有计数器能对外部事件计数。要实现定时或延时控制，有3种主要方法：软件定时、不可编程的硬件定时和可编程的硬件定时器定时。

1. 软件定时

即让机器执行一个程序段，这个程序段本身没有具体的执行目的，但由于执行每条指令都需要时间，则执行一个程序段就需要一个固定的时间。通过正确地挑选指令和安排循环次数很容易实现软件定时，但软件定时占用CPU，降低了CPU的利用率。

2. 不可编程的硬件定时

可以采用如小规模集成电路器件555，外接定时部件（电阻和电容）构成。这样的定时电路简单，而且通过改变电阻和电容，可以使定时在一定的范围内改变。但是，这种定时电路在硬件连接好以后，定时值及定时范围不能由程序（软件）来控制和改变，由此就产生了可编程的定时器电路。

3. 可编程定时器

为方便微型计算机系统的设计和应用而研制的计数电路。它的定时值及其范围，可以很容易地由软件来确定和改变，能够满足各种不同的定时要求，因而在微型计算机系统的设计和应用中得到广泛的应用。

5.3.2 定时和计数功能

为了使用方便，并增加单片机的功能，就干脆把计数电路集成在MCS-51单片机芯片中，称为定时器。AT89C51有两个可编程的定时器/计数器：T0和T1。它们可以工作在定时状态，也可以工作在计数工作状态。作为定时器时，不能再作为计数器；反之亦然。

1. 定时器/计数器是“加1计数器”

AT89C51有两个16位的定时器/计数器（T0和T1），其核心是一个“加1计数器”，其基本功能是加1功能。

2. 计数器

当定时器/计数器作“计数器”用时，可对接到14引脚（T0/P3.4）或15引脚（T1/P3.5）的脉冲信号数进行计数。每当引脚上发生从“1”到“0”的负跳变时，计数器加1。单片机内部操作是：在一个机器周期内检测到该引脚为高电平“1”，在相邻的下一机器周期内检测到低电平“0”时，计数器确认加1。所以，每检测一个外来脉冲信号，至少需要两个机器周期。显然，所能检测的最高外部脉冲信号频率为晶振频率的1/24。若晶振频率为 12MHz，则所能检测的最高外部脉冲信号频率为 500kHz。还要注意，当作为“计数器”用时，要求外部计数脉冲的高电平、低电平的持续时间至少各要一个机器周期，但占空比无特别要求。

3. 定时器

当定时器/计数器作“定时器”用时，定时信号来自内部时钟发生电路，每个机器周期等于 12 个振荡周期，每过一个机器周期，计数器加 1。当晶振频率为 12MHz，则机器周期为 1μs；在此情况下，若计数器中的计数为 100，则“定时”=100×1μs=100μs。

4. 与定时器/计数器有关的特殊功能寄存器

为实现定时器/计数器的各种功能，还用到 SFR 中的几个特殊功能寄存器，见表 5-8。

表 5-8　与定时器/计数器有关的特殊功能寄存器

定时器/计数器的 SFR	用途	地址	有无位寻址
TCON	控制寄存器	88H	有
TMOD	方式寄存器	89H	无
TL0	定时器 T0 低字节	8AH	无
TL1	定时器 T1 低字节	8BH	无
TH0	定时器 T0 高字节	8CH	无
TH1	定时器 T1 高字节	8DH	无

5.3.3　定时/计数器的控制

AT89C51 单片机定时器/计数器的工作由两个特殊功能寄存器 TMOD 和 TCON 的相关位来控制。TMOD 用于设置它的工作方式，TCON 用于控制其启动和中断请求。

1. 工作方式寄存器 TMOD

TMOD 用于设置定时器/计数器的工作方式，其字节地址为 89H。低 4 位用于 T0，高 4 位用于 T1。虽有位名称，但无位地址，不可进行位操作。TMOD 中的结构和各位名称见表 5-9。

表 5-9　TMOD 中的结构及各位名称

	T1				T0			
位名称	GATE	$C/\overline{T}$	M1	M0	GATE	$C/\overline{T}$	M1	M0

（1）M1、M0：工作方式选择位。M1、M0 为二位二进制数可表示四种工作方式，见表 5-10。

表 5-10　M0/M1 的工作方式

M1M0	工作方式	功能	容量
00	0	13 位计数器，N=13	2^{13}=8192
01	1	16 位计数器，N=16	2^{16}=65536
10	2	两个 8 位计数器，初值自动装入，N=8	2^{8}=256
11	3	两个 8 位计数器，仅适用于 T0，N=8	2^{8}=256

（2）C/$\overline{T}$：计数/定时方式选择位。

C/$\overline{T}$ =1，为计数工作方式，对输入到单片机 T0、T1 引脚的外部信号脉冲计数，负跳变脉冲有效，用做计数器。

C/$\overline{T}$=0，为定时工作方式，对片内机器周期（1 个机器周期等于 12 个晶振周期）信号计数，用做定时器。

（3）GATE：门控位。

GATE=0，定时器/计数器的运行只受 TCON 中的运行控制位 TR0/TR1 的控制。

GATE=1，定时器/计数器的运行同时受 TR0/TR1 和外中断输入信号（$\overline{INT0}$ 和 $\overline{INT1}$）的双重控制，见表 5-11。

表 5-11 GATE 对 TR0/TR1 的制约

GATE	$\overline{INT0}$，$\overline{INT1}$	TR0/TR1	功能
0	无关	0/0	T0/T1 停止
0	无关	1/1	T0/T1 运行
1	1/1	1/1	T0/T1 运行
1	1/1	0/0	T0/T1 不运行
1	0/1	1/1	T0 不运行，T1 运行
1	1/0	1/1	T0 运行，T1 不运行

【例 5-6】 用 T1 定时 50ms 的定时器，采用工作方式 1，请设置 TMOD。

解：只需设置 T1 定时器的四个位，分别是 GATE=0，C/$\overline{T}$=0，M1、M0=01，其他位置 0 即可。则 TMOD 值为 00010000B=10H。

2. 控制寄存器 TCON

TCON 是可位寻址的特殊功能寄存器，其字节地址为 88H，位地址由低到高顺序分别为 88H~8FH，见表 5-12。TCON 的低四位只与外中断有关，其高四位与定时器/计数器有关。

表 5-12 TCON 结构及各位名称、地址

位 号	TCON.7	TCON.6	TCON.5	TCON.4	TCON.3	TCON.2	TCON.1	TCON. 0
位 名	TF1	TR1	TF0	TR0	IE1	IT1	IE0	IT0
位地址	8FH	8EH	8DH	8CH	8BH	8AH	89H	88H

（1）TF1：定时器/计数器 T1 的溢出标志。若 T1 被允许计数后，T1 从初值开始加 1 计数，至最高位产生溢出时，TF1 被自动置“1”，既表示计数溢出，同时提出中断请求。若允许中断，CPU 响应中断后，由硬件自动对 TF1 清零。也可在程序中用指令查询 TF1 或将 TF1 清零。

（2）TF0：定时器/计数器 T0 的溢出标志，其意义与功能与 TF1 相似。

（3）TR1：定时器/计数器 T1 的启动控制位，由软件置位/清零来开启/关闭。

（4）TR0：定时器/计数器 T0 的启动控制位，由软件置位/清零来开启/关闭。

5.3.4 定时器/计数器初值的计算

1. 定时器/计数器的最大计数容量

定时器/计数器本质上是个加 1 计数器，每来一个脉冲，计数器计数加 1。其所能计的最大的计数量就是定时器/计数器的“最大计数容量”。最大计数容量与计数器的二进制位数有关。若用 N 表示计数的位数，则

最大计数容量=2^N。

若定时器/计数器工作在方式 1，则 N=16，为 16 位加 1 计数器。由上式知计数容量为 65536。若从 0 开始计数，当计到第 65536 个计数时，计数器内容由 FFFFH 变为 10000H，因 16 位加 1 计数器只能容纳 16 位数，所以计数产生“溢出”，定时器/计数器的中断标志位（TF0 或 TF1）被置 1，请求中断。与此同时计数器内容变为零。显然，定时器/计数器分别工作在方式 0 和 2 的情况下，其最大计数容量分别为 2^8（=256）、2^{13}（=8192）。

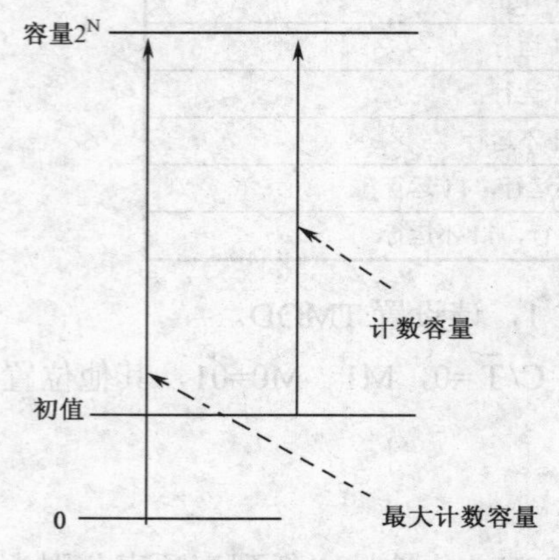

图 5-15 初值与计数长度关系示意图

2. 定时器/计数器的计数初值

定时器/计数器计数起点不一定要从 0 开始。计数起点可根据需要预先设定为零或任何小于计数容量的值。这个预先设定的计数起点值称为“计数初值”（以下简称“初值”）。显然，从该初值开始计数，直到计数溢出，计数容量为（2^N−初值）。所以，当定时器/计数器的工作方式确定后，其所能计的计数容量（2^N−初值）就由初值决定。其示意图如图 5-15 所示。

3. 定时器/计数器作定时器用时的初值计算

（1）定时初值计算公式

定时器/计数器作定时器用时，单片机内部提供由晶振决定频率的脉冲源，它为晶振频率的 1/12，其周期就是机器周期。即每一个脉冲的周期都相等且等于机器周期。显然，计数容量就代表了时间的流逝。只要对定时器/计数器设置不同的计数初值，就能得到不同的定时时间；反之，若给出定时时间，便可得到定时初值。当工作方式确定后，N 便确定了。当晶振确定后，机器周期就确定了。于是定时时间与计数初值间有下面关系式：

定时时间=（2^N−初值）×机器周期 ⇒ 初值=2^N−定时时间/机器周期

其中，机器周期=（$12/f_{osc}$）。所以又有

$$初值=2^N-（定时时间\times f_{osc}）/12 \quad (6\text{-}1)$$

显然，初值为零时的定时时间最大，称最大定时时间。

计算初值就有两种方法：

方法一：运用式（6-1）即可。

方法二：·用求补码的方法，即初值为计数值的补数。

（2）初值计算举例

【例 5-7】 ①若晶振频率为 12MHz，当定时器/计数器分别工作在工作方式为 1、2 的

情况下的最大定时时间为多少？②求工作方式为0、1、2时定时时间为100μs的初值。

解：因晶振频率为12MHz，所以，机器周期即定时脉冲的周期就是1μs，即 10^{-6}s。方式0、1、2的N分别为13、16、8。

① 由公式：定时时间=（2^N−初值）×机器周期

分别求得：

方式0时，最大定时时间=8192（μs）=8.192 （ms）；

方式1时，最大定时时间=65536（μs）=65.536（ms）；

方式2时，最大定时时间=256（μs）。

② 当定时时间为100μs即 100×10^{-6}s：

方法一：代入公式初值=2^N−定时时间/机器周期，求得

方式 0 时，初值=8092=1F9CH；方式 1 时，初值=65436=0FF9CH；方式 2 时，初值=156=9CH

方法二：计数值为100μs/1μs=100个机器周期。100=0064H，则

方式0时，13位的补数1 1111 1001 1100B，装进TH=1FH（高5位），TL=9CH（低8位）。

方式1时，16位的补数1111 1111 1001 1100B，装进TH=FFH，TL=9CH。

方式2时，8位的补数1001 1100B，装进TH=9CH，TL=9CH。

 **注意**

定时初值与单片机所选的晶振、定时器/计数器的工作方式和所要求的定时时间有关。初值越大定时时间越短。

5.3.5 定时器/计数器的工作方式

1. 工作方式0

当M1M0=00时，定时器/计数器T0工作于工作方式0，图5-16是定时器/计数器0在方式0情况下的示意图。内部计数器为13位，由TL0低5位和TH0 的8位组成，TL0低5位计数满时不向TL0第6位进位，而是向TH0进位。13位计满溢出，TF0置“1”，最大计数值 2^{13}=8192（计数器初值为0时）。

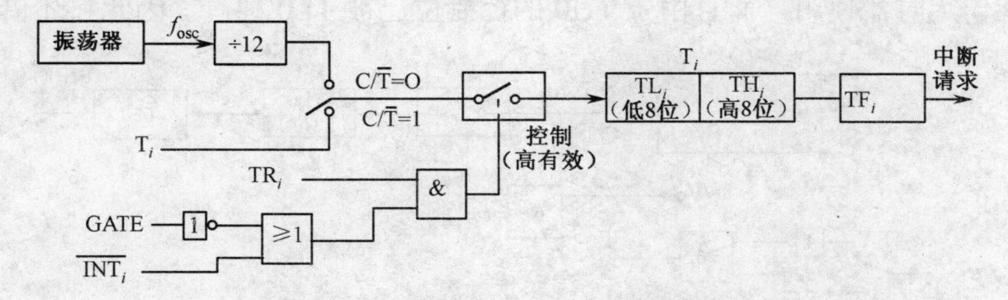

图5-16 工作方式0：13位定时/计数器

2. 工作方式1

当M1M0=01时，定时器/计数器T0工作于方式1，同图5-16是定时器/计数器0在方

式 0 情况下的示意图相比，内部计数器为 16 位，由 TL0 低 8 位和 TH0 高 8 位组成。16 位计数溢出时，TF0 置“1”，请求中断。

方式 1 与方式 0 的区别在于计数位数不同。方式 0 是 13 位计数器，最大计数值 2^{13}=8192；

方式 1 是 16 位计数器，最大计数值为 2^{16}=65536。用做定时器时，若 f_{OSC}=12MHz，则方式 0 最大定时时间为 8192μs，方式 1 的最大定时时间为 65536μs。

3. 工作方式 2

当 M1M0=10 时，定时器/计数器 T0 工作于方式 2，图 5-17 是定时器/计数器 0 在方式 2 情况下的示意图。在方式 2 情况下，定时器/计数器为 8 位，最大计数值为 2^8=256。方式 2 仅用 TL0 计数，计数满溢出后，一方面进位 TF0，使溢出标志 TF0=1，请求中断；另一方面，使原来装在 TH0 中的初值装入 TL0。所以方式 2 能自动恢复定时器/计数器初值。而在方式 0、方式 1 时，定时器/计数器的初值不能自动恢复，必须用指令重新给 TH0、TL0 赋值。所以方式 2 既有优点又有缺点。优点是定时初值可自动恢复，缺点是计数范围小。方式 2 适用于需要重复定时，而定时范围不大的应用场合。

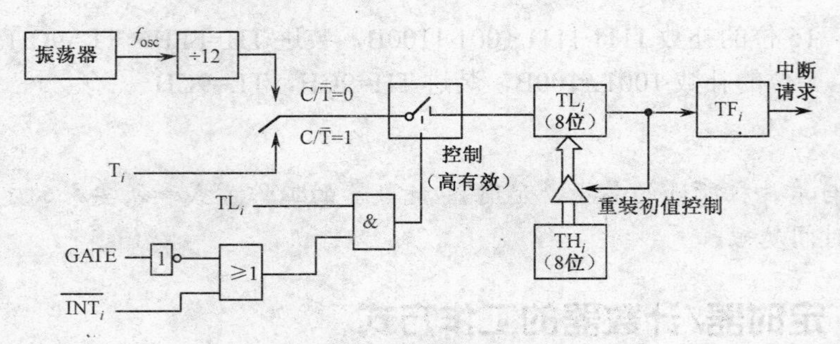

图 5-17 工作方式 2：8 位定时/计数器

4. 工作方式 3

当 M1M0=11 时，定时器/计数器工作于方式 3，T0 有方式 3，T1 无方式 3。方式 3 把 TL0 和 TH0 折成两个独立的计数器，如图 5-18 所示。TL0 既可当做计数器使用，又可以作定时器使用。TH0 的各控制位和引线信号全归它使用。其功能和操作与方式 0、方式 1 完全相同。则只能作定时器使用，而且由于 TH0 的控制位已被 TL0 独占，因此它还借用了 T1 的

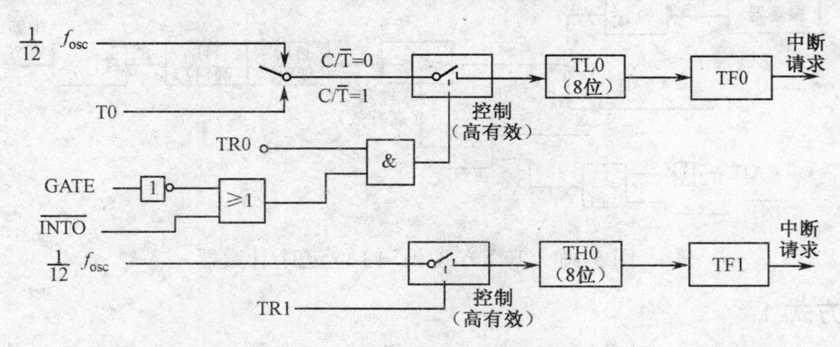

图 5-18 工作方式 3：8 位定时/计数器

控制位 TR1 和 TF1，即以 TH1 的计数溢出置位 TF1，而 TH0 的启动和停止受 TR1 的状态控制。

T0 设置为方式 3 后 T1 还可以设置为方式 0、方式 1 和方式 2，用在任何不需要中断控制的场合，且不受 TRl 的控制，即 T1 不用启动即可工作。

一般情况下，当 T1 用做串行通信的波特率发生器时，T0 才定义为方式 3，以增加一个 8 位的定时器。

5.3.6 定时器/计数器的应用举例

1. 定时器/计数器应用的基本步骤

（1）合理选择定时器工作方式

根据所要求的定时时间、定时的重复性，合理选择定时器工作方式，确定实现方法。一般定时时间长，宜用方式 1；定时时间短（≤255 个机器周期）且需自动恢复定时初值时，宜用方式 2。

（2）计算定时器的定时初值

（3）编制应用程序

① 定时器/计数器的初始化：查寻方式时，包括定义 TMOD、写入定时初值、启动定时器运行等；中断方式时，除包括定义 TMOD、写入定时初值、启动定时器运行外，还需要设置中断系统等。

② 注意是否需要重装定时初值。若需要连续反复使用原定时时间，且未工作在方式 2 时，应重装定时初值。若使用中断，要正确编写定时器/计数器的中断服务程序。

③ 若将定时器/计数器用于计数方式，则外部事件脉冲必须从 P3.4（T0）或 P3.5（T1）引脚输入。

2. 定时器/计数器的应用举例

【例 5-8】 用定时器/计数器 1（T1）的工作方式 1，采用查询方法设计一个定时 1s 的程序段。

解： 定时器/计数器 1 工作在方式 1，若采用 12MHz 的晶振，最大定时时间为 65.536ms。要实现 1s 的定时，先用定时器/计数器 1 做一个 50ms 的定时器，再循环 20 次。设置 R0 寄存器初值为 20。每查询到定时器溢出标志为 1 时，则进行清溢出标志、重置定时器初值、判断 R0 中内容减 1 后是否为零等操作。若非零，返回 LP1 做循环；若为零（已循环 20 次），则结束子程序。因采用查询方法，所以不要开通中断。在这种情况下，定时器/计数器 1 的溢出标志位 TF1 由程序指令清零。50ms 定时初值计算得 3CB0H。

程序设计如下：

```
DELAY:  MOV   R0，#20        ;置 50ms 定时循环计数初值
        MOV   TMOD，#10H     ;置 T1 工作方式 1
        MOV   TH1，#03CH     ;置 T1 初值
        MOV   TL1，#0B0H
```

```
         SETB    TR1              ;启动 T1
LP1:     JB      TF1，LP2         ;若查询溢出标志位 TF1 为 1，跳转到 LP2
         SJMP    LP1              ;未到 50ms 定时，继续加 1 计数
LP2:     CLR     TF1              ;清 TF1 为零
         MOV     TH1，#3CH        ;重置定时器初值
         MOV     TL1，#0B0H
         DJNZ    R0，LP1          ;未到 1s，继续循环
         CLR     TR1              ;关 T1
         SJMP    $
         END
```

【例 5-9】 要求在 P1.0 引脚输出周期为 200μs 的方波。设 $f_{osc}=12\text{MHz}$。使用 T1，采用中断控制写出在方式 1 下的设计程序。并思考若采用方式 0 和方式 2，应如何修改程序。

解：这是定时器/计数器用于定时的例子。按要求输出周期为 100μs 的脉冲方波，即使 P1.0 状态（高电平或低电平）每 100μs 翻转一次。这样一来，问题变为 100μs 定时溢出时，P1.0 状态取反的问题。$f_{osc}=12\text{MHz}$，所以机器周期=1μs。

1. 初始化步骤

（1）计算定时初值。100μs 的初值已由【例 5-7】计算出，即 TH1=FFH，TL1=9CH。

（2）设置 TMOD。无关位为 0，所以 TMOD=00010000B。

（3）开中断。中断优先级 IP=00001000B，开中断 IE=11111111B；或者只开中断 IE=00001000B，两者均可。

（4）启动定时器 T1，TR1=1。

2. 程序设计

图 5-19 和图 5-20 分别为程序的主程序流程图和定时 100μs 的中断服务程序流程图。

```
       ORG    00H
       LJMP   STAR                ;转主程序
       ORG    001BH               ;T1 中断入口地址
       AJMP   T1F                 ;转 T1 中断服务程序
       ORG    0100H               ;主程序起址
STAR:  MOV    TMOD，#00010000B    ;置 T1 为定时器，工作方式 1
       MOV    THl，#0FFH          ;置 T1 定时初值
       MOV    TL1，#9CH
       MOV    IP，#00001000B      ;置 T1 为高优先级
       MOV    IE，#0FFH           ;全部开中断
       SETB   TR1                 ;T1 运行
       SJMP   $                   ;等待 T1 中断
       ORG    200H                ;中断服务程序起址
T1F:   CPL    P1.0                ;输出波形取反
       MOV    TH1，#0FFH          ;重装 T1 定时初值
       MOV    TL1，#9CH
       RETI                       ;中断返回
       END                        ;程序结束
```

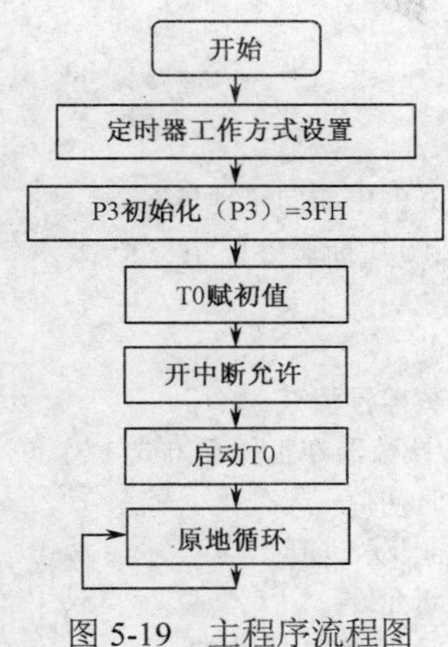

图 5-19 主程序流程图

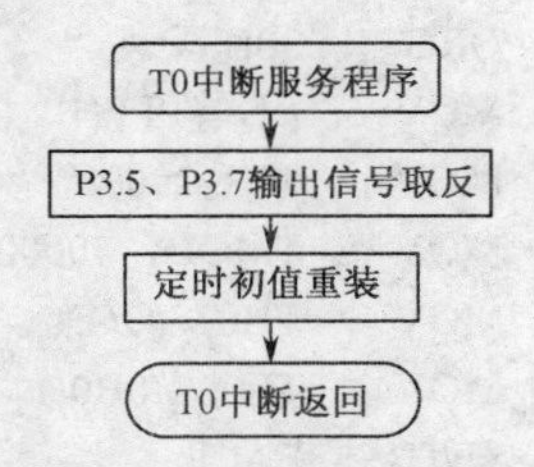

图 5-20 定时 100μs 的中断服务程序流程图

3. 思考解答

（1）方式 0 的初始化：TH1=1FH（高 5 位），TL1=9CH（低 8 位）；TMOD=00000000B

方式 0 与方式 1 除定时初值及 TMOD 值不同外，其余相同。

（2）方式 2 的初始化：TH1=9CH，TL1=9CH；TMOD=00100000B

方式 2 与方式 0、方式 1 相比，优点是定时初值不需重装。程序如下：

```
ORG:    00H
        LJMP    STAR                ;转主程序
        ORG     001BH               ;T1 中断入口地址
        AJMP    T1F                 ;转 T1 中断服务程序
        ORG     0100H               ;主程序起址
STAR:   MOV     TMOD，#00100000B    ;置 T1 为定时器，工作方式 1
        MOV     THl，#9CH           ;置 T1 定时初值
        MOV     TL1，#9CH
        MOV     IP，#00001000B      ;置 T1 为高优先级
        MOV     IE，#0FFH           ;全部开中断
        SETB    TR1                 ;T1 运行
        SJMP    $                   ;等待 T1 中断
        ORG     200H                ;中断服务程序起址
T1F:    CPL     P1.0                ;输出波形取反
        RETI                        ;中断返回
        END                         ;程序结束
```

【例 5-10】 参照图 3-46 所示跑马灯硬件图，将软件定时修改为软硬结合的定时，采用定时器/计数器 0 及其中断实现 LED 亮点由低位到高位的循环流动，每个亮点亮 1s，$f_{osc}=12\text{MHz}$。

解：这是采用定时器/计数器溢出中断方法，设计较长时间定时的例子。宜采用方式 1 12MHz 的晶振，最大定时为 65.536ms。要实现 1s 的定时，先用定时器/计数器 0 做一个 50ms 的定时器，定时时间到了以后并不进行亮点流动的操作，而是将中断溢出计数器中的内容加 1。如果此计数器计数到了 20，就进行亮点流动的操作，并清掉此计数器中的值；否则直接返回。如此一来，就变成了 20 次定时中断为 1s 的定时，因此定时时间就成了

20×50ms，即 1s 了。程序设计如下：

```
            ORG     00H
            AJMP    STAR
            ORG     000BH                   ;定时器 0 的中断向量地址
            SJMP    T0F                     ;跳转到 T0 中断服务程序
            ORG     30H
    STAR：  MOV     P1，#0FFH               ;关所有的灯
            MOV     30H，#00H               ;软件计数器预清 0
            MOV     TMOD，#0000000lB        ;定时器/计数器 0 工作于方式 1
            MOV     TH0，#3CH               ;装入定时初值
            MOV     TL0，#0B0H              ;15536 的十六进制
            SETB    EA                      ;开总中断允许
            SETB    ET0                     ;开定时器/计数器 0 允许
            SETB    TR0                     ;定时器/计数器 0 开始运行
            MOV     P1，  #0FEH
            SJMP    $
    TOF：   INC     30H                     ;定时器 0 的中断处理程序
            MOV     A，30H
            CJNE    A，#20，T_RET           ;判断 30H 单元中的值是否到 20
            MOV     A，P1                   ;到了，亮点流动
            RL      A
            MOV     P1，A
            MOV     30H，  #00H             ;清软件计数器
    T_RET： MOV     TH0，#3CH
            MOV     TL0，#0B0H              ;重置定时常数
            RETI
            END
```

【例5-11】 已知 $f_{osc}=6\text{MHz}$，检测 T0 引脚上的脉冲数，并将 1s 内的脉冲数保存在片 RAM 的 30H 及 31H 单元中。（设 1s 内脉冲数<65536 个）。

解：根据题意，可选定时器/计数器 0（T0）作为计数器，定时器/计数器 1（T1）作为定时器。因 $f_{osc}=6\text{MHz}$，所以机器周期=2μs。因要求定时 1s，故 T1 取工作方式 1 为宜。这时定时最大值约为 131ms，取定时值为 100ms 来计算初值，定时中断 10 次，便可实现 1s 的定时。因 1s 内脉冲计数<65536 个，故 T0 取工作方式 1 为宜，且 T0 不会溢出。所以，程序中不开 T0 计数中断。程序中使用工作寄存器 R7，其初值 R7=10，为定时中断的次数，递减 10 次后为 0 便是到了定时 1s 的时间。

（1）计算定时初值

初值=2^{16}−100000μs/2μs=65536−50000=15536=3CB0H

所以，TH1=3CH，TL1=0B0H。

（2）设置 TMOD

无关位为 0，所以 TMOD=15H。设置如下：

TMOD	T1				T0			
位名称	GATE	$C/\overline{T}$	M1	M0	GATE	$C/\overline{T}$	M1	M0
设置值	0	0	0	1	0	1	0	1

（3）程序设计

```
        ORG     00H
        SJMP    STAR                ;转主程序
        ORG     001BH               ;T1 中断入口地址
        LJMP    T1F                 ;转 T1 中断服务程序
        ORG     0020H               ;主程序起始地址
STAR:   MOV     SP，#60H            ;置堆栈
        MOV     R7，#10             ;计时 ls
        MOV     TMOD，#15H          ;置 T0 计数方式 1，T1 定时方式 1
        MOV     TH0，#00H           ;置 T0 计数初值
        MOV     TL0，  #00H
        MOV     TH1，#3CH           ;置 T1 定时初值
        MOV     TL1，#0B0H
.       SETB    PT1                 ;置 T1 为高优先级
        MOV     IE，#10001101B      ;T0、串口不开中断，其余开中断
        SETB    TR0                 ;T0 运行
        SETB    TR1                 ;T1 运行
        MOV     R7，#10             ;置 100ms 溢出计数初值
        SJMP    $                   ;等待 T1 中断
TIF:    MOV     TH1，#3CH           ;重置 T1 定时初值
        MOV     TL1，#0B0H
        DJNZ    R7，RTN
        CLR     TR1
.       CLR     TR0
        MOV     30H．TH0
        MOV     31H．TL0
RTN:    RETI
        END                         ;程序结束
```

【例 5-12】 应用定时器 T0 的方式 3 分别产生 200μs 和 400μs 的定时，并使 P1.0 和 P1.1 分别输出周期为 400μs 和 800μs 的连续方波，设 $f_{osc}=6\text{MHz}$。

解：计数初值计算：200μs 的初值为 9CH，400μs 的初值为 38H，即 TH0=38H，TL0=9CH。

程序如下：

```
        ORG     00H
        AJMP    MAIN
        ORG     000BH
        MOV     TL0，#9CH           ;以下中断服务程序共 6 字节
        CPL     P1.0
        RETI
.       0RG     001BH
```

```
        MOV     TH0，#38H
        CPL     P1.1
        RETI
MAIN：  MOV     TMOD，#3        ;T0 方式 3
        MOV     TL0，#9CH
        MOV     TH0，#38H
        MOV     IE，#8AH        ;允许两个定时器中断
        SETB    TR0
        SETB    TR1
        SJMP $
```

5.4 实训 6：定时/计数器与中断综合应用举例

5.4.1 基于 AT89C51 的 60s 倒计时装置的设计与仿真

应用定时器/计数器及其中断实现 60s 倒计时，并将倒计时过程显示在 LED 数码管上，倒计时循环进行。此装置是实际倒计时牌的设计基础。设计与仿真目的如下：

① 理解中断与定时器/计数器的综合应用方法；

② 理解定时及定时中断，掌握定时中断程序设计方法；

③ 理解在单片机中将十六进制数转换为十进制数的方法。

1. 问题分析

用定时器/计数器 T1，选 12MHz 的晶振，宜选用方式 1。基本定时时间为 50ms，则定时溢出次数计数达 20 次，为定时 1s。显示器采用共阳数码管，静态显示。每 1s 显示刷新一次。

2. 电路原理图

60s 倒计时电路原理图如图 5-21 所示。

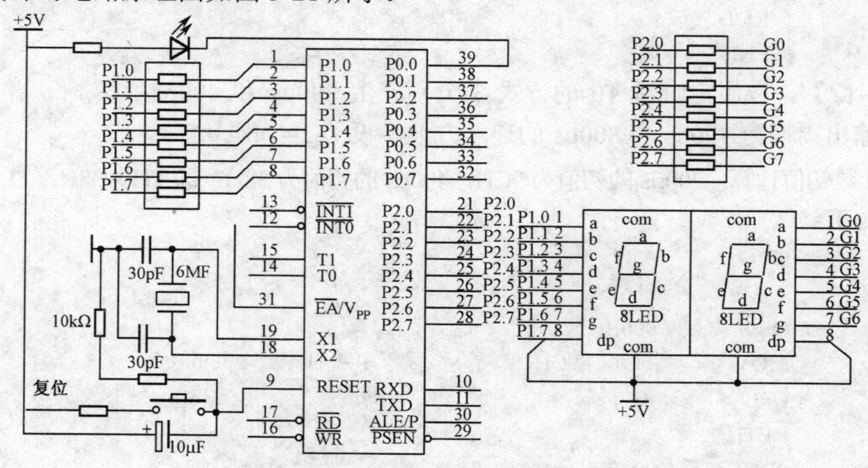

图 5-21　60s 倒计时电路原理图

3. 程序设计

程序设计主流程图和定时中断服务流程图分别如图 5-22 和图 5-23 所示。程序设计如下：

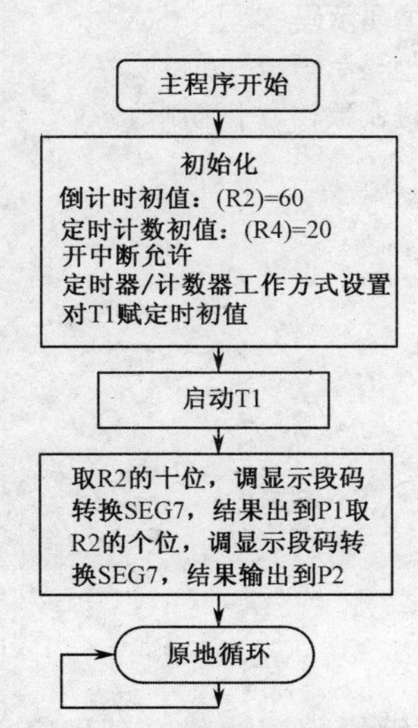

图 5-22　60s 倒计时主流程图

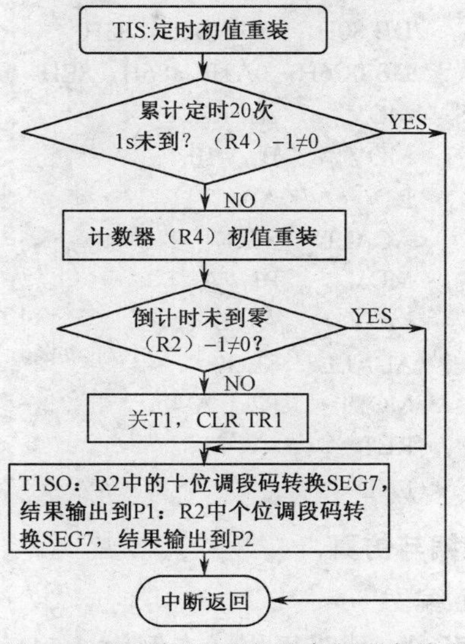

图 5-23　60s 倒计时定时中断服务流程图

```
        ORG     00H
        SJMP    STAR
        ORG     1BH
        SJMP    T1S             ;转 T1 中断服务程序
        ORG     30H
STAR:   MOV     R2，#60         ;倒计时初值
        MOV     R4，#20         ;定时中断溢出计数器 R4 初值为 20
        MOV     IE，#88H        ;T1 开中断
        MOV     TMOD，#10H      ;T1 方式 1
        MOV     TH1，#3CH       ;定时初值
        MOV     TL1，#0B0H      ;定时初值
        SETB    TR1             ;启动 T1
        ACALL   DIS             ;调用显示子程序
        SJMP    $
T1S:    MOV     TH1，#3CH       ;中断程序
        MOV     TL1，#0B0H      ;重装初值
        DJNZ    R4，T1S1        ;定时 1s 到否
        MOV     R4，#20         ;到 1s，重置 R4=20
        DJNZ    R2，T1SO        ;倒计时递减
        CLR     TR1             ;倒计时结束，关定时器
T1SO:   ACALL   DIS             ;调显示
T1S1:   RETI                    ;中断返回
SEG7:   INC     A               ;（A）←（A）+1
        MOVC    A，@A+PC        ;取显示断段
```

```
        RET
        DB 0C0H，0F9H，0A4H，0B0H        ;0~3 的共阳型显示码
        DB 99H，92H，82H，0F8H           ;4~7 的共阳型显示码
        DB 80H，90H，88H，83H            ;8~B 的共阳型显示码
        DB 0C6H，0A1H，86H，8EH          ;C~F 的共阳型显示码
DIS：   MOV     A，R2                    ;单字节十六进制数转为十进制数
        MOV     B，#10
        DIV     AB
        ACALL   SEG7
        MOV     P1，A                    ;显示十位
        MOV     A，B
        ACALL   SEG7
        MOV     P2， A                   ;显示个位
        RET                              ;子程序返回
        END
```

4. 汇编与仿真

（1）汇编

使用 Keil，建立工程（本例为 L541．uv2）;输入并编辑程序，建立源程序文件*.ASM（本例为 L541.ASM）；添加源文件到工程；设置工程目标选项；直至汇编源程序生成目标代码文件 L541.HEX（本例为 L541.HEX）。

（2）Proteus 仿真

在 Proteus ISIS 中设计如图 5-24 所示 60s 倒计时电路，所用元件在对象选择器中列出。

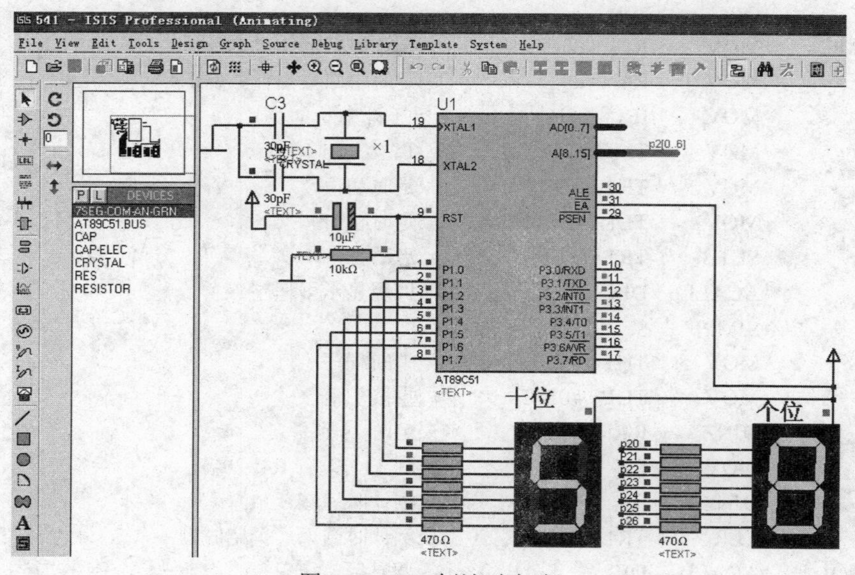

图 5-24　60s 倒计时电路

将生成的目标代码文件 L541.HEX 加载到图 5-24 中单片机的“Program File”属性栏中，并设置时钟频率为 12MHz。

单击仿真按钮，两位数码管显示自60起，每隔1s递减1，直至递减到0。

5. 电路安装及现象观察

应用编程器将目标代码固化到单片机中，读懂电路原理图，并按照电路原理图5-21在单片机课程教学实验板（或面包板、实验PCB等）上安装好电路。读懂程序，将已固化目标代码的单片机安装到单片机插座上。

上电运行，观察结果并分析结果。分析本实验用了什么中断？其作用如何？用了什么定时器/计数器？其作用如何？

5.4.2　基于AT89C51的按键发声装置的设计与仿真

此装置原理图如图5-25所示，按S1、S2、S3这3个键可发出“do”、“re”、“mi”3种声音，它是实际单片机音乐装置的设计基础。设计与仿真目的如下。

① 理解中断与定时器/计数器的综合应用方法；

② 理解基于单片机的发声原理；

③ 理解通过编写程序实现音乐的方法。

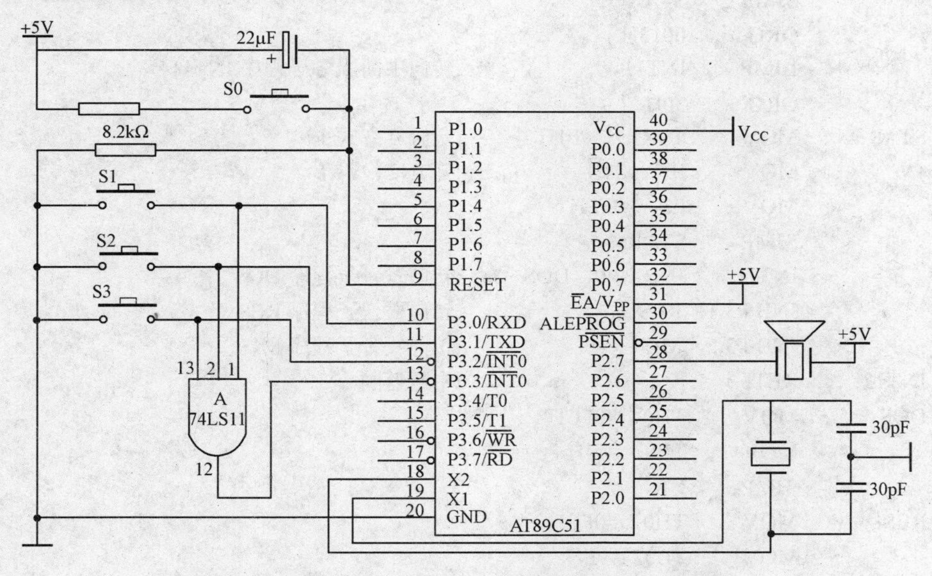

图5-25　基于AT89C51的按键发声电路原理图

1. 问题分析

① 发声原理。发声是一种机械振动，若能在单片机某引脚上输出声频交变的方波电信号，经陶瓷发声片将电信号转换成声振动，即可发声。

② 由定时器产生声波的计算。C调音乐下“do”、“re”、“mi”的频率分别为523Hz、578Hz和659Hz。利用定时器产生相应频率的方波，即可发出这3种声音。方波产生原理可参阅【例5-9】。选12MHz时钟频率，声音频率为f_r，定时器工作方式1，则声音振动的半周期定时初值为

2^N−定时时间/机器周期=65536−(1/(2f_r)/(12f_{osc})。

由此可得“do”、“re”、“mi”3 种声音的定时初值分别是 FC44H、FC9FH 和 FD09H。

③ 由 P2.7 发“do”音的程序段设计：

```
        MOV     TMOD，#00000001B        ;T0 方式 1
DOS：   MOV     TH0，#0FCH              ;T0 定时初值
        MOV     TL0，#44H
        SETB    TR0                     ;启动 TO
        JNB     TF0，$
        CPL     P2.7                    ;发声
        CLR     TF0                     ;TF0 清零
        SJMP    DOS
```

2. 电路原理图

基于 AT89C51 的按键发声电路原理图如图 5-25 所示。

3. 程序设计

```
            ORG     00H
            SJMP    STAR
            ORG     0013H
            LJMP    INT11                   ;转向中断服务子程序 INT11
            ORG     30H
STAR:       MOV     TMOD，#01H              ;定时 0 方式 1
            MOV     IE，#84H                ;开 INT1 中断
            MOV     P3，#0FFH
            SJMP    STAR
            INT11:  JNB P3.0，DOS           ;转向发音子程序 DOS
            JNB P3.1，RES                   ;转向发音子程序 RES
            JNB P3.2，MIS                   ;转向发音子程序 MIS
INT12;      RETI                            ;中断返回
DOS:        MOV     TH0，#0FCH
            MOV     TL0，#44H
            SJMP    YIN
RES:        MOV     TH0，#0FCH
            MOV     TL0，#9FH;
            SJMP    YIN
MIS:        MOV     TH0，#0FDH
            MOV     TL0，#09H
YIN:        SETB    TR0
            JNB     TF0，$
            CLR     TF0
            CPL     P2.7
            CLR     TF0
            LJMP    INT12
            END
```

4. 汇编与仿真

（1）汇编

使用 Keil，建立工程（本例为 L542．uv2）；输入并编辑程序，建立源程序文件*.ASM（本例为 L542.ASM），添加源文件到工程，设置工程目标选项，直至汇编源程序生成目标代码文件 L542.HEX（本例为 L542.HEX）。

（2）Proteus 仿真

在 Proteus ISIS 中设计如图 5-26 所示按键发声装置电路，所用元件在对象选择器中列出。

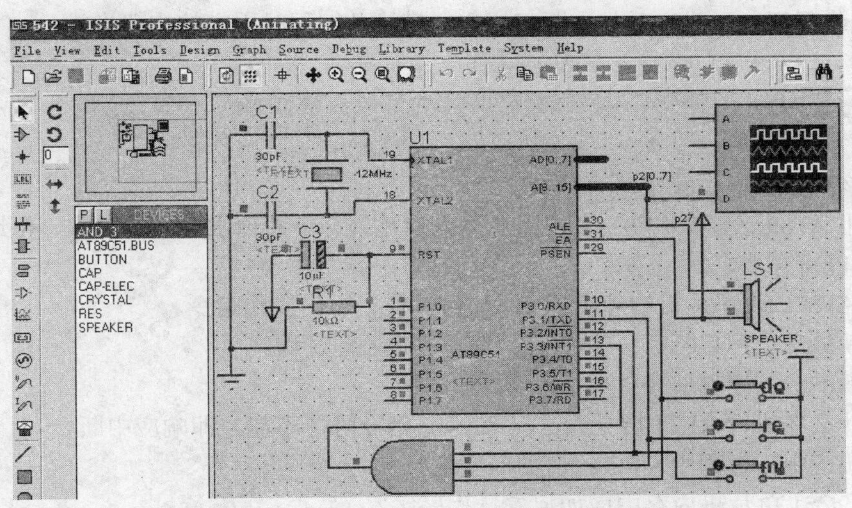

图 5-26　按键发声装置电路设计与仿真片段

将生成的目标代码文件 L542.HEX 加载到图 5-26 中单片机的“Program File”属性栏中，并设置时钟频率为 12MHz。

5. 电路安装及现象观察

应用编程器将目标代码固化到单片机中，读懂电路原理图，并按照电路原理图 5-25 在单片机课程教学实验板（或面包板、实验 PCB 等）上安装好电路，读懂程序，将已固化目标代码的单片机安装到单片机插座上。

上电运行，进行如下操作：按“S1”键，发出“do”音；按“S2”键，发出“re”音；按。按“S3”键键，发出“mi”音；松开键不发声。观察结果，并分析结果。分析本实验用了什么中断，其作用如何？用了什么定时器/计数器？其作用如何？

小结

本章学习的重点是 AT89C51 的中断系统与其片内的两个定时/计数器的使用。

1. 理解 AT89C51 的中断系统中断过程。包括有 5 个中断源，发出中断请求的信号传到系统硬件去执行，CPU 通过中断请求信号得知有中断申请，再去判优先级，如同级则按优先权的顺序执行，判完后发出相应的中断响应信号，响应时要清楚有哪些动作，然后找到对应的中断服务子程序的首地址执行中断，最后返回主程序。

难点：中断的初始化、中断申请信号的撤除。

2. 理解 AT89C51 片内的两个定时/计数器的两种控制方式：查寻与中断。要掌握两种方式的初始化设置、初值的计算。理解两个定时/计数器四种工作方式的基本原理，掌握它们定时与计数的基本使用。

难点：定时与中断的综合应用。

3. 建议：本章先介绍基本概念，再引出书中所举实例，做完后再加深定时与中断过程的理解，强化理解，形成定时与中断初始化的模块及编程时固定的构架格式。

练习题 5

1．什么叫中断？设置中断有什么优点？

2．写出 AT89C51 单片机 5 个中断源的入口地址、中断请求标志位名称、位地址及其所在的特殊功能寄存器。

3．开 AT89C51 单片机的外中断 0，如何操作？写出操作指令。

4．中断处理过程包括哪 4 个步骤？简述中断处理过程。

5．中断响应需要哪些条件？

6．为什么在执行 RETI 指令或访问 IE、IP 指令时，不能立即响应中断？

7．在响应中断过程中，PC 的值如何变化？

8. 在 89C51 单片机内存中应如何安排程序区？

9. 为什么一般的中断服务程序要在中断入口地址处设一条转移指令？

10．AT89C51 单片机中断优先级有几级？优先级和优先权如何区别？

11. 试分析以下中断源得到服务程序的先后顺序的可行性。若能，应如何设置中断源的中断优先级？若不行，请说出理由。

（1）T0、T1、$\overline{INT0}$、$\overline{INT1}$、串行口

（2）串行口、$\overline{INT0}$、T0、$\overline{INT1}$、T1

（3）$\overline{INT0}$、T1、$\overline{INT1}$、T0、串行口

（4）$\overline{INT0}$、$\overline{INT1}$、串行口、T1、T0

（5）串行口、T1、$\overline{INT1}$、$\overline{INT0}$、T0

（6）T0、$\overline{INT1}$、T1、$\overline{INT0}$、串行口

（7）$\overline{INT0}$、串行口、T0、T1、$\overline{INT1}$

12. AT89C51 单片机外中断采用电平触发方式时，如何防止 CPU 重复响应外中断？

13. AT89C51 单片机响应中断的优先顺序应依据什么原则？

14. 什么叫保护现场？需要保护哪些内容？什么叫恢复现场？恢复现场与保护现场有什么关系？需遵循什么原则？

15. 已知有 5 台外围设备，分别为 EX1~EX5，均需要中断。现要求 EX1~EX3 合用

INT0，余下的合用 INT1，且用 P1.0~P1.4 查询，试画出连接电路，并编制程序，当 5 台外设请求中断（中断信号为低电平）时，分别执行相应的中断服务子程序 SEVER1~SEVER5。

16. 如何理解加法计数器和减法计数器？

17. 定时器/计数器在什么情况下是定时器？在什么情况下是计数器？

18. 定时器/计数器有哪些控制位？各控制位的含义和功能是什么？

19. 定时器/计数器的工作方式如何设定？

20. 试归纳 89C51 单片机的定时器/计数器 0、1、2 三种工作方式的特点、初始化设置及使用方法。

21. 定时器/计数器的最大定时容量、定时容量、初值之间的关系如何？

22. 已知 f_{osc}＝6MHz，试编写程序，使 P1.7 输出高电平宽 40μs，低电平宽 360μs 的连续矩形脉冲。

23. 已知 f_{osc}＝6MHz，试编写程序，利用 T0 工作在方式 2，使 P1.0 和 P1.1 分别输出周期为 1ms 和 400μs 的方波。

24. 当 f_{osc}＝6MHz 和 f_{osc}＝12MHz 时，最大定时值各为多少？

25. 已知 f_{osc}＝12MHz，试编写程序在 P1.0 输出脉冲，每秒产生一个脉宽 1ms 正脉冲，每分产生一个脉冲 10ms 正脉冲。

26. 已知 f_{osc}＝6MHz，试采用查询方式编写 24 小时式的模拟电子钟程序，秒、分、时分别存 R2、R3、R4 中。

27. 试编写程序，使 T0 每计满 500 各外部输入脉冲后，由 T1 定时，在 P1.0 输出一个脉宽 10ms 的正脉冲（假设在 10ms 内外部输入脉冲少于 500 个）。

第 6 章

AT89C51 单片机存储器的扩展技术

【内容提要】

本章主要介绍了存储器的相关概念与常用芯片，包括存储器的类型、性能指标与分级结构、只读存储器芯片 2716 和随机读写存储器芯片 6264；AT89C51 单片机存储器的扩展，包括程序存储器与数据存储器的扩展及编址技术；最后通过实训介绍 E^2PROM2864 的扩展 RAM 与 ROM 的技术。

6.1 存储器概述

存储器是计算机硬件系统的五大功能部件之一，用来存放计算机系统工作时所用的信息——程序和数据。计算机配置了存储器之后，才具有“记忆”功能，从而可以不需要人的直接干预而自动地进行工作。现代计算机中有各种各样的存储器，每种存储器都具有其不同的存储特点，计算机中所有存储器及其存储控制电路和存储管理部分等，构成了计算机的存储器系统。

6.1.1 存储器的类型

随着计算机系统结构的发展和微电子技术的进步，存储器的种类越来越多，可以按照多种方法对其进行分类，如图 6-1 所示。常用的分类方法有以下 4 种。

（1）按存储介质分类

用来制作存储器的物质称为介质。根据存储介质的不同，可以将存储器分为磁心存储器、半导体存储器、光电存储器、磁表面存储器和光盘存储器等。当前，计算机的主存使用的大多数是半导体存储器，外存一般为磁表面存储器和光盘存储器。

（2）按存取方式分类

按照存储器的存取方式可分为随机存取（读/写）存储器、只读存储器、顺序存取存储器和直接存取存储器等。

随机存取存储器 RAM 的任意一个存储单元都可以随机读写，且存取时间与存储单元的物理位置无关。它一般由半导体材料制成，速度较快，用于内存。断电后，RAM 芯片内的内容将丢失。

只读存储器 ROM 的内容可随机读出，但不能被一般的 CPU 写操作随机刷新。断电后，ROM 芯片内的内容依然保持。

顺序存取存储器只能按照某种次序存取，即存取时间与存储单元的物理位置有关。磁带是一种典型的顺序存储器。

直接存取存储器存取数据时不必对存储介质作完整的顺序搜索而直接存取。磁盘和光盘都是典型的直接存取存储器。

（3）按信息的可保护性分类

根据存储器信息的可保护性，可将存储器分为易失性存储器和非易失性存储器。

断电后信息将消失的存储器为易失性存储器，如 RAM。断电后仍保持信息的存储器为非易失性存储器，如半导体介质的 ROM、磁盘、光盘存储器等。

（4）按所处位置及功能分类

根据存储器所处的位置可分为内存和外存。位于主机内部，可以被 CPU 直接访问的存储器，称为内存。计算机运行时，内存与 CPU 频繁交换数据，是存储器中的主力军，又称主存；位于主机外部，被视为外设的存储器，称为外存。由于外存的数据只有调入内存，CPU 才能应用，起着后备支援的辅助任务，故又称为辅存。半导体 ROM、RAM 用于主存，磁盘、光盘、磁带等存储器常用于外存。

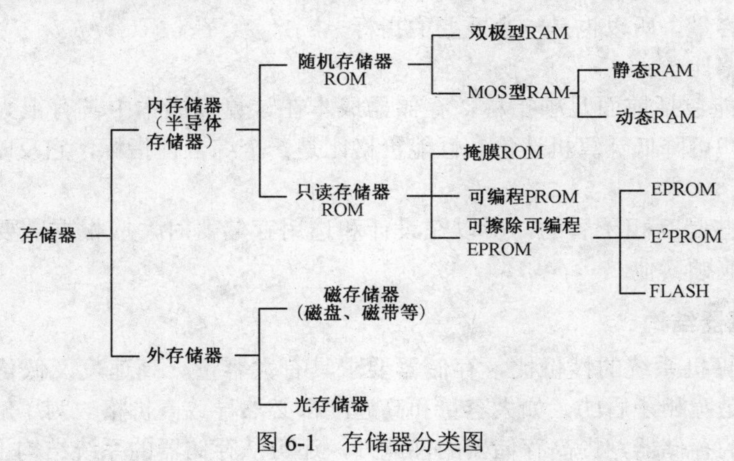

图 6-1　存储器分类图

6.1.2　存储器的性能指标与分级结构

1. 存储器的主要性能指标

（1）存储容量

存储容量是存储器的一个重要指标，是指存储器可以存储的二进制信息量。存储器的基本存储单位是存储元，每一个存储元能存储一位二进制信息。计算机为了便于对这些大量的存储元进行有效管理，把 8 个存储元列在一起，构成一个存储单元，从而把一个存储器划分为许多个存储单元，每个存储单元存放 8 位二进制信息，称为一字节信息。计算机对存储器的管理是以字节为单位分配各个存储单元一个唯一的地址码，按地址对存储器进行读/写访问。字长是指存储器完成一个读/写操作的二进制位数，一台计算机的字长通常是8的倍数。

存储容量=字数×字长

微型计算机中的存储器几乎都是以字节（8位）为单位进行编址的，所以常用存储器可存储的字节数表示存储容量，并以KB、MB、GB等作为存储容量的单位。

（2）存取时间

存取时间指从启动一次存储器操作（读/写）到完成该操作所经历的时间。具体来说，就是指CPU发出读/写命令，存储器从接收到寻找存储单元的地址码开始，一直到从存储器中取出数据到CPU的数据寄存器或写入数据到存储器为止所需要的时间。

存取时间是说明存储器工作速度的指标。存取时间越短，计算机读/写工作速度越快。

（3）可靠性

可靠性是指存储器对电磁场及温度等变化的抗干扰性。半导体存储器由于采用大规模集成电路结构，因此可靠性高，平均无故障时间为几千小时以上。

（4）功耗

使用功耗低的存储器，不仅可以减少对电源容量的要求，而且还可以提高存储系统的可靠性。

（5）集成度

集成度是指在一片数平方毫米的芯片上能集成多少个存储元，常表示为位/片。集成度关系到存储器的容量，所以也是一个重要的指标。

（6）性能价格比

存储器的性能包括前面几项指标，存储器成本在计算机成本中占有很大比重。因此，降低存储器成本，可降低计算机造价。性能价格比是一个综合性指标，它反映了存储器选择方案的优劣。

上述指标有些是互相矛盾的，所以在设计和选用存储器时，应根据需要，在满足主要要求的前提下而兼顾其他。

2. 分级存储器结构

为了保证计算机系统的性价比，存储器要求具有大容量、高速度及低价格等特点。然而，这三者之间是互相矛盾的，如大容量和高速度都必然导致高价格。为了解决这些矛盾，除了不断研制新的存储器，提高存储器的性能外，还可从存储器的系统结构上较好地解决存储器大容量、高速度与低价格之间的矛盾。目前在计算机系统中，通常采用多级存储器体系结构，即使用寄存器组、高速缓冲存储器、主存储器和外存储器，如图6-2所示。它们的存取速度依次递减，存储容量依次递增，而价格依次降低。

寄存器组是最高一级的存储器。在微型计算机中，寄存器组一般是微处理器内含的。有些待使用的数据或者运算的中间结果可以暂存在这些寄存器中。微处理器在对这些寄存器读写时，速度很快，一般在一个时钟周期内完成。从总体上说，设置一系列寄存器是为了尽可能地减少微处理器从外部取数的次数。但是，由于寄存器组是制作在微处理器内部的，受芯片面积和集成度的限制，寄存器的数量不可能做得很多。

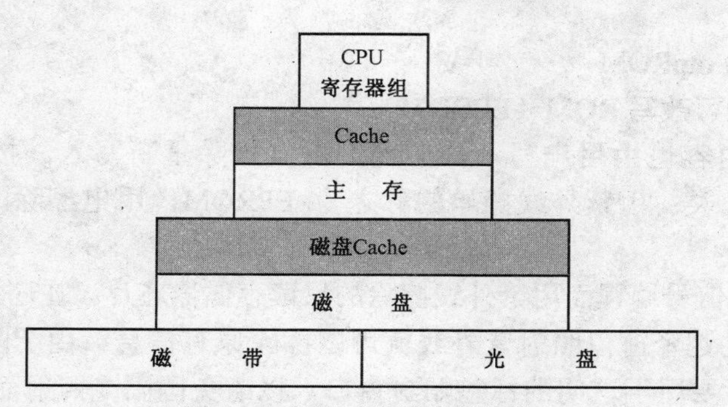

图 6-2 存储系统的分级结构

第二级存储器是高速缓冲存储器（Cache）。Cache 存储器所用的芯片都是高速的，其存取速度足以与微处理器相匹配。一般只装载当前用得最多的程序或数据。设置高速缓冲存储器是高档微机中常用的方法。

第三级是内存储器。运行的程序和数据都放在其中。由于微处理器的寻址大部分落在高速缓冲存储器上，内存就可以采用速度上稍慢的存储器芯片，对系统性能的影响也不会太大。由于降低了对存储器芯片的速度要求，就有可能以较低价格实现大容量。

最低一级存储器是大容量的外存，如磁带、软盘、硬盘、光盘等。这种外存容量从几十千兆至几百千兆字节，在存取速度上比内存要慢得多。由于它平均存储费用很低，所以大量用做后备存储器，存储各种程序和数据。在目前的微处理器中，普遍具有虚拟存储的管理能力，这时硬盘的存储空间可以直接用做内存空间的延伸，虚存空间可达 64TB。

使用这样的存储体系，从 CPU 看，存储速度接近于最上层，容量及成本接近最下层，从而大大提高了系统的性价比。

6.1.3 常用的只读存储器芯片

只读存储器片指在微机系统的在线运行过程中，只能对其进行读操作，而不能进行写操作的一类存储器（即 ROM）。

1. ROM 的分类

在不断发展变化的过程中，ROM 器件也产生了掩膜 ROM、PROM、EPROM、EEPROM 等各种不同类型。

（1）掩膜 ROM

掩膜 ROM 简称为 ROM，其编程是由半导体制造厂家完成的，即在生产过程中进行编程。因编程是以掩膜工艺实现的，因此称掩膜 ROM，或写为 mask ROM。掩膜 ROM 制造完成后，用户不能更改其内容。这种 ROM 芯片存储结构简单，集成度高，但由于掩膜工艺成本较高，因此只适合于大批量生产。当数量很大时，mask ROM 芯片才比较经济。

（2）可编程 ROM（PROM）

PROM 芯片出厂时并没有任何程序信息，其程序是在开发现场由用户写入的。为写入用户自己研制的程序提供了可能。但这种 ROM 芯片只能写入一次，其内容一旦写入就不能再进行修改。一次写入就是一次编程 OTP（One Time Programable），因此通常把可编程

ROM（PROM）写为 otpROM。

（3）紫外线擦除可改写 ROM（EPROM）

可改写芯片的内容也由用户写入，但允许反复擦除重新写入。按擦除信息的方法不同，把可改写分为几类：用紫外线擦除的称之为 EPROM，用电擦除的称为 EEPROM 或 E^2PROM。

EPROM 是用电信号编程而用紫外线擦除的只读存储器芯片。在芯片外壳上方的中央有一个圆形窗口，通过这个窗口照射紫外线就可以擦除原有信息。由于阳光中有紫外线的成分，所以程序写好后要用不透明的标签贴封窗口，以避免因阳光照射而破坏程序。EPROM 的典型芯片是 Intel 公司的 27 系列产品，按存储容量不同有多种型号，如 2716（2KB×8）、2732（4KB×8）、2764（8KB×8）、27128（16KB×8）、27256（32KB×8）等，型号名称后面的数字表示其位存储容量。

（4）电擦除可改写 ROM（EEPROM 或 E^2PROM）

这是一种用电信号编程也用电信号擦除的 ROM 芯片，它可以通过读写操作进行逐个存储单元的读出和写入，且读写操作与 RAM 存储器几乎没有什么差别，所不同的只是写入速度慢一些。但断电后却能保存信息。典型 E^2PROM 芯片有：28C16、28C17、2817A 等。

（5）快擦写 ROM（flash ROM）

E^2PROM 虽然具有既可读又可写的特点，但写入的速度较慢，使用起来不太方便。而 flash ROM 是在 EPROM 和 E^2PROM 的基础上发展起来的一种只读存储器，读写速度都很快，存取时间可达 70ns，存储容量可达 2~16KB，近期甚至有 16~64MB 的芯片出现。这种芯片的可改写次数可从 1 万次到 100 万次。尤其是对于需要配备电池后援的 SRAM 系统，使用快擦型存储器后可省去电池。快擦型存储器的非易失性和快速读取的特点，能满足固态盘驱动器的要求，同时，可替代便携机中的 ROM，以便随时写入最新版本的操作系统。快擦型存储器还可应用于激光打印机、条形码阅读器、各种仪器设备，以及计算机的外部设备中。典型的芯片有 27F256、28F516、28F020、28F016、AT89 等。

2. EPROM 芯片 Intel 2716

Intel 2716 是一种 2K×8 的 EPROM 存储器芯片，双列直插式封装，24 个引脚，其最基本的存储单元，就是采用带有浮动栅的 MOS 管，其他典型芯片有 Intel 2732、27128、27512 等。

（1）芯片的内部结构

Intel 2716 存储器芯片的内部结构框图如图 6-3（b）所示，其主要组成包括以下几部分。

- 存储阵列；Intel 2716 存储器芯片的存储阵列由 2K×8 个带有浮动栅的 MOS 管构成，共可保存 2K×8 位二进制信息。
- X 译码器：又称为行译码器，可对 7 位行地址进行译码。
- Y 译码器：又称为列译码器，可对 4 位列地址进行译码。
- 输出允许、片选和编程逻辑：实现片选及控制信息的读/写。
- 数据输出缓冲器：实现对输出数据的缓冲。

（2）芯片的外部结构

Intel 2716 具有 24 个引脚，其引脚分配如图 6-3（a）所示，各引脚的功能如下。

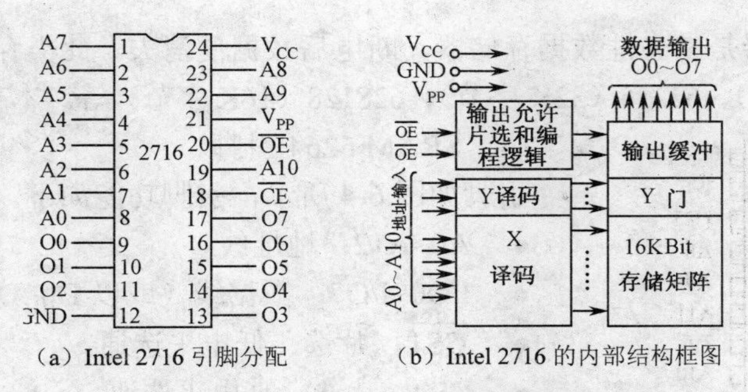

（a）Intel 2716 引脚分配　　（b）Intel 2716 的内部结构框图

图 6-3　Intel 2716 的内部结构及引脚分配

- A10~A0：11 位地址，可寻址芯片的 2K 个存储单元。
- O7~O0：数据读出引脚。
- $\overline{CE}$ /PGM：双重功能控制线，$\overline{CE}$ 片选信号输入引脚，低电平有效，只有当该引脚转入低电平时，才能对相应的芯片进行操作；PGM 编程控制信号，用于引入编程脉冲。
- $\overline{OE}$：数据输出允许控制信号，当 $\overline{OE}$ =0 时，输出缓冲器打开，被寻址单元的内容才能被读出。
- V_{CC}：+5V 电源，作芯片使用时，用于在线的读操作。
- V_{PP}：+25V 编程电源，用于在专用装置上进行写操作。
- GND：地。

（3）Intel 2716 的工作方式

Intel 2716 共有 5 种工作方式，由 $\overline{OE}$、$\overline{CE}$ /PGM 及 V_{PP} 各信号的状态组合来确定。Intel 2716 各种工作方式见表 6-1。

表 6-1　Intel 2716 的工作方式

方式＼引脚	$\overline{CE}$ /PGM	$\overline{OE}$	V_{PP}	O7~O0
读出	低	低	+5V	程序读出
未选中	高	×	+5V	高阻
编程	正脉冲	高	+25V	程序写入
程序经验	低	低	+25V	程序读出
编程禁止	低	高	+25V	高阻

6.1.4 常用的随机读/写存储器芯片

RAM（Random Access Memory）意指随机存取存储器，其工作特点是，在微机系统的工作过程中，可以随机地对其中的各个存储单元进行读/写操作。读写存储器分为静态（SRAM）与动态（DRAM）两种。静态 RAM 只要电源加上，所存信息就能可靠保存。而动态 RAM 使用的是动态存储单元，需要不断进行刷新以便周期性地再生，才能保存信息。动态 RAM 的集成密度大，集成同样的位容量，动态 RAM 所占芯片面积只是静态 RAM 的四分之一。此外动态 RAM 的功耗低，价格便宜。但动态存储器要增加刷新电路，因此只适应于较大系统，而在单片机系统中很少使用。

静态数据存储器是易失性数据存储器，断电后数据便消失。此类存储器有 6116（2K 字节）、6264（8K 字节）、62256（32K 字节）、628128（16K 字节）等。本节选用 SRAM 6264。

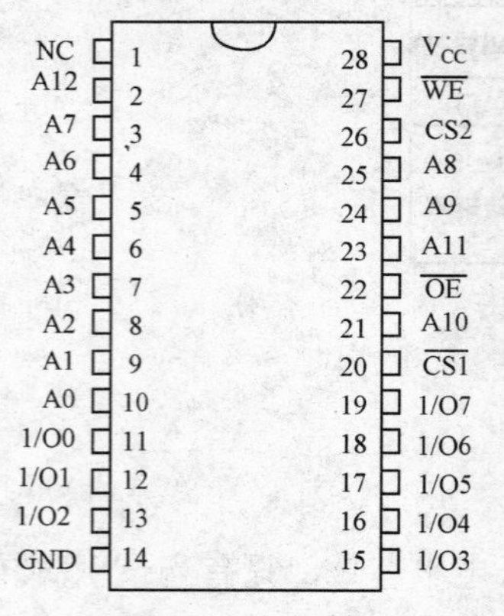

图 6-4　6264 引脚图

（1）SRAM 6264 引脚

引脚如图 6-4 所示，引脚功能如下。

- A0~A12：地址线。
- I/O0~I/O7：数据线（或以 D0~D7 表示）。
- $\overline{\text{CS1}}$：片选，低电平选通。
- CS2：片选，高电平选通。
- $\overline{\text{WE}}$：写选通。
- $\overline{\text{OE}}$：输出允许，低电平选通。

（2）6264 的工作方式

6264 的工作方式见表 6-2。从表 6-2 可知，$\overline{\text{CS1}}$、CS2 同时有效是选中它的必要条件。

表 6-2　6264 的工件方式

	$\overline{\text{CS1}}$	CS2	$\overline{\text{OE}}$	$\overline{\text{WE}}$	I/O0 ~ I/O7
未选中/掉电	1	×	×	×	高阻
未选中	×	0	×	×	高阻
未选中	0	1	1	1	高阻
读	0	1	0	1	输出
写	0	1	1	0	输入

6.2　MCS-51 单片机存储器的扩展

6.2.1　AT89C51 存储器扩展的三总线

用于扩展 ROM、RAM 及与其他接口芯片的连接。

（1）存储器扩展三总线结构

图 6-5 是 AT89C51 存储器扩展总线结构示意图。

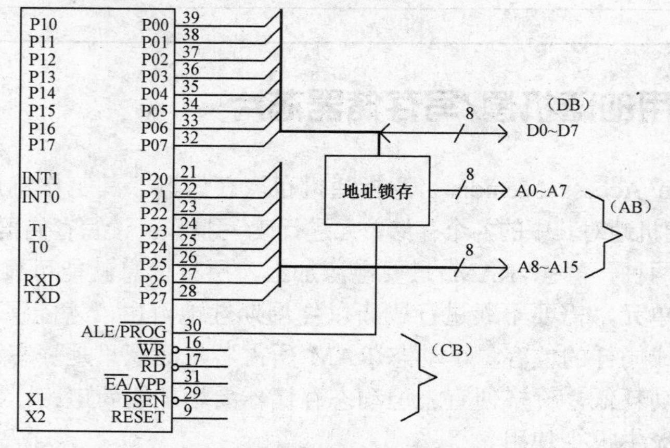

图 6-5　AT89C51 单片机存储器扩展总线结构示意图

① 数据总线（DB）。8位，双向，由单片机P0口提供。

② 控制总线（CB）。用于存储器扩展控制线有$\overline{WR}$、$\overline{RD}$、$\overline{PSEN}$、ALE、$\overline{EA}$。

$\overline{WR}$、$\overline{RD}$：用于片外数据存储器（简称外RAM）的写、读控制。当执行片外数据存储器写、读操作指令MOVX时，这两个控制信号自动生成。

$\overline{PSEN}$：用于片外程序存储器（简称外ROM）的读数据控制。当访问外ROM时，自动生成。

ALE：用于锁存P0口输出的低8位地址数据的控制。通常ALE在P0口输出地址期间用下降沿控制锁存器来锁存低8位地址信号。

$\overline{EA}$：用于选择片内或片外程序存储器。当$\overline{EA}$=0时，无论片内有无程序存储器，只访问外程序存储器。因此只使用扩展外ROM程序存储器时，必须将$\overline{EA}$接地。当$\overline{EA}$=1时，访问从内ROM的0000H地址开始运行程序，若有外ROM并超过内ROM容量，则自动转到外ROM运行程序。

③ 地址总线（AB），16位。高8位A8~A15由P2口提供，低8位A0~A7由P0口提供。P0口又是数据线，所以P0口只能分时用做地址或数据线。作地址线时，要有地址锁存器锁存低8位地址。锁存信号由控制总线CB中ALE信号提供。

（2）AT89C51扩展存储器的控制特点

无论是外ROM还是外RAM，它们的地址总线和数据总线连接方式相同。地址最大范围均为0~FFFFH。显然，它们之间存在地址重叠的问题。单片机靠硬件（控制线）和软件（指令）来区别它们，不会“撞车”。前者用控制总线中$\overline{PSEN}$控制；后者用控制总线中$\overline{WR}$、$\overline{RD}$控制。前者读取指令用MOVC，后者读写指令用MOVX。

片内、外的数据存储器的地址也有重叠区域。它们是靠指令来区别。MOVX为外RAM读写指令，内RAM读写用MOV指令。

还须注意，AT89C51把与其相连的许多接口芯片（如8155、A/D、……）视为外RAM中的一个地址，对它们的访问就相当于访问外RAM中某一相应的地址。

6.2.2 扩展存储器的编址技术

进行存储器扩展时，可供使用的编址方法有两种：线选法和译码法。

1. 线选法

所谓线选法，就是直接以系统的地址作为存储芯片的片选信号，为此只需把高位地址线与存储芯片的片选信号直接连接即可，线选法编址的特点是简单明了，不需增加另外电路。缺点是存储空间不连续，不能充分有效地利用存储空间。适用于小规模单片机系统的存储器扩展。

2. 译码法

所谓译码法就是使用译码器对系统的高位地址进行译码，以其译码输出作为存储芯片的片选信号。这是一种最常用的存储器编址方法，能有效地利用空间，特点是存储空间连续，适用于大容量多芯片存储器扩展。常用的译码芯片有74LS139和74LS138等，它们的CMOS芯片分别是74LS139和74LS138。

（1）74LS139 译码器

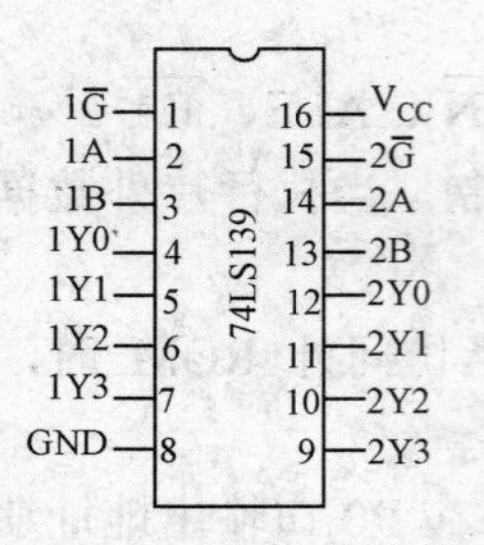

图 6-6　74LS139 引脚排列

74LS139 片中共有两个 2-4 译码器，其引脚排列如图 6-6 所示。

其中，$\overline{G}$ 为使能端，低电平有效。

A、B 为选择端，即译码输入，控制译码输出的有效性。

Y0、Y1、Y2、Y3 为译码输出信号，低电平有效。

74LS139 对两个输入信号译码后得到 4 个输出状态，其真值表见表 6-3。

表 6-3　74LS139 真值表

输入端			输出端			
使能	选择		Y0	Y1	Y2	Y3
$\overline{G}$	B	A				
1	×	×	1	1	1	1
0	0	0	0	1	1	1
0	0	1	1	0	1	1
0	1	0	1	1	0	1
0	1	1	1	1	1	0

（2）74LS138 译码器

74LS138 译码器是 3-8 译码器，即对 3 个输入信号进行译码，得到 8 个输出状态。74LS138 译码器的引脚排列如图 6-7 所示。

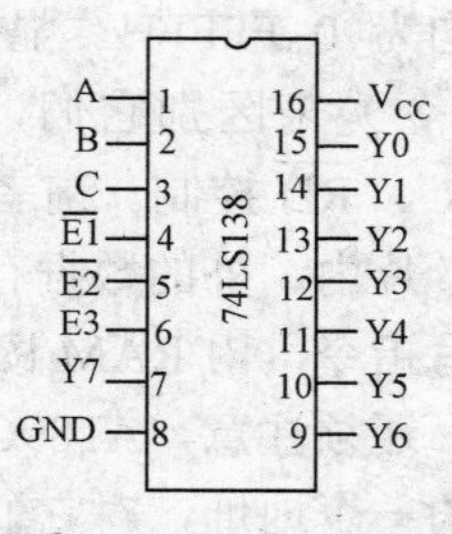

图 6-7　74LS138 引脚排列

其中，$\overline{E1}$、$\overline{E2}$、E3 为使能端，用于引入控制信号。$\overline{E1}$、$\overline{E2}$ 低电平有效，E3 高电平有效。

A、B、C 为选择端，即译码信号输入。

Y7~Y0 为译码输出信号，低电平有效。

74LS138 的真值表见表 6-4。

表 6-4　74LS138 的真值表

输入端						输出端							
使能			选择			Y0	Y1	Y2	Y3	Y4	Y5	Y6	Y7
E2	$\overline{E2}$	$\overline{E1}$	C	B	A								
1	0	0	0	0	0	0	1	1	1	1	1	1	1
1	0	0	0	0	1	1	0	1	1	1	1	1	1
1	0	0	0	1	0	1	1	0	1	1	1	1	1
1	0	0	0	1	1	1	1	1	0	1	1	1	1
1	0	0	1	0	0	1	1	1	1	0	1	1	1
1	0	0	1	0	1	1	1	1	1	1	0	1	1
1	0	0	1	1	0	1	1	1	1	1	1	0	1
1	0	0	1	1	1	1	1	1	0	1	1	1	0
0	×	×	×	×	1	1	1	1	1	1	1	1	1
×	1	×	×	×	1	1	1	1	1	1	1	1	1
×	×	1	×	×	1	1	1	1	1	1	1	1	1

6.2.3 程序存储器的扩展

扩展外 RAM 与 ROM 容量一般大于 256 字节。因此，外 RAM 的地址线除了由 P0 口经锁存器提供低 8 位外，还需依据使用数据存储器的容量由 P2 口提供若干高位地址线。若地址线的数目为 N，则容量为 2^N。

1. 锁存器 74LS373

程序存储器扩展时，必须要有低 8 位地址锁存器，一般可采用 74LS373。74LS373 的逻辑符号如图 6-8 所示。

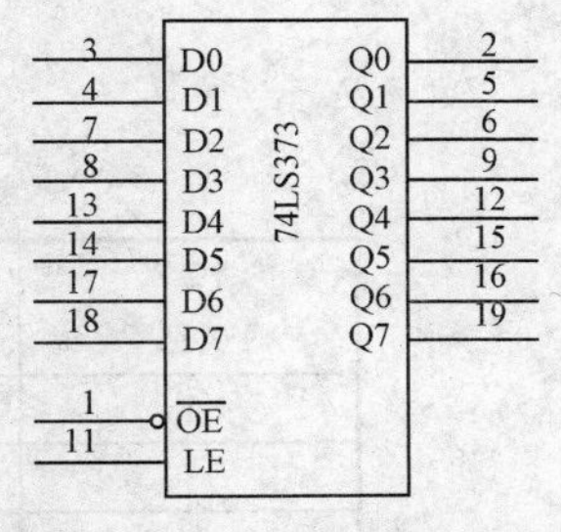

图 6-8　74LS373 逻辑符号

D0~D7：数据输入。

Q0~Q7：数据输出。

$\overline{OE}$：三态输出允许。

LE：数据锁存。

74LS373 有 8 个带三态输出的锁存器，适于总线结构的系统应用。地址锁存信号 LE 由单片机 ALE 控制线提供，当 ALE 为高电平时，触发器传输数据，输出端（Q0~Q7）的状态和输入端（D0~D7）的状态相同。ALE 下降沿时，锁存输入端的低 8 位地址。$\overline{OE}$ 为低电平有效，高电平时输出呈高阻态。74LS373 的功能见表 6-5。

表 6-5　74LS373 的功能

Dn 输入	LE	OE	Qn 输出
H	H	L	H
L	H	L	L
X	L	L	Q0
X	X	H	Z

H：高电平

L：低电平

X：任意

Z：高阻

2. 程序存储器的扩展特点

（1）程序存储器有其自身的地址（0000H~FFFFH），因为使用了专门的控制信号（$\overline{PSEN}$）和指令（MOVC），所以，虽然与数据存储器的地址重叠，但不会发生混乱。

（2）由于大规模集成电路制造工艺的发展，芯片的集成度越来越高，程序存储器所使用的 ROM 芯片数量越来越少，因此芯片选择方法多采用线选法，而地址译码法用得较少。

（3）程序存储器与数据存储器共用数据总线及地址总线。

3. 单片程序存储器的扩展

下面以单片 2716 扩展 2KB 为例，说明程序存储器扩展问题，如图 6-9 所示。

由图 6-9 可确定 2716 芯片的地址范围。方法是 A10~A0 从全 0 开始，然后从最低位开始依次加 1，最后变为全 1，相当于 2^{11}=2048 个单元地址依次选通，称为字选；连接 $\overline{CE}$ 的称为片选，见表 6-6。

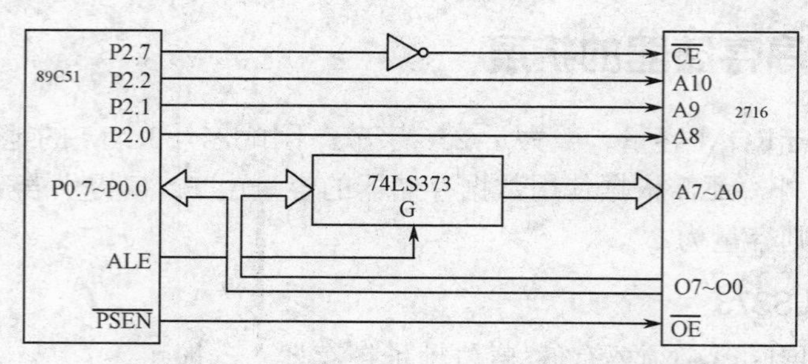

图 6-9　2716 与 89C51 的连接图

表 6-6　单片程序存储器的编址

P2.7 A15	P2.6~2.3 A14~A11	P2.2~2.0 A10~A8	P0.7~0.0 A7~A0	地址范围
1	0…0	0…0	0…0	8000H（首地址）
…	…	…	…	
1	0…0	1…1	1…1	87FFH（末地址）

注意

P2 口未用的高位地址线均可作片选线。任何一根地址线连接 $\overline{CE}$，则该条地址线置低电平有效，其余未接的地址线为任意状态。

从 0000 到 1111 共有 16 种组合，因此实际上该 2716 芯片对应有 16 个映像区，即 8000H~87FFH， 8800H~8FFFH， 9000H~97FFH， 9800H~9FFFH， OAOOOH~0A7FFH，0A800H~0AFFFH，…，在这些地址范围内都能访问这片 2716 芯片。这种多映像区的重叠现象是线选法本身造成的．因此映像区的非唯一性是线选法编址的一大缺点。

4．多片程序存储器的扩展

例如使用两片 2764 芯片扩展一个程序存储器系统，如图 6-10 所示。2764 的存储容量为 64K 位，即 8K 字节。

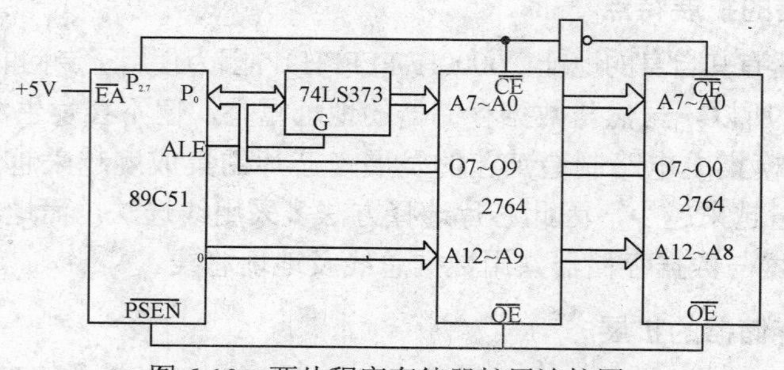

图 6-10　两片程序存储器扩展连接图

采用线选法编址。以 P2.7=1 作片选信号，当 P2.7=0 时，选左片，其地址范围为 0000H~1FFFH；当 P2.7=1 时，选择右片，其地址范围为 8000H~9FFFH。

对于多片程序存储器的扩展，可以得出以下几个要点。

- 各芯片的低位地址线并行连接。

- 各芯片的数据线并行连接。
- 各芯片的控制信号$\overline{PSEN}$并行连接。
- 各芯片的片选信号是不同的，需分别产生。

注意到这几点，多片存储器芯片的连接就不会有什么困难了。

6.2.4 数据存储器的扩展

1. 数据存储器的扩展特点

（1）数据存储器与程序存储器地址重叠（0000H~FFFFH），但使用不同的控制信号和指令可避免，且I/O、A/D和D/A转换电路、扩展定时器/计数器及其他外围芯片采用统一编址。

（2）由于数据存储器和程序存储器地址的重叠，故两者的地址总线和数据总线可共用，但控制线不能共用，数据存储器用$\overline{WR}$和$\overline{RD}$控制线，而不用$\overline{PSEN}$。

（3）对片外数据存储器的操作有两种MOVX指令：

◆ MOVX @Ri，A 或 MOVX A，@Ri。这类指令中，可对片外数据存储器的低256个单元寻址，其8位地址由Ri（i=0，1）间接提供。

◆ MOVX @DPTR，A或MOVX A，@DPTR。这类指令中，片外数据存储器由16位数据指针DPTR间接提供，可对片外64KB数据存储器进行数据传送。

2. 单片数据存储器的扩展

以6264扩展8KB RAM为例，它与89C51接口电路如图6-11所示。

8KB 容量存储器需要13根地址线作字选线。6264的片选$\overline{CS1}$接地，片选信号CS2接高电平，保持一致有效状态。6264的地址范围为0000H~1FFFH，见表6-7。

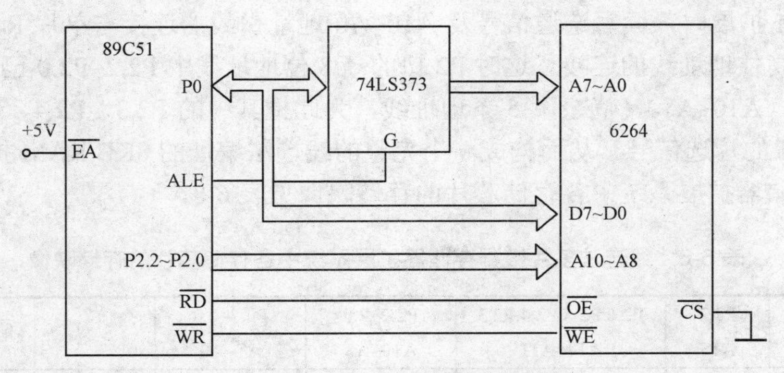

图6-11 6264与89C51连接图

表6-7 单片数据存储器的编址

P2.7~P2.5 A15~A13	P2.4~P2.0 A12~A8	P0.7~P0.0 A7~A0	地址范围
0…0	0…0	0…0	0000H（首地址）
…	…	…	…
0…0	1…1	1…1	1FFFH（末地址）

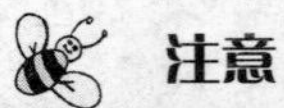

注意

P2 口未用的高位地址线均可作片选线。任何一根地址线连接 $\overline{CE}$，则该条地址线置低电平有效。其余未接的地址线为任意状态。

与程序存储器相比较，数据存储器的扩展连接在数据线、地址线的连接方法上是完全相同的，所不同的只在控制信号线上。

3. 线选法多片数据存储器扩展

例如，用 4 片 6116 实现 8 KB 数据存储器扩展，其连接图如图 6-12 所示。

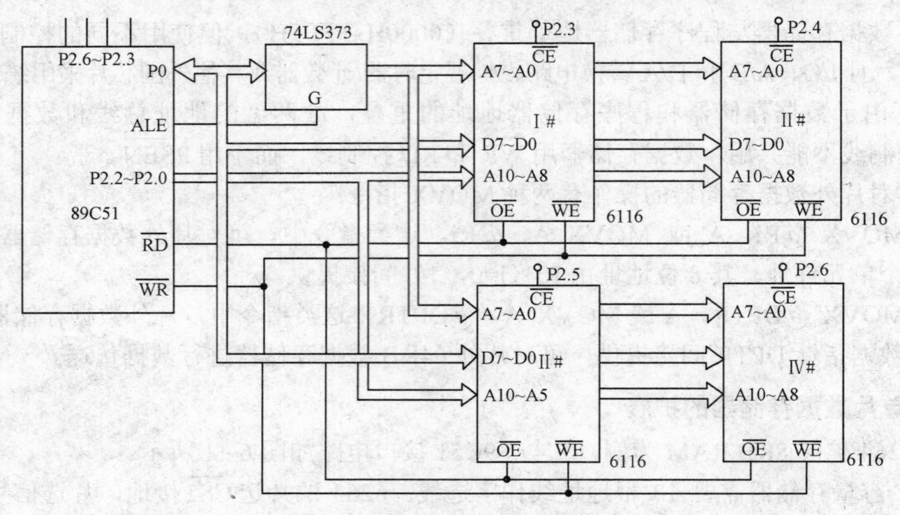

图 6-12　多片 RAM 的扩展连接图

多片 RAM 扩展时，读写选通信号及 A10~A0 地址引线的连接与单片 RAM 扩展相同。特殊的只在于高位地址线的连接。这时 P2 口的高 8 位地址线中 P2.2~P2.0 已用做 RAM 芯片的高 3 位地址（A10~A8）。尚余下 5 条地址线，为此把其中的 P2.3、P2.4、P2.5、P2.6 分别作为 4 片 RAM 的片选信号。从而构成一个完整的线选法编址的 8KB RAM 扩展存储器。

本数据存储器扩展系统中各存储芯片的存储映像见表 6-8。

表 6-8　线选法多片数据存储器扩展系统中各存储芯片的存储映像

	P2.7 A15	P2.6 P2.5 P2.4 P2.3 A14~A11	P2.2~2.0 A10~A8	P0.7~0.0 A7~A0		地址范围
I#	0	1110	0…0	0…0	最低地址	7000H
	0	1110	1…1	1…1	最高地址	77FFH
II#	0	1101	0…0	0…0	最低地址	6800H
	0	1101	1…1	1…1	最高地址	6FFFH
III#	0	1011	0…0	0…0	最低地址	5800H
	0	1011	1…1	1…1	最高地址	5FFFH
IV#	0	0111	0…0	0…0	最低地址	3800H
	0	0111	1…1	1…1	最高地址	3FFFH

4. 译码法多片数据存储器扩展

同样以 4 片 6116 进行 8KB 数据存储器扩展，不过以译码法实现，其译码电路如图 6-13 所示。其他电路连接因为与图 6-12 完全相同，因此不予画出。

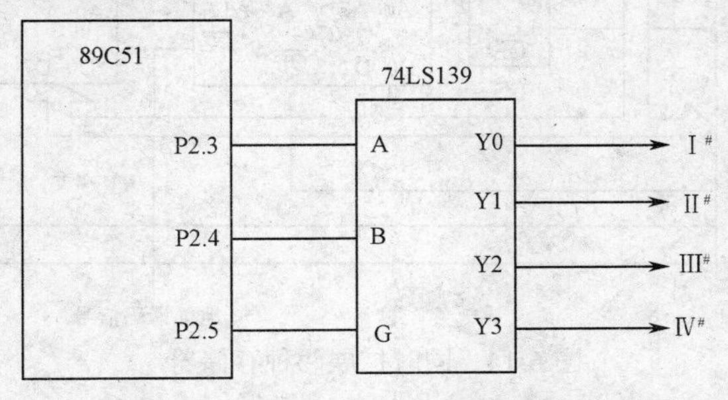

图 6-13 译码法 RAM 扩展使用的译码电路

图中使用 74LS139 作译码器，其译码输出 Y0、Y1、Y2、Y3 依次作为 Ⅰ~Ⅳ存储芯片的片选信号。

本数据存储器扩展系统的存储映像见表 6-9。

表 6-9 译码法多片数据存储器扩展的存储映像

	P2.7 P2.6 A15 A14	P2.5 P2.4 P2.3 A13 A12 A11	P2.2~P2.0 A10~A8	P0.7~P0.0 A7~A0		地址范围
Ⅰ	00	000	0…0	0…0	最低地址	0000H
	00	000	1…1	1…1	最高地址	07FFH
Ⅱ#	00	001	0…0	0…0	最低地址	0800H
	00	001	1…1	1…1	最高地址	0FFFH
Ⅲ	00	010	0…0	0…0	最低地址	1000H
	00	010	1…1	1…1	最高地址	17FFH
Ⅳ	00	011	0…0	0…0	最低地址	1800H
	00	011	1…1	1…1	最高地址	1FFFH

6.2.5 存储器的综合扩展

前面分别介绍了程序存储器和数据存储器的扩展，但在实际应用中见到最多的还是两种存储器都有的综合扩展。

在单片机应用系统中，需要同时扩展程序存储器和数据存储器的情况是最常见的，扩展 8KB 程序存储器和 8KB 数据存储器的电路连接如图 6-14 所示。

在该电路中，由于两种存储器都是由 P2 口提供高 8 位地址，P0 口提供低 8 位地址，所以它们的地址范围是相同的，即都是 0000H~1FFFH。但程序存储器的读操作由 $\overline{\text{PSEN}}$ 信号控制，而数据存储器的读和写分别由 $\overline{\text{WR}}$ 和 $\overline{\text{RD}}$ 信号控制，因此不会造成操作上的混乱。

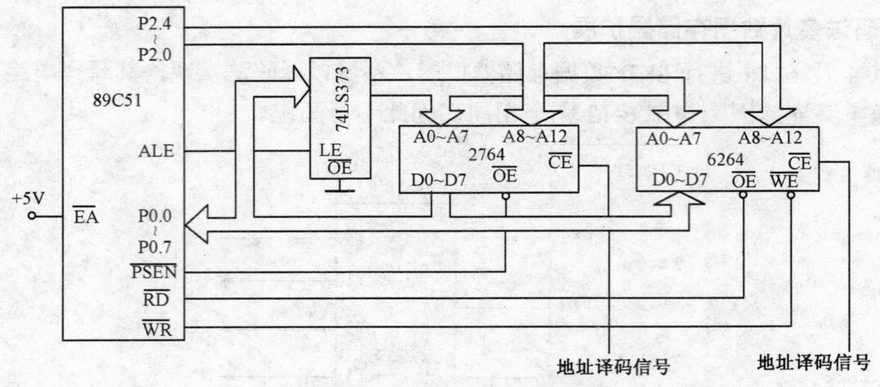

图 6-14　同时扩展两种存储器

6.3　实训 7：用 E²PROM 扩展 AT89C51 单片机 ROM、RAM

6.3.1　E²PROM 存储器 2864A

1. EEPROM 存储器

EEPROM 存储器是非易失性存储器，其优点是：① 可电擦写且断电后能保持写入内容，长达 20 年。② 不要求专门设备擦写，擦写电压多为 5V 且可在线擦写；可字节擦写，擦写次数可达数万次。所以它既可作 ROM 用，也可作 RAM 用。但是它的擦写速度较慢（约为 10ms）。常用的 EEPROM 有 2816/16A（2K 字节）、2864A（8K 字节）、28C256（32 字节）、28C010（128K 字节）等，其中带 A 的擦写电压为 5V。

2. 2864A 逻辑符号和性能

（1）逻辑符号图与引脚功能

2864A 逻辑符号如图 7-9 所示，其中，

$\overline{CE}$：片选端，低电平选通。

A0~A12：地址线。

DQ0~DQ7：数据线。

$\overline{WE}$：写操作允许端，低电平有效。

$\overline{OE}$：输出允许端，低电平有效。

NC：未使用。

可见，其引脚与 27C64 和 6264 兼容。

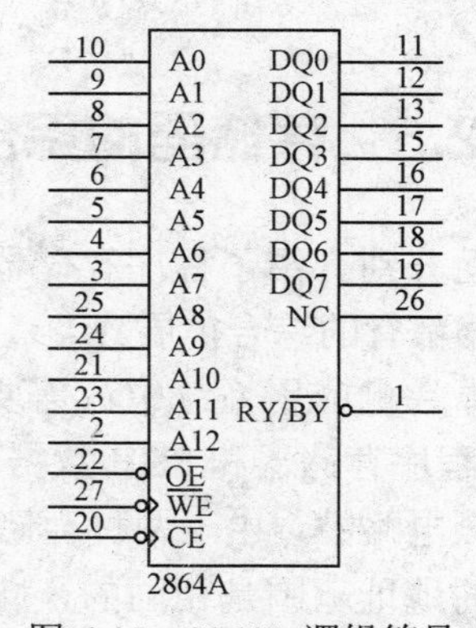

图 6-15　2864A 逻辑符号

（2）2864A 主要性能

取数时间：250ns。

读操作电压：5V。

写/擦操用电压 Vpp：5V。

字节擦除时间：10ms。

写入时间：10ms。

（3）2864A 真值表

2864A 工作方式真值表见表 6-10。

当$\overline{CE}$为高电平时，芯片处于维持方式，此时功耗下降。

字节写入：当$\overline{CE}$和$\overline{WE}$为低电平而$\overline{OE}$为高电平时，把数据线上传送的信息写入指定的存储单元。字节写入电压为 5V，所需时间最长为 15ms。

不操作：与字节擦写操作方式相比，此时$\overline{WE}$无效，因此不进行擦写操作，数据线为高阻状态。

表 6-10 2864A 工作方式真值表

工作方式	引脚			
	$\overline{CE}$	$\overline{OE}$	$\overline{WE}$	DQ0~DQ7
读出	0	0	1	数据输出
维持	1	×	×	高 阻
字节写入	0	1	0	数据输入
输出禁止	×	1	×	高 阻
不操作	0	1	1	高 阻

6.3.2 E²PROM 扩展 ROM、RAM 电路设计

图 6-16 是用一片 2864A 扩展 AT89C51 ROM、RAM 的典型原理图（未画出复位和晶振电路）。用到$\overline{PSEN}$、$\overline{RD}$、$\overline{WR}$、ALE 等控制信号。图中虚线框图部分不是扩展电路所必需，只为直观演示控制线状态而设。此 ROM、RAM 扩展电路的寻址范围为 0000H~1FFFH（无关位为 0）。对其他更大容量（但小于 64K）的扩展 ROM、RAM 存储器只需将其高位地址线（A13、A14、A15）接上对应 P2 的高位口线（P2.5、P2.6、P2.7）即可。所以此原理图对用 EEPROM 扩展 ROM、RAM 而言不失其普遍意义。

由电路分析可知：写入 2864A 是由$\overline{WR}$控制，只能用 MOVX 指令，即将 2864A 当做外 RAM 写入数据；从 2864A 中读数由$\overline{RD}$或$\overline{PSEN}$来控制，通过与门来实现，所以读数用 MOVX 指令或是 MOVC 指令时，将分别当做从外 RAM 或外 ROM 读取。

图 6-16 中右下方与单片机$\overline{PSEN}$引脚相接的绿色 LED 灯为显示外 ROM 控制信号作用的指示灯；与单片机$\overline{RD}$引脚相接的黄色 LED 灯为显示读取外 RAM 控制信号作用的指示灯；与单片机$\overline{WR}$引脚相接的红色指示灯为显示写外 RAM 控制信号作用的指示灯。当所接控制信号有效（即为低电平）时对应指示灯发光。

6.3.3 E²PROM 扩展 ROM、RAM 程序设计

本程序为图 6-16 电路而编制的简单演示程序。其目的在于：① 掌握用 EEPROM 扩展 AT89C51 外 ROM、RAM 的电路和程序设计基本方法；② 理解用 EEPROM 扩展外 ROM、RAM 时控制线$\overline{WR}$、$\overline{RD}$、$\overline{PSEN}$、ALE 等的作用；③了解在这种情况下单片机指令 MOVC、MOVX 的执行进程。

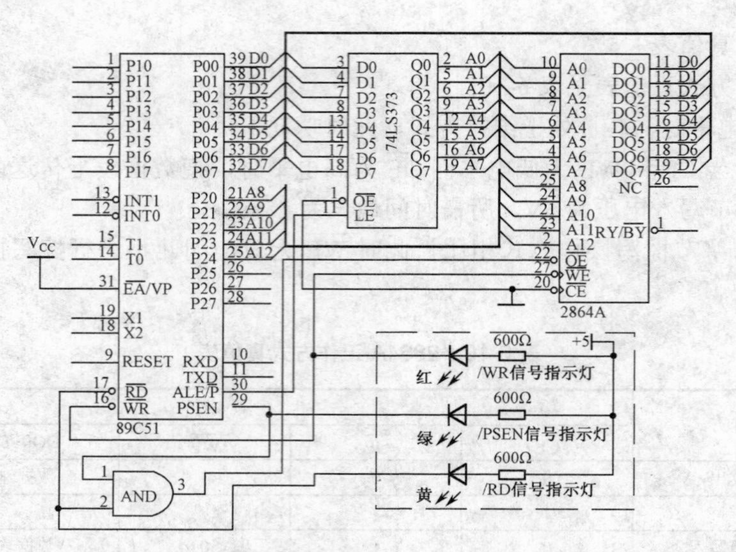

图 6-16　用 2864A 扩展 AT89C51 ROM、RAM 的典型原理图

为便于观察执行指令时上述指示灯的状态，时钟信号频率要低。本例选用振动频率为12Hz 外部时钟信号，机器周期为 1s。要求 XTAL2 脚悬空，XTAL1 接外部时钟信号。

注意

写入 EEPROM 一字节要求延时 10ms 以上。

此程序将 12H 写入外 RAM 2864A 的“1000H”单元，再从外 RAM“1000H”单元读出再写入内 RAM 30H 中，接着从外 ROM“1000H”单元读出到内 RAM 40H 中。

```
        ORG     0H
STAR:   MOV     dptr，#1000H
        MOV     a，#12h         ;立即数送到 A
        MOVX    @dptr，a        ;写 2864A，红色指示灯亮，黄色、绿色指示灯灭；
        NOP                     ; 2864A 为外 RAM，写时要延时 10 毫秒
        MOVX    a，@dptr        ;读外 RAM 2864A 1000H 单元的内容外 RAM，黄色指示灯亮
                                ; 红色、绿色指示灯灭
        MOV     30h，a          ;再写入内 RAM 30H 中，红色、黄色、绿色指示灯灭
        MOVC    a，@a+dptr      ;从 2864A 1000H 读出送入 A 中，2864A 当外 ROM。绿色指示
                                ;灯亮红色、黄色指示灯灭
        MOV     40h，a          ;再送入内 RAM 40H 中，红色、黄色、绿色指示灯灭
        LJMP    STAR
        END
```

用 Keil 编辑以上程序并保存为 633.ASM 源程序文件，汇编产生目标代码文件 633.HEX，再用编程器将它固化到 AT89C51 中。

6.3.4　运行与思考

根据图 6-16 电路原理图在单片机课程教学实验板（或面包板、实验 PCB）上安装好电路。将已固化目标代码的单片机安装到电路板对应插座上。

1. 运行

上电运行。当运行 MOVX @DPTR，A（写 2864A）时，$\overline{WR}$ 红色指示灯亮，$\overline{RD}$ 黄色指示灯灭，$\overline{PSEN}$ 绿色指示灯灭。因指令涉及写外 RAM（2864A 充当外 RAM，指令为 MOVX @DPTR，A）。当执行 MOVX A，@DPTR（读外 RAM 2864A）时黄色指示灯亮，红色、绿色指示灯灭；当执行 MOVC A，@A+DPTR（2864A 当外 ROM）从 2864A 读出送入 A 时，$\overline{PSEN}$ 绿色指示灯亮，红色、黄色指示灯灭。当执行其他指令时，读、写操作都在片内存储器中进行，所以 $\overline{WR}$ 红色指示灯灭，$\overline{RD}$ 黄色指示灯灭，$\overline{PSEN}$ 绿色指示灯灭。容易根据电路原理图与程序分析解释上述运行现象。

（1）从图 6-16 可知，AT89C51 的控制信号 $\overline{PSEN}$ 和 $\overline{RD}$ 通过与门共同接在 2864A 的读使能 $\overline{OE}$ 脚上。显然，用 MOVX A，@DPTR 指令来读取 2864A 中的数据时，2864A 就充当扩展片外 RAM。用 MOVC A，@DPTR 指令来读取 2864A 中的数据时，2864A 就充当扩展片外 ROM。所以，EEPROM 可作为 ROM 扩展，同时又可作为 RAM 扩展。但对 EEPROM 写入数据时，速度慢，每写入一个字节，要延时 10ms 左右。因此，当写速度要求小时，不宜将 EEPROM 当做一般的 RAM 使用。

（2）当要求在线修改程序、数据或断电保存运行结果又不要求快速改写时，EEPROM 就大有用场了。存储内容还能长期保存。

2. 思考

（1）用 EEPROM 扩展 RAM 的读、写操作与用 SRAM 扩展 RAM 的读、写操作有何同异？

（2）用 EEPROM 扩展 ROM 的读操作与用 EPROM 扩展 ROM 的读操作有无不同？

小结

1. AT89C51 存储器的扩展器技术主要包括了 RAM 与 ROM 的扩展，扩展是通过系统总线进行的，地址总线、数据总线与控制总线的连接是扩展存储器的关键。构造总线的方法为：P0 口的 8 位口线作数据线和低 8 位地址线；以 P2 口的口线作高位地址线；控制信号线包括了 ALE、$\overline{WR}$、$\overline{RD}$、$\overline{PSEN}$、$\overline{EA}$。

2. RAM 与 ROM 的扩展在数据线与地址线的连接上是完全相同的，不同之处在于 ROM 的操作由 $\overline{PSEN}$ 信号控制，RAM 的读和写由 $\overline{WR}$、$\overline{RD}$ 信号控制。

3. 进行存储器扩展时，可供使用的编址方法有两种：线选法和译码法。片选法就是直接以系统的地址作为存储芯片的片选信号，线选法编址的特点是简单明了，不需增加另外电路。缺点是存储空间不连续，不能充分有效地利用存储空间。适用于小规模单片机系统的存储器扩展；译码法就是使用译码器对系统的高位地址进行译码，以其译码输出作为存储芯片的片选信号。特点是存储空间连续，适用于大容量多芯片存储器扩展。

练习题 6

1. 存储器的主要性能指标有哪些？

2. 扩展存储器的编址技术有哪几种？

3．MCS-51 系列单片机的基本型芯片分别为哪几种？它们的差别是什么？

4．说明 MCS-51 的外部引脚 $\overline{\text{EA}}$ 的作用？

5．编程将片内 RAM 40H 单元开始的 16 个数传送到片外 RAM 2000H 开始的单元中。

6．填空题

（1）MCS-51 扩展片外 I/O 口占用片外______________存储器的地址空间。

（2）12 根地址线可选________个存储单元，32KB 存储单元需要______根地址线。

（3）三态缓冲寄存器输出端的“三态”是指________态、________态、________态。

（4）74LS138 是具有 3 个输入的译码器，其输出作为片选信号时，最多可以选中____块芯片。

（5）P________口作地址/数据总线，传送地址码的________8 位，P________口作地址总线，传送地址码的________8 位。

（6）访问内部 RAM 使用________指令，访问外 RAM 使用________指令，访问内 ROM 使用________指令，访问外 ROM 使用________指令。

（7）为实现内外程序存储器的衔接，应使用________信号进行控制。

（8）在存储器扩展中，无论是线选法还是译码法，最终都是为了扩展芯片________端提供信号。

7．编写程序，将外部数据存储器中的 4000H~40FFH 单元全部置“1”。

8．编写程序，将外部数据存储器中的 5000H~50FFH 单元全部清零。

9．在 MCS-51 单片机系统中，外接程序存储器和数据存储器共用 16 位地址线和 8 位数据线，会不会发生冲突，并说明为什么？

10．将存放在单片机片内数据存储器 30H、31H、32H 三个单元中不同的数据按从小到大的顺序排序，并将结果存放在片内 RAM 的 30H~32H 中。

11．请回答：

（1）下图中外部扩展的程序存储器和数据存储器容量各是多少？

（2）两片存储器芯片的地址范围分别是多少？（地址线未用到的位填 1）

（3）请编写程序，要求：

◆ 将内部 RAM 30H~3FH 中的内容送入第 1 个 6264 的前 16 个单元中；

◆ 将第 2 个 6264 的前 4 个单元的内容送入 40H~43H 中。

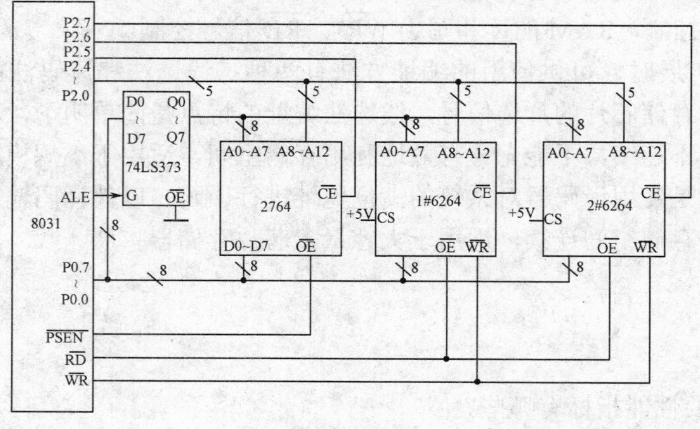

习题 11 图

第 7 章

AT89C51 单片机的串行接口技术

【内容提要】

本章主要介绍了串行通信的基本原理、AT89C51 单片机之间和 AT89C51 单片机与 PC 之间的串行通信技术。用具体的实例通过 Protues 进行虚拟仿真，效果直观。

7.1 AT89C51 单片机之间的串行通信接口技术及仿真

7.1.1 串行通信的基本原理

计算机的数据传送共有两种方式：并行数据传送和串行数据传送。

并行数据传送的特点是：各数据位同时传送，传送速度快、效率高。但并行数据传送有多少数据位就需多少根数据线，因此传送成本高。并行数据传送的距离通常小于 30 米，在计算机内部的数据传送都是并行的。

串行数据传送的特点是：数据传送按位顺序进行，最少只需一根传输线即可完成，成本低但速度慢。计算机与外界的数据传送大多数是串行的，其传送的距离可以从几米到几千千米。

通常把计算机与其外界的数据传送称之为通信，因此提到通信就是指串行通信，串行通信又分为异步和同步两种方式。在单片机中使用的串行通信都是异步方式，因此本章只介绍异步通信。

1. 异步串行通信的字符格式

异步串行通信以字符为单位，即一个字符一个字符地传送。那么字符传送的格式又是如何呢？图 7-1 就是一个字符的异步串行通信格式。

对异步串行通信的字符格式作如下说明。

（1）在这种格式标准中，信息的两种状态分别以“mark”和“space”标识。其中“mark”译为“标号”，对应逻辑“1”状态。在发送器空闲时，数据线应保持在“mark”状态；“space”译为“空格”，对应逻辑“0”状态。

（2）起始位。发送器是通过发送起始位而开始一个字符的传送。起始位使数据线处于“space”状态。

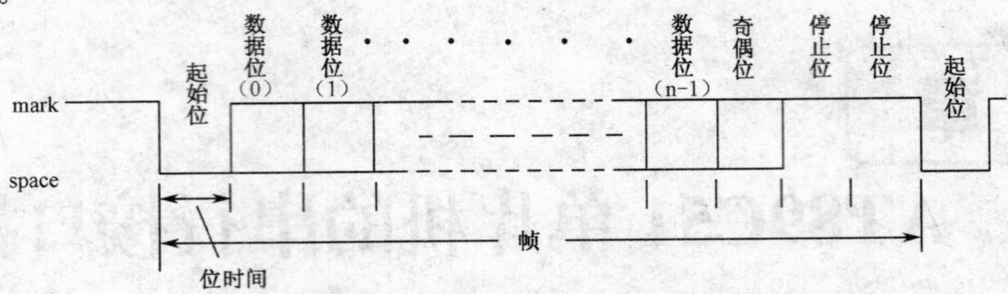

图 7-1 异步串行通信的字符格式

（3）数据位。起始位之后就传送数据位。在数据位中，低位在前（左），高位在后（右）。由于字符编码方式的不同，数据位可以是 5、6、7 或 8 位。

（4）奇偶校验位。用于对字符传送作正确性检查，因此奇偶校验位是可选择的，共有 3 种可能，即奇校验、偶校验和无校验，由用户根据需要选定。

（5）停止位。停止位在最后，用以标志一个字符传送的结束，它对应于“mark”状态。停止位可能是 1、1.5 或 2 位，在实际应用中根据需要确定。

（6）位时间。一个格式位的时间宽度。

（7）帧（frame）。从起始位开始到停止位结束的全部内容称之为一帧，帧是一个字符的完整通信格式，因此也就把串行通信的字符格式称为帧格式。

异步串行通信是一帧接一帧进行的，传送可以是连续的，也可以是断续的。连续的异步串行通信，是在一个字符格式的停止位之后立即发送下一个字符的起始位，开始一个新的字符传送，即帧与帧之间是连续的。而断续的异步串行通信，则是在一帧结束之后并不一定接着传送下一个字符，不传送时维持数据线的“mark”状态，使数据线处于空闲。其后，新的字符传送可在任何时刻开始，并不要求整数倍的位时间。

2. 异步串行通信的信号形式

虽然都是串行通信，但近程的串行通信和远程的串行通信在信号形式上却有所不同，因此应按近、远程两种情况分别加以说明。

（1）近程通信

近程通信又称本地通信。近程通信采用数字信号直接传送形式，说得理论化一点，就是在传送过程中不改变原数据代码的波形和频率。这种数据传送方式称之为基带传送方式。图 7-2 就是两台计算机近程串行通信的连接和代码波形图。

从图中可见，计算机内部的数据信号是 TTL 电平标准，而通信线上的数据信号却是 RS-232C 电平标准。然而，尽管电平标准不同，但数据信号的波形和频率并没有改变。近程串行通信只需用传输线把两端的接口电路直接连起来即可实现，既方便又经济。

（2）远程通信

在远程串行通信中，应使用专用的通信电缆，但出于经济考虑也可以使用电话线作为传输线，如图 7-3 所示。远距离直接传送数字信号，信号会发生畸变，因此要把数字信号转变为模拟信号再进行传送。信号形式的转变通常使用频率调制法，即以不同频率的载波信号代表数字信号的两种不同电平状态。这种数据传送方式就称为频带传送方式。

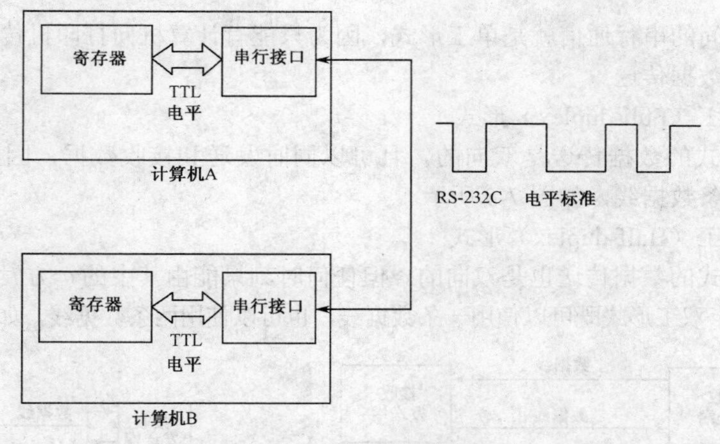

图 7-2　近程串行通信

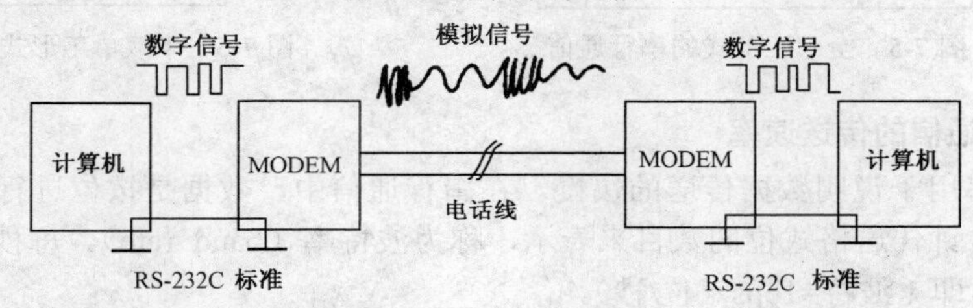

图 7-3　远程串行通信

为此，在串行通信的发送端应该有调制器，以便把电平信号调制为频率信号；而在接收端则应有解调器，以便把频率信号解调为电平信号。远程串行通信多采用双工方式，即通信双方都具有发送和接收功能。为此在远程串行通信线路的两端都应设置调制器和解调器，并且把二者合在一起称之为调制解调器（MODEM）。

电话线本来是用于传送声音（模拟信号）的，人讲话的声音频率范围在 300~3000Hz 之间。因此使用电话线进行串行数据传送，其调频信号的频率也应在此范围之内。通常以 1270Hz 或 2225Hz 的频率信号代表 RS-232C 标准的 mark 电平，以 1070Hz 或 2025Hz 的频率信号代表 space 电平。

对于半双工方式，即用一条传输线完成两个方向的数据传送。发送端串行接口输出的是 RS-232C 标准的电平信号，由调制器把电平信号分别调制成 1270Hz 和 1070Hz 的调频信号后再送上电话线进行远程传送。在接收端，由解调器把调频信号解调为 RS-232C 标准的电平信号，再经串行接口电路调制为 TTL 电平信号。另一个方向的数据传输，其过程完全相同，所不同的只是调频信号的频率分别为 2225Hz 和 2025Hz。

3. 串行通信的数据通路形式

串行数据通信共有以下几种数据通路形式。

（1）单工（Simplex）形式

单工形式的数据传送是单向的。通信双方中一方固定为发送端，另一方则固定为接收端。单工形式的串行通信，只需要一条数据线，如图 7-4 所示。例如，计算

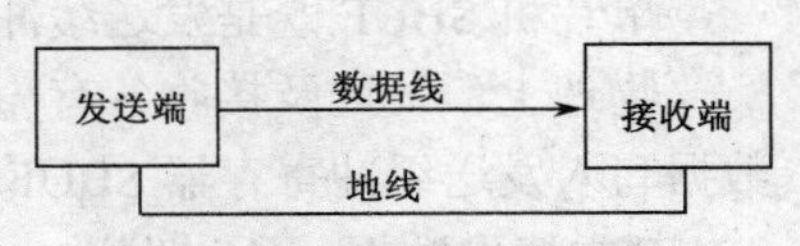

图 7-4　单工形式的串行通信

机与打印机之间的串行通信就是单工形式，因为只能有计算机向打印机传送数据，而不可能有相反方向的数据传送。

（2）全双工（Full-duplex）形式

全双工形式的数据传送是双向的，且可以同时发送和接收数据，因此全双工形式的串行通信需要两条数据线，如图 7-5 所示。

（3）半双工（Half-duplex）形式

半双工形式的数据传送也是双向的。但任何时刻只能由其中的一方发送数据，另一方接收数据。因此半双工形式既可以使用一条数据线，也可以使用两条数据线，如图 7-6 所示。

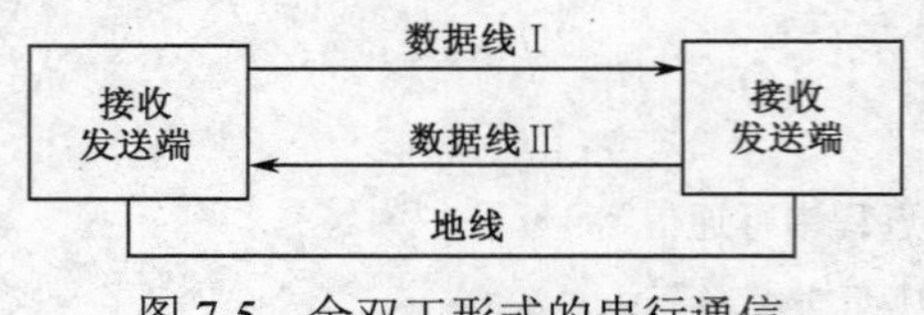

图 7-5　全双工形式的串行通信

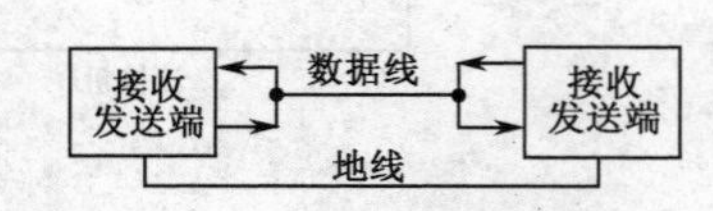

图 7-6　半双单工形式的串行通信

4. 串行通信的传送速率

传送速率用于说明数据传送的快慢。在串行通信中，数据是按位进行传送的，因此传送速率用每秒钟传送格式位的数目来表示，称为波特率（baud rate）。每秒传送一个格式位就是 1 波特。即 1 波特=1bps（位/秒）。

在串行通信中，格式位的发送和接收分别由发送时钟脉冲和接收时钟脉冲进行定时控制。时钟频率高，则波特率也高，通信速度就快；反之，时钟频率低，则波特率也低，通信速度就慢。串行通信可以使用的标准波特率在 RS-232C 标准中已有规定，使用时应根据速度需要、线路质量及设备情况等因素选定。波特率选定之后，对于设计者来说，就是如何得到能满足波特率要求的发送时钟脉冲和接收时钟脉冲。

7.1.2 AT89C51 串行通信基础知识

1. 三线制连接方式

AT89C51 单片机之间的串行通信的连接方式非常方便，只要将它们串行口和地线按下列方式配对接起来便可。

TXD1——RXD2；

RXD1——TXD2；

GND1——GND2。

因连线只有三根线，故称三线制连接方式。

2. 发送、接收寄存器 SBUF

单片机 SBUF 既是发送缓冲寄存器又是接收缓冲寄存器。其地址是 99H，可位寻址。

物理上，发送及接收各有一个 SBUF 缓冲寄存器。当对它执行写 SBUF 指令时，则将数据写入发送缓冲寄存器 SBUF 中发送出去；当执行读 SBUF 指令时，则从接收缓冲寄存器 SBUF 中读取数据。所以发送、接收数据非常方便。

串行通信口接收到一字节的数据后，置接收中断标志 RI，通知 CPU 到 SBUF 读取数据。同理，当一字节的数据写入发送 SBUF 中，便可通过串行通信口将数据发送出去。发送完毕后，置发送中断标志 TI，通知 CPU 数据已发送，可继续发送下一个数据。

3. 串行口的工作模式

模式 0：串行数据通过 RXD 进出，TXD 输出时钟。每次发送或接收以 LSB（最低位）作首位，每次 8 位。波特率固定为 MCU 时钟频率的 1/12。

模式 1：TXD 发送，RXD 接收。每次数据为 10 位，一个起始位（0），8 个数据位（LSB 在前）和一个停止位（1）。当接收数据时，停止位存于 SCON 的 RB8 内。波特率可变，由定时器 1 溢出速率决定。

数据发送是由一条写 SBUF 指令开始的。串行口由硬件自动加入起始位和停止位，构成一个完整的帧格式，然后在移位脉冲的作用下，由 TXD 端串行输出。一个字符帧发送完后，使 TXD 输出线维持在“1”状态下，并将串行控制寄存器 SCON 中的 TI 置 1，通知 CPU 可以发送下一字节。

接收数据时，REN 处于允许接收状态。在此前提下，串行口采样 RXD 端，当采样到从 1 向 0 的状态跳变时，就认定为已接收到起始位。随后在移位脉冲的控制下，把接收到的数据位移入接收缓冲器中，直到停止位到来之后把停止位送入 RB8 中，并置位中断标志位 RI，通知 CPU 从 SBUF 取走接收到的数据。

模式 2：TXD 发送，RXD 接收。一帧数据为 11 位，一个起始位（0）、8 个数据位（LSB 在前）、一个可编程第 9 位数据及一个停止位（1）。波特率可编程为单片机时钟频率的 1/32（SMOD=1）或 1/64（SMOD=0）。

模式 3：TXD 发送，RXD 接收。一帧数据为 11 位。一个起始位（0），8 个数据位（LSB 为首位），一个可编程的第 9 位数据和一个停止位（1）。事实上模式 3 除了波特率外均与模式 2 相同，其波特率可变并由定时器 1 溢出率决定。

多机通信：UART 模式 2 及模式 3 有一个专门的应用领域即多机通信。本书不介绍这一内容。

4. 串行口控制寄存器 SCON

（1）SCON 用于串行数据通信的控制。其地址为 98H，是一个可位寻址的专用寄存器，其中的每个位可单独操作，见表 7-1。

（2）SCON 各位的功能

SM0、SM1：其功能见表 7-2。

表 7-1 SCON 寄存器及位地址

SM0	SM1	SM2	REN	TB8	RB8	TI	RI
SCON.7	SCON.6	SCON.5	SCON.4	SCON.3	SCON.2	SCON.1	SCON.0
9FH	9EH	9DH	9CH	9BH	9AH	99H	98H

表 7-2 SM0、SM1 功能

SM0	SM1	工作方式	功能说明
0	0	0	同步移位寄存器输入/输出，波特率为 $f_{osc}/12$
0	1	1	8 位 UART，波特率可变（2^{SMOD}×溢出率/32）
1	0	2	9 位 UART，波特率为 $2^{SMOD}\times f_{osc}/64$
1	1	3	9 位 UART，波特率可变（2^{SMOD}×溢出率/32）

SM2：多机通信控制位。

REN：允许接收位。REN=1，允许接收；REN=0，禁止接收。它由软件置位、复位。

TB8：方式 2 或方式 3 中要发送的第 9 位数据。可以按需要由软件置位或清零。

RB8：方式 2 或方式 3 中要接收的第 9 位数据。在模式 1 中，或 SM2=0，RB8 是已接收的停止位。在模式 0 中 RB8 未用。

TI：发送中断标志。当方式 0 时，发送完第 8 位数据后，该位由硬件置位。在其他方式下，开始发送停止位时，由硬件置位。因此 TI=1 表示一帧发送结束，可软件查询 TI 标志位，也可经中断系统请求中断。TI 位必须由软件清零。

RI：接收中断标志。当方式 0 时，接收完第 8 位数据后，该位由硬件置位。在其他方式下，当收到停止位或第 9 位时，该位由硬件置位。因此 RI=1，表示一帧接收结束。可软件查询 RI 标志，也可经中断系统请求中断。RI 必须由软件清零。

5. 电源控制寄存器 PCON

PCON 的地址为 87H。其最高位 SMOD 是串行口波特率的倍增位。当 SMOD=1 时，串行口波特率加倍。SMOD=0 时，波特率不加倍。

6. 波特率

这里着重介绍工作方式 1 的波特率。它由定时/计数器 1 的计数溢出率和 SMOD 位决定。

在此应用中定时器 1 不能用做中断。定时器 1 可以工作在定时或计数方式和 3 种工作模式中任何一个。在最典型应用中它以定时器方式工作，并处于自动重装载模式（即定时方式 2）。设计数初值为 COUNT，单片机的机械周期为 T，则定时时间为：(256−COUNT)×T。从而在 1s 内发生溢出的次数为（即溢出率）为

$$1/[(256-\text{COUNT})\times T]=f_{osc}/[12\times(256-\text{COUNT})]$$

其波特率为 $2^{SMOD}/[32(256-\text{COUNT})\times T]=2^{SMOD}\times f_{osc}/[32\times12\times(256-\text{COUNT})]$

例，SMOD=0，T=2μs（即 6MHz 的晶振），COUNT=243=F3H。代入上式得波特率为 1200bps。

可用定时器 1 的中断实现非常低的波特率。此时定时器 1 工作在方式 1，为 16 位定时器，在中断中要进行定时初值重装。表 7-3 列出了串口工作模式的设置，表 7-4 列出了几个常用的波特率及重装值。

7.1.3 硬件接口电路设计

这里只介绍 AT89C51 间串行通信接口技术。甲机与乙机采用半双工的串行通信方式。AT89C51 间串行通信电路原理图如图 7-7 所示。

表 7-3 串口工作模式的设置

串口工作方式	波特率	晶振频率（MHz）	SMOD	定时器 1	
				定时模式	重装值
模式 0	1.67M	20	×	×	×
	1M	12	×	×	×
模式 2 Max	625k	20	1	×	×
	375k	12	1	×	×
模式 1、3	见表 7-4				

表 7-4 常用的波特率及重装值

	晶振频率 / 波特率	7.059MHz（重装值）	12MHz（重装值）	SMOD	定时模式
模式 1, 3	62.5k	—	FFH	1	2
	19.2k	FDH	—	1	2
	9.6k	FDH	—	0	2
	4.8k	FAH	—	0	2
	4.8k	—	F3H	1	2
	2.4k	F4H	F3H	0	2
	1.2k	E8H	E6H	0	2
	600	D0H	CCH	0	2
	300	A0H	98H	0	2
	150	40H	30H	0	2
	110	72H（6MHz）		0	2
	110	FEEBH（12MHz）		0	1

7.1.4 软件接口程序设计

甲机发送键盘输入的键值（0~F），乙机接收甲机发来的数并显示。接着乙机将刚接收到的数据加 1 再发送到甲机，甲机显示从乙机接收到的数据。

1. 甲机程序（键盘输入、发送，接收乙机发来数据）

```
        ORG     00H
        SJMP    STAR
        ORG     30H
STAR:   MOV     SCON，#50H          ;设置串行口方式 1，允许接收
        MOV     TMOD，#20H          ;设计定时器 1 工作方式 2
        MOV     PCON，#0H           ;波特率不加倍
        MOV     TH1，#0E6H          ;12M 晶体，波特率 1200bps
        MOV     TL1，#0E6H
        SETB    TR1                 ;启动定时器 1
        CLR     ES                  ;禁止串行口中断
        MOV     SP，#5FH            ;设置堆栈指针
```

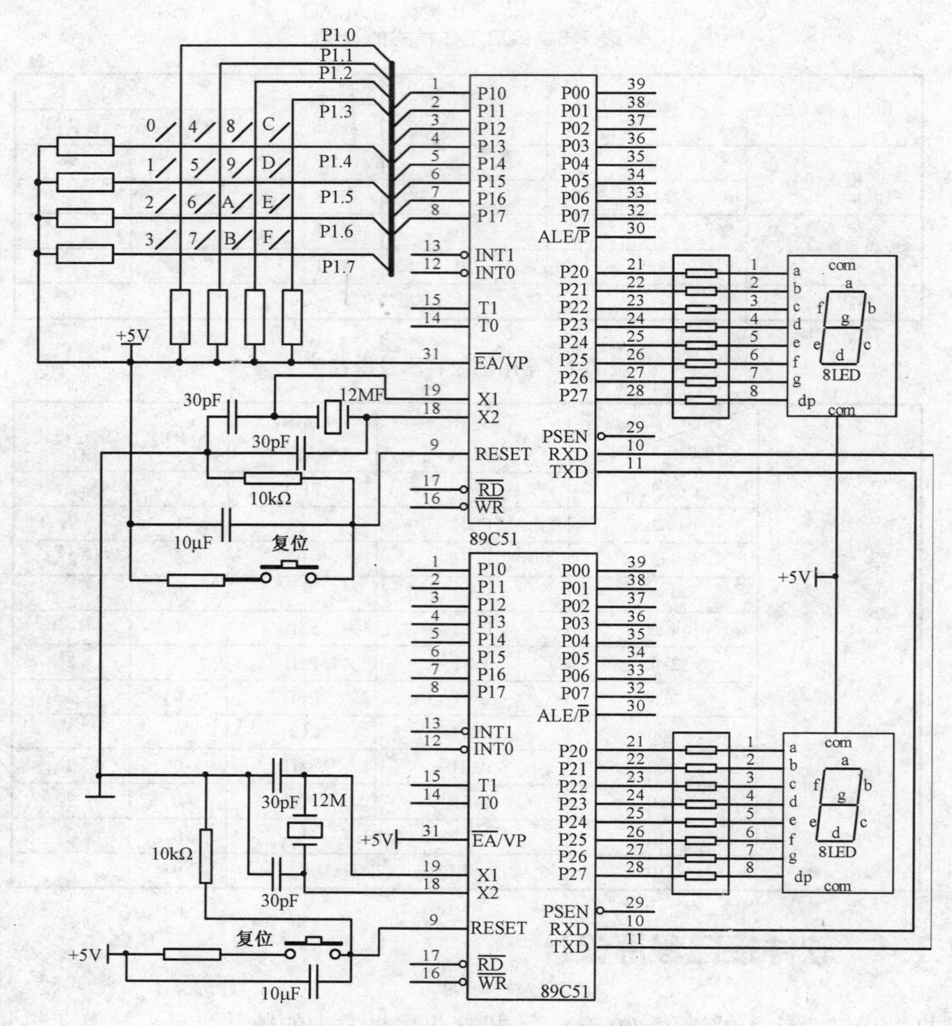

图 7-7　AT89C51 间串行通信电路原理图

```
            MOV     P2，#0H             ;数码管显"8"
                                        ;P1.0~p1.3 为列，P1.4~P1.7 为行
KEYS:       MOV     R0，#4              ;键盘扫描和数码管显示子程序
            MOV     R1，#11101111B      ;行扫描，从 0 行开始扫描
            MOV     R2，#11111111B      ;（R2）=0FFH，假设未按键
SNEXT:      MOV     A，R1               ;送出行扫描码
            MOV     P1，A
            MOV     A，P1               ;读键状态
            ORL     A，#0F0H
            CJNE    A，#0FFH，KEYIN     ;判断是否按键
            MOV     A，R1               ;未按键盘继续扫描下一行
            RL   A                      ;修改行扫描数
            MOV     R1，A               ;保存行键扫描数
```

```
         DJNZ    R0，SNEXT              ;4行未扫描完，循环
         LJMP    KEYS                   ;循环查键
KEYIN：  MOV     R2，A                  ;键盘状态保存在R2
         ACALL   DLY                    ;除按键抖动并等待按键弹起
NOPEN：  MOV     A，P1                  ;读入键盘状态，
         ORL     A，#0F0H
         CJNE    A，#0FFH，NOPEN        ;键未弹起，转NOPEN等待弹起
         LCALL   DLY                    ; 延时消键弹起抖动
         LCALL   KEYV                   ;将扫描码转成按键码
         MOV     SBUF，A                ;发送
         JNB     TI，$                  ;等待一帧发送完毕
         CLR     TI                     ;清发送中断标志
         CLR     RI                     ;清接收中断标志
         ACALL   DLY                    ;调用延时
         MOV     A，SBUF                ;接收乙机的数据
         JNB     RI，$                  ;等待接收完一帧数据
         CLR     RI                     ;清接收中断标志
         LCALL   SEG7                   ;乙机的数据转成显示码
         CPL     A                      ;取反为共阳段码
         MOV     P2，A                  ;显示按键值
         LJMP    KEYS                   ;重新扫描按键
DLY：    MOV     R7，#30                ;延时15ms（12MHz晶振时）
         MOV     R6，#0
S1：     DJNZ    R6，$
         DJNZ    R7，S1
         RET                            ;延时子程序返回
                                        ;求键值子程序KEYV P1.0~p1.3为列，P1.4~P1.7为行
KEYV：   MOV     B，#0                  ;（B）= 按键码，预设为0
         MOV     A，R2                  ;判断目前是哪一列？
C1：     RRC     A
         JNC     C2                     ;按键在当前列，转C2
         INC     B                      ;按键不在本列，（B）+4，因为每一列按键码相差4
         INC     B
         INC     B
         INC     B
         LJMP    C1                     ;返回继续判断按键在哪一列
C2：     MOV     A，R1                  ;（A）=（R1），行扫描码
         RR      A                      ;右移4位，将高4位移到低4位，以便后继的判断
         RR      A
         RR      A
         RR      A
C3：     RRC     A                      ;判断哪一行被按下
         JNC     C4                     ;在当前行，转C4
         INC     B                      ;非当前行，键值+1（每一行每个按键差1）
```

```
            LJMP    C3
C4:         MOV     A，B                ;（A）=（B）按键码给 A
            RET                         ;键值判断子程序返回
SEG7:       INC     A                   ;将键值转换为共阴显示码
            MOVC    A，@A+PC
            RET
            DB  03FH，06H，5BH，4FH，66H，6DH，7DH，07H   ;共阴数码管显示码 0~7
            DB  7FH，6FH，77H，7CH，39H，5EH，79H，71H，03FH ;共阴数码管显示码 8~F，0
            END                         ;程序结束
```

2. 乙机程序（接收由甲机发来的数据并显示在数码管上，加 1 后再发送到甲机）

```
            ORG     0H
            SJMP    STAR
            ORG     23H
            LJMP    LOOP                ;通信中断服务程序入口
            ORG     30H
STAR:       MOV     R7，#50H
            MOV     SP，#5FH            ;设置堆栈指针
            MOV     P2，#0H             ;开始，显示"8"
            MOV     SCON ，#50H         ;设置串行口方式，REN=1 允许接收
            MOV     TMOD，#20H          ;定时器 1 方式 2
            MOV     PCON，#0H           ;波特率不加倍
            MOV     TL1，#0E6H          ;晶振 12M 时的初装置
            MOV     TH1，#0E6H
            SETB    TR1                 ;启动定时器 1
            SETB    EA                  ;中断总允许
            SETB    ES                  ;开串行中断
            sJMP $
LOOP:       LCALL   S_R
            LCALL   S_T
            RETI
S_T:        CLR     TI                  ;清发送中断标志
            MOV     SBUF，10H
            JNB     TI，$
            CLR     TI
            RET
S_R:        MOV     A，SBUF             ;接收数据
            JNB     RI，$               ;等待接收完一帧数据
            CLR     RI                  ;清接收中断标志
            MOV     10H，A
            INC     10H                 ;将接收到的数据加 1 后再回发到甲机
            ACALL   SEG7                ;调显示子程序
            CPL     A
            MOV     P2，A
```

```
        RET
SEG7:   INC     A
        MOVC    A，@A+PC
        RET
        DB  03FH，06H，5BH，4FH，66H，6DH，7DH，07H   ;共阴数码管显示码 0~7
        DB  7FH，6FH，77H，7CH，39H，5EH，79H，71H    ;共阴数码管显示码 8~F
        END                                          ;程序结束
```

用 Keil 编辑甲、乙机程序并保存为 713_1.ASM 和 713_2.ASM，汇编产生目标代码文件 713_1.HEX 和 713_2.HEX。

7.1.5 单片机之间的串行通信 Protues 仿真

1. 仿真

在 Proteus ISIS 中设计如图 7-8 所示 AT89C51 单片机之间的串行通信接口技术电路，所用元件在对象选择器中列出。

将生成的目标代码文件 713_1.HEX 和 713_2.HEX 加载到图 7-8 中甲、乙单片机的“Program File”属性栏中，并设置时钟频率为 12MHz。设置虚拟终端的波特率为 1200bps。

单击仿真按钮。点击甲机按键，键值（共有 16 键，键值为 0、1、2、…、E、F）经串行口发送到乙机。乙机接收后，经处理在乙机 P2 口数码管上依次显示 0、A、F；而乙机将接收的键值加 1 后，通过串行口发送到甲机。甲机接收后，在甲机的 P2 口数码管上依次显示 1、B、0。如图 7-8 所示。两机的显示随甲机按键改变而改变。甲机采用查询（查询 TI 的电平）方式，乙机采用中断方式。

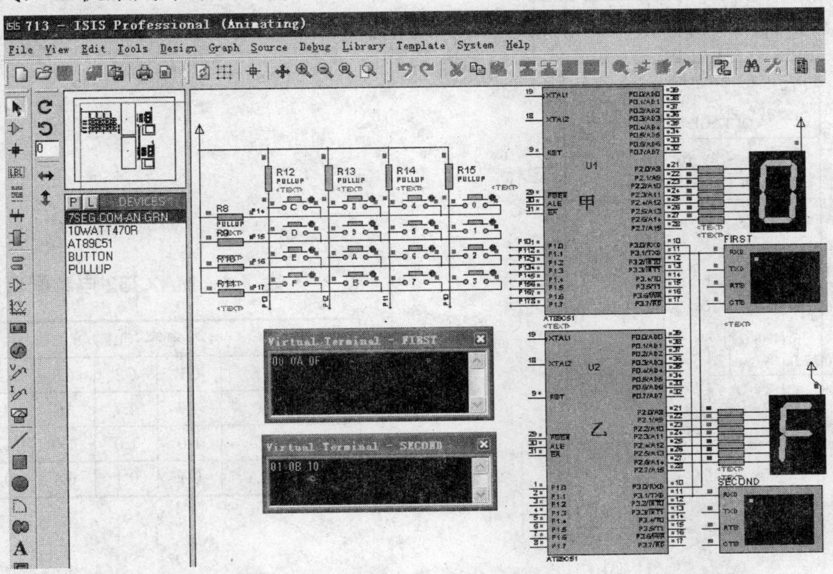

图 7-8　AT89C51 单片机之间的串行通信接口技术电路及仿真

2. 思考

（1）本程序设置波特率 1200bps。若设置波特率为 2400bps，能采用几种方法？如何实现？

（2）程序中多处使用指令 CLR TI 、CLR RI。思考不使用它们行吗？这什么？

7.2 AT89C51 单片机与 PC 机间的通信接口技术及仿真

单片机的控制功能强，但运算能力较差，数据存放的 RAM 也有限。所以，对数据进行较复杂的处理时，往往要借助 PC 系统。因此，单片机与 PC 间的通信接口技术是重要的实用技术；是实现信息相互传送、相互控制的相互通道接口技术。

7.2.1 RS-232C 总线标准

1. RS-232C 总线标准

在实现 PC 与单片机之间的串行通信中，RS-232C 是由美国电子工业协会（EIA）公布的应用最广的串行通信标准总线。适用于短距离或带调制解调器的通信场合。后来公布的 RS-422、RS-423 和 RS-485 串行总线接口标准在传输速率和通信距离上有很大的提高。

RS-232C 的逻辑电平与 MOS 电平、单片机信号电平 TTL 完全不同。其逻辑 0 电平为 +5V~+15V，逻辑 1 电平为−5~−15V。所以采用 RS-232C 标准时，必须进行信号电平转换。MC1489、MC1488、MAX232 和 ICL232 是常用的电平转换芯片。本书采用 MAX232。

2. MAX 232（或 ICL232）

MAX232 内部结构如图 7-9 所示。应用中的电容配置参看表 7-4。

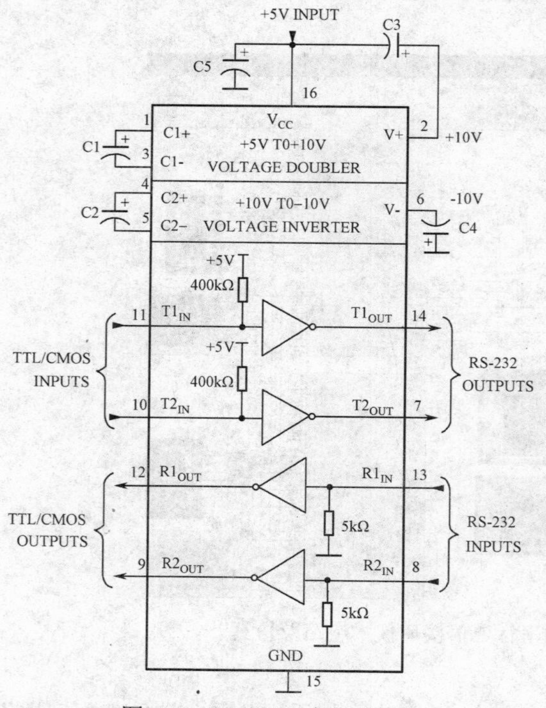

图 7-9 MAX232 内部结构

表 7-4 MAX232 电容配置表

元器件	C1	C2	C3	C4	C5
	电容（μF）				
MAX220	4.7	4.7	10	10	4.7
MAX232	1.0	1.0	1.0	1.0	1.0
MAX232A	0.1	0.1	0.1	0.1	0.1

MAX232 内部有电压倍增电路和电压转换电路，4 个反相器，只需+5V 单一电源，便能实现 TTL/CMOS 电平与 RS-232 电平转换。

3. RS-232C 标准信号定义

RS-232C 标准规定设备间使用带“D”型 25 针连接器的电缆通信。一般都使用 9 针 D 型连接器，在计算机串行通信中主要信号见表 7-5。

表 7-5 RS-232C 连接器主要信号

信号	符号	25 芯连接器引脚号	9 芯连接器引脚号
请求发送	RTS	4	7
清除发送	CTS	5	8
数据设置准备	DSR	6	6
数据载波探测	DCD	8	1
数据终端准备	DTR	20	4
发送数据	TXD	2	3
接收数据	RXD	3	2
接地	GND	7	5

4. RS-232C 标准的其他定义及特点

（1）电压型负逻辑总线标准。

（2）标准数据传送速率有 50bps、75bps、110bps、300bps、600bps、1200bps、2400bps、4800bps、9600bps、19200bps。

（3）传输电压高，传输速率最高为 19.2Kbps。在不增加其他设备的情况下，电缆长度最大为 15m，不适于接口两边设备间要求绝缘的情况。

7.2.2 硬件接口电路设计

1. 功能

利用虚拟终端仿真单片机与 PC 机间的串行通信。PC 机先发送从键盘输入的数据，单片机接收后回发给 PC 机。单片机同时将收到的 30H~39H 间的数据转换成 0~9 的数字显示，其他字符的数据直接显示为其 ASCII 码。

2. 串口模型介绍

串口模型 COMPIN 及其引脚功能如图 7-10（a）所示。需要注意的是，在 Protues ISIS 元件库的“Connector”类“D-Type”子类中，也有一个串口模型器件 CONN-D9F，如图 7-10（b）所示，因该器件在使用时没有仿真模型，将导致仿真失败，所以要避免选用。

3. 电路原理图

AT89C51 单片机与 PC 机间的通信电路如图 7-11 所示。

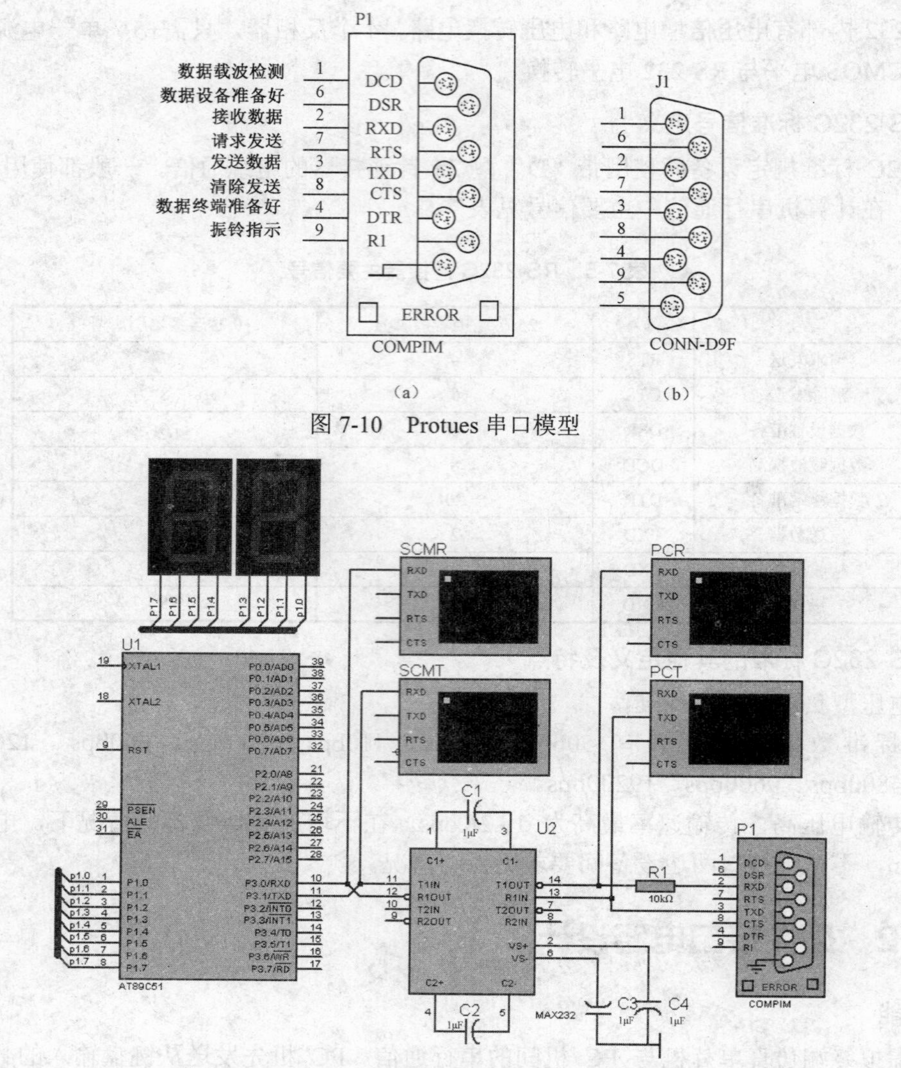

图 7-10 Protues 串口模型

图 7-11 AT89C51 单片机与 PC 机间的通信电路

7.2.3 软件接口程序设计

程序设计如下：

```
            ORG     00H
START：     MOV     SP，#60H
            MOV     SCON，#01010000B        ;设定串行方式
                                            ;8 位异步，允许接收
            MOV     P1，00H
            MOV     TMOD，#20H              ;设定计数器 1 为模式 2
            ORL     PCON，#10000000B        ;波特率加倍
            MOV     TH1，#0F3H              ;设定波特率为 4800
```

```
          MOV     TL1，#0F3H
          SETB    TR1                ;计数器开始计数
AGAIN:    JNB     RI，$              ;等待接收完成
          CLR     RI
          MOV     A，SBUF            ;接收数据送缓存
          PUSH    ACC
          CJNE    A，#30H，SET1      ;将数据0~9的ASCII码转换为数字0~9，其余字符不变
          SJMP    SET3
SET1:     JC      SET3
          CJNE    A，#39H，SET2
          SJMP    SET3
SET2:     JNC     SET4
          CLR     C
SET3:     SUBB    A，#30H
SET4:     MOV     P1，A
          POP     ACC
          MOV     SBUF，A            ;发送接收到的数据
          JNB     TI，$              ;等待发送完成
          CLR     TI
          SJMP    AGAIN
          END
```

用Keil编辑程序并保存为723.ASM，汇编产生目标代码文件 723.HEX。

7.2.4 单片机与PC机间的串行通信Protues仿真

1. 元件清单列表

打开Protues ISIS编辑环境，按表7-6所列的清单添加元件。

表7-6 元件清单

元件名称	所属类	所属子类
AT89C51	Microprocessor ICs	8051 Family
CAP	Capacitors	Generic
CAP-ELEC	Capacitors	Generic
CRYSTAL	Miscellaneous	—
RES	Resistors	Generic
7SEG-BCD-GRN	Optoelectronics	7-Segment Displays
MAX232	Microprocessor ICs	Perphertals
COMPIN	Miscellaneous	—

2. 串口模型属性设置

串口模型属性设置为：波特率为 4800，数据位为 8，奇偶校验为无，停止位为 1，如图7-12所示。

3. 虚拟终端属性设置

PCT 代表计算机发送数据，PCR 用来监视 PC 接收到的数据，它们的属性设置完全一样，如图 7-13 所示。SCMT 和 SCMR 分别是单片机的数据发送和接收终端，用来监视单片机发送和接收的数据，它们的属性设置也完全一样，如图 7-14 所示。单片机和 PC 双方的波特率、数据位、停止位和检验位等要确保和串口模型的设置一样，并且同单片机程序中串口的设置一致。

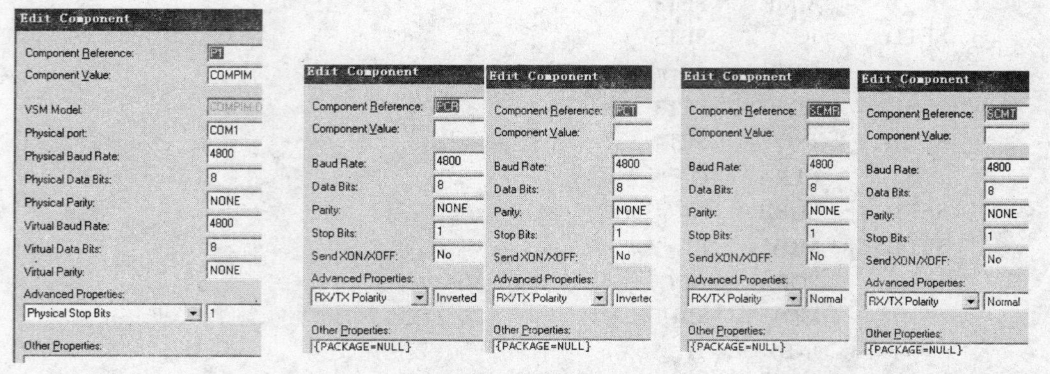

图 7-12 串口模型属性设置 图 7-13 PC 机虚拟终端属性设置 图 7-14 单片机虚拟终端属性设置

要注意到 PC 机虚拟终端与单片机虚拟终端在 RX/TX Polarity 属性的设置是相反的，因为信号在经过器件 MAX232 时要反相。

4. Protues 调试与仿真

加载目标代码文件 723.HEX，进入调试环境执行程序，进行以下操作。

（1）在 Proteus ISIS 界面中的 PCT 虚拟终端上单击右键，在弹出的快捷菜单中选择“Echo Typed Characters”项；

（2）鼠标指针在 PCT 终端窗口单击，该窗口出现闪烁的光标，从键盘输入数字“8”，在 PCS 终端窗口中就出现“8”，表明 PC 机发送数据“8”，按照设计好的程序，单片机将接收到“8”，所以在单片机接收虚拟终端 SCMR 上会显示“8”，同时又将数字“8”送显到数码管上。接下来，单片机又将该数回发给 PC 机，因此在单片机发送终端 SCMT 上也显示“8”。PC 接收到数据后在接收终端 PCR 上同样显示“8”，结果如图 7-15 所示。根据程序设计，

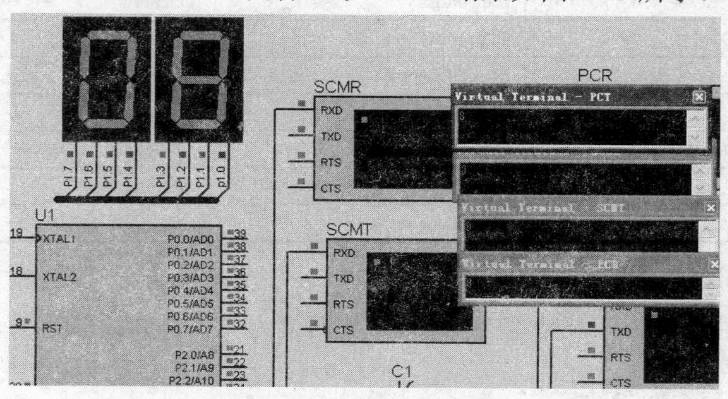

图 7-15 程序运行结果 1

当在键盘上输入 0~9 以外的字符时，单片机输出到数码管上显示的则是该字符的 ASCII 码，如图 7-16 所示。

5. **总结与提示**

（1）在原理图中的电阻 R1 是不能少，否则虚拟终端 PCR 将收不到信息。

（2）在仿真中，单片机和 COMPIN 之间也可以不用加 MAX232 器件。

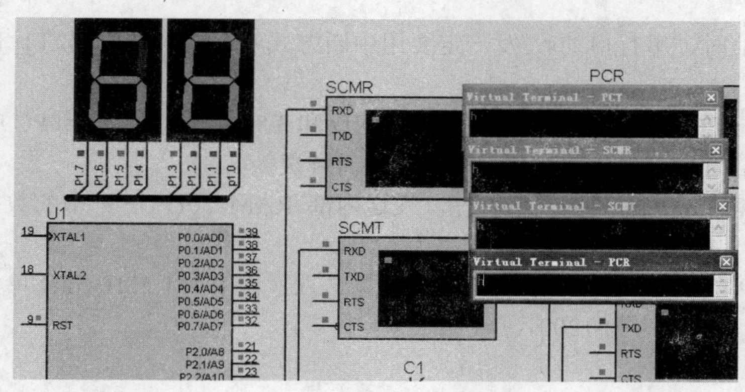

图 7-16 程序运行结果 2

小结

本章介绍了串行通信的基本原理，AT89C51 单片机之间的串行通信接口技术，AT89C51 单片机与 PC 之间的串行通信接口技术。重点了解与掌握如下：

1. 了解串行通信的基本原理，包括异步串行通信的字符格式、信号形式、数据通路形式及传送效率。

2. 掌握 AT89C51 单片机之间的串行通信接口技术，包括连接方式、发送与接收寄存器 SBUF、串口的工作模式、串口的控制寄存器 SCON 和 PCON 及对应工作方式下的波特率设计，并学会用工具软件 Keil 与 Protues 设计及仿真单片机之间的串行通信。

3. 掌握 AT89C51 单片机与 PC 之间的串行通信接口技术，包括 RS-232 的总线标准、标准定义及其特点、MAX232 接口等，并学会用工具软件 Keil 与 Protues 设计及仿真单片机与 PC 的串行通信；用实例应用总线标准，MAX232 接口的设计。

练习题 7

1. 填空题

（1）计算机的数据传送有两种方式，即______方式和_______方式，其中具有成本低特点的是________数据传送。

（2）异步串行数据通信的帧格式由_______位、_____位、______位和_______位组成。

（3）异步串行数据通信有________、________和__________共 3 种数据通路形式。

（4）在串行通信中，收发双方对波特率的设定应该是_______的。

2．如异步通信，每个字符由 11 位组成，串行口每秒传送 250 个字符，问波特率为多少?

3．设串行异步通信的传送速率为 2400 波特，传送的是带奇偶校验的 ASCII 码字符，每个个字符包含 10 位（1 个起始位，7 个数据位，1 上奇偶校验位，1 个停止符），问每秒最多可传送多少个字符?

4. AT89C51 串行口的收/发数据缓冲器都用的是 SBUF，那要出现同时收/发的情况该怎么办?

5. 串行通信时，串行口的收/发一定要用中断方式吗？此时定时器 T1 也一定要开中断吗?

6. 单片机与 PC 串行通信时，单片机的 RXD 和 TXD 能否直接连到 PC 的串行口?

7. 串行通信时会产生几种非正常情况？如何解决?

8. 设计一串行通信的数据发送程序，发送内部 RAM 50H~5FH 中的数据，串行口设定为方式 2，采用偶校验方式。设晶振频率为 6MHz。

9. 设计一接收程序，将接收的 16 字节数据送入片内 RAM 58H~5FH 单元中。串行口设定为工作方式 3，波特率为 1200，f=6MHz。

第 8 章

单片机 I/O 扩展及应用

【内容提要】

本章介绍单片机常用的 I/O 接口，其中包括可编程通用并行接口 8255A、可编程的多功能接口 8155、键盘/显示控制接口、数/模转换接口、模/数转换接口、电机接口、LCD 接口等几类接口电路，并结合相应的仿真实训内容来引导读者去掌握这些接口的使用方法。

8.1 可编程通用并行接口 8255A

本节主要介绍可编程通用并行接口 8255A 的基本组成、引脚功能和控制方式等基本内容，并通过 8255A 来实现对交通灯控制的实训。

8.1.1 8255A 的组成与接口信号

并行通信就是把一个字符的各位同时用几根线进行传输。传输速度快，信息率高。电缆要多，随着传输距离的增加，电缆的开销会成为突出的问题，所以，并行通信用在传输速率要求较高，而传输距离较短的场合。

Intel 8255A 是一个通用的可编程的并行接口芯片，它有三个并行 I/O 口，又可通过编程设置多种工作方式，价格低廉，使用方便，可以直接与 Intel 系列的芯片连接使用，在中小系统中有着广泛的应用。

1. 8255A 的编程结构

8255 的引脚和逻辑框图如图 8-1 所示。

（1）三个数据端口 A、B、C

这三个端口均可看做是 I/O 口，但它们的结构和功能稍有不同。

A 口：是一个独立的 8 位 I/O 口，它的内部有对数据输入/输出的锁存功能。

B 口：也是一个独立的 8 位 I/O 口，仅对输出数据的锁存功能。

C 口：可以看做是一个独立的 8 位 I/O 口；也可以看做是两个独立的 4 位 I/O 口。也是仅对输出数据进行锁存。

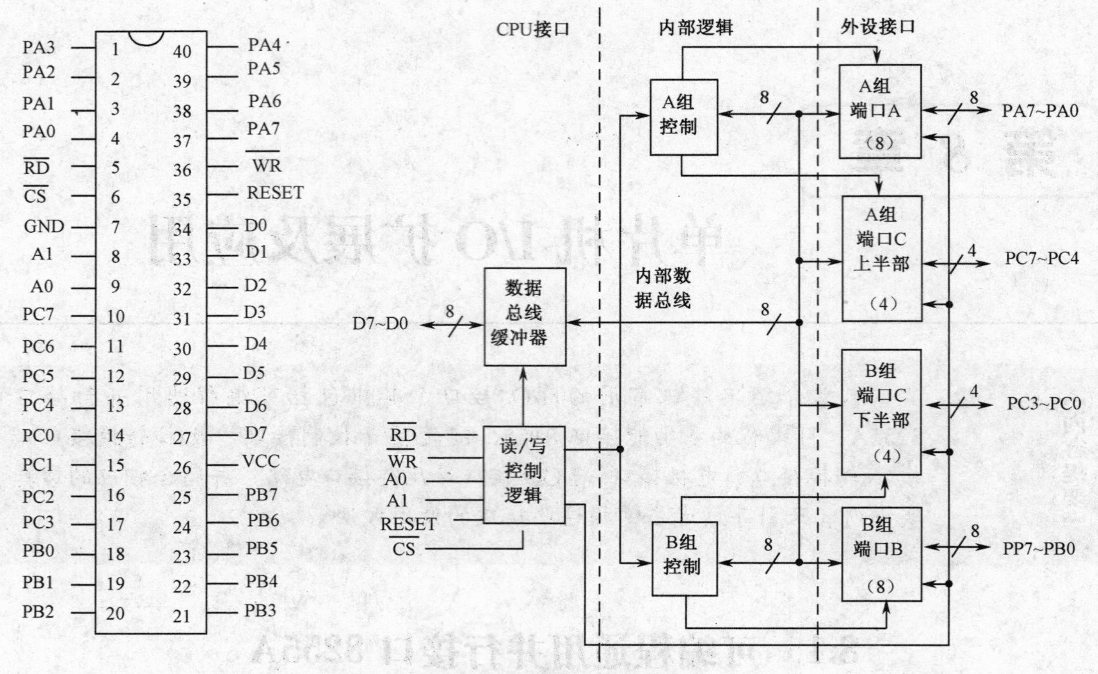

图 8-1　8255 的引脚和逻辑框图

（2）A 组和 B 组的控制电路

这是两组根据 CPU 命令控制 8255A 工作方式的电路，这些控制电路内部设有控制寄存器，可以根据 CPU 送来的编程命令来控制 8255A 的工作方式，也可以根据编程命令来对 C 口的指定位进行置/复位的操作。

A 组控制电路用来控制 A 口及 C 口的高 4 位；

B 组控制电路用来控制 B 口及 C 口的低 4 位。

（3）数据总线缓冲器

8 位的双向的三态缓冲器。作为 8255A 与系统总线连接的界面，输入/输出的数据，CPU 的编程命令及外设通过 8255A 传送的工作状态等信息，都是通过它来传输的。

（4）读/写控制逻辑

读/写控制逻辑电路负责管理 8255A 的数据传输过程。它接收片选信号 $\overline{CS}$ 及系统读信号 $\overline{RD}$、写信号 $\overline{WR}$、复位信号 RESET，还有来自系统地址总线的口地址选择信号 A0 和 A1。

2. 8255A 的引脚功能

8255A 的引脚（如图 8-1 所示）信号可以分为两组。

一组是面向 CPU 的信号，一组是面向外设的信号。

（1）面向 CPU 的引脚信号及功能

D0~D7：8 位，双向，三态数据线，用来与系统数据总线相连。

RESET：复位信号，高电平有效，输入，用来清除 8255A 的内部寄存器，并置 A 口、B 口、C 口均为输入方式；

$\overline{CS}$：片选，输入，用来决定芯片是否被选中。

$\overline{RD}$：读信号，输入，控制8255A将数据或状态信息送给CPU。

$\overline{WR}$：写信号，输入，控制CPU将数据或控制信息送到8255A。

A1、A0：内部口地址的选择，输入。这两个引脚上的信号组合决定对8255A内部的哪一个口或寄存器进行操作。8255A内部共有4个端口：A口、B口、C口和控制口，由两个引脚决定的8255内部操作与选择见表8-1。

$\overline{CS}$、$\overline{RD}$、$\overline{WR}$、A1、A0这几个信号的组合决定了8255A的所有具体操作。

（2）面向外设的引脚信号及功能

PA0~PA7：A组数据信号，用来连接外设；

PB0~PB7：B组数据信号，用来连接外设；

PC0~PC7：C组数据信号，用来连接外设或者作为控制信号。

表8-1　8255的内部操作与选择表

$\overline{CS}$	$\overline{RD}$	$\overline{WR}$	A1	A0	操作	数据传送方式
0	0	1	0	0	读A口	A口数据→数据总线
0	0	1	0	1	读B口	B口数据→数据总线
0	0	1	1	0	读C口	C口数据→数据总线
0	0	1	1	1	无操作	无操作
0	1	0	0	0	写A口	数据总线数据→A口
0	1	0	0	1	写B口	数据总线数据→B口
0	1	0	1	0	写C口	数据总线数据→C口
0	1	0	1	1	写控制口	数据总线数据→控制口

8.1.2　8255A的工作方式和控制字

1. 8255A的工作方式

（1）8255A有三种工作方式，用户可以通过编程来设置。

方式0：简单输入/输出——查询方式；A、B、C三个端口均可。

方式1：选通输入/输出——中断方式；A、B、两个端口均可。

方式2：双向输入/输出——中断方式；只有A端口才有。

（2）工作方式的选择可通过向控制端口写入控制字来实现。

2. 8255A的控制字

对8255A的编程涉及两个内容：写控制字设置工作方式等信息和使C口的指定位置位/复位的功能。

（1）控制字格式

控制字要写入8255A的控制口，写入控制字之后，8255A才能按指定的工作方式工作。8255A的控制字格式与各位的功能如图8-2所示。

（2）C口的置位/复位功能

只有C口才有，它是通过向控制口写入按指定位置位/复位的控制字来实现的。C口的这个功能可用于设置方式1的中断允许，可以设置外设的启/停等。能实现这个功能的控制字如图8-3所示。

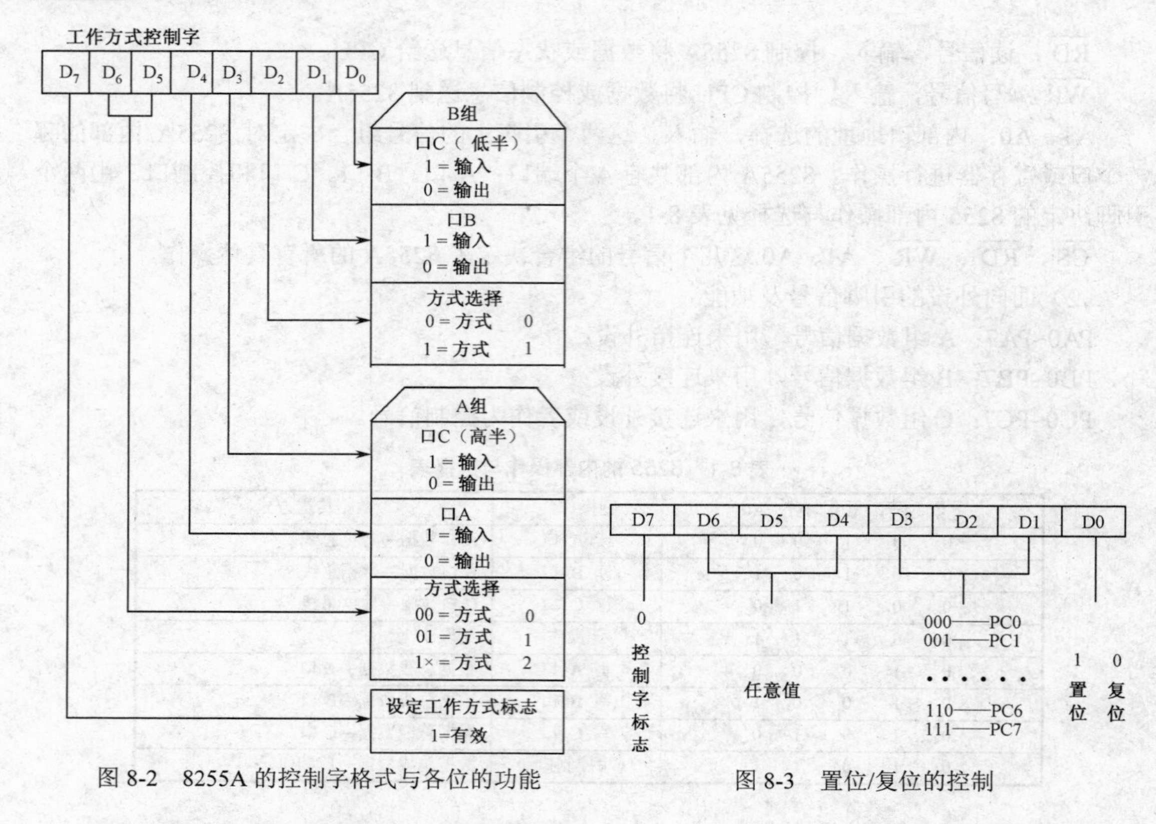

图 8-2　8255A 的控制字格式与各位的功能

图 8-3　置位/复位的控制

8.1.3　三种工作方式的功能

（1）方式 0

方式 0 是一种简单的输入/输出方式，没有规定固定的应答联络信号，可用 A、B、C 三个口的任一位充当查询信号，其余 I/O 口仍可作为独立的端口和外设相连。

方式 0 的应用场合有两种：一种是同步传送；一种是查询传送。

（2）方式 1

方式 1 是一种选通 I/O 方式，A 口和 B 口仍作为两个独立的 8 位 I/O 数据通道，可单独连接外设，通过编程分别设置它们为输入或输出。而 C 口则要有 6 位（分成两个 3 位）分别作为 A 口和 B 口的应答联络线，其余 2 位仍可工作在方式 0，可通过编程设置为输入或输出。

① 方式 1 的输入组态和应答信号的功能如图 8-4 所示。

图 8-4 给出了 8255A 的 A 口和 B 口方式 1 的输入组态。

C 口的 PC3~PC5 用做 A 口的应答联络线，PC0~PC2 则用做 B 口的应答联络线，余下的 PC6~PC7 则可作为方式 0 使用。

应答联络线的功能如下。

$\overline{STB}$：选通输入。用来将外设输入的数据打入 8255A 的输入缓冲器。

IBF：输入缓冲器满。作为 STB 的回答信号。

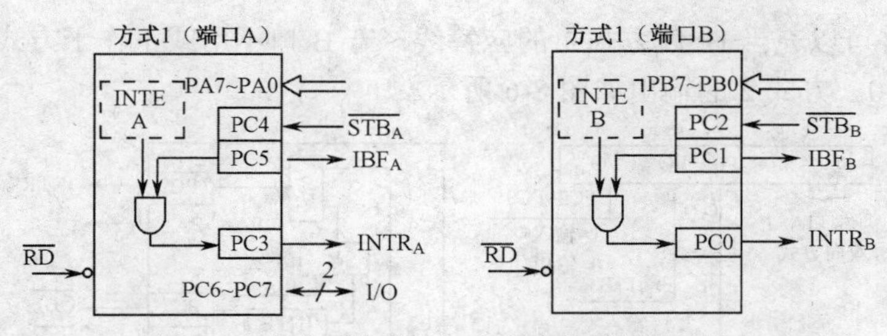

图 8-4　方式 1 的输入组态和应答信号的功能

INTR：中断请求信号。INTR 置位的条件是$\overline{STB}$为高且 IBF 为高且 INTE 为高。

INTE：中断允许。对 A 口来讲，是由 PC4 置位来实现，对 B 口来讲，则是由 PC2 置位来实现。事先将其置位。

	A 口	B 口
$\overline{STB}$：	PC4	PC2
IBF：	PC5	PC1
INTR：	PC3	PC0
INTE：	PC4 置 1	PC2 置 1

② 方式 1 的输出组态和应答信号功能如图 8-5 所示。

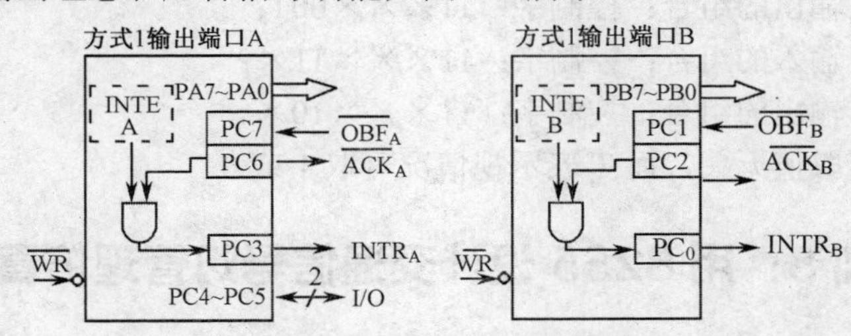

图 8-5　方式 1 的输出组态和应答信号的功能

C 口的 PC3、PC6、PC7 用做 A 口的应答联络线，PC0~PC2 则作为 B 口的应答联络线，余下的 PC4~PC5 则可作为方式 0 使用。

应答联络线的功能如下：

$\overline{OBF}$：输出缓冲器满。当 CPU 已将要输出的数据送入 8255A 时有效，用来通知外设可以从 8255A 中取数。

$\overline{ACK}$：响应信号。作为对$\overline{OBF}$的响应信号，表示外设已将数据从 8255A 的输出缓冲器中取走。

INTR：中断请求信号。INTR 置位的条件是$\overline{ACK}$为高且 OBF 为高且 INTE 为高。

INTE：中断允许。对 A 口来讲，由 PC6 的置位来实现，对 B 口仍是由 PC2 的置位来实现。

（3）方式 2

方式 2 为双向选通 I/O 方式，只有 A 口才有此方式。这时，C 口有 5 根线用做 A 口的应答联络信号，其余 3 根线可用做方式 0，也可用做 B 口方式 1 的应答联络线。

方式 2 就是方式 1 的输入与输出方式的组合，各应答信号的功能也相同。而 C 口余下的 PC0~PC2 正好可以充当 B 口方式 1 的应答线，若 B 口不用或工作于方式 0，则这三条线也可工作于方式 0。方式 2 的输出如图 8-6 所示。

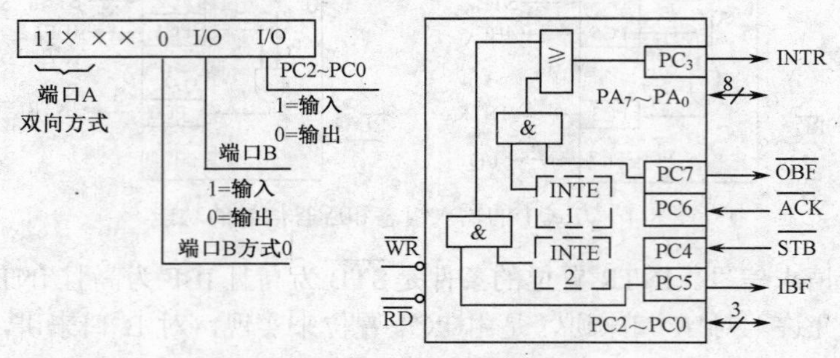

图 8-6 方式 2 的输出

① 方式 2 的应用场合。

方式 2 是一种双向工作方式，如果一个并行外部设备既可以作为输入设备，又可以作为输出设备，并且输入输出动作不会同时进行。

② 方式 2 和其他方式的组合

方式 2 和方式 0 输入的组合：控制字：11×××01T；

方式 2 和方式 0 输出的组合：控制字：11×××00T；

方式 2 和方式 1 输入的组合：控制字：11×××11×；

方式 2 和方式 1 输出的组合：控制字：11×××10×。

其中×表示与其取值无关，而 T 表示视情况可取 1 或 0。

8.1.4 实训 8：用 8255 设计交通信号灯管理仿真

1. 功能说明

模拟一个十字路口东南西北四个方向，每个方向分别设置 3 盏发光二极管（红、绿、黄），要求如下：

东西红灯亮，南北绿灯亮 10s 后；东西黄灯闪 5 次，南北绿灯亮；东西绿灯亮，南北红灯亮 10s 后；东西绿灯亮，南北黄灯闪 5 次。

2. 硬件设计

用 8255 设计交通信号灯管理电路如图 8-7 所示。单片机的 P0 口与 8255 的数据口 D0~D7 连接，同时 P0 口也作为地址总线通过 74HC373 与 8255 的 A1、A0 连接，利用 8255 的 PA 口和 PB 口连接发光二极管。

3. 程序设计

```
            ORG     0000H
            JMP     MAIN
            ORG     0030H
MAIN:       MOV     SP，#60H
            MOV     A，#80H                ;8255 初始化，A 口及 B 口方式 0 输出
```

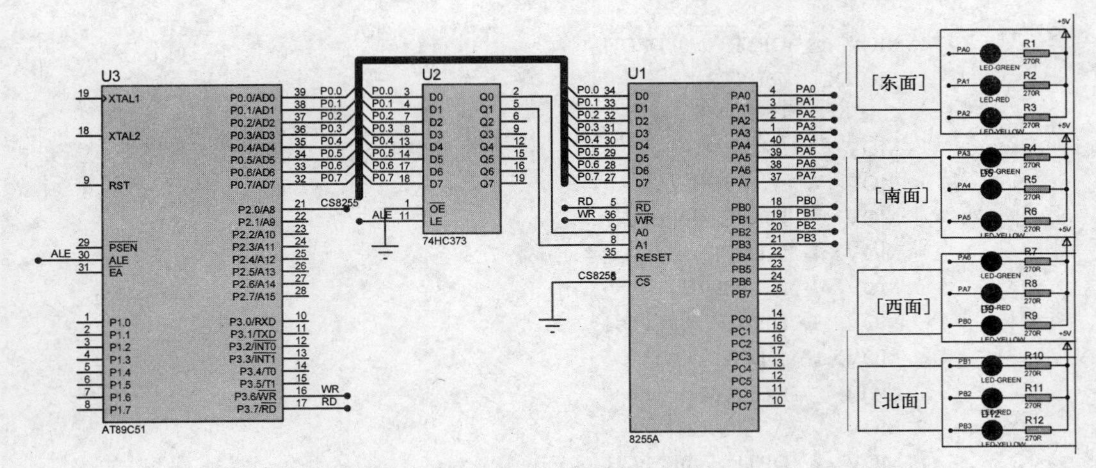

图 8-7 用 8255 设计交通信号灯管理电路

```
        MOV     DPTR，#0FEFFH       ;控制口地址
        MOVX    @DPTR，A
BEGIN:  MOV     A，#75H             ;东西红灯亮、南北绿灯亮程序
        MOV     DPTR，#0FEFCH       ;PA 口
        MOVX    @DPTR，A
        MOV     A，#0FDH
        MOV     DPTR，#0FEFDH       ;PB 口
        MOVX    @DPTR，A
        CALL    DELAY1              ;延时 30s
        MOV     R3，#05H            ;东西黄灯闪 5 次、南北绿灯亮程序
EWY:    MOV     A，#0F3H
        MOV     DPTR，#0FEFCH
        MOVX    @DPTR，A
        MOV     A，#0FCH
        MOV     DPTR，#0FEFDH
        MOVX    @DPTR，A
        CALL    DELAY2
        MOV     A，#0F7H
        MOV     DPTR，#0FEFCH
        MOVX    @DPTR，A
        MOV     A，#0FDH
        MOV     DPTR，#0FEFDH
        MOVX    @DPTR，A
        CALL    DELAY2
        DJNZ    R3，EWY
        MOV     A，#0AEH            ;东西绿灯亮、南北红灯亮程序
        MOV     DPTR，#0FEFCH
        MOVX    @DPTR，A
        MOV     A，0FBH
```

```
            MOV     DPTR，#0FEFDH
            MOVX    @DPTR，A
            CALL    DELAY1                  ;延时 30s
            MOV     R3，#5H                 ;南北黄灯闪 5 次、东西绿灯亮程序
NSY:        MOV     A，#9EH
            MOV     DPTR，#0FEFCH
            MOVX    @DPTR，A
            MOV     A，#0F7H
            MOV     DPTR，#0FEFDH
            MOVX    @DPTR，A
            CALL    DELAY2
            MOV     A，#0BEH
            MOV     DPTR，#0FEFCH
            MOVX    @DPTR，A
            MOV     A，#0FFH
            MOV     DPTR，#0FEFDH
            MOVX    @DPTR，A
            CALL    DELAY2
            DJNZ    R3，NSY
            JMP     BEGIN
DELAY1:     MOV     R7，#250                ;30s 延时子程序
L1:         MOV     R6，#200
L2:         MOV     R5，#200
L3:         DJNZ    R5，L3
            DJNZ    R6，L2
            DJNZ    R7，L1
            RET
DELAY2:     MOV     R7，#8                  ;闪烁延时子程序
L4:         MOV     R6，#200
L5:         MOV     R5，#200
L6:         DJNZ    R5，L6
            DJNZ    R6，L5
            DJNZ    R7，L4
            RET
            END
```

读懂上述程序，应用 Keil 建立 8255.ASM 源程序文件，编辑并汇编产生目标代码文件 8255.HEX。

4. 8255 交通灯的 Protues 仿真

在 Proteus ISIS 中设计如图 8-8 所示的交通灯电路，所用元件在对象选择器中列出。将生成的目标代码文件 8255.HEX 加载到图中单片机的“Program File”属性栏中，并设置时钟频率为 12MHz。

单击“仿真”按钮，启动仿真，如图 8-8 所示。观察发光二极管的显示顺序。

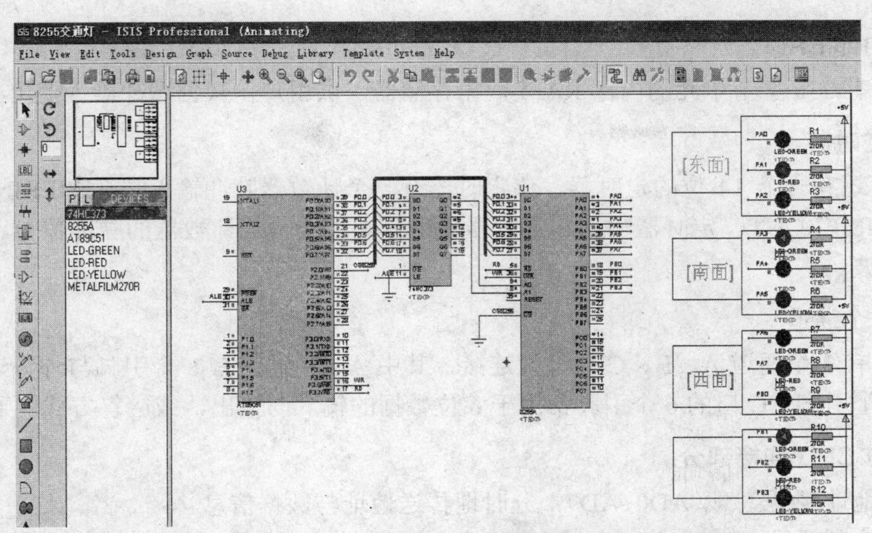

图 8-8 用 8255 设计交通信号灯管理电路仿真片段

8.2 可编程的多功能接口 8155

除 8255 并行接口芯片外，单片机常用的并行接口是 8155 芯片。8155 作为并行接口芯片有许多与 8255 类似之处，如 8155 能并行传送 8 位数据，它有 3 个通道 A、B、C 等。

8155 是能并行传送 8 位数据，具有 256 字节内部 RAM、1 个计数器、3 个通道、4 种工作方式的可编程并行接口芯片（40 引脚）。由此定义读者可根据下面叙述的内容，比较容易的理解 8155 的内部结构、8155 引脚与 CPU 的连接方式等。

8.2.1 8155 的组成及接口信号

8155 的引脚内部结构框图如 8-9 所示。

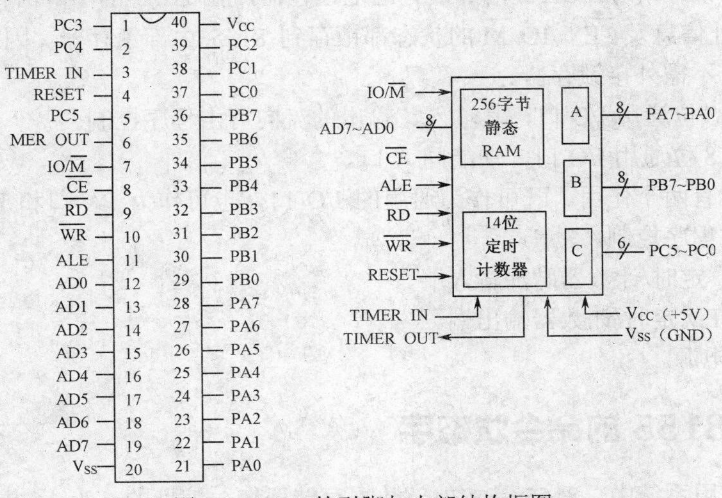

图 8-9 8155 的引脚与内部结构框图

1. 内部 RAM

8155 有 256 字节单元的内部 RAM 数据存储器，供用户作数据缓冲器等使用。

2. 定时器

8155 还有一个 14 位的定时器，该定时器有一个计数器脉冲输入端 TIMERIN 与定时器输出端 TIMEROUT。定时器输入和定时器输出分别用于输入计数器的脉冲信号、输出矩形波或脉冲波。

3. 3 个通道

8155 有 3 个通道 A、B、C 与外设连接，其中 A、B 通道有 8 个引脚与外设连接，C 通道口有 6 个引脚。C 口的 6 个引脚常用于 6 位数据的输入与输出，或应答方式的通信线。

4. 与 CPU 连接部分

（1）地址/数据总线 AD0~AD7：分时地传送地址与数据信息。

（2）控制总线 CB

CPU 要对 8155 的 RAM、I/O 口（A、B、C 口）进行读、写、片选等操作，控制线为片选、复位、读、写等信号。

RST：复位信号输入端，高电平有效。复位后，3 个 I/O 口均为输入方式。

AD0~AD7：三态的地址/数据总线。与单片机的低 8 位地址/数据总线（P0 口）相连。单片机与 8155 之间的地址、数据、命令与状态信息都是通过这个总线口传送的。

$\overline{RD}$：读选通信号，控制对 8155 的读操作，低电平有效。

$\overline{WR}$：写选通信号，控制对 8155 的写操作，低电平有效。

$\overline{CE}$：片选信号线，低电平有效。

IO/$\overline{M}$：8155 的 RAM 存储器或 I/O 口选择线。当 IO/$\overline{M}$=0 时，则选择 8155 的片内 RAM，AD0~AD7 上地址为 8155 中 RAM 单元的地址（00H~FFH）；当 IO/$\overline{M}$=1 时，选择 8155 的 I/O 口，AD0~AD7 上的地址为 8155 I/O 口的地址。

ALE：地址锁存信号。8155 内部设有地址锁存器，在 ALE 的下降沿将单片机 P0 口输出的低 8 位地址信息及$\overline{CE}$，IO/$\overline{M}$的状态都锁存到 8155 内部锁存器。因此，P0 口输出的低 8 位地址信号不需外接锁存器。

PA0~PA7：8 位通用 I/O 口，其输入、输出的流向可由程序控制。

PB0~PB7：8 位通用 I/O 口，功能同 A 口。

PC0~PC5：有两个作用，既可作为通用的 I/O 口，也可作为 PA 口和 PB 口的控制信号线，这些可通过程序控制。

TIMER IN：定时/计数器脉冲输入端。

TIMER OUT：定时/计数器输出端。

V_{CC}：+5V 电源。

8.2.2 8155 的命令状态字

在单片机应用系统中，8155 是按外部数据存储器统一编址的，为 16 位地址，其高 8 位由片选线$\overline{CE}$提供，$\overline{CE}$=0，选中该片。

当$\overline{CE}$=0，IO/$\overline{M}$=0 时，选中 8155 片内 RAM，这时 8155 只能作片外 RAM 使用，其 RAM 的低 8 位编址为 00H~FFH；当$\overline{CE}$=0，IO/$\overline{M}$=1 时，选中 8155 的 I/O 口，其端口地址的低 8 位由 AD7~AD0 确定，见表 8-2。这时，A、B、C 口的口地址低 8 位分别为 01H、02H、03H（设地址无关位为 0）。

表 8-2　8155 的端口地址

AD7~AD0								选择 I/O 口
A7	A6	A5	A4	A3	A2	A1	A0	
×	×	×	×	×	0	0	0	命令/状态寄存器
×	×	×	×	×	0	0	1	A 口
×	×	×	×	×	0	1	0	B 口
×	×	×	×	×	0	1	1	C 口
×	×	×	×	×	1	0	0	定时器低 8 位
×	×	×	×	×	1	0	1	定时器高 6 位及方式

1. 工作方式控制字

8155 的 A 口、B 口可工作于基本 I/O 方式或选通 I/O 方式。C 口可工作于基本 I/O 方式，也可作为 A 口、B 口在选通工作方式时的状态控制信号线。当 C 口作为状态控制信号时，其每位线的作用如下。

PC0：AINTR（A 口中断请求线）。

PC1：ABF（A 口缓冲器满信号）。

PC2：$\overline{ASTB}$（A 口选通信号）。

PC3：BINTR（B 口中断请求线）。

PC4：BBF（B 口缓冲器满信号）。

PC5：$\overline{BSTB}$（B 口选通信号）。

8155 的 I/O 工作方式选择是通过对 8155 内部命令寄存器设定控制字实现的。命令寄存器只能写入，不能读出，命令寄存器的格式如图 8-10 所示。

在 ALT1~ALT4 的不同方式下，A 口、B 口及 C 口的各位工作方式如下。

ALT1：A 口、B 口为基本输入/输出，C 口为输入方式。

ALT2：A 口、B 口为基本输入/输出，C 口为输出方式。

ALT3：A 口为选通输入/输出，B 口为基本输入/输出。PC0 为 AINTR，PC1 为 ABF，PC2 为$\overline{ASTB}$，PC3~PC5 为输出。

ALT4：A 口、B 口为选通输入/输出。PC0 为 AINTR，PC1 为 ABF，PC2 为$\overline{ASTB}$，PC3 为 BINTR，PC4 为 BBF，PC5 为$\overline{BSTB}$。

2. 状态控制字

8155 内还有一个状态寄存器，用于锁存输入/输出口和定时/计数器的当前状态，供 CPU 查询用。状态寄存器的端口地址与命令寄存器相同，低 8 位也是 00H，状态寄存器的内容只能读出不能写入。所以可以认为 8155 的 I/O 口地址 00H 是命令/状态寄存器，对其写入时作为命令寄存器；而对其读出时，则作为状态寄存器。

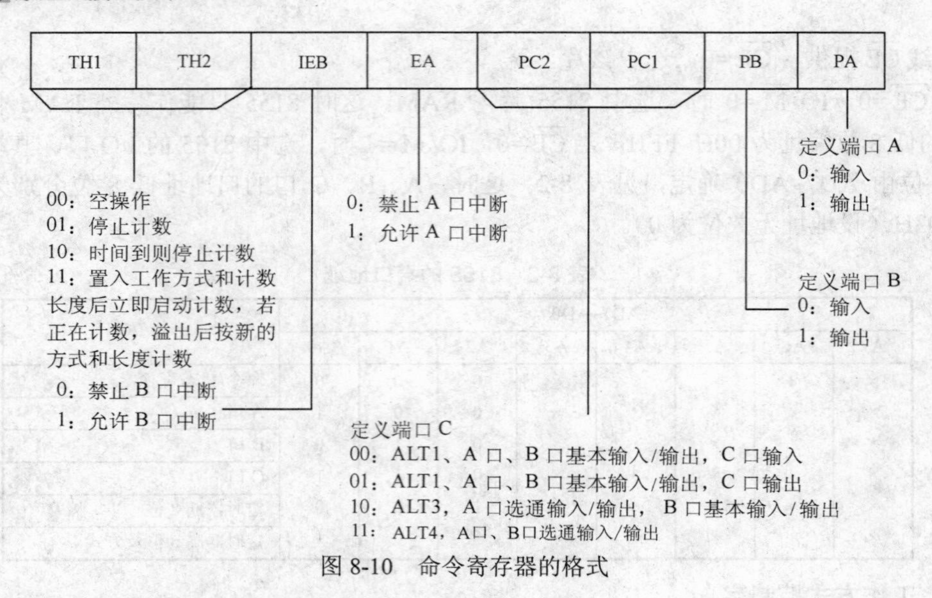

图 8-10　命令寄存器的格式

8155 状态寄存器的格式如图 8-11 所示。

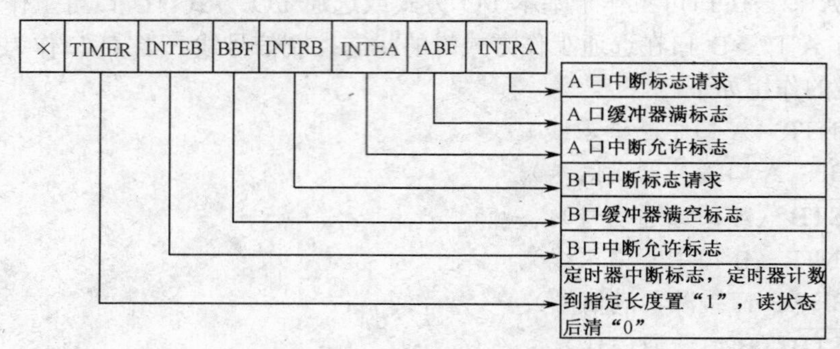

图 8-11　8155 状态寄存器的格式

3. 8155 的定时/计数器

8155 内部的定时/计数器实际上是一个 14 位的减法计数器，它对 TIMER IN 端输入脉冲进行减 1 计数，当计数结束（即减 1 计数“回 0”）时，由 TIMER OUT 端输出方波或脉冲。当 TIMER IN 接外部脉冲时，为计数方式；接系统时钟时，可作为定时方式。

定时/计数器由两个 8 位寄存器构成，其中的低 14 位组成计数器，剩下的两个高位（M2，M1）用于定义输出方式。其格式如下：M_2M_1=00，输出单个方波；M_2M_1=01，输出连续方波；M_2M_1=10，输出单个脉冲；M_2M_1=11，输出连续脉冲。这 4 种输出信号的形式如图 8-12 所示。

8.2.3　8155 与 MCS-51 单片机的连接

8155 与 MCS-51 单片机的连接比较简单，因为 8155 的许多信号与 MCS-51 单片机兼容，可以直接连接。

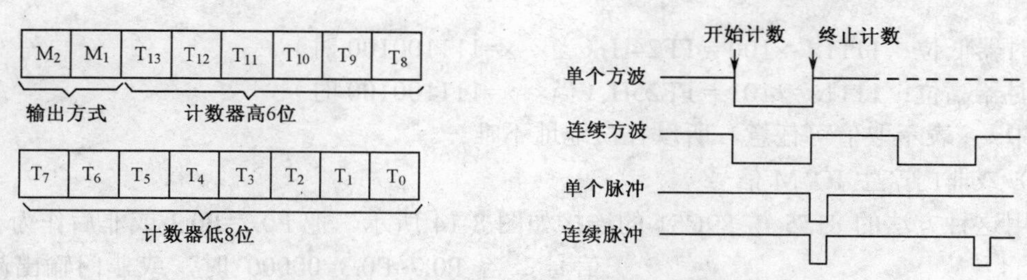

图 8-12　定时器的记数结构与输出信号

1. 地址与数据总线引脚 AD0~AD7

MCS-51 与 8155 地址、数据线连接方法是，MCS-51 的 P0 口与 8155 的 AD 总线直接连接，MCS-51 的地址锁存信号 ALE 与 8155 的 ALE 直接连接，如图 8-13 所示。

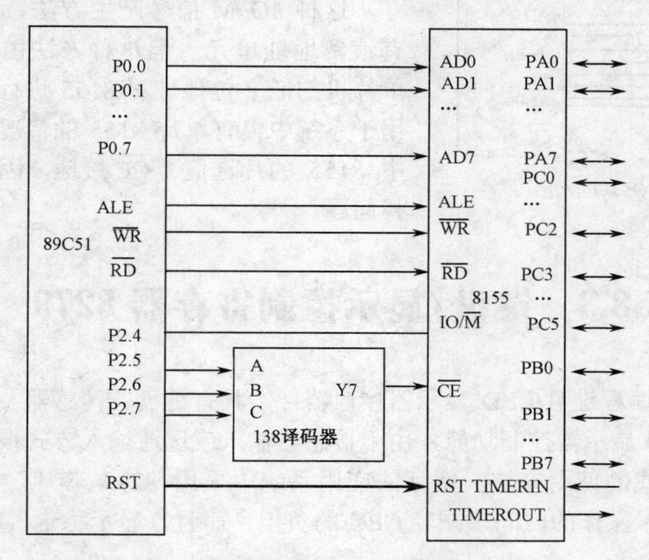

图 8-13 高位地址直接作为 IO/$\overline{\mathrm{M}}$ 信号

2. 控制总线 CB

（1）高位地址直接作为 IO/$\overline{\mathrm{M}}$ 信号

RAM 与 I/O 口选择信号 IO/$\overline{\mathrm{M}}$：用 MCS-51 的地址线 P2.4 与 IO/$\overline{\mathrm{M}}$ 连接称直接连接法。

片选信号 $\overline{\mathrm{CE}}$：由 89C51 的 P2.5~P2.7 经 138 译码器 $\overline{\mathrm{Y7}}$ 产生。

当 P2.4= IO/$\overline{\mathrm{M}}$ =0 时，选择 8155 内部 RAM，8155 内部 RAM 的地址是：111 0 × × × × 00000000~111 0 × × × ×11111111。其中，×表示该位可取任意值，由此可知用该连接方法 8155 内部 RAM 的地址不唯一，当所有×为 0 时，内部 RAM 的地址从 E000H~E0FFH。

当 P2.4= IO/$\overline{\mathrm{M}}$ =1 时选择 8155I/O 口及控制寄存器。各口地址如下：

命令状态寄存器：1111×~×000 = FF20H（当×~×=111100100 时）

A 口：1111×~×001 = FF21H（当×~×=111100100 时）

B 口：1111×~×010 = FF22H（当×~×=1111 00100 时）

C 口：1111×~×011 = FF23H（当×~×=111100100 时）

定时器低位：1111×~×100 = FF24H（当×~×=111100100 时）

定时器高位：1111×~×101 = FF25H（当×~×=111100100 时）

其中×~×表示取值可任意，所以各口地址不唯一。

（2）或非门产生 IO/$\overline{\text{M}}$ 信号

使用这种方法的 8155 与 89C51 的连接如图 8-14 所示。把 P0.7~P0.3 或非后作为 IO/$\overline{\text{M}}$ 信号。当 P0.7~P0.3=00000 时，或非门输出高电平（IO/$\overline{\text{M}}$=1），对应 8155 的 6 个可编址端口，其地址依次为 00H~05H。当 P0.7~P0.3 为其他各种状态组合时，或非门都输出低电平（IO/$\overline{\text{M}}$=0），对应着 8155 的内部 RAM，地址范围为 08H~FFH。

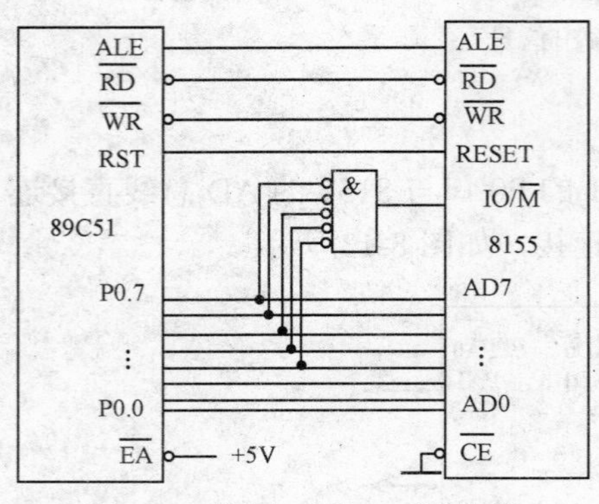

图 8-14 或非门产生 IO/$\overline{\text{M}}$ 信号

这种 IO/$\overline{\text{M}}$ 信号产生方法，地址紧凑，几乎没有浪费地址单元。但这种方法由于仅使用 MCS-51 单片机的低 8 位地址对 8155 进行编址，因此只能适用于系统中仅有单片 8155 的情况。为此，在连接图中 8155 的片选信号 $\overline{\text{CE}}$ 接地，因为不存在芯片的选择问题。

8.3 键盘/显示控制寄存器 8279

8279 是一种可编程键盘/LED 显示器接口器件，具有键盘、传感器及选通三种输入方式和 8 位或 16 位 LED 显示器控制功能，由于传感器输入或选通输入方式很少使用，在本节只介绍其键盘输入方式的使用方法。实际的应用系统中采用 8279 芯片，不仅可以大大节省 CPU 处理键盘或显示操作的时间，减轻 CPU 的负担，而且，显示稳定，编程简单。

8.3.1 8279 的组成与接口信号

1. 8279 的组成

按功能分，8279 的内部结构可分为 3 个部分，如图 8-15 所示。

（1）接口、时序和控制部分。

数据缓冲器。8279 中有一个双向的数据缓冲器，用于连接内、外部总线，实现单片机和 8279 之间交换信息（命令和数据）。

I/O 控制电路。I/O 控制电路接收系统的 $\overline{\text{RD}}$、$\overline{\text{WR}}$、$\overline{\text{CS}}$ 和 A0 信号，实现对 8279 进行读写操作。其中 A0 用于交换的区别信息类型，当 A0=1 时，表示写入 8279 的信息为命令，从 8279 读出的信息为状态；当 A0=0 时，表示写入或读出 8279 的信息均为数据。

控制寄存器。8279 中有多个控制寄存器，用于指定键盘和显示器的工作方式，这些控制寄存器共用一个地址，由于 8279 的每个命令字中都含有特定的信息，使得写入 8279 的命令会被送到不同的控制寄存器中，然后，通过译码产生相应的信号，从而完成相应的功能。

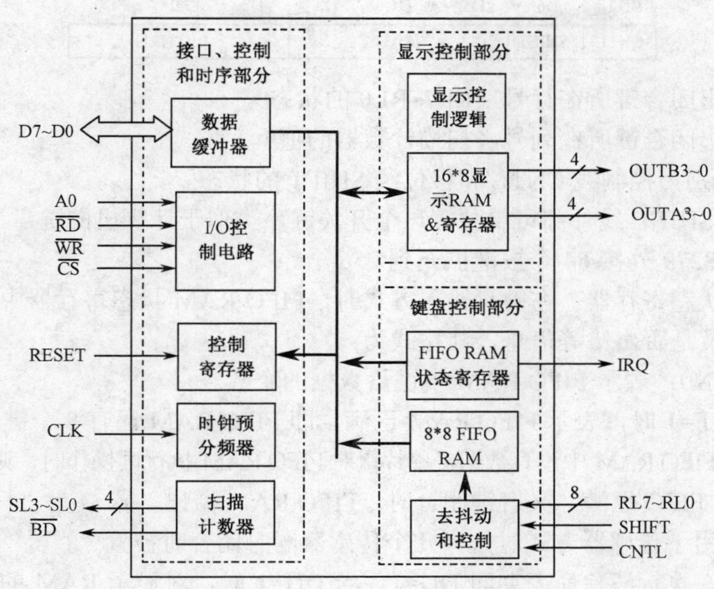

图 8-15　8279 内部结构图

时钟预分频器（Clock Pre Scaler）。8279 内部工作的时钟频率为 100kHz，为了得到这个时钟，有一个专门的时钟分频器（计数器），通过编程指定该分频器对外部 CLK 信号进行 2~31 级分频，以便得到内部所需的 100kHz 时钟。

扫描计数器。8279 通过扫描计数器产生键盘和显示器的扫描信号（SL3~SL0），扫描计数器可输出两种不同的扫描信号。当键盘工作在编码（encoded）方式时，扫描计数器作二进制计数，从 SL3~SL0 输出的是 4 位二进制计数状态，必须通过外部译码电路产生对键盘和显示器的扫描信号；当键盘工作在译码（decoded）方式时，由 8279 的内部对计数器的最低两位进行译码，从 SL3~SL0 输出的就是对键盘或显示器的扫描信号，在这种情况下，只能有 4 位 LED 显示器。

（2）显示控制部分。显示控制部分主要由显示控制逻辑电路和 16 字节的显示 RAM 及显示寄存器组成。显示 RAM 用来存放显示数据；显示寄存器分为两组，OUTA3~0 和 OUTB3~0 可以单独 4 位输出，也可以合成为 8 位（1 字节）输出，以字节输出时，OUTA3 对应数据总线的 D7，OUTB0 对应数据总线的 D0。8279 工作时，显示寄存器不停地从显示 RAM 中读出显示数据，然后，从 OUTA3~0 和 OUTB3~0 输出，与输出的扫描信号（SL3~SL0）配合实现多位 LED 的循环显示。

（3）键盘控制部分。键盘控制部分主要由去抖动控制电路、8 字节的先进先出（FIFO）RAM 和 FIFO RAM 状态寄存器组成。

去抖动控制电路。键盘工作方式中，回复线（Return line）RL7~RL0 是行列式键盘的输入线，当 8279 发现有键闭合时，就把回复线的状态锁存到回复缓冲器中，延时 10ms（内部时钟频率为 100kHz 时），再一次检测闭合键的状态，如果仍然闭合，就把闭合键的信息及 SHIFT 和 CNTL 引脚的状态一起形成一个键盘数据送入 FIFO RAM。

FIFO RAM。在键盘方式时，FIFO RAM 用于存放键盘数据。键盘数据的格式如下：

D7	D6	D5	D4	D3	D2	D1	D0
CNTL	SHIFT	SCAN			RETURN		

D2~D0：指出闭合键所在行号（RL7~RL0 的状态）。

D5~D3：指出闭合键所在列号（扫描计数器的值）。

D7、D6：分别为控制线 CNTL 和移位线 SHIFT 的状态。

CNTL 线和 SHIFT 线外部可单独接一个开关键，类似于计算机的键盘，通过 CNTL 和 SHIFT 线可以使 8279 外接 64 个按键扩充到 256 个。

FIFO RAM 状态寄存器。在键盘输入方式时，FIFO RAM 状态寄存器中含有 FIFO RAM 中闭合键的个数及是否出错等信息，其格式为：

D2~D0（NNN）：表示 FIFO RAM 中键盘数据的个数。

D3（F）：当 F=1 时，表示 FIFO RAM 已满，即 FIFO RAM 已有 8 个键盘数据。

D4（U）：当 FIFO RAM 中没有数据，单片机对 FIFO RAM 执行读操作时，则置 U 为“1”。

D5（O）：当 FIFO 已满，又有键闭合时，FIFO RAM 溢出，置 O 为“1”。

D6（S/E）：用于传感器方式时，当几个传感器同时闭合时被置“1”。

D7（DU）：在执行清除命令期间 DU=1，当 DU=1 时，对显示 RAM 的写操作无效。因此，在执行清除命令后，需要读 FIFO RAM 状态寄存器，只有在清除命令执行完成后（DU=0），才能进行对显示 RAM 的写操作。

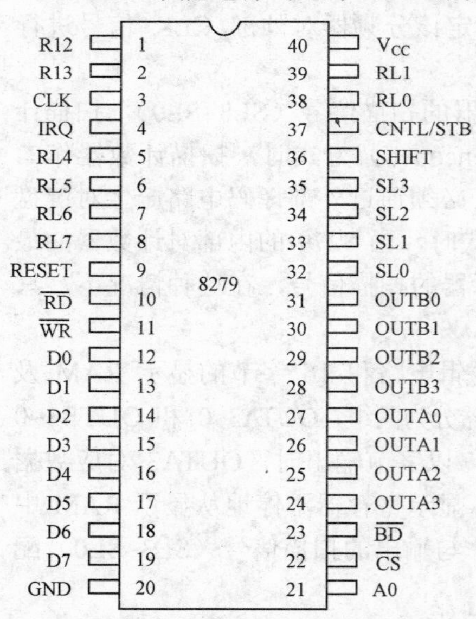

图 8-16　8279 引脚的定义

当 FIFO RAM 中有键盘数据时，IRQ 被 8279 置为高电平，程序可以通过查询 IRQ 确认是否有键被按下；IRQ 信号取反后也可以作为中断请求信号，当有键闭合时，单片机通过中断方式读取键值。

2. 8279 的接口信号

常见的 8279 芯片为 40 脚的 DIP 封装，引脚的定义如图 8-16 所示：

D0~D7：数据总线，用于传送单片机和 8279 之间的数据、命令或状态信息。

CLK：外部时钟输入，作于产生内部工作时序。8279 内部有一个可编程的 5 位计数器，对外部时钟进行 2~31 分频，产生 100kHz 的内部定时信号。

RESET：复位信号，高电平有效。当 8279 复位后，8279 工作于左入、16 位 LED 显示，译码键盘扫描，双键互锁，外部时钟分频为 31。

$\overline{CS}$：选信号，低电平有效。当 $\overline{CS}$ 有效时，允许对 8279 进行读、写操作。

A0：缓冲器地址。A0 用于标识单片机和 8279 交换的信息特征，当 A0=1 时，写入 8279 的信息为命令，读出的是状态；当 A0=0 时，写入和读出的信息均为数据。

$\overline{RD}$、$\overline{WR}$：读、写控制信号。

IRQ：中断请求（Interrupt Request）。在键盘方式时，当 FIFO RAM 中有数据时，IRQ

变为高电平，当读 FIFO RAM 时，IRQ 变为低电平，读一次后，若 FIFO RAM 中仍有数据，IRQ 重新变为高电平；在传感器方式，当检测到一个传感器变化时，IRQ 变为高电平。

GND、V_{CC}：数字地和电源引脚。

SL0~SL3（Pin 32~ Pin 35）：扫描线（Scan Line）：扫描线用于对键盘和对 LED 显示器的位进行扫描。

RL0~RL7（Pin 38、Pin 39、Pin 1、Pin 2、Pin 5~Pin 8）：反馈输入线（Return Line）。RL0~RL7 为输入引脚，外接键盘或传感器阵列，内部有上拉电阻。当有键闭合时，8279 通过组合 RL0~RL7 和 SL0~SL3 的状态可以确定闭合所在的行和列，并把闭合键的键位置送入键盘 FIFO RAM 中，同时设置 IRQ 为高电平。

SHIFT（Pin 36）线：SHIFT 为输入引脚，内部有上拉电阻，外部常接一个独立的开关按键，类似于计算机键盘上的换挡键（SHIFT），8279 可以直接连接 64 个的开关按键，通过 SHIFT 线，可以将按键数量扩充到 128 个。SHIFT 的状态会被记录在 FIFO RAM 中。

CNTL（Pin 37）控制线（Control）：与 SHIFT 类似，通过 CNTL 也可以扩充按键数量。SHIFT 和 CNTL 共有 4 种组合，通过 SHIFT 和 CNTL 可使 8279 连接的按键数量增加到 256 个。

OUTA3~OUTA0、OUTB3~OUTB0： 显示数据段码（字形码）输出线。8279 工作时，由 OUTA3~OUTA0、OUTB3~OUTB0 输出显示数据的段码，OUTA3 对应 8 段 LED 的 dp，OUTB0 对应 8 段 LED 的 a，由 SL0~SL3 输出显示的位，两者配合实现 8 位或 16 位 LED 的动态显示。

$\overline{\text{BD}}$（pin 23）消隐输出线（Blank Display），低电平有效。当显示器切换或使用消隐命令时，输出为低。

8.3.2 8279 的操作命令

1. 命令字

8279 共有 8 个命令字。每个命令字的高 3 位 D7、D6 和 D5 为命令特征位，虽然所有的命令都送到同一的端口，但由于特征位不同，8279 可以区别各个不同的命令。

（1）键盘/显示工作方式设置命令字。该命令字用于设置键盘和显示器的工作方式，格式如下：

D7	D6	D5	D4	D3	D2	D1	D0
0	0	0	D	D	K	K	K

命令特征位：D7D6D5=000

D4、D3 位：用来设定显示（Display）方式，定义如下：

00：8 个字符显示，从左边输入。

01：16 个字符显示，从左边输入。

10：8 个字符显示，从右边输入。

11：16 个字符显示，从右边输入。

8279 最多可用来控制 16 位的 LED 显示，当显示位数超过 8 位时，均设定为 16 位字符显示。LED 有两种显示方式：即左边输入和右边输入。左边输入是较简单的方式，显示 RAM 单元 0 对应显示器最左边的位；显示 RAM 单元 7（或 15）对应显示器的最右边的位。单片机写入单元的地址和显示的位之间的对应关系是固定的，单片机依次从 0 地址或某一个地址开始将段码数据写入显示缓冲区。

当写完 16 个数据后，第 17 个数据将被写到显示 RAM0，即显示器的最左边。从 0 地址写入 18 个数据的过程如图 8-17 所示。

右面输入方式是一种“移位”输入方式，计算器一般都是采用这种显示方式，当向显示 RAM 写入第一个字符时，显示在最右边，写入第二个字符时，第一次写入的字符左移 1 位显示，而第二次写入的字符显示在最右边，每次写入一个字符后，原来显示的字符自动左移一位，最后写入的字符总是显示在最右边，当写入第 9（或 17）个字符后，原最左边的显示的字符被移出。从 0 地址写入 18 个数据时，显示 RAM 中的内容与左边输入时相同，但右边输入时，显示 RAM 的地址和显示字符的位置并不存在对应关系，向显示 RAM 的某指定单元写入一个字符时，可能得到意想不到的结果，即字符显示的位置不确定。因此，在右边输入方式时，建议第一次要从显示 RAM 单元 0 开始写入字符。

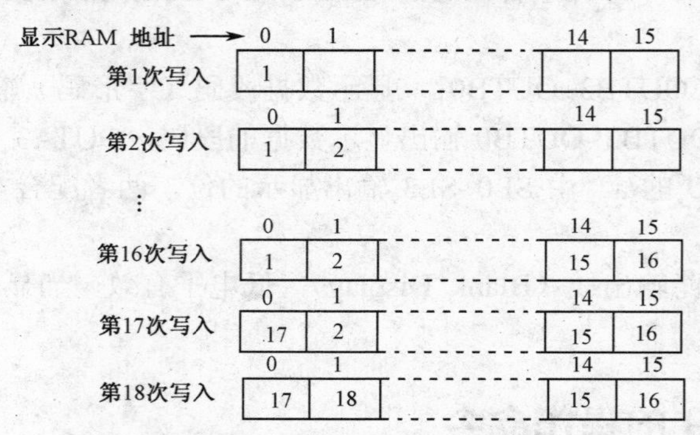

图 8-17　段码数据写入显示缓冲区的过程

D2D1D0 位：用来设定键盘（Keyboard）工作方式，定义如下：

000：编码扫描键盘方式，双键互锁。

001：译码扫描键盘方式，双键互锁。

010：编码扫描键盘方式，N 键依次读出。

011：译码扫描键盘方式，N 键依次读出。

100：编码扫描传感器矩阵。

101：译码扫描传感器矩阵。

110：选通输入，编码显示扫描。

111：选通输入，译码显示扫描。

编码扫描键盘方式实际上是外部译码扫描键盘方式，8279 内部的计数器做二进制计数，四位二进制数从 SL3~SL0 输出，通过外部译码器（16 选 1）产生键盘/显示器的扫描信号。译码扫描键盘方式为内部译码工作方式，此时，SL3~SL0 输出已经是 4 选 1 的扫描信号，这种方式扫描线最多只能有 4 条。

双键互锁和 N 键依次读出是两种不同的多键同时按下的保护方式。双键互锁方式就是当键盘上同时有两个键被按下时，任何键的信息都不送 FIFO RAM，只剩一个键闭合时，该键的信息编码才被送到 FIFO 键盘 RAM；N 键依次读出方式为：当有多个键同时按下时，键盘扫描根据发现它们的次序，依次将它们的状态送入 FIFO RAM。

在介绍了键盘的扫描方式后，再谈谈显示器的“左边输入”和“右边输入”显示问题。左边输入时，显示 RAM 的单元 0 对应最左边的显示字符，这里所谓的“最左边”显示字符对应的 SL3~0 输出状态为 0000（编码键盘扫描方式），如外部用 74LS138 译码产生显示扫描信号，则连接 74LS138 的 Y0 端的 LED 显示器应为最左边的显示器，在绘制 PCB 电路图时一定要注意这个问题。当键盘工作在译码扫描方式时，SL0 接的 LED 为最左边。右边输入时，最右边显示器亮时对应的 SL3~0 为 1111（编码键盘扫描方式）；当键盘工作在译码扫描方式时，SL3 接的 LED 为最右边。

（2）时钟编程命令。8279 内部定时信号（100kHz）由外部的输入的时钟经过分频后产生，分频系数由时钟编程命令确定，命令格式如下：

D7	D6	D5	D4	D3	D2	D1	D0
0	0	1	P	P	P	P	P

命令特征位：D7D6D5=001。

D4~D0 位（PPPPP）为分频系数，可在 2~31 中进行选择。内部时钟频率控制着扫描时间和键盘去抖动时间的长短，当内部时钟为 100kHz 时，则扫描时间为 5.1ms，去抖动时间为 10.3ms 。例如，设外部时钟频率为 1MHz，则要产生 100kHz 的内部定时信号，需要进行 10 分频，即 PPPPP=01010B=10，此时的时钟命令字为 2AH。

（3）读 FIFO RAM 命令。读 FIFO RAM 命令的格式为：

D7	D6	D5	D4	D3	D2	D1	D0
0	1	0	AI	×	A	A	A

命令特征位：D7D6D5=010。

在传感器方式时，在 CPU 读 FIFO RAM 之前，必须用这条命令设定要读出的传感器 RAM 地址。由于传感器 RAM 的容量为 8 字节，因此，需要用命令字中的 3 位二进制代码 AAA 指定地址。命令字中的 AI 为自动增量（Automatic Increacement）特征位。若 AI=1，则每次读出传感器 RAM 后，地址将自动加 1，使地址指针指向按顺序的下一个存储单元，这样，下一次读数便从下一个地址读出，而不必重新设置读 FIFO RAM 命令。

在键盘工作方式中，由于读出操作严格按照先入、先出（FIFO）的顺序进行，命令中的 AI 和 AAA 不起作用。

（4）读显示 RAM 命令。命令格式为：

D7	D6	D5	D4	D3	D2	D1	D0
0	1	1	AI	A	A	A	A

命令的特征位：D7D6D5=011。

在 CPU 读显示 RAM 时，必须先执行读显示 RAM 命令。该命令字用来设定将要读出的显示 RAM 的地址，4 位二进制代码 AAAA 用来寻址 16 字节的显示 RAM 单元，如果自动增量位 AI=1，则每次读出后，地址自动加 1。

（5）写显示 RAM 命令。命令格式为：

D7	D6	D5	D4	D3	D2	D1	D0
1	0	0	AI	A	A	A	A

命令特征位：D7D6D5=100

在 CPU 写显示 RAM 时，必须先执行写显示 RAM 命令，该命令字用来设定第一次要写入的显示 RAM 的地址，4 位二进制代码 AAAA 用来寻址显示 RAM，如果自动增量特征位 AI=1，则每次写入后，地址自动加 1。

（6）显示 RAM 禁止写入/消隐命令。命令格式为：

D7	D6	D5	D4	D3	D2	D1	D0
1	0	1	×	IW_A	IW_B	BL_A	BL_B

命令特征位：D7D6D5=101

IW_A 和 IW_B 为 A 组和 B 组显示 RAM 写入屏蔽位。例如，当 IW_A=1 时，A 组的显示 RAM 禁止写入，即单片机写入显示器 RAM 的数据不会影响 OUTA3~0 的输出，这种情况通常在采用双 4 位显示时使用，因为两个 4 位显示器是相互独立的，为了给其中一个 4 位显示器输入数据，而又不影响另一个 4 位显示器，因此，必须对另一组的输入实行屏蔽。BL_A 和 BL_B 位用于对两组显示输出消隐（Blank），若 BL_x=1，则 8279 的/$\overline{BD}$引脚输为低电平，对应的 OUTx3~0 被消隐（熄灭），若 BL_x=0，则恢复显示。

（7）清除命令。清除命令用于清除 FIFO RAM 和显示 RAM，命令格式为：

D7	D6	D5	D4	D3	D2	D1	D0
1	1	0	CD	CD	CD	CF	CA

命令特征位：D7D6D5=110

D4D3D2（CD、CD、CD）位用于设定清除显示 RAM 的方式，意义如下：

10×：将显示 RAM 全部清 0。

110：将显示 RAM 全部清为 20H。

111：将显示 RAM 全部清为 FFH。

0××：CA=0 时，不清除；CA=1 时，清除方式由 D3D2 决定

D1（CF）位用于清空 FIFO RAM。当 CF=1 时，执行清除命令后，FIFO RAM 被清空，同时，使中断请求输出线 IRQ 复位。

D0（CA）位为总清位，当 CA=1 时，可同时完成对显示 RAM 和 FIFO RAM 的清除，对显示 RAM 的清除方式由 D3D2 位决定。

执行清除命令大约需要 160μs 的时间，在此期间，FIFO RAM 的状态寄存器的最高位 DU=1，当清除命令执行完成后，DU=0。在 DU=1 时，不能对显示 RAM 写数据。

（8）结束中断/特定错误方式设置命令。此命令有两种不同的作用，在传感器方式时，作为中断结束命令；在键盘方式时，作为特定错误方式设置命令。该命令的格式为：

D7	D6	D5	D4	D3	D2	D1	D0
1	1	1	E	×	×	×	×

命令特征位：D7D6D5=111

当键盘工作于 N 键依次读出方式时，如果单片机给 8279 写入特定方式设置命令字（E=1），则 8279 以一种特定的错误方式工作，这种方式的特点是在消抖动期间，如果发现

多个键被同时按下，则 FIFO RAM 状态寄存器中的错误特征位 S/E 被置 1，同时 IRQ 变为高电平。S/E 位置 1 会阻止对 FIFO RAM 的进一步写操作。执行清除命令时，S/E 被复位。这个命令使用较少。

2. 8279 的操作方法

8279 有两个端口，一个命令端口和一个数据端口。对 8279 的操作有四种情况：

① 写命令端口。写入命令端口的信息为命令字，命令字规定了 8279 的工作方式。

② 读命令端口。从命令端口读出的信息为 FIFO RAM 状态寄存器的内容。

③ 写数据端口。写入数据端口的信息为显示字符的段码，8279 内部有 16 字节的显示 RAM，写入的显示段码被存储在显示 RAM 中。

④ 读数据端口。从数据端口读入的是 FIFO RAM 中键盘数据或显示 RAM 中的数据。

写命令端口时，由于各命令字的特征位不同，向同一端口写入的各种命令实际上是被写到了 8279 内部的不同的命令寄存器中，因此，写命令端口的操作可以直接进行；读命令端口时，由于只有一个状态寄存器，故读命令端口的操作也可以直接进行。

而读、写数据端口时，则不同，需要先执行读、写数据端口的命令，然后，才能对数据端口进行读写，如在读显示 RAM 数据前，要先执行读显示 RAM 的命令；读 FIFO RAM 前，要先执行读 FIFO RAM 的命令；写显示 RAM 数据前，要先执行写显示 RAM 的命令；如果不先执行读、写数据端口的命令，当从 8279 的数据口进行读数据时，8279 便不知是从显示 RAM 读还是从 FIFO RAM 读。

8.3.3 实训 9：8279 在键盘/显示接口中的应用仿真

1. 功能说明

单片机利用 8279 接口控制一个矩阵键盘和 6 个数码管，要求初始状态 6 个数码管上从左向右依次显示 012345，然后有键按下时在左边第一个数码管上显示相应的数字。

2. 硬件设计

8279 在键盘/显示接口硬件电路图 8-18 所示。D7~D0 直接边至 P0 口；读引脚 $\overline{RD}$ 接单片机的读信号（$\overline{RD}$）；写引脚接单片机的写信号（$\overline{WR}$）；CLK 引脚接单片机的 ALE 信号，ALE 信号的频率为系统晶体振荡器频率的 1/6；A0 接地址总线 A0。IRQ 通过一个反相器接单片机的 $\overline{INT1}$ 引脚。当有键闭合时，IRQ 变为高电平，可以通过中断方式读取键值。

与键盘的接口电路。16 个按键接成矩阵形式，由 RL3~RL0 组成行线，SL2~SL0 通过译码器 74LS138 的输出 Y0~Y3 组成列线（或扫描线）。当有键闭合时，读入的 RL3~RL0 不全为零，根据 Y0~Y3 的状态即可确定闭合键所在的位置。如前所述，当有键闭合时，8279 键值数据存入 FIFO RAM 中，然后送出显示。

3. 程序设计

对 8279 的编程一般可分成三部分，第一部分对 8279 初始化编程，规定其键盘和显示器的工作方式及对外部 CLK 信号的分频系数等；第二部分为检查键盘情况，当有键按下时，读取键值，然后，进行相应的处理；第三部分为显示部分，即将待显示字符的段码送写入显示 RAM 进行显示。

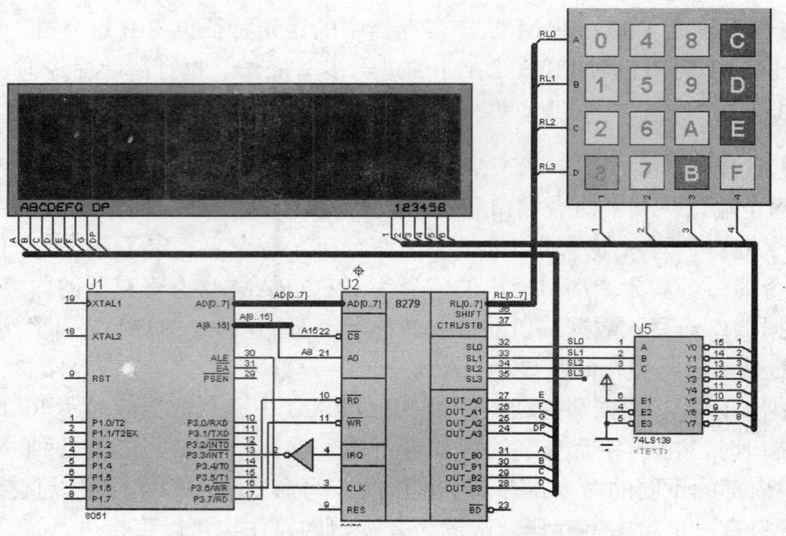

图 8-18　8279 键盘/显示接口硬件电路图

```
        ORG     0000H
        START:  LJMP MAIN
        ORG     0013H
        LJMP    PKEYI
        ORG     0030H
MAIN：  MOV     SP，#60H          ;主程序
        MOV     70H，#00          ;设置显示缓冲区初值
        MOV     71H，#01
        MOV     72H，#02
        MOV     73H，#03
        MOV     74H，#04
        MOV     75H，#05
        MOV     76H，#06
        MOV     77H，#07
        LCALL   INI79             ;调 8279 初始化子程序
LOOP：  LCALL   RDIR              ;调 8279 显示更新子程序
        SJMP    LOOP
                                  ;8279 初始化子程序
INI79： MOV     DPTR，#7FFFH      ;8279 命令口地址
        MOV     A，#0D1H          ;清 0 命令
        MOVX    @DPTR，A
WNDU：  MOVX    A，@DPTR          ;等待 8279 清 0 结束
        JB      ACC.7，WNDU
        MOV     A，#00H           ;设置 8279 为编码扫描方式，两键互锁
        MOVX    @DPTR，A
        MOV     A，#34H           ;设置 8279 扫描频率
        MOVX    @DPTR，A
```

```
        MOV     IE，#84H            ;允许 8279 中断
        RET
                                    ;8279 显示更新子程序
RDIR：  MOV     DPTR，#7FFFH        ;8279 命令口地址
        MOV     A，#90H             ;写显示 RAM 命令
        MOVX    @DPTR，A
        MOV     R0，#70H            ;显示缓冲器首地址→R0
        MOV     R7，#8
        MOV     DPTR，#7EFFH
RDLO：  MOV     A，@R0              ;取显示数据
        ADD     A，#5               ;加偏移量
        MOVC    A，@A+PC            ;查表转换为段码数据
        MOVX    @DPTR，A
        INC     R0
        DJNZ    R7，RDLO
        RET
SEG：   DB 3fH，06H，5BH，4FH       ;段码表
        DB 66H，6DH，7DH，07H
        DB 7FH，6FH，77H，7CH
        DB 39H，5EH，79H，71H
        DB 00H
                                    ;8279 按键输入中断服务程序
PKEYI： PUSH    PSW
        PUSH    DPL
        PUSH    DPH
        PUSH    ACC
        PUSH    B
        SETB    PSW.3               ;选工作寄存器 1 区
        MOV     DPTR，#7FFFH        ;8279 命令口地址
        MOVX    A，@DPTR            ;读 FIFO 状态字
        ANL     A，#0FH
        JZ      PKYR                ;判 FIFO 中是否有数据?
        MOV     A，#40H             ;读 FIFO 命令
        MOVX    @DPTR，A
        MOV     DPTR，#7EFFH        ;8279 数据口地址
        MOVX    A，@DPTR            ;读数据
        MOV     R2，A
        ANL     A，#38H             ;计算键值
        RR      A
        RR      A
        RR      A
        MOV     B，#04H
        MUL     AB
        XCH     A，R2
```

```
            ANL     A，#7
            ADD     A，R2
            MOV     70H，A
            MOV     71H，#16
            MOV     72H，#16
            MOV     73H，#16
            MOV     74H，#16
            MOV     75H，#16
    PKYR:   POP     B
            POP     ACC
            POP     DPH
            POP     DPL
            POP     PSW
            RETI
            END
```

读懂上述程序，应用 Keil 建立 8279.ASM 源程序文件，编辑并汇编产生目标代码文件 8279.HEX。

4. 8279 键盘显示的 Protues 仿真

在 Proteus ISIS 中设计如图 8-19 所示的 8279 键盘显示电路仿真片段，所用元件在对象选择器中列出。将生成的目标代码文件 8279.HEX 加载到图中单片机的“Program File”属性栏中，并设置时钟频率为 12MHz。

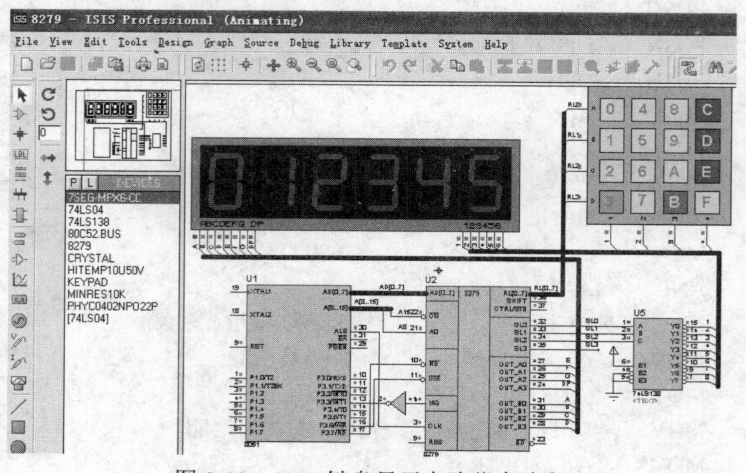

图 8-19　8279 键盘显示电路仿真片段

单击“仿真”按钮，启动仿真。可以看到初始显示数字，如图 8-19 所示。通过按下键盘上的按键可以看到显示相应的数字。

8.4　ADC0809（ADC0808）与 DAC0832 的接口技术

日常生活中，大部分数据是模拟信号，可以把测得的模拟信号经模/数转换器（简称

ADC）转换成数字信号，这样可以进行较高效率的处理、保存和传输。当处理完成后，再经数/模转换器（简称DAC）转换成模拟信号，以驱动控制设备，如图8-20所示。

8.4.1 ADC0809的基础知识

ADC0809 和 ADC0808 是同类逐次比较式 A/D 转换芯片。芯片引脚相同，性能指标基本相同。它们是使用较广泛的一种ADC，ADC0809芯片为8位8通道A/D转换器，可以和单片机直接接口，将IN0~IN7中任意一个通道输入的模拟电压转换为8位二进制数。

ADC0809芯片为28脚双列直插式芯片，其引脚如图8-21所示。

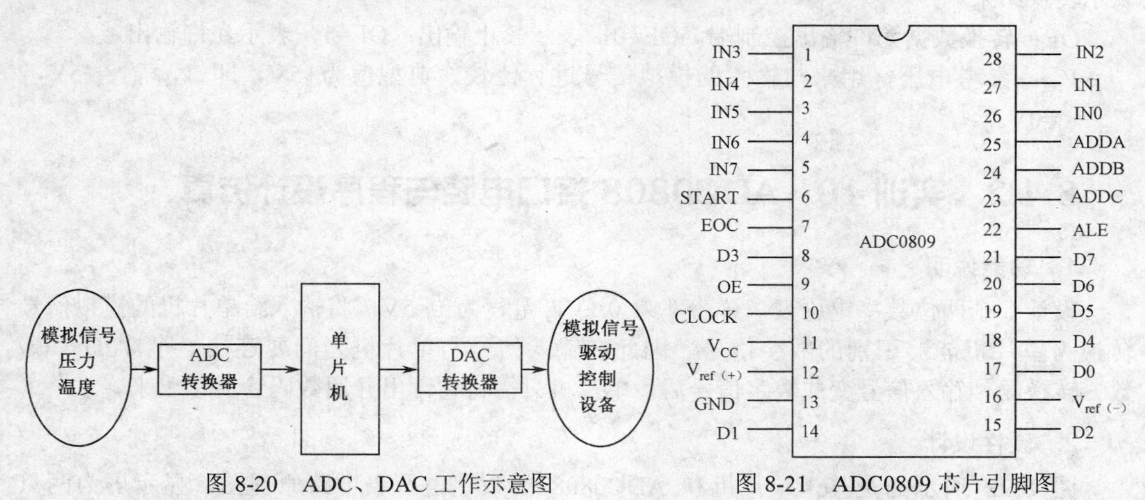

图8-20　ADC、DAC工作示意图　　　图8-21　ADC0809芯片引脚图

IN0~IN7：模拟量输入通道，可以有 8 通道的模拟量输入。在完成本任务时只需要用到一个通道。

ADDC、ADDB、ADDA：模拟通道选择地址线，根据 3 根线的不同状态组合能实现通道选择控制，通道选择表见表8-3。

表8-3　通道选择表

ADDC	ADDB	ADDA	选择的通道
0	0	0	IN0
0	0	1	IN1
0	1	0	IN2
0	1	1	IN3
1	0	0	IN4
1	0	1	IN5
1	1	0	IN6
1	1	1	IN7

实际应用中，这3根线可与单片机的I/O接口相接，由软件来实现通道的选择。当只使用一个通道的模拟量输入时，也可以直接将 ADDC、ADDB、ADDA 接到电源或地，已选通相应的通道。

D7~D0：三态缓冲数据输出线，转换后为 8 位数字量。可直接与单片机数据线相连，例如，与单片机 P1 端口相连，从 P1 端口读取转换结果。

CLOCK：外部时钟信号输入端，提供 A/D 转换器工作的时钟，决定了转换的速度。通常情况下，该 CLOCK 信号由单片机的 ALE 信号通过 D 触发器二分频后得到，当晶振频率为 6MHz 时，得到 500kHz 时钟 CLK，转换一次的时间约为 100μs。

START：A/D 转换启动信号。START 为上升沿，所有内部寄存器清 0；START 为下降沿，启动 A/D 转换；A/D 转换期间，START 应保持低电平。

EOC：ADC0809 芯片自动发出的转换状态端。EOC=0，表示正在进行转换；EOC=1，表示转换结束。

OE：转换数据允许输出控制端。OE=0，表示禁止输出；OE=1，表示允许输出。

V_{ref}：参考电压，用来与输入的模拟信号进行比较，典型值为+5V，即 $V_{ref(+)}$=+5V，$V_{ref(-)}$=0V。

8.4.2 实训 10：ADC0808 接口电路与程序设计仿真

1. 功能说明

设计一个两位数字电压表，分辨率为 0.1V，量程为 0~5V，将输入给单片机的模拟信号转换为单片机能够识别的数字信号，因此在输入信号与单片机之间要连接一个 A/D（模/数）转换器。输入信号变成数字信号后，单片机只需将它读出并用数码管显示出来。

2. 硬件设计

图 8-22 所示的是基于单片机和 ADC0808 的数字电压表电路原理图。显示屏为两只 LED 数码管，通过 IN0 通道输入模拟信号，模拟信号输入可以通过改变可变电阻的阻值来改变。同时数码管上的电压值随之发生变化。

3. 数字电压表的软件设计

```
            EOC     BIT  P2.0
            STA     BIT  P2.1
            CLK     BIT  P2.2
            OE      BIT  P2.3
            ALE     BIT  P2.4
 ******主程序******
            ORG     0000H
            LJMP    MAIN
            ORG     000BH             ;时钟信号由单片机提供
            CPL     CLK
            RETI
  MAIN:     MOV     TMOD，#02H  ;定时器初始化
            MOV     TH0，#56
            MOV     TL0，#56
            SETB    EA
```

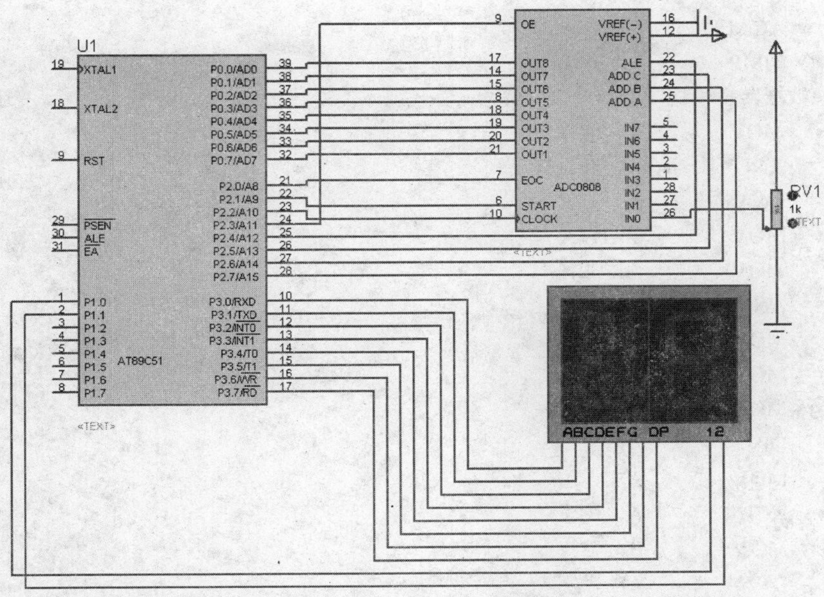

图 8-22　基于单片机和 ADC0808 的数字电压表电路原理图

```
        SETB   ET0
        SETB   TR0
        CLR    A
        MOV    30H，A          ;30H 转换电压整数位
        MOV    31H，A          ;31H 转换电压小数位
        MOV    32H，A          ;32H 电压转换数据
        CLR    P2.7
        CLR    P2.6
        CLR    P2.5
        CLR    ALE
        NOP
        SETB   ALE
        NOP
        CLR    ALE
        NOP
LOOP：  CLR    STA
        NOP
        SETB   STA
        NOP
        CLR    STA
        NOP
LOP1：  ACALL  DISP           ;延时等待
        JNB    EOC，LOP1      ;等待转换结束
        MOV    A，P0
        MOV    32H，A
```

```
            ACALL      CHAN
            SJMP       LOOP
******数据转换子程序******
CHAN：      MOV        A，32H
            ANL        A，#0F0H
            SWAP       A
            MOV        30H，A
            MOV        A，32H
            ANL        A，#0FH
            MOV        31H，A
            MOV        A，32H                    ；
            MOV        B，#51
            DIV        AB
            MOV        30H，A
            XCH        A，B
            MOV        B，#5
            DIV        AB
            MOV        31H，A
            RET
;******显示子程序******
DISP：      MOV        DPTR，#TAB
            MOV        A，30H
            MOV        C A，@A+DPTR
            CLR        ACC.7
            MOV        P1，#01H
            MOV        P3，A
            ACALL      DELY
            MOV        A，31H
            MOVC       A，@A+DPTR
            MOV        P1，#02H
            MOV        P3，A
            ACALL      DELY
            RET
******延时子程序******
DELY：      MOV        R6，#20
DEL1：      MOV        R7，#100
            DJNZ       R7，$
            DJNZ       R6，DEL1
            RET
******共阳段码表******
TAB：DB  0C0H，0F9H，0A4H，0B0H，99H，92H，82H，0F8H，80H
     DB  90H，88H，83H，0C6H，0A1H，86H，8EH，0FFH
     END
```

读懂上述程序，应用 Keil 建立 ADC0808.ASM 源程序文件，编辑并汇编产生目标代码文件 ADC0808.HEX。

4. 数字电压表的 Protues 仿真

在 Proteus ISIS 中设计如图 8-23 所示的电子时钟电路，所用元件在对象选择器中列出。将生成的目标代码文件 ADC0808.HEX 加载到图中单片机的“Program File”属性栏中，并设置时钟频率为 12MHz。

单击“仿真”按钮，启动仿真。可以看到电压实时显示，如图 8-23 所示。若要调整输入可用鼠标单击可变电阻的阻值按钮。

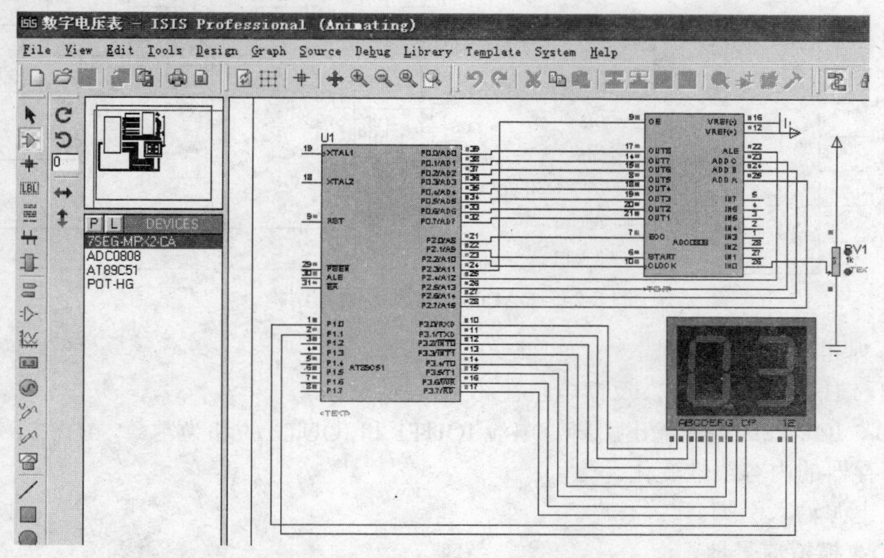

图 8-23　基于单片机和 ADC0808 的数字电压表电路仿真片段

8.4.3 DAC0832 的基础知识

DAC0832 是 8 分辨率的 D/A 转换集成芯片。与 51 单片机完全兼容。这个 D/A 芯片以其价格低廉、接口简单、转换控制容易等优点，在单片机应用系统中得到广泛的应用。D/A 转换器由 8 位输入锁存器、8 位 DAC 寄存器、8 位 D/A 转换电路及转换控制电路构成，其引脚与内部结构如图 8-24 所示。

1. DAC0832 的引脚特性

DAC0832 是 20 引脚的双列直插式芯片，各引脚的特性如下：

DI0~7：数据输入线。

ILE：数据允许锁存信号，高电平有效。

$\overline{CS}$：输入寄存器选择信号，低电平有效。$\overline{CS}$、$\overline{WR1}$ 为输入寄存器的写选通信号。输入寄存器的锁存信号 $\overline{LE1}$ 由 ILE、$\overline{CS}$、$\overline{WR1}$ 的逻辑组合产生。当 ILE 为高电平，$\overline{CS}$ 为低电平、$\overline{WR1}$ 输入负脉冲时，在 $\overline{LE1}$ 产生正脉冲；$\overline{LE1}$ 为高电平时，输入锁存器的状态随预数据输入线的状态变化，$\overline{LE1}$ 的负跳变将输入数据线上的信息传入输入寄存器。

$\overline{\text{XFER}}$：数据传送信号，低电平有效。$\overline{\text{WR2}}$为 DAC 寄存器的写选通信号。DAC 寄存器的锁存信号$\overline{\text{LE2}}$，由$\overline{\text{XFER}}$、$\overline{\text{WR2}}$的逻辑组合产生。当$\overline{\text{XFER}}$为低电平，$\overline{\text{WR2}}$输入负脉冲，则在$\overline{\text{LE2}}$产生正脉冲；$\overline{\text{LE2}}$为高电平时，DAC 寄存器的输出和输入寄存器的状态一致，$\overline{\text{LE2}}$负跳变，输入寄存器的内容传入 DAC 寄存器。

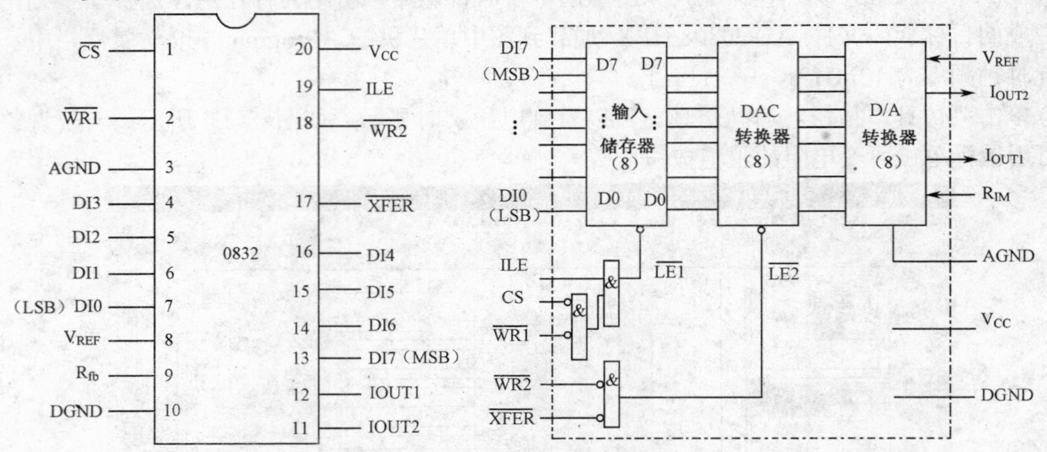

图 8-24　DAC0832 引脚与内部结构

V_{REF}：基准电源输入引脚。

R_{fb}：反馈信号输入引脚，反馈电阻在芯片内部。

IOUT1、IOUT2：电流输出引脚。电流 IOUT1 和 IOUT2 的和为常数，IOUT1 和 IOUT2 随 DAC 寄存器的内容线性变化。

V_{CC}：电源输入引脚。

AGND：模拟信号地。

DGND：数字地。

2. DAC0832 的工作方式

DAC0832 进行 D/A 转换，可以采用两种方法对数据进行锁存。

第一种方法是使输入寄存器工作在锁存状态，而 DAC 寄存器工作在直通状态。

第二种方法是使输入寄存器工作在直通状态，而 DAC 寄存器工作在锁存状态。

根据上述对 DAC0832 的输入寄存器和 DAC 寄存器不同的控制方法，DAC0832 有如下 3 种工作方式：

（1）单缓冲方式。单缓冲方式是控制输入寄存器和 DAC 寄存器同时接收数据，或者只用输入寄存器而把 DAC 寄存器接成直通方式。此方式适用只有一路模拟量输出或几路模拟量异步输出的情况。

（2）双缓冲方式。双缓冲方式是先使输入寄存器接收数据，再控制输入寄存器的输出数据到 DAC 寄存器，即分两次锁存输入数据。此方式适用于多个 D/A 转换同步输出的情况。

（3）直通方式。直通方式是数据不需两级锁存器锁存，即$\overline{\text{CS}}$、$\overline{\text{WR1}}$、$\overline{\text{WR2}}$均接地，ILE 接高电平。此方式适用于连续反馈控制线路，不过在使用时，必须通过另加 I/O 接口与 CPU 连接，以匹配 CPU 与 D/A 转换。

8.4.4 实训 11：单片机与 DAC0832 的接口技术仿真

1. 功能说明

通过单片机与 DAC0832 完成一个正弦波发生器，通过虚拟示波器来检测产生的正弦波信号。

2. 硬件设计

如图 8-25 所示的是基于单片机和 DAC0832 的正弦波发生器电路原理图。DAC0832 处于直通状态，由于 DAC0832 是电流输出型。在本系统中，需要检测电压信号，电流信号到电压信的转换可由一个运算放大器实现，输出电压的幅度值 $U=-(D/256)\times V_{REF}$，D 为单片机输出的二进制数据，V_{REF} 为基准电压。

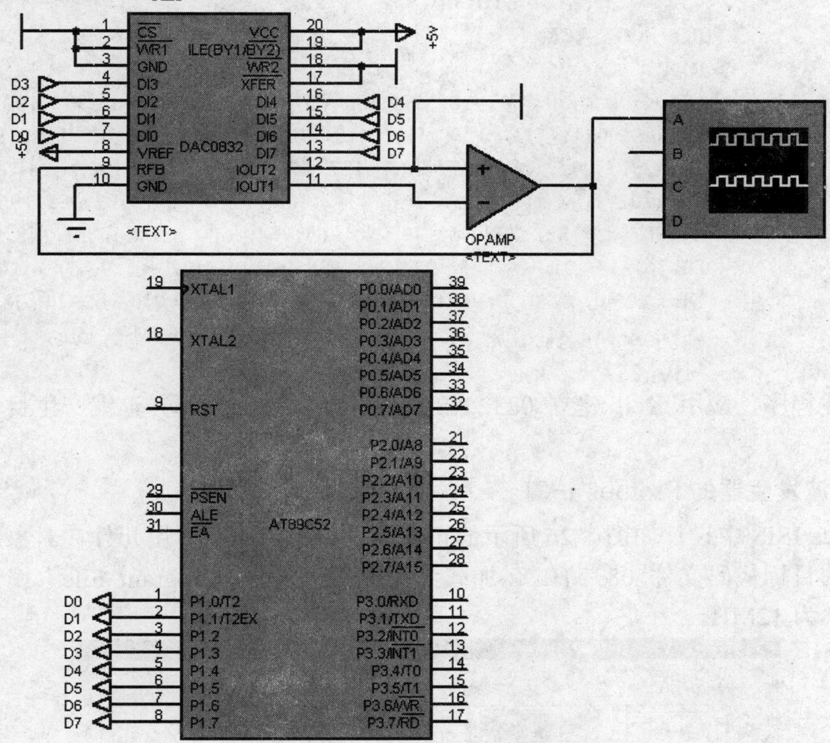

图 8-25 正弦波发生器电路原理图

3. 正弦波发生器的软件设计

设计思路：把产生正弦波波形输出的二进制数据以表格的形式预先存放在程序存储器中，再通过查表指令按顺序依次取出送至 D/A 转换器。

```
            ORG     0000H
            LJMP    MIAN
            ORG     0100H
MIAN:       MOV     SP，#6FH            ;初始化堆栈
PUB0:       MOV     R4，#00H
```

```
PUB1:         MOV     DPTR，#TAB
              MOV     A，R4
              MOV     C A，@A+DPTR
PUB2:         MOV     P1，A                    ;数据送 P1 口
              LCALL   DELAY_1MS
              INC     R4
              CJNE    R4，#80H，PUB1           ;数据是否取完
              LJMP     PUB0
DELAY_1ms:    PUSH    ACC                      ;通过堆栈实现延时
              NOP
              CLR     A
PD:           NOP
              INC     A
              CJNE    A，#0F9H，PD
              POP     ACC
              RET
TAB:          DB 64，67，70，73，76，79，82，85，88，91，94，96，99，102，104，106
              DB 109，111，113，115，117，118，120，121，123，124，125，126，126
              DB 127，127，127，127，127，127，127，126，126，125，124，123，121
              DB 120，118，117，115，113，111，109，106，104，102，99，96，94，91
              DB 88，85，82，79，76，73，70，67，64，60，57，54，51，48，45，42，39
              DB 36，33，31，28，25，23，21，18，16，14，12，10，9，7，6，4，3，2，1
              DB 1，0，0，0，0，0，0，0，1，1，2，3，4，6，7，9，10，12，14，16，18，21，23
              DB 25，28，31，33，36，39，42，45，48，51，54，57，60
              END
```

读懂上述程序，应用 Keil 建立 0832.ASM 源程序文件，编辑并汇编产生目标代码文件 0832.HEX。

4. 正弦波发生器的 Protues 仿真

在 Proteus ISIS 中设计如图 8-26 所示的正弦波发生器电路，所用元件在对象选择器中列出。将生成的目标代码文件 0832.HEX 加载到图中单片机的“Program File”属性栏中，并设置时钟频率为 12MHz。

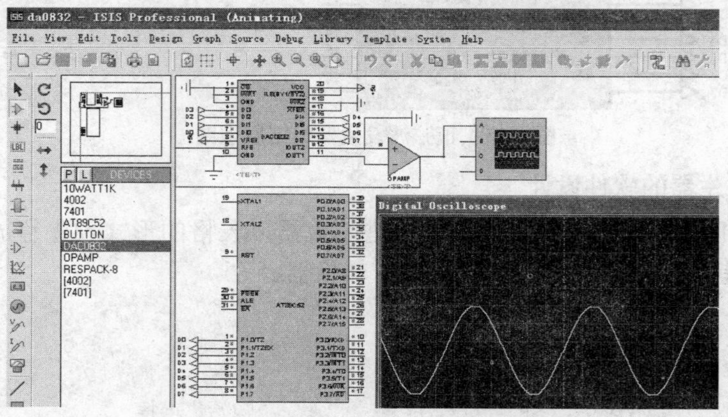

图 8-26　基于单片机和 DAC0832 的正弦波发生器仿真片段

单击“仿真”按钮，启动仿真。可以看到虚拟示波器上显示正弦波，如图 8-26 所示。通过观察可以看到正弦波的周期和幅度。

8.5 单片机控制步进电机接口技术

步进电机是一种以脉冲信号控制转速的电机，很适合使用单片机进行控制。在数控机床、医疗机械、仪器仪表等设备中得到广泛应用。

8.5.1 基础知识

1. 步进电机的种类

小型步进电机的外形如图 8-27 所示。

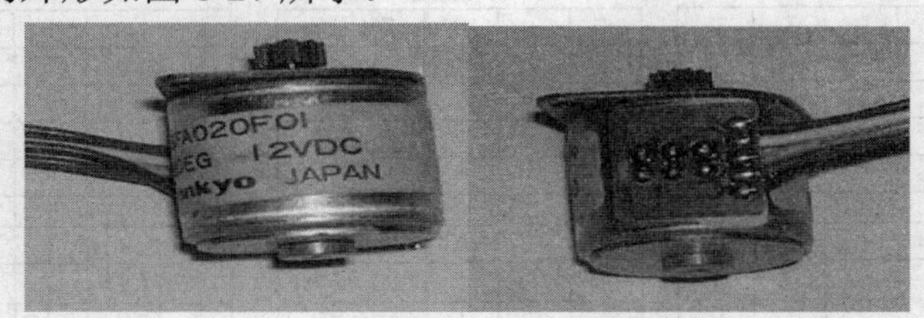

图 8-27 小型步进电机的外形

步进电机按绕在定子上的线圈配置分类可分为 2 相、4 相、5 相等，如图 8-28 所示。

步进电机按外部引线可分为三线式、五线式、六线式等，其控制方法均相同，均以脉冲信号进行驱动。

2. 步进电机的工作原理

步进电机，顾名思义，就是一步一步走的电机，所谓“步”指的是转动角度，一般每步为 1.8°，若转一圈 360°，需要 200 步才能完成。

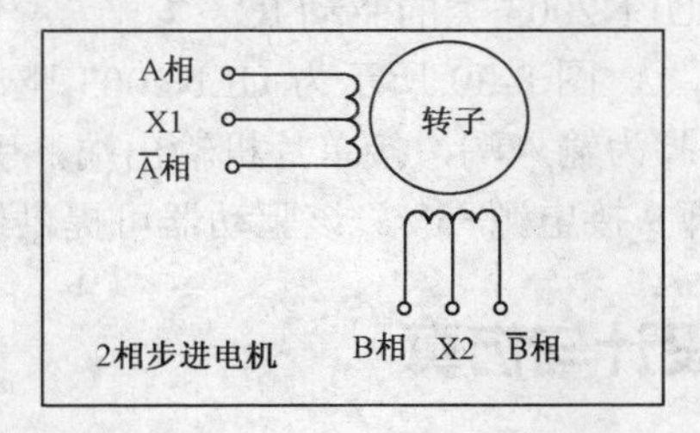

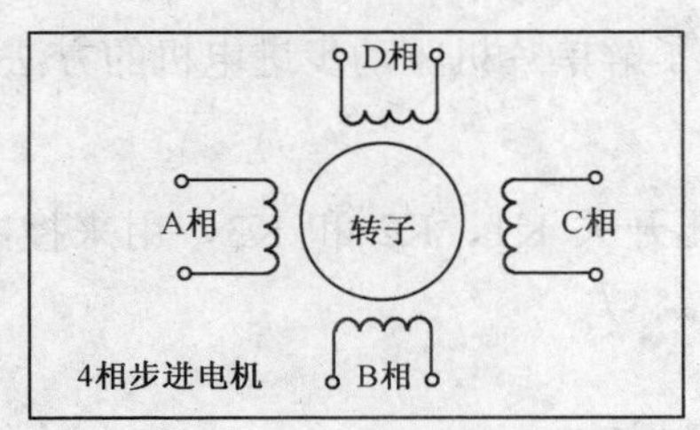

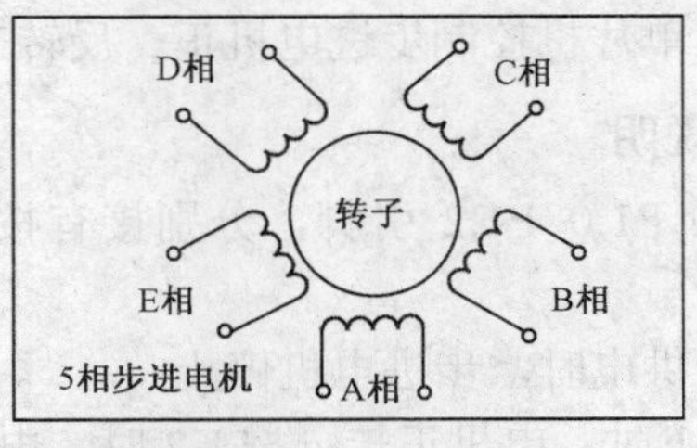

图 8-28 步进电机的种类

步进电机每走一步，就要加一个脉冲信号，也称激磁信号。无脉冲信号输入时，转子保持一定的位置，维持静止状态。

若加入适当的脉冲信号时，转子则会以一定的步数转动。如果加入连续的脉冲信号，步进电机就连续地转动，转动的角度与脉冲信号频率成正比，正反转可由脉冲的顺序来控制。

步进电机的激磁方式有 1 相激磁，2 相激磁和 1-2 相激磁。3 种激磁方式如图 8-29 所示。

1 相激磁法：在每个瞬间只有一个线圈导通。其他线圈休息。其特点是激磁方法简单、消耗电力小、精度良好。但是转矩小、振动较大，每送一次激磁信号可走 1.8°。

2 相激磁法：在每个瞬间会有两个线圈同时导通，特点是转矩大、振动较小，每送一次激磁信号可走 1.8°。

1-2 相激磁法：1 相与 2 相轮流交替导通，精度提高，且运转平滑。但每送一激磁信号只走 0.9°，又称为半步驱动。

1相激磁

步	A	B	$\overline{A}$	$\overline{B}$
1	0	1	1	1
2	1	0	1	1
3	1	1	0	1
4	1	1	1	0
5	0	1	1	1
6	1	0	1	1
7	1	1	0	1
8	1	1	1	0

2相激磁

步	A	B	$\overline{A}$	$\overline{B}$
1	0	0	1	1
2	1	0	0	1
3	1	1	0	0
4	0	1	1	0
5	0	0	1	1
6	1	0	0	1
7	1	1	0	0
8	0	1	1	0

1-2相激磁

步	A	B	$\overline{A}$	$\overline{B}$
1	0	1	1	1
2	0	0	1	1
3	1	0	1	1
4	1	0	0	1
5	1	1	0	1
6	1	1	0	0
7	1	1	1	0
8	0	1	1	0

图 8-29　3 种激磁方式

若改变线圈激磁顺序可以改变步进电机的转动方向。每送一次激磁信号后要经过一小段的时间延时，让步进电机有足够的时间建立磁场及转动。

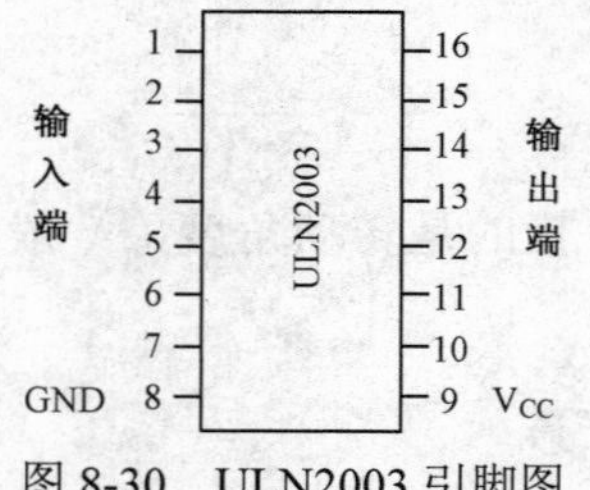

图 8-30　ULN2003 引脚图

3. 小型步进电机的驱动电路

单片机的输入电流太小，不能直接连接步进电机，需要加驱动电路。对于电流小于 0.5A 的步进电机，也已采用 ULN2003 类的驱动 IC。

图 8-30 所示为 ULN2003 驱动器的引脚图，图左边 1~7 引脚为输入端，接单片机输出端，引脚 8 接地；右侧 10~16 引脚为输出端，接步进电机，引脚 9 接电源+5V，该驱动器可提供最高 0.5A 的电流。

8.5.2 接口电路设计与仿真

本节通过单片机控制步进电机正、反转来了解单片机驱动步进电机的方法。

1. 功能说明

单片机的 P1.0~P1.2 引脚，分别接有按钮开关 K1、K2 和 K3，用来控制步进电机的转向。

（1）开始供电时，步进电机停止。

（2）按 K1 时，电机正转；按 K2 时，电机反转。

（3）按 K3 时，电机停止转动。

2. 硬件设计

电路设计如图所示。K1、K2 和 K3 按钮开关分别接在单片机的 P1.0~P1.2 引脚上，作为信号的输入端，输出端直接采用 ULN2003 驱动电路控制步进电机的转向。硬件电路原理图如图 8-31 所示。

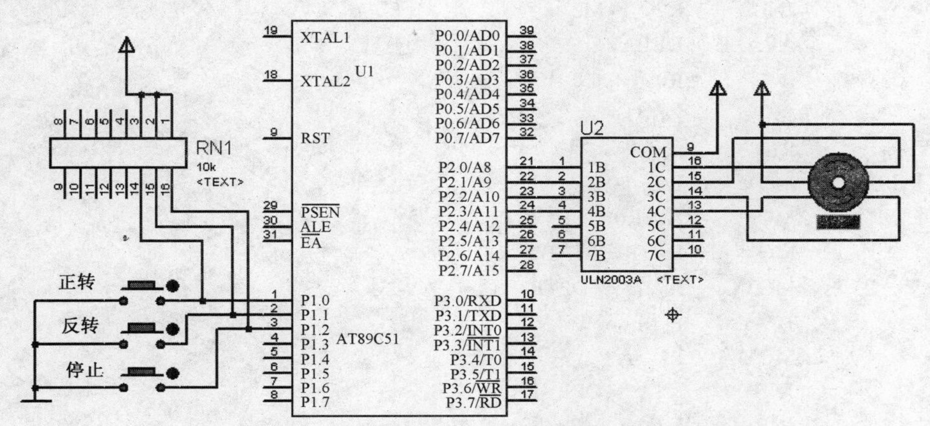

图 8-31　步进电机正、反转硬件电路原理图

3. 程序设计

程序设计流程图如图 8-32 所示，程序设计清单如下：

```
            K1      EQU    P1.0          ;按键初始化
            K2      EQU    P1.1
            K3      EQU    P1.2
STOP:       MOV     P2,  #0FFH           ;停止
LOOP:       JNB     K1,  Z_M2            ;按键扫描
            JNB     K2,  F_M2
            JNB     K3,  STOP1
            JMP     LOOP                 ;没有按键循环
STOP1:      ACALL   DELAY                ;延时去抖动
            JNB     K3, $
            ACALL   DELAY
            JMP     STOP
Z_M2:       ACALL   DELAY
            JNB     K1, $
            ACALL   DELAY
            JMP     Z_M
F_M2:       ACALL   DELAY
            JNB     K2, $
            ACALL   DELAY
            JMP     F_M
Z_M:        MOV     R0, #00H             ;正转
```

开始
按键扫描
按K1 正转
按K2 反转
按K3 停止
读取表格
输出
结束

图 8-32　步进电机正反转流程图

```
Z_M1:     MOV     A，R0
          MOV     DPTR，#TAB1
          MOVC    A，@A+DPTR       ;查表去正转信号
          JZ      Z_M              ;判断是否为结束码
          MOV     P2，A
          JNB     K3，STOP1        ;是否有键按下
          JNB     K2，F_M2
          ACALL   DELAY            ;调用延时
          INC     R0
          JMP     Z_M1
          RET
F_M:      MOV     R0，#00H         ;反转
F_M1:     MOV     A，R0
          MOV     DPTR，#TAB2
          MOVC    A，@A+DPTR
          JZ      F_M
          MOV     P2，A
          JNB     K3，STOP1
          JNB     K1，Z_M2
          ACALL    DELAY
          INC     R0
          JMP     F_M1
          RET
DELAY:    MOV     R1，#200;延时 100ms
D1:       MOV     R2，#248
          DJNZ    R2，$
          DJNZ    R1，D1
          RET
TAB1:     DB  01H，03H，02H，06H，04H，0CH，08H，09H，00H        ;正转
TAB2:     DB  09H，08H，0CH，04H，06H，02H，03H，01H，00H        ;反转
          END
```

读懂上述程序，应用 Keil 建立 step.ASM 源程序文件，编辑并汇编产生目标代码文件 step.HEX。

8.5.3 运行与思考

在 Proteus ISIS 中设计如图 8-33 所示的步进电机电路，所用元件在对象选择器中列出。将生成的目标代码文件 step.HEX 加载到中单片机的“Program File”属性栏中，并设置时钟频率为 12MHz。

单击“仿真”按钮，启动仿真。通过按不同的按键可以看到步进电机按不同的方式转动。

读者在完成本次仿真后可以思考：如何实现步进电机的转速控制，以及单片机如何检测电机的转速，以此来实现更加复杂的控制。

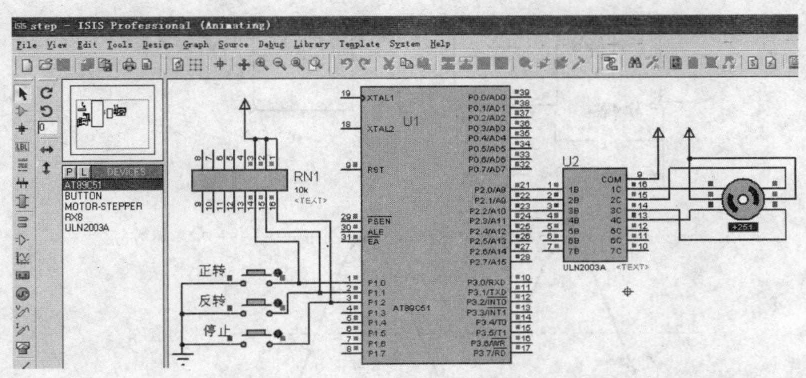

图 8-33　步进电机正反转仿真片段

8.6　单片机控制直流电机的接口技术

8.6.1　基础知识

1. 直流电机原理简介

直流电机即可作为发电机使用，也可作为电机使用，用作直流发电机可以得到直流电源，而作为直流电机，由于直流电机具有良好的调速性能，在许多调速性能要求较高的场合，仍然被广泛地使用。虽然直流发电机和直流电机的用途各不同，但是它们的结构基本上一样，都是利用电和磁的相互作用来实现机械能与电能的相互转换。

直流电机因其具有调节转速比较灵活、方法简单、易于大范围内平滑调速、控制性能好等特点，在传动领域占有一定的地位。

2. 脉冲宽度调制（PWM）

（1）基本原理

PWM 是通过控制固定电压的直流电源开关的频率来接通和断开电源，并根据需要改变一个周期内“接通”和“断开”时间的长短。通过改变直流电机电枢上电压的“占空比”来改变平均电压的大小，从而控制电机的转速。因此，PWM 又被称为“开关驱动装置”。

如图 8-34 所示，在脉冲作用下，当电机通电时，速度增加；电机断电时，速度逐渐减少。只要按一定规律，改变通、断电的时间，即可让电机的转速得到控制。

设电机始终接通电源时，电机转速最大为 V_{max}，设占空比为 $D=t_1/T$，则电机的平均速度为

$$V_d = V_{max} \cdot D$$

式中　V_d——电机的平均速度；

V_{max}——电机全通时的速度（最大）；

D——占空比，$D=t_1/T$。

从式中可见，当改变占空比 D 时，就可以改变电机的平均转速，从而达到调速的目的。严格地讲，平均速度与占空比之间并不是严格的线性关系，在应用中可以将其近似地看成线性关系。

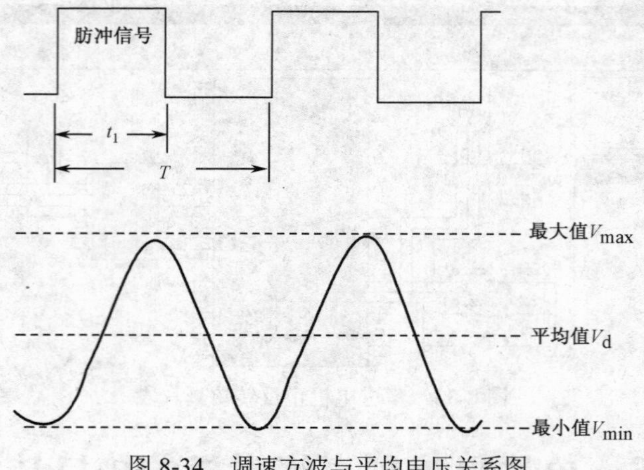

图 8-34　调速方波与平均电压关系图

（2）实现方法

PWM 信号的产生有两种方法：一种是通过硬件方法来实现，如通过专用的 PWM 芯片来产生，另一种方法是通过软件方法来实现，如通过 51 单片机的定时/计数器来实现或者通过软件延时的方法来实现。目前，有些其他系列的单片机已经集成了 PWM 产生电路，如 AVR 系列、PIC 系列等。

8.6.2　接口电路设计与仿真

功能说明：通过 51 单片机和 ADC0808 产生占空比可变的 PWM 信号来控制直流电机的转速。

1. 硬件设计

通过 ADC0808 的模拟信号输入通道接一个可变电阻来实现模拟电压信号的输入，经过 ADC0808 转换后输入单片机的内部进行处理，同时根据处理后的结果使 P3.7 引脚输出一个 PWM 信号，当改变可变电阻的阻值时输出的 PWM 信号的占空比发生变化，并通过一个电机模拟驱动电路来实现对电机转速的控制。电路图如图 8-35 所示。

2. 程序设计

程序设计的主要是 PWM 信号的输出问题，本次设计中的 PWM 信号是通过一个延时程序来实现，当 ADC0809 的输出结果发生变化时，PWM 信号的占空比也发生变化。

程序清单：

```
ADC     EQU 35H
CLOCK   BIT  P2.4               ;定义 ADC0808 时钟位
ST      BIT  P2.5
EOC     BIT  P2.6
OE      BIT  P2.7
PWM     BIT        P3.7
ORG     0000H
```

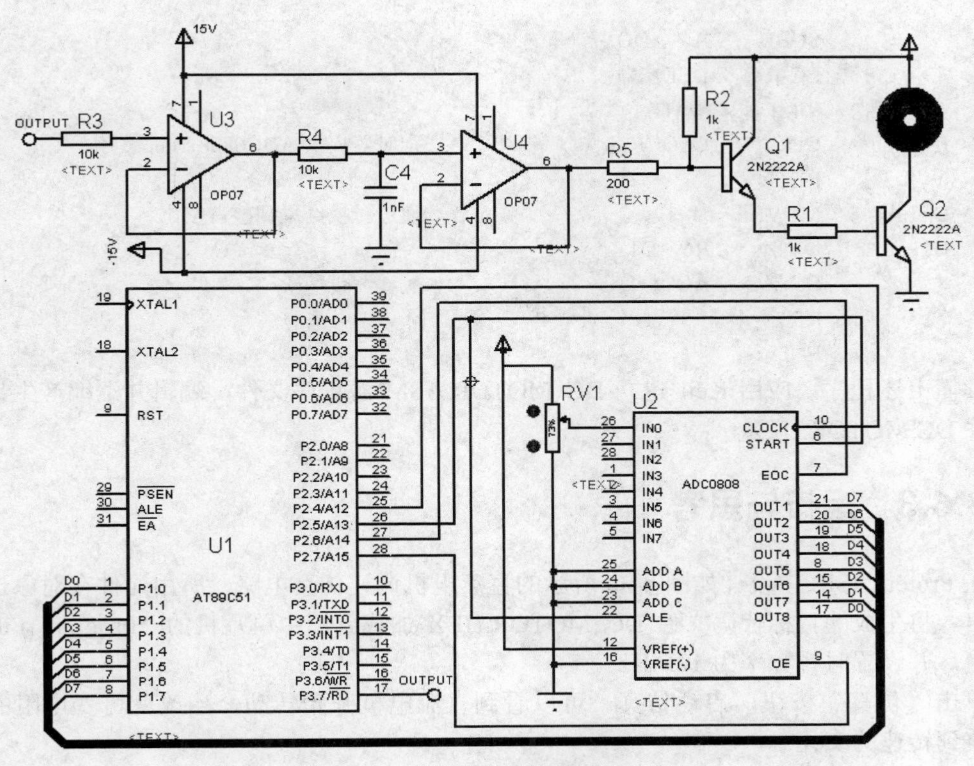

图 8-35 直流电机转速控制电路图

```
          SJMP    START
          ORG     000BH
          LJMP    INT_T0
START:    MOV     TMOD，#02H
          MOV     TH0，#20
          MOV     TL0，#00H
          MOV     IE，#82H
          SETB    TR0
WAIT:     CLR     ST
          SETB    ST
          CLR     ST                  ;启动 A/D 转换
          JNB     EOC，$              ;等待转换结束
          SETB    OE
          MOV     ADC，P1             ;读取 A/D 转换结果
          CLR     OE
          SETB    PWM                 ;PWM 输出
          MOV     A，ADC
          LCALL   DELAY
          CLR     PWM
          MOV     A，#255
```

```
            SUBB    A，ADC
            LCALL   DELAY
            SJMP    WAIT
INT_T0:     CPL     CLOCK                 ;定时器提供 ADC0808 时钟信号
            RETI
DELAY:      MOVR6，#1                     ;通过转换结果调整占空比
D1:         DJNZ    R6，D1
            DJNZ    ACC，D1
            RET
            END
```

读懂上述程序，应用 Keil 建立 DC MOTOR.ASM 源程序文件，编辑并汇编产生目标代码文件 DC MOTOR.HEX。

8.6.3 运行与思考

在 Proteus ISIS 中设计如图 8-36 所示的直流电机调速仿真电路，所用元件在对象选择器中列出。将生成的目标代码文件 DC MOTOR.HEX 加载到图中单片机的“Program File”属性栏中，并设置时钟频率为 12MHz。

单击“仿真”按钮，启动仿真。可以看到直流电机开始转动，当改变可变电阻的阻值时观察到转速的变化。

读者在完成本次仿真后可以思考：如何通过定时计数器来控制电机的转速或者尝试用硬件的方法来实现转速的控制。

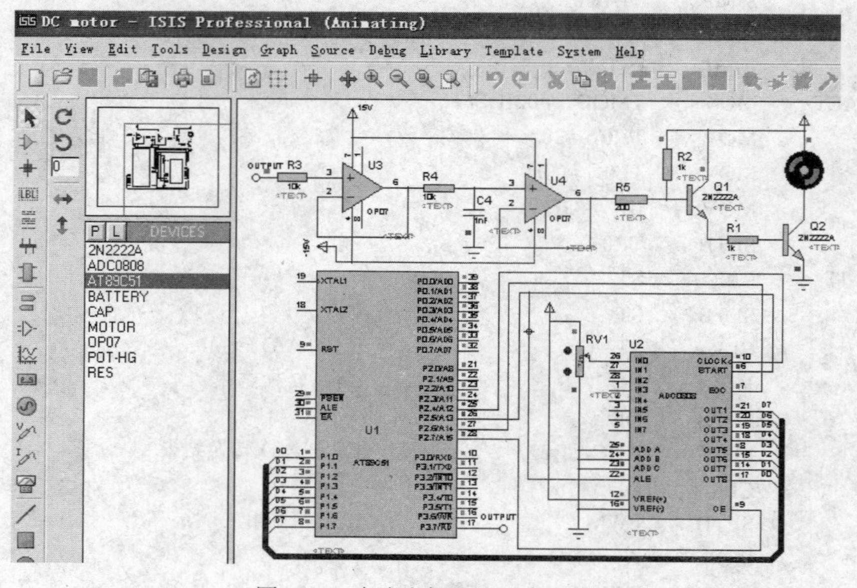

图 8-36　直流电机调速仿真电路

8.7 单片机与字符型 LCD 显示器的接口技术

8.7.1 基础知识

1. LCD 的分类

LCD 可分为两种类型，一种是字符模式 LCD，另一种是图形模式 LCD，这里主要学习的是字符型 LCD。它专门用来显示字母、数字、符号等。

由于 LCD 的控制需要专用的驱动电路，一般不单独使用，而是 LCD 面板、驱动与控制电路组合的 LCD 模块（简称 LCM）一起使用

2. LCD 模块的引脚

下面介绍的是常用的 20 字×2 行的字符模块，其外形如图 8-37 所示。

图 8-37 LCD 模块的外形

20 字×2 行 LCD 每行可以显示 20 个字，可显示的行数为 2 行，有 16 只引脚，其中数据线 DB0~DB7 与控制信号线 RS、$R/\overline{W}$、E 用来与单片机连接，另外 3 只引脚为信号线 VSS、VDD、V0，其引脚功能见表 8-4。

表 8-4 LCD 模块引脚功能

引脚	符号	功能说明
1	VSS	接地
2	VDD	+5V
3	V0	显示屏明亮度调整脚，一般将此脚接地
4	RS	寄存器选择 0：指令寄存器（WRITE） Busy flan，位置计数器（READ） 1：数据寄存器（WRITE，READ）
5	$R/\overline{W}$	READ/WRITE 选择 1：READ 0：WRITE
6	E	读写使能，下降沿使能
7	DB0	低 4 位三态、双向数据总线
8	DB1	
9	DB2	
10	DB3	
11	DB4	高 4 位三态、双向数据总线 BT7 也是一个 Busy flang
12	DB5	
13	DB6	
14	DB7	
15	BLA	背光源正极
16	BLK	背光源负极

3. 寄存器选择

LCD 内部有两个寄存器，一个指令寄存器 IR，另一个是数据寄存器 DR。IR 用来存放由微控制器说发送的指令代码，如光标归位、清除显示等；DR 用来存放欲显示的数据。

显示的次序是先把欲显示的数据地址写入 IR，再把欲显示的数据写入 DR，DR 会自动把数据送至相应的 DDRAM 或 CGRAM，DDRAM 是显示数据的寄存器，用来存放 LCD 的显示数据，CGRAM 是字符产生器，用来存放自己设计的 5×7 点图形的显示数据。

LCD 指令寄存器和数据寄存器的选择见表 8-5，通常 RS、$R/\overline{W}$一起使用。

表 8-5　LCD 指令寄存器和数据寄存器的选择

E	$R/\overline{W}$	RS	功能说明
1	0	0	写入命令寄存器
1	0	1	写入数据寄存器
1	1	0	读取忙碌标志及 RAM 地址
1		1	读取 RAM 数据
0	×	×	不动作

当 RS=0 时，选择指令寄存器；RS=1 时，选择数据寄存器。

当$R/\overline{W}$=0 时，数据写入 LCD 控制器，当$R/\overline{W}$=1 时，到 LCD 控制器读取数据。

E：高电位使能信号线。

4. 显示器地址

20 字×2 行 LCD 显示地址表见表 8-6。

表 8-6　20 字×2 行 LCD 显示地址表

	1	2	3	4	5	6	7	8	9	10	11	12	13	14	15	16	17	18	19	20
1	80	81	82	83	84	85	86	87	88	89	8A	8B	8C	8D	8E	8F	90	91	92	93
2	C0	C1	C2	C3	C4	C5	C6	C7	C8	C9	CA	CB	CC	CD	CE	CF	D0	D1	D2	D3

当写入一个显示字符后，如果没有再给光标重新定位，则 DDRAM 地址会自动加 1 或减 1，加或减由输入方式字设置。这里需要注意的是第 1 行 DDRAM 地址与第 2 行 DDRAM 地址并不连续。

5. 液晶显示模块 LCM 控制指令

LCM 提供了 11 项指令，见表 8-7。

表 8-7　液晶显示模块 LCM 控制指令表

<table>
<tr><th rowspan="2">序号</th><th rowspan="2">指令功能</th><th colspan="2">控制线</th><th colspan="8">数据线</th></tr>
<tr><th>RS</th><th>$R/\overline{W}$</th><th>D7</th><th>D6</th><th>D5</th><th>D4</th><th>D3</th><th>D2</th><th>D1</th><th>D0</th></tr>
<tr><td rowspan="2">1</td><td rowspan="2">清除显示幕</td><td>0</td><td>0</td><td>0</td><td>0</td><td>0</td><td>0</td><td>0</td><td>0</td><td>0</td><td>1</td></tr>
<tr><td colspan="10">清除显示幕，并把光标移至左上角</td></tr>
<tr><td rowspan="2">2</td><td rowspan="2">光标回到原点</td><td>0</td><td>0</td><td>0</td><td>0</td><td>0</td><td>0</td><td>0</td><td>0</td><td>1</td><td>×</td></tr>
<tr><td colspan="10">光标移至左上角，显示内容不变</td></tr>
<tr><td rowspan="2">3</td><td rowspan="2">设定进入模式</td><td>0</td><td>0</td><td>0</td><td>0</td><td>0</td><td>0</td><td>0</td><td>1</td><td>$I/\overline{D}$</td><td>S</td></tr>
<tr><td colspan="10">$I/\overline{D}$=1：地址递增，$I/\overline{D}$=0：地址递减
S=1：开启显示屏，S=0：关闭显示屏</td></tr>
</table>

续表

序号	指令功能	控制线		数据线							
		RS	R/$\overline{W}$	D7	D6	D5	D4	D3	D2	D1	D0
4	显示器开关	0	0	0	0	0	0	1	D	C	B
		I/D=1：开启显示幕，D=0：关闭显示幕 C=1：开启光标，C=0：关闭光标 B=1：光标所在位置的字符闪烁，B=0：字符不闪烁									
5	移位方式	0	0	0	0	0	1	S/C	R/L	×	×
		S/C=0、R/L=0：光标左移；S/C=0、R/L=1：光标右移 S/C=1、R/L=0：字符和光标左移；S/C=1、R/L=1：字符和光标右移									
6	功能设定	0	0	0	0	1	DL	N	F	×	×
		DL=1：数据长度为8位，DL=0：数据长度为4位 N=1：双列字，N=0：单列字；F=1：5×10字形，F=0：5×7字形									
7	CG RAM地址设定	0	0	0	1	CG RAM地址					
		将所要操作的CG RAM地址放入地址计数器									
8	DD RAM地址设定	0	0	1	DD RAM地址						
		将所要操作的DD RAM地址放入地址计数器									
9	忙碌标志位BF	0	1	BF	地址计数器内容						
		读取地址计数器，并查询LCM是否忙碌 BF=1表示LCM忙碌，BF=0表示LCM可接受指令或数据									
10	写入数据	1	0	写入数据							
		将数据写入CG RAM或DD RAM									
11	读取数据	1	1	读取数据							
		读取CG RAM或DD RAM的数据									

8.7.2 接口的程序设计与仿真

本节通过一个简单的LCD显示来介绍单片机对LCD的驱动方法，单片机接有LCD液晶显示器，开机后在液晶显示屏的第一行显示“OK”。

1. 硬件设计

单片机P1.0~P1.7分别与LCD模块的DB0~DB7数据线连接，P3.5~P3.7接至LCD模块控制信号引脚RS、R/$\overline{W}$和E，LCD模块的VDD引脚接电源+5V，VSS和VEE引脚接地，如图8-38所示。

2. 程序设计

本程序是由主程序、初始化子程序、写指令子程序、判断LCM是否忙碌子程序和写数据子程序组成。

单片机驱动LCD程序流程图如图8-39所示。

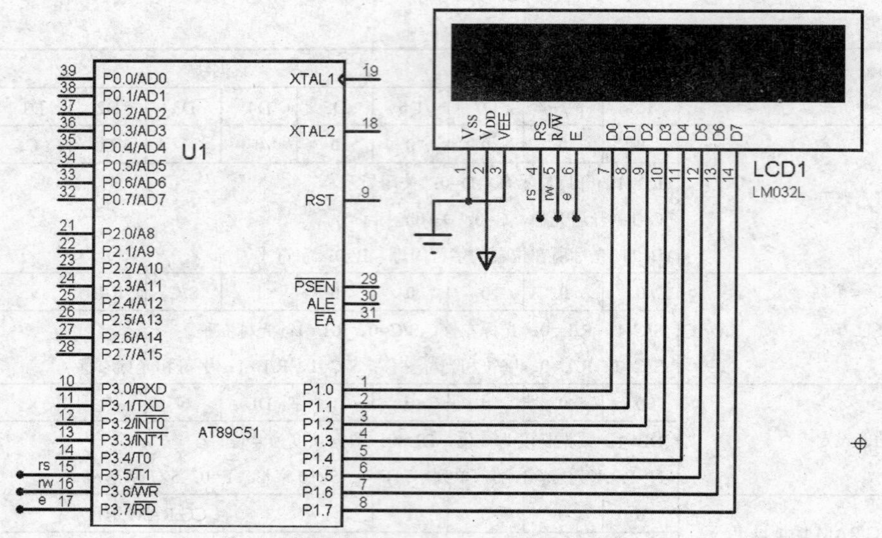

图 8-38 单片机驱动 LCD 电路原理图

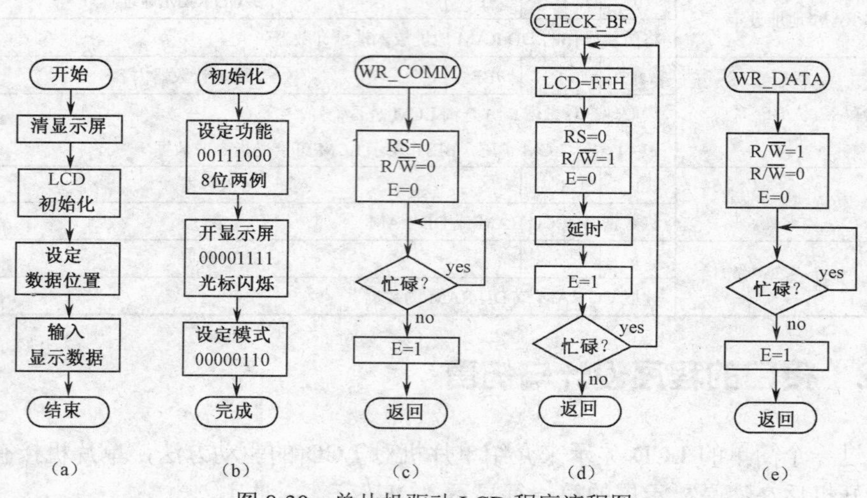

图 8-39 单片机驱动 LCD 程序流程图

程序清单：

```
RS        bit   P3.5
RW        bit   P3.6
E         bit   P3.7
LCD       EQU   P1
MAIN:                               ;主程序
MOV       LCD，#00000001B           ;清屏并光标复位
ACALL     WR_COMM                   ;调用写入命令子程序
ACALL     INIT_LCD                  ;调用初始化子程序
MOV       LCD，#82H                 ;写入显示起始地址
ACALL     WR_COMM                   ;调用写入命令子程序
```

```
MOV     LCD, #'O'              ;显示“O”
ACALL   WR_DATA                ;调用写入数据子程序
MOV     LCD, #'K'              ;显示“K”
ACALL   WR_DATA                ;调用写入数据子程序
JMP     $                      ;维持当前输出状态

INIT_LCD:                      ;LCD 初始化设定
MOV     LCD, #00111000B        ;设置 8 位、2 行、5×7 点阵
ACALL   WR_COMM                ;调用写入命令子程序
MOV     LCD, #00001111B        ;显示器开，光标允许闪烁
ACALL   WR_COMM                ;调用写入命令子程序
MOV     LCD, #00000110B        ;文字不动，光标自动右移
ACALL   WR_COMM                ;调用写入命令子程序
RET
WR_COMM:                       ;写入命令子程序
CLR     RS                     ;RS=0，选择指令寄存器
CLR     RW                     ;RW=0，选择写模式
CLR     E                      ;E=0，禁止读/写 LCM
ACALL   CHECK_BF               ;调用判 LCM 忙碌子程序
SETB    E                      ;E=1，允许读/写 LCM
RET
CHECK_BF:                      ;判断是否忙碌子程序
MOV     LCD, #0FFH             ;此时不接受外来指令
CLR     RS                     ;RS=0，选择指令寄存器
SETB    RW                     ;RW=1，选择读模式
CLR     E                      ;E=0，禁止读/写 LCM
NOP                            ;延时 1μs
SETB    E                      ;E=1，允许读/写 LCM
JB      LCD.7, CHECK_BF        ;忙碌循环等待
RET
WR_DATA:                       ;写入数据子程序
SETB    RS                     ;RS=1，选择数据寄存器
CLR     RW                     ;RW=0，选择写模式
CLR     E                      ;E=0，禁止读/写 LCM
ACALL   CHECK_BF               ;调用判断忙碌子程序
SETB    E                      ;E=1，允许读/写 LCM
RET
END
```

读懂上述程序，应用 Keil 建立 LCD.ASM 源程序文件，编辑并汇编产生目标代码文件 LCD.HEX。

8.7.3 运行与思考

在 Proteus ISIS 中设计如图 8-40 所示的 LCD 电路，所用元件在对象选择器中列出。将生成的目标代码文件 LCD.HEX 加载到图 8-40 中单片机的“Program File”属性栏中，并设置时钟频率为 12MHz。

单击“仿真”按钮，启动仿真。可以看到 LCD 上显示的“OK”。

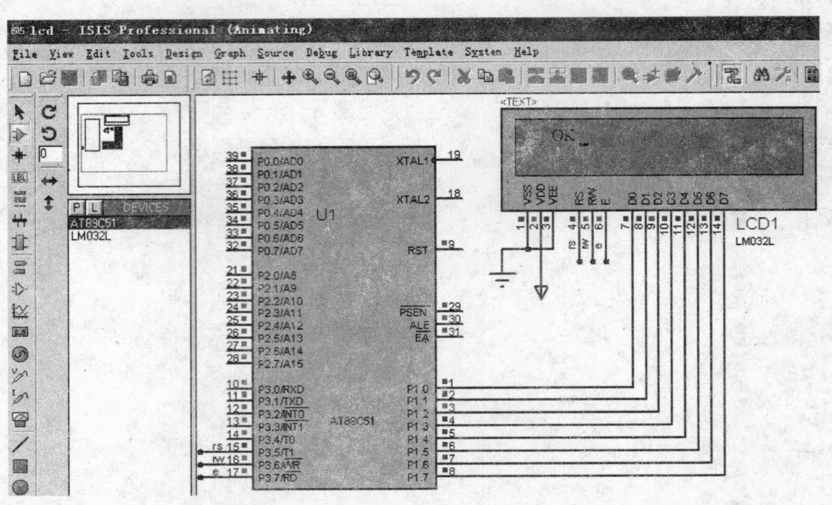

图 8-40　单片机驱动 LCD 仿真片段

读者在完成本次仿真后可以思考：如何实现 LCD 的循环显示，以及自编图形显示。通过举一反三来熟练掌握 LCD 的驱动方法。

小结

外围接口电路设计是单片机应用设计的主要内容之一，单片机的强大控制功能正是需要通过这些接口来实现。

单片机接口的主要作用如下：

1. 管理和协调各种数字部件和外部设备对数据总线的使用。

在单片机控制系统中，接口实质上是单片机内部数据总线的对外延伸和变形。数据总线是各个设备之间进行信息交互的公用通路。各种片外的数字设备都是挂接在数据总线上的。但是，在任何时刻只能有一对数字部件或设备占用数据总线，而其他数字部件都不能随便接通数据总线，否则就会产生总线冲突。因此，各种数字部件和设备并不是直接连接到单片机的数据总线上的，通常它们都需要通过各种接口芯片才能挂接到数据总线上。这些接口芯片相当于一个个的数据闸门，只有当单片机向某一个接口芯片发出选通信号后，这个接口芯片内的数据通道被打开，与之相连的数字部件或设备才被准许通过数据总线与单片机进行数据交换，而在单片机与某个设备进行数据交换期间，所有其他设备都被排斥在外。这种通过控制接口芯片通断的方式能保证单片机与多个外设的数据交换能有条不紊地进行。

2．解决单片机与外设之间数据收发速度的匹配问题。

通常单片机对 I/O 接口的数据读/写速度远远快于外设。如果没有接口电路，单片机就不得不浪费大量的时间等待外设的数据收发。有了接口电路，单片机就可以只在外设已准备好的情况下才进行 I/O 读写，从而大大提高单片机的工作效率。

3．解决单片机与外设信号形式的匹配问题。

外设的种类是多种多样的，外设能接收和发出的信号的形式也是各不相同的。例如，有的外设发出的是 0~5V 的模拟电压信号，有的发出的则是 BCD 码信号，还有的发出的是串行编码信号等。这些信号都必须经过有关的接口电路转换成单片机能接收和识别的统一形式的并行信号或串行信号，单片机才能对这些信号进行处理。同样，单片机所发出的并行或串行信号也需要经过有关接口电路转换成各种外设能接收和识别的信号形式，外设才能接收和执行。

在本章的内容中列举了几种常见的接口电路，并结合 Proteus 仿真来让大家掌握单片机与接口电路的软硬件设计方法。随着电子技术的发展，单片机的外围接口电路种类也越来越多，其他的接口电路的使用方法可以在平时的学习和工作中逐步积累。

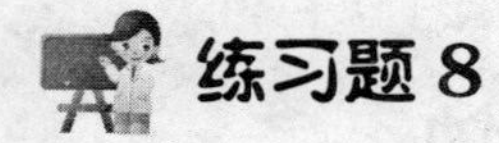

练习题 8

1. 用 8255A 作为接口芯片，编写满足下述要求的三段初始化程序。

（1）将 A 组和 B 组置成方式 0，A 口和 C 口作为输入口，B 口作为输出口。

（2）将 A 组置成方式 2，B 组置成方式 1，B 口作为输出口。

（3）将 A 组制成方式 1 且 A 口作为输入，PC6 和 PC7 作为输出，B 组置成方式 1 且 B 口作为输入口。（芯片控制端口为 05A6H）

2．要求 8255A 的 PC5 端输出一方波信号？（设该芯片控制端口为 05A6H，另已有一个延时子程序 DELAY）

3．8279 芯片的键盘显示器接口方案有什么特点。

4．简述 DAC0832 的两种工作方式的特点。

5．设计一个数字电压表，分辨率为 0.1V，量程为 0~20V。

6．用 DAC0832 产生一个锯齿波。

7．LCD 显示字符串。开机后，从液晶显示屏第一行第 2 个位置开始显示字符串“HELLO!”。

8．步进电机控制转速控制，要求步进电机正转一圈（20s 一圈）后，每步中间延时 1s，之后，反转时加速度，20s 转 10 圈，停留 5s，不断循环。

第 9 章

单片机实际应用制作

【内容提要】

本章主要介绍了电子时钟、数字温度计和水温控制系统三个实例的软件、硬件设计、仿真与制作。通过实例，全面介绍了单片机的实际应用制作步骤和方法，让读者对单片机的实际应用开发有了一个全面的理解。

9.1 基于单片机和 DS1302 的电子时钟

这是一种基于单片机和 DS1302 的电子时钟。单片机为控制核心，DS1302 为应用广泛且走时准确的时钟芯片，下面介绍 DS1302 芯片相关知识。

1. DS1302 简介

DS1302 是 DALLAS 公司推出的一种高性能、低功耗、带 RAM 的实时时钟芯片，它可以对年、月、日、星期、时、分、秒进行计时，且具有闰年补偿功能，工作电压为 2.5~5.5V。DS1302 采用三线接口，与 CPU 进行同步通信，并可采用突发方式一次传送多字节的时间数据或 RAM 数据。DS1302 内部有一个 31×8 的用于临时性存放数据的 RAM 存储器。

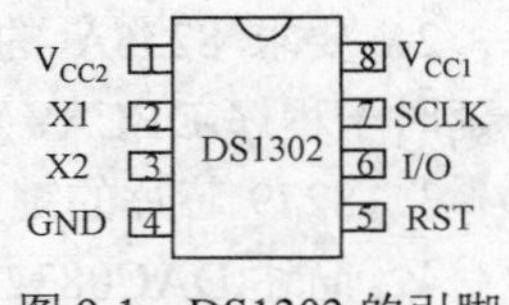

图 9-1　DS1302 的引脚

2. DSl302 的引脚功能

DSl302 的引脚功能如图 9-1 及表 9-1 所示。

表 9-1　DS1302 的引脚功能

引脚号	引脚名称	功能
1	V_{CC2}	主电源
2、3	X1、X2	32.768kHz
4	GND	地
5	RST	复位/片选端
6	I/O	串行数据输入/输出
7	SCLK	串行时钟输入端
8	V_{CC1}	后备电源

3. 控制字格式

控制字格式见表 9-2。控制字最高位必须是 1，如果它为 0，则不能把数据写入到 DSl302 中，位 6 如果为 0 则表示存取日历时钟数据，为 1 表示存取 RAM 数据；位 5~1 指示操作单元的地址；最低位为 0 表示要进行写操作，为 1 表示进行读操作，控制字节总是从最低位开始输出。

表 9-2 控制字格式

7	6	5	4	3	2	1	0
1	RAM $\overline{CR}$	A4	A3	A2	A1	A0	RD $\overline{WR}$

4. 复位和时钟控制

DS1302 通过把 RST 输入驱动置高电平来启动所有的数据传送。RST 输入有两种功能：首先，RST 接通控制逻辑，允许地址/命令序列送入移位寄存器；其次，RST 提供了终止单字节或多字节数据的传送手段。当 RST 为高电平时，所有数据传送被初始化，允许对 DS1302 进行操作。如果在传送过程中置 RST 为低电平，则会终止此数据传送，并且 I/O 引脚变为高阻状态。上电运行时，在 $V_{CC} \gg 2.5V$ 之前，RST 必须保持低电平。只有在 SCLK 为低电平时，才能将 RST 置为高电平。

5. DS1302 寄存器

7 个寄存器与日历、时钟相关，存放的数据位为 BCD 码形式，其日历、时间寄存器及其控制字见表 9-3。

表 9-3 DS1302 寄存器日历、时间寄存器及其控制字

读	写	BIT7	BIT6	BIT5	BIT4	BIT3	BIT2	BIT1	BIT0	范围
81h	80h	CH	10Seconds			Seconds				00~59
83h	82h		10Minutes			Minutes				00~59
85h	84h	$12/\sqrt{24}$	0	10 AM/PM	Hour	Hour				1~20/0~23
87h	86h	0	0	10Date		Date				1~31
89h	88h	0	0	0	10Month	Month				1~12
8Bh	8Ah	0	0	0	0	0	Day			00~7
8Dh	8Ch	10Year				Year				1~99
8Fh	8Eh	WP	0	0	0	0	0	0	0	—
91h	90h	TCS	TCS	TCS	TCS	DS	DS	DS	DS	—
C1h	C0h									00~FFh
C3h	C2h									00~FFh
C5h	C4h									00~FFh
…	…									…
FDh	FCh									00~FFh

（1）时钟与日历暂停

时钟与日历包含在 7 个写/读寄存器中，采用 BCD 码形式。秒寄存器的位 7（CH）为时

钟暂停位，为 1 时，时钟振荡停止，DS1302 为低功率的备份方式；当为 0 时，时钟将启动。

（2）AM-PM/12-24 方式

小时寄存器的位 7 定义为 12/24 小时方式选择位。为高电平，选择 12 小时方式。在 12 小时方式下，位 5 是 AM/PM 位，此位为高电平时表示 PM。在 24 小时方式下，位 5 是第二个 10 小时位（20~23 时）。

（3）写保护寄存器

写保护寄存器的位 7 是写保护位。开始七位（位 0~6）置为 0，在读操作时总是读出 0。在对时钟或 RAM 进行写操作之前，位 7 必须为 0。当为高电平时，写保护防止对任何其他寄存器进行写操作。

（4）慢速充电寄存器

这个寄存器控制 DS1302 的慢速充电特征。慢速充电选择位（TCS）控制慢速充电器的选择。为了防止偶然的因素使之工作，只有 1010 模式才能使慢速充电器工作，所有其他模式将禁止慢速充电器。DS1302 上电时，慢速充电器被禁止。二极管选择位（DS）选择一个还是两个二极管连接在 V_{CC1} 与 V_{CC2} 之间。如果 DS 为 01 选择一个，如果 DS 为 10 选择两个。如果 DS 为 00 或 11，那么充电器被禁止，与 TCS 无关。RS 选择连接在 V_{CC1} 与 V_{CC2} 之间的电阻。RS 为 00 无电阻，为 01 用 2kΩ，为 10 用 4kΩ，为 11 用 8kΩ。

（5）时钟/日历多字节方式。

时钟/日历命令字节可规定多字节方式，在此方式下，最先 8 个时钟/日历寄存器可以从地址 0 位开始连续地读写。当指定写时钟/日历为多字节方式时，如果写保护位被设置为高电平，那么没有数据会传送到八个时钟/日历寄存器的任一个。在多字节方式下，慢速充电器是不可访问的。

DS1302 还有充电寄存器，时钟突发寄存器及与 RAM 相关的寄存器等。时钟突发寄存器可一次性顺序读写除充电寄存器外的所有寄存器内容。DS1302 与 RAM 相关的寄存器分为两类：一类是单个 RAM 单元，共有 31 个，每个单元组态为一个 8 位的字节，其命令控制字为 C0H~FDH，其中奇数为读操作，偶数为写操作；另一类为突发方式下的控制寄存器，此方式下可一次性读写所有的 RAM 的 31 字节，命令控制字为 FEH（写）、FFH（读）。

9.1.1 功能与操作

1. 功能

① 时钟功能：动态显示时、分、秒。

② 调时功能：可依据标准时钟调校时间。

③ 因 DS1302 接有辅助纽扣电池，即使电源断电也能准确计时数年。

2. 操作

① 上电后时钟开始计时并显示。

② 调时。按下“调时”按键，则进入调校时间状态，可依次调校时、分、秒。

调校时，显示屏中“时”显示闪烁，这时按“加一”按键，调校“时”，每按一次，加一个小时；调好后再按“调时”按键，则“分”显示闪烁，这时可按“加一”按键，调校

“分”，每按一次，加一分钟；调好后再按“调时”按键，则“秒”显示闪烁，这时可按“加一”按键，调校“秒”，每按一次，加一秒；调好后再按“调时”按键退出调时状态。

若 DS1302 接有纽扣电池，即使断电也将保持准确计时不停，只是停止显示。

9.1.2 电子时钟的硬件设计

图 9-2 所示的是基于单片机和 DS1302 的电子时钟电路原理图。显示屏为 6 只 LED 数码管，74LS47（兼容的 IC 有 7447 等）为 BCD——七段译码驱动器，4002 为四输入或非门。单片机晶振为 4MHz，DS1302 接频率为 32678Hz 的晶振。

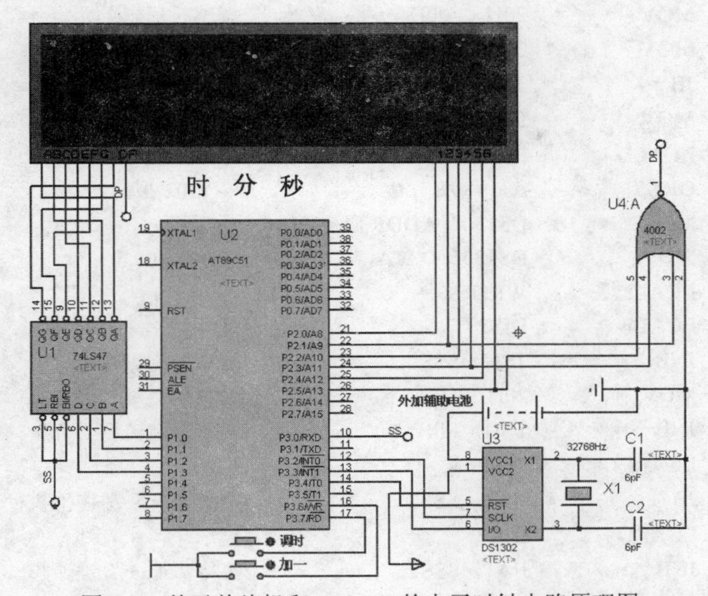

图 9-2 基于单片机和 DS1302 的电子时钟电路原理图

9.1.3 电子时钟的软件设计

```
        SCLK          EQU     P3.2
        IO            EQU     P3.3
        RST           EQU     P3.4
        JIA1          EQU     P3.6            ;“加一”口
        TSH           EQU     P3.7            ;“调时间”口
        HOUR          DATA    62H
        MINTUE        DATA    61H
        SECOND        DATA    60H
        DS1302_ADDR   DATA    32H
        DS1302_DATA   DATA    31H
        ORG           00H
        MOV           SP，#70H
```

```
        LCALL   DELY1
        MOV     DS1302_ADDR，#8EH      ;允许写 1302
        MOV     DS1302_DATA，#00H
        LCALL   WRITE
        MOV     DS1302_ADDR，#81H      ;从 1302 读秒
        LCALL   READ
        ANL     A，#7FH                ;启动 1302 振荡器
        MOV     DS1302_ADDR，#80H
        MOV     DS1302_DATA，A
        LCALL   WRITE
        MOV     20H，#00H              ;调整时标志单元
        MOV     21H，#0FH              ;调整时工作单元
MAIN1： JB      TSH，MAIN2F            ;按调时键往下执行
        MOV     DS1302_ADDR，#81H      ;从 1302 读秒
        LCALL   READ
        ORL     A，#80H                ;停 1302 振荡器
        MOV     DS1302_ADDR ，#80H
        MOV     DS1302_DATA，A
        LCALL   WRITE
SSS：   LCALL   DISP                   ;显示
        JNB     TSH，SSS               ;等待调键盘弹起
        MOV     20H，# 8               ;设置调“时”标志
SSS3：  JNB     TSH，FFF               ;按调时键转调“分”
        LCALL   DISP                   ;显示
        JB      JIA1，SSS3             ;按“加一”键往下执行
SSS2：  LCALL   DISP                   ;显示
        JNB     JIA1，SSS2             ;等待“加一”键弹起
        MOV     R7，HOUR
        LCALL   JIAYI                  ;“时”加一
        MOV     HOUR，A
        CJNE    A，#24H，SSS1          ;不等于 24 时转
        MOV     HOUR，#0               ;等于 24 时归零
SSS1：  MOV     DS1302_ADDR，#84H      ;将“时”写入 1302
        MOV     DS1302_DATA，HOUR
        LCALL   WRITE
        MOV     R0，HOUR               ;“时”分离
        LCALL   DIVIDE
        MOV     44H，R1
        MOV     45H，R2
        SJMP    SSS
MAIN2F：LJMP    MAIN2
FFF：   NOP                            ;调“分”
        LCALL   DISP                   ;显示
        JNB     TSH，FFF               ;等待调时键弹起
```

```
        MOV    20H，#4                    ;置调“分”标志
FFF3：  JNB    TSH，MMM                   ;按调时键转调“秒”
        LCALL  DISP                       ;显示
        JB     JIA1，FFF3                 ;若按“加一”键往下执行
FFF2：  LCALL  DISP                       ;显示
        JNB    JIA1，FFF2                 ;等待“加一”键弹起
        MOV    R7，MINTUE
        LCALL  JIAYI                      ;“分”加一
        MOV    MINTUE，A
        CJNE   A，#60H，FFF1              ;不等于60转
        MOV    MINTUE，#00H               ;等于60则归零
FFF1：  MOV    DS1302_ADDR，#82H          ;将“分”写入1302
        MOV    DS1302_DATA，MINTUE
        LCALL  WRITE
        MOV    R0，MINTUE
        LCALL  DIVIDE                     ;“分”分离
        MOV    42H，R1
        MOV    43H，R2
        SJMP   FFF3
MMM：   LCALL  DISP                       ;显示
        JNB    TSH，MMM                   ;若按调时键则转调“秒”
        MOV    20H，#2                    ;置调“秒”标志
MMM3：  JNB    TSH，MAIN3                 ;按调时键退出调时
        LCALL  DISP                       ;显示
        JB     JIA1，MMM3                 ;按“加一”键往下执行
MMM2：  LCALL  DISP                       ;显示
        JNB    JIA1，MMM2                 ;等待“加一”键弹起
        MOV    R7，SECOND
        LCALL  JIAYI                      ;“秒”加一
        MOV    SECOND，A
        CJNE   A，#60H，MMM1              ;不等于60转
        MOV    SECOND，#00H
MMM1：  ORL    SECOND，#80H
        MOV    DS1302_ADDR，#80H          ;写“秒”
        MOV    DS1302_DATA，SECOND
        LCALL  WRITE
        ANL    SECOND，#7FH
        MOV    R0，SECOND
        LCALL  DIVIDE                     ;“秒”分离
        MOV    40H，R1
        MOV    41H，R2
        SJMP   MMM3
MAIN3： LCALL  DISP                       ;显示
        JNB    TSH，MAIN3                 ;等待调时键弹起
```

```
            MOV     20H，#00H
            MOV     21H，#0FH
            MOV     DS1302_ADDR，#81H        ;读“秒”
            LCALL   READ
            ANL     A，#7FH                  ;启动 1302 振荡器
            MOV     DS1302_ADDR，#80H
            MOV     DS1302_DATA，A
            LCALL   WRITE
            LJMP    MAIN1
MAIN2：     MOV     P1，#0                   ;读时分秒并显示
            MOV     DS1302_ADDR，#85H        ;读“时”
            LCALL   READ
            MOV     HOUR，DS1302_DATA
            MOV     DS1302_ADDR，#83H        ;读“分”
            LCALL   READ
            MOV     MINTUE，DS1302_DATA
            MOV     DS1302_ADDR；#81H        ;读“秒”
            LCALL   READ
            MOV     SECOND，DS1302_DATA
            MOV     R0，HOUR                 ;“时”分离
            LCALL   DIVIDE
            MOV     44H，R1
            MOV     45H，R2
            MOV     R0，MINTUE               ;“分”分离
            LCALL   DIVIDE
            MOV     42H，R1
            MOV     43H，R2
            MOV     R0，SECOND               ;“秒”分离
            LCALL   DIVIDE
            MOV     40H，R1
            MOV     41H，R2
            LCALL   DISP
            LJMP    MAIN1
DISP：      NOP
            MOV     P1，40H                  ;显示“秒”低位
            JNB     01H，MIAOL
            MOV     A，21H
            RL      A
            MOV     21H，A
            CJNE    A，#78H，MIAO1
MIAO1：     JC      MIAOL
            CLR     P2.4
            CLR     P2.5
            SJMP    FEN
```

```
MIAOL:  SETB    P2.5
        LCALL   DELY1
        CLR     P2.5
        LCALL   DELY2
        MOV     P1，41H                 ;显示“秒”高位
        SETB    P2.4
        LCALL   DELY1
        CLR     P2.4
        LCALL   DELY2
FEN:    MOV     P1，42H                 ;显示“分”低位
        JNB     02H，FENL
        MOV     A，21H
        RL      A
        MOV     21H，A
        CJNE    A，#78H，FEN1
FEN1:   JC      FENL
        CLR     P2.2
        CLR     P2.3
        SJMP    SHI
FENL:   SETB    P2.3
        LCALL   DELY1
        CLR     P2.3
        LCALL   DELY2
        MOV     P1，43H                 ;显示“分”高位
        SETB    P2.2
        LCALL   DELY1
        CLR     P2.2
        LCALL   DELY2
SHI:    MOV     P1，44H                 ;显示“时”低位
        JNB     03H，SHIL
        MOV     A，21H
        RL      A
        MOV     21H，A
        CJNE    A，#78H，SHI1
SHI1:   JC      SHIL
        SJMP    SHI2
SHIL:   SETB    P2.1
        LCALL   DELY1
        CLR     P2.1
        LCALL   DELY2
        MOV     P1，45H                 ;显示“时”高位
        SETB    P2.0
        LCALL   DELY1
        CLR     P2.0
```

```
            LCALL   DELY2
            SJMP    SFM
SHI2:       CLR     P2.0
            CLR     P2.1
SFM:        RET
DELY1:      MOV     R7，#5                   ;晶振 12MHz，延时 2.58ms
DELY11:     MOV     R6，#0
            DJNZ    R6，$
            DJNZ    R7，DELY11
            RET
DELY2:      MOV     R7，#1                   ;晶振 12MHz，延时 0.52ms
DELY21:     MOV     R6，#0
            DJNZ    R6，$
            DJNZ    R7，DElY21
            RET
DElY3:      MOV     R7，#40                  ;晶振 12MHz，延时 8×2.58ms
DELY31:     MOV     R6，#0
            DJNZ    R6，$
            DJNZ    R7，DELY31
            RET
JIAYI:      MOV     A，R7
            ADD     A，#1
            DA      A
            RET
DIVIDE:     MOV     A，R0                    ;分离子程序
            ANL     A，#0FH
            MOV     R1，A
            MOV     A，R0
            SWAP    A
            ANL     A，#0FH
            MOV     R2，A
            RET
```

以下为 DS1302 在单片机晶振频率为 4MHz 时的串行通信子程序：

```
WRITE:      CLR     SCLK                     ;1302 写子程序
            SETB    RST
            MOV     A，DS1302_ADDR
            MOV     R4，#8
WRITE1:     RRC     A
            CLR     SCLK
            MOV     IO，C
            SETB    SCLK
            DJNZ    R4，WRITE1
            CLR     SCLK
```

```
            MOV     A, DS1302_DATA
            MOV     R4, #8
WRITE2:     RRC     A
            CLR     SCLK
            MOV     IO, C
            SETB    SCLK
            DJNZ    R4, WRITE2
            CLR     RST
            RET
READ:       CLR     SCLK                    ;1302读子程序
            SETB    RST
            MOV     A, DS1302_ADDR
            MOV     R4, #8
READ1:      RRC     A
            NOP
            MOV     IO, C
            SETB    SCLK
            CLR     SCLK
            DJNZ    R4, READ1
            MOV     R4, #8
READ2:      CLR     SCLK
            MOV     C, IO
            RRC     A
            SETB    SCLK
            DJNZ    R4, READ2
            MOV     DS1302_DATA, A
            CLR     RST
            RET
            END
```

读懂上述程序，应用 Keil 建立 913.ASM 源程序文件，编辑并汇编产生目标代码文件 913.HEX。

9.1.4 技术要点

1. 实时时钟 IC DS1302 的应用

① DS1302 是高性能低功耗时钟芯片。在主电源关断的情况下，DS1302 可通过外加辅助纽扣电池维持芯片的计时处理等工作，并可延续数年，是目前应用广泛的实时时钟芯片。

② DS1302 与 AT89C51 的典型连接电路如图 9-3 所示。

③ 9.1.3 节所示的程序中标出了 DS1302 的基本读/写子程序。子程序中的 NOP 是为适应三线串行通信的时序要求而设的延时。若单片机使用的晶振频率不同，对 NOP 的数量也要做适当的调整。

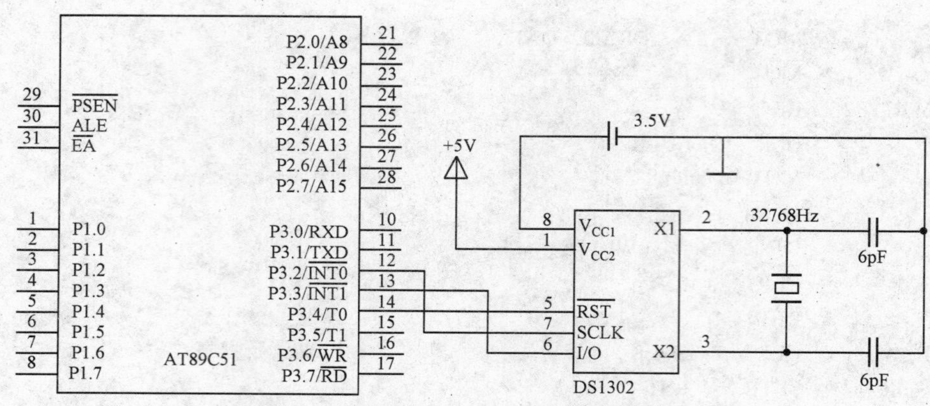

图 9-3 DS1302 与 AT89C51 的典型连接电路

2. 应用中要注意的几个问题

① 频率为 32768Hz 的晶振是计时准确的基本保证，要选用正品。要加 DS1302 所要求的负载电容（6pF），必要时可通过实验对所加电容进行调整；否则，计时可能产生偏移。

② 子程序必须满足三线通信的时序要求。单片机晶振频率不同，相应的子程序中的延时也要调整。否则，运行结果可能出现错误。上述应用程序中的 DS1302 读/写子程序是在单片机晶振频率为 4MHz 情况下设计的。若单片机采用 12MHz 的晶振频率，则可在子程序中的合适位置增加适当数量的 NOP，进行延时调整。

③ 注意 LED 数码管动态扫描显示程序的设计及单片机晶振频率的选择。否则，会因LED 数码管数量多而导致的显示闪烁或不正确。所以在程序设计中，应使动态扫描频率大于人的视觉暂留频率（16Hz），要考虑避免出现串显现象。

读者若要补上年、月、周、日显示，则建议选择频率高的晶振，还要对 DS1302 子程序中的延时做相应的调整。

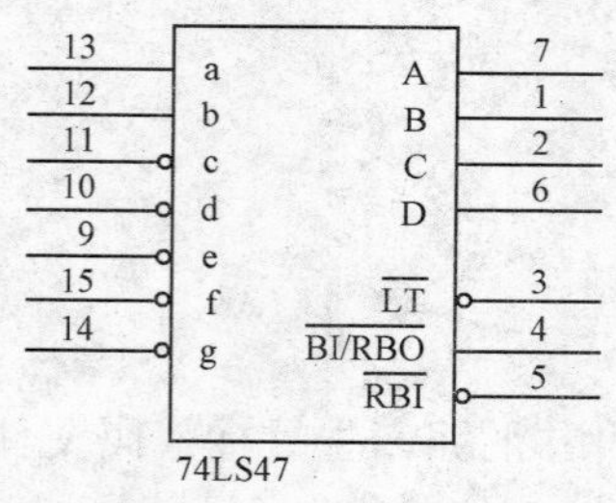

图 9-4 74LS47 的逻辑符号图

④ 较大的数码管要求的驱动电流也大，可在 74LS47 的输出端加合适的驱动器。74LS47 为 BCD 七段译码驱动器（BCD 输入，开路输出，$I0_L$=24mA），其逻辑符号图如图 9-4 所示。

9.1.5 电子时钟的 Protues 仿真

在 Proteus ISIS 中设计如图 9-5 所示的电子时钟电路，所用元件在对象选择器中列出。将生成的目标代码文件 913.HEX 加载到图 9-5 中单片机的“Program File”属性栏中，并设置时钟频率为 12MHz。

单击“仿真”按钮，启动仿真。可以看到时间实时显示，如图 9-5 所示。若要调整时间可用鼠标单击“调时”按钮，按 9.1.1 节所述的方法进行调整。

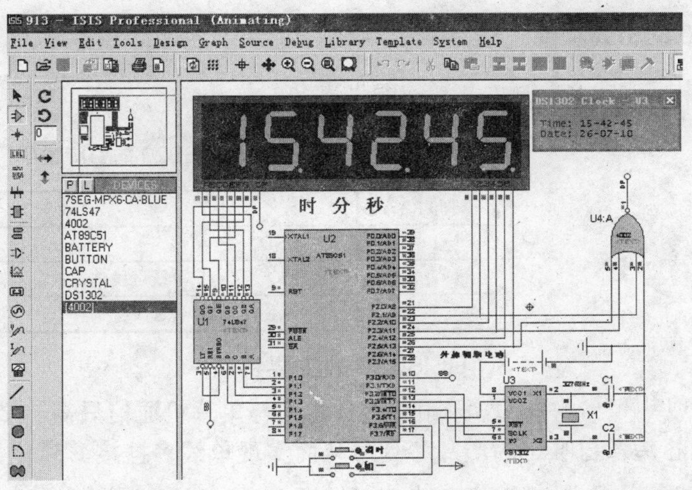

图 9-5　基于单片机和 DS1302 的电子时钟的设计与仿真片段

9.1.6　电路安装及现象观察

应用编程器将目标代码固化到单片机中。读懂电路原理图，并按照电路原理图 9-1 在单片机课程教学实验板（或面包板、实验 PCB 等）上安装好电路。读懂程序，将已固化目标代码的单片机安装到单片机插座上。检查无误后通电运行。观察现象，必要时进行电路、程序调整，直至达到稳定的准确的计时显示状态为止。

读者制作好后，还可思考将它扩展成倒计时牌、定时打铃装置、电器定时开关装置等。

9.2　基于单片机和 DS18B20 的数字温度计

温度计是广泛使用的测温装置。可使用的温度传感器种类很多，DS18B20 是 DALLAS 公司生产的数字温度传感器，是近来得到广泛应用的数字温度传感器。DS18B20 是大规模集成电路，采用"一线总线"的数据传送，很容易与单片机构成单片机前向通道接口，实现单点或多点网络温测、温控。下面我们来介绍 DS18B20 芯片的相关知识。

1. DS18B20 简介

DS18B20 是由美国 DALLAS 公司生产的单线数字温度传感器芯片。与传统的热敏电阻有所不同，DS18B20 可直接将被测温度转化为串行数字信号，以供单片机处理，它还具有微型化、低功率、高性能、抗干扰能力强等优点。通过编程，DS18B20 可以实现 9~12 位的温度读数。信息经过单线接口送入 DS18B20 或从 DS18B20 送出，因此从微处理器到 DS18B20 仅需连接一条信号线和地线。读、写和执行温度变换所需的电源可以由数据线本身提供，而不需要外部电源。

2. DS18B20 的引脚功能

DSl8B20 的引脚如图 9-6 所示，其功能见表 9-4。

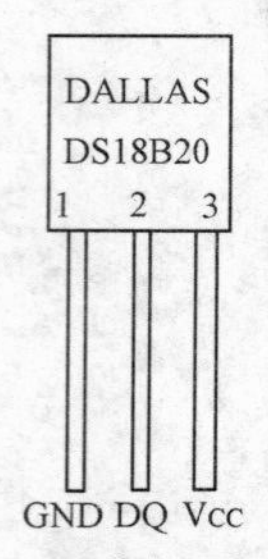

图 9-6 DS18B20 的引脚

表 9-4 DS18B20 的引脚说明

引脚 PR35	符号	说明
1	GND	地
2	DQ	单线运用的数据输入/输出引脚
3	V_{CC}	可选 V_{CC} 引脚

3. DSl8B20 的主要特点

① 采用单线技术，与单片机通信只需一个引脚。

② 通过识别芯片各自唯一的产品序列号从而实现单线多挂接，简化了分布式温度检测的应用。

③ 实际应用中不需要外部任何器件即可实现测温。

④ 可通过数据线供电，电压的范围在 3~5.5V。

⑤ 不需要备份电源。

⑥ 测量范围为−55~+125℃，在−10~+85℃范围内误差为 0.5℃。

⑦ 数字温度计的分辨率用户可以在 9~12 位之间选择，可配置实现 9~12 位的温度读数。

⑧ 将 12 位的温度值转换为数字量所需时间不超过 750ms。

⑨ 用户定义的，非易失性的温度告警设置，用户可以自行设定告警的上下限温度。

4. 单总线技术

单总线协议保证了数据可靠的传输，任一时刻总线上只能有一个控制信号或数据。一次数据传输可分为以下四个操作过程：初始化，传送 ROM 命令，传送 RAM 命令，数据交换。

单总线上所有的处理都从初始化开始。初始化时序由一个复位脉冲（总线命令者发出）和一个或多个从者发出的应答信号（总线从者发出）组成。应答脉冲的作用是：从器件让总线命令者知道该器件是在总线上的，并准备好开始工作。当总线命令者检测到某器件存在时，首先发送 7 个 ROM 功能中的一个命令。

① 读 ROM（总线上只有一个器件时，即读出其序列号）。

② 匹配 ROM（总线上有多个器件时，寻址某一个器件）。

③ 查找 ROM（系统首次启动后，须识别总线上的各器件）。

④ 跳过 ROM（总线上只有一个器件时，可跳过读 ROM 命令直接向器件发送命令，以节省时间）。

⑤ 超速匹配 ROM（超速模式下寻址某个器件）。

⑥ 超速跳过 ROM（超速模式下跳过读 ROM 命令）。

⑦ 条件查找 ROM（只查找输入电压超过设置的报警门限值的器件）。

当成功执行上述命令之一后，总线命令者可发送任何一个可使用命令来访问存储器和控制功能，进行数据交换。所有数据的读写都是从最低位开始的。单总线传送的数据或命令是由一系统的时序信号组成的，单总线上共有 4 种时序信号：初始化信号、写 0 信号、写 1

信号和读信号。

5. DS18B20 的 ROM 及控制指令

DS18B20 的 64 位 ROM 的结构为：开始 8 位是 DS18B20 的产品类型编号 10H，接着是每一个器件的唯一的序号，共有 48 位，最后 8 位是前 56 位的 CRC 校验码，这也是多个 DS18B20 可以用一根线进行通信的原因。

DS18B20 控制指令有 5 种，见表 9-5。

表 9-5 DS18B20 控制指令

指令	说明
读 ROM（33H）	读 DS18B20 的序列号
匹配 ROM（55H）	继续读完 64 位序列号的命令，用于多个 DS18B20 时定位
跳过 ROM（CCH）	此命令执行后的存储器操作将针对在线的所有 DS18B20
搜 ROM（F0H）	识别总线上各器件的编码，为操作各器件作好准备
报警搜索（ECH）	仅温度越限的器件对此命令作出响应

DS18B20 的高速暂存器由便笺式 RAM 和非易失性电擦写 EERAM 组成，后者用于存储 TH、TL 值。数据先写入便笺式 RAM，经校验后再传给 EERAM。便笺式 RAM 占 9 字节，包括温度信息（0、1 字节）、TH 和 TL 值（2、3 字节）、配置寄存器数据（4 字节）、CRC（8 字节）等，5、6、7 字节不用。暂存器的 4 字节是配置寄存器，可以通过相应的写命令进行配置，其内容见表 9-6。

表 9-6 暂存器的配置方式

0	R1	R0	1	1	1	1	1

MSB LSB

其中，R0 与 R1 是温度值分辨率位，配置方式见表 9-7。

表 9-7 DS18B20 温度值分辨率位配置方式

R1	R0	分辨率	最大转换时间
0	0	9 位	93.75ms（Tconv/8）
0	1	10 位	187.5ms（Tconv/4）
1	0	11 位	375ms（Tconv/2）
1	1	10 位	750ms（Tconv）

DS18B20 的核心功能部件是它的数字温度传感器，如上所述，它的分辨率可配置为 9 位、10 位、11 位或者 12 位，出厂默认设置是 12 位分辨率，它们对应的温度分辨率分别是 0.5℃、0.25℃、0.125℃、0.0625℃。温度信息的低位、高位字节内容中还包括了符号位 S（是正温度还是负温度）和二进制小数部分，具体形式见表 9-8。

表 9-8 温度信息的低位、高位字节内容形式

低位字节：	8	4	2	1	1/2	1/4	1/8	1/16
高位字节：	S	S	S	S	S	64	32	16

MSB LSB

这是 12 位分辨率的情况，如果配置为低的分辨率，则其中无意义位为 0；DS18B20 实测温度和数字输出的对应关系见表 9-9。

表 9-9　DS18B20 实测温度和数字输出的对应关系

温度	数字输出（二进制）	数字输出/（十六进制）
125℃	00000000　11111010	00FAh
25℃	00000000　00110010	0032h
1/2℃	00000000　00000001	0001h
0℃	00000000　00000000	0000h
−1/2℃	11111111　11111111	FFFFh
−25℃	11111111　11001110	FFCEh
−55℃	11111111　10010010	FF92h

DS18B20 的存储控制命令如表 9-10 所示。

表 9-10　DSl8B20 存储控制命令

指令	说明
温度转换（44H）	启动在线 DS18B20 作温度 A/D 转换
读数据（BEH）	从高速暂存器读 9 位温度值和 CRC 值
写数据（4EH）	将数据写入高整暂存器的第 3 和第 4 字节中
复制（48H）	将高速暂存器中第 3 和第 4 字节复制到 EERAM
读 EERAM（88H）	将 EERAM 内容写入高速暂存器中第 3 和第 4 字节
读电源供电方式（84H）	了解 DS18B20 的供电方式

9.2.1　功能与操作

① 实时显示环境温度。4 位数码管显示，3 位整数，1 位小数。
② 温度范围：−55~125℃。
③ 上电运行，实时显示温度。

9.2.2　数字温度计的硬件设计

本温度计的显示器是 4 位数码管，电路原理图如图 9-7 所示。

9.2.3　数字温度计的软件设计

温度传感器 18B20 采用器件默认的 12 位转化。晶振频率为 12MHz 时，最大转化时间为 750ms。DS18B20 的通信线与 P3.7 相接，程序设计如下：

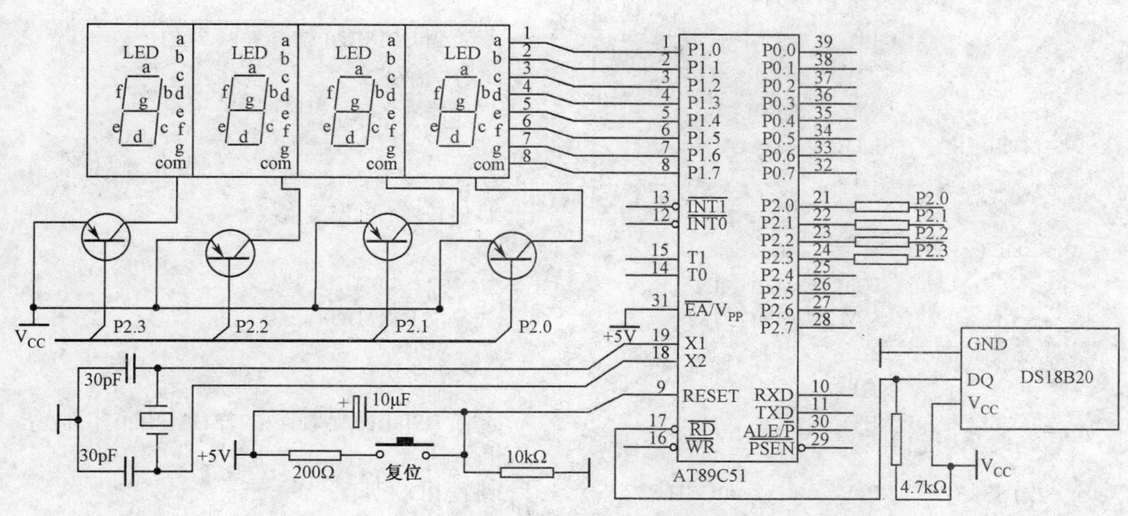

图 9-7 数字温度计电路原理图

```
            ORG     00H
            TMPL    EQU 29H                 ;用于保存读出温度的低 8 位
            TMPH    EQU 28H                 ;用于保存读出温度的高 8 位
            FLAG1   EQU 38H                 ;是否检测到 DS18B20 标志位 27H.0
            DATAIN  BIT P3.7
            MAIN:   LCALL   GET_TEMPER      ;调用读温度子程序
            LCALL   CVTTMP
            LCALL   DISP1
            AJMP    MAIN
                                            ;DSl18B20 复位初始化子程序
INIT_1820:  SETB    DATAIN
            NOP
            CLR     DATAIN
                                            ;主机发出延时 537ms 的复位低脉冲
            MOV     R1，#3
TSR1:       MOV     R0，#107
            DJNZ    0，$
            DJNZ    R1，TSR1
            SETB    DATAIN                  ;然后拉高数据线
            NOP
            NOP
            NOP
            MOV     R0，#25H
TSR2:       JNB     DATAIN，TSR3            ;等待 DS18B20 回应
            DJNZ    R0，TSR2
            CLR     FLAG1                   ;清标志位，表示 DS18B20 不存在
            SJMP    TSR7
TSR3:       SETB    FLAG1                   ;置标志位，表示 DS18B20 存在
```

```
            CLR     P1.7                    ;检查到 DS18B20 就点亮 P1.7LED
            MOV     R0，#117
TSR6:       DJNZ    R0，$                   ;时序要求延时一段时间
TSR7:       SETB    DATAIN
            RET
                                            ;读出转换后的温度值
GET_TEMPER:
            SETB    DATAIN
            LCALL   INIT_1820               ;先复位 DS18B20
            JB      FLAG1，TSS2
            NOP
            RET                             ;判断 DSl8B20 是否存在?若 DS18B20 不存在，
                                            ;则返回
TSS2:       MOV     A，#0CCH                ;跳过 ROM 匹配
            LCALL   WRITE_l820
            MOV     A，#44H                 ;发出温度转换命令
            LCALL   WRITE_l820
            ACALL   DISP1
            LCALL   INIT_1820               ;准备读温度前先复位
            MOV     A，#0CCH                ;跳过 ROM 匹配
            LCALL   WRITE_l820
            MOV     A，#0BEH                ;发出读温度命令
            LCALL   WRITE_l820
            LCALL   READ_18200              ;将读出的温度数据保存到 35H/36H
            RET
                                            ;写 DS18B20 的子程序（有具体的时序要求）
WRITE_l820:
            MOV     R2，#8                  ;一共 8 位数据
            CLR     C
 WR1:       CLR     DATAIN
            MOV     R3，#6
            DJNZ    R3，$
            RRC     A
            MOV     DATAIN，C
            MOV     R3，#23
            DJNZ    R3，$
            SETB    DATAIN
            NOP
            DJNZ    R2，WR1
            SETB    DATAIN
            RET
                            ;读 DS18B20 的程序，从 DS18B20 中读出两字节的温度数据
READ_18200:
            MOV     R4，#2  ;将温度高位和低位从 DS18B20 中读出
```

```
            MOV     R1，#29H ;低位存入 29H（TEMP_L）中，高位存入 28H（TEMPH）中
RE00:       MOV     R2，#8    ;数据一共有 8 位
RE01:       CLR     C
            SETB    DATAIN
            NOP
            NOP
            CLR     DATAIN
            NOP
            NOP
            NOP
            SETB    DATAIN
            MOV     R3，#9
RE10:       DJNZ    R3，RE10
            MOV     C，DATAIN
            MOV     R3，#23
RE20:       DJNZ    R3，RE20
            RRC     A
            DJNZ    R2，RE01
            MOV     @R1，A
            DEC     R1
            DJNZ    R4，RE00
            RET
CVTTMP:     MOV     A，TMPH
            ANL     A，#80H
            JZ      TMPC1
            CLR     C
            MOV     A，TMPL
            CPL     A
            ADD     A，#1
            MOV     TMPL，A
            MOV     A，TMPH
            CPL     A
            ADDC    A，#0
            MOV     TMPH，A
            MOV     73H，#0BH             ;显示负号“-”
            SJMP    TMPC11
TMPC1:      MOV     73H，#0AH             ;正数符号不显示
TMPC11:     MOV     A，TMPL
            ANL     A，#0FH
            MOV     DPTR，#TMPTAB
            MOVC    A，@A+DPTR
            MOV     70H，A                ;小数部分
            MOV     A，TMPL
            ANL     A，#0F0H
```

```
        SWAP    A
        MOV     TMPL，A
        MOV     A，TMPH
        ANL     A，#0FH
        SWAP    A
        ORL     A，TMPL
H2BCD:  MOV     B，#100
        DIV     AB
        JZ      B2BCDl
        MOV     73H，A              ;百位不等于 0 时，保存
B2BCDl: MOV     A，#10
        XCH     A，B
        DIV     AB
        MOV     72H，A              ;十位
        MOV     71H，B              ;个位
TMPC12: NOP
DISBCD: MOV     A，73H;
        ANL     A，#0FH;
        CJNE    A，#1，DISBCD0;
        SJMP    DISBCD1             ;百位为 1，个位、十位不管是不是 0，都要显示
DISBCD0:MOV     A，72H              ;百位不为 1，就是 0A 不显，0B 为负号
        ANL     A，#0FH             ;十位是 0 时，正数只显示个位
        JNZ     DISBCD1             ;十位是 0 时，负数的负号移到十位的位置上
        MOV     A，73H;             ;此时百位不显示，为 0BH
        MOV     72H，A
        MOV     73H，#0AH
DISBCD1:RET
TMPTAB: DB 0，1，1，2，3，3，4，4，5，6，6，7，8，8，9，9
DISP1:  MOV     R1，#70H
        MOV     R5，#0FEH
PLAY:   MOV     P1，#0FFH
        MOV     A，R5
        MOV     P2，A
        MOV     A，@R1
        MOV     DPTR，#TAB
        MOVC    A，@A+DPTR
        MOV     P1，A
        MOV     A，R5
        JB      ACC.1，L00P1
        CLR     P1.7                ;显示小数点
L00P1:  LCALL   DL1MS
        INC     R1
        MOV     A，R5
        JNB     ACC.3，ENDOUT
```

```
         RL      A
         MOV     R5，A
         SJMP    PLAY
ENDOUT： MOV     P1，#0FFH              ;关显示，消串影
         MOV     P2，#0FFH
         RET
TAB：    DB 0C0H，0F9H，0A4H，080H，99H
         DB 92H，82H，0F8H，80H，90H，0FFH，0BFH
DL1MS：  MOV     R6，#14H
DL1：    MOV     R7，#100
         DJNZ    R7，$
         DJNZ    R6，DL1
         RET
         END
```

读懂上述程序，应用 Keil 建立 923.ASM 源程序文件，编辑并汇编产生目标代码文件 923.HEX。

9.2.4 数字温度计的 Protues 仿真

在 Proteus ISIS 中设计如图 9-8 所示的数字温度计电路，所用元件在对象选择器中列出。将生成的目标代码文件 923.HEX 加载到图 9-8 中单片机的“Program File”属性栏中，并设置时钟频率为 12MHz。

单击“仿真”按钮，启动仿真。LED 数码管显示当前的温度，如图 9-8 所示。时温为 24℃。仿真图中引脚边的红色小方块表示该引脚为高电平，蓝色小方块表示该引脚为低电平。

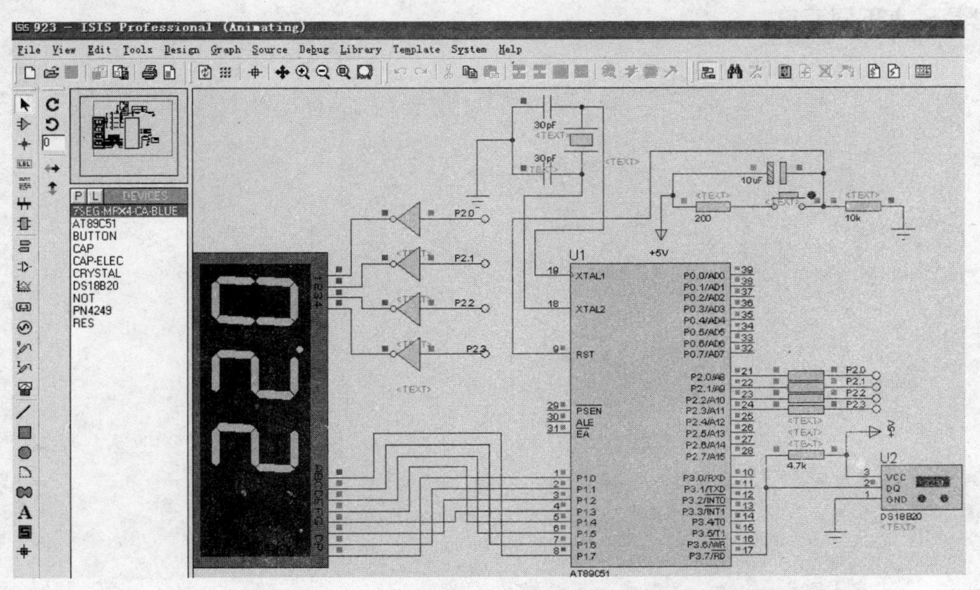

图 9-8 基于单片机和 DS18B20 的数字温度计设计与仿真片段

9.2.5 电路安装及现象观察

应用编程器将目标代码固化到单片机中。读懂电路原理图，并按照电路原理图 9-7 在单片机课程教学实验板（或面包板、实验 PCB 等）上安装好电路。读懂程序，将已固化目标代码的单片机安装到单片机插座上。检查无误后通电运行。观察现象，必要时进行电路、程序调整，直至达到稳定准确的温度显示为止。

小结

本章学习的重点是 DS1302 与 DS18B20 两个芯片与 AT89C51 的单片机产品的设计、仿真与制作。主要内容如下：

1. 用 AT89C51 和 DS1302 设计电子时钟。包括 DS1302 芯片的学习，电子时钟硬件与软件的设计，程序的调试、在制作之前进行 Protues 的仿真，当仿真完成其功能时，再进行产品的制作。注意技术难点。实例的程序供读者参考，读者可以根据现有程序设计思路做出其他产品，如倒计时牌、定时打铃装置、电器定时开关装置等。

2. 用 AT89C51 和 DS18B20 设计数字温度计系统。包括 DS18B20 芯片的学习，系统硬件与软件的设计，程序的调试、在制作之前进行 Protues 的仿真，当仿真完成其功能时，再进行产品的制作。注意调试的技术难点。实例的程序供读者参考。

通过电子时钟和数字温度计系统两个实例的制作学习，让读者对单片机的实际应用开发有了一个全面的认识。要求掌握单片机产品的制作方法。当然，在开发大型产品时，建设读者采用 C 语言进行程序设计，可参考相关书籍。总之，单片机产品的开发过程是一样的，只是语言不同而已。

课程设计项目任务书

课题 1：简易的交通信号灯控制器设计与制作

一、知识点的要求

（1）掌握 Keil 开发软件的使用方法；
（2）掌握 Proteus 仿真的使用方法；
（3）掌握 AT89C51 定时计数器与中断的综合应用；
（4）掌握时间顺序控制设备的工作程序的编制方法；

二、课程设计任务目标

某交通十字路口，南北向为主干道，东西向为支道。每个道口安装一组信号灯，每组信号灯有红、黄、绿 3 种信号，各信号灯按以下规则循环显示交通信号指挥交通，见课题表 1-1。显示信号共有 4 种状态，称为四相。

课题表 1-1　交通信号灯显示规则

	25s	5s	15s	5s
东西向	绿灯	黄灯	红灯	红灯
南北向	红灯	红灯	绿灯	黄灯

要求使用单片机控制发光二极管完成课题表 1-1 的显示功能。

三、参考硬件

1. 显示器件

显示状态共有红、黄、绿 3 种颜色，可以使用红、黄、绿色发光二极管，每组信号灯使用 3 只发光二极管，两个方向的道口各使用 1 组。控制系统需要 6 个开关量控制发光二极管，如课题图 1-1 所示。6 只发光二极管的显示规则见课题表 1-2。

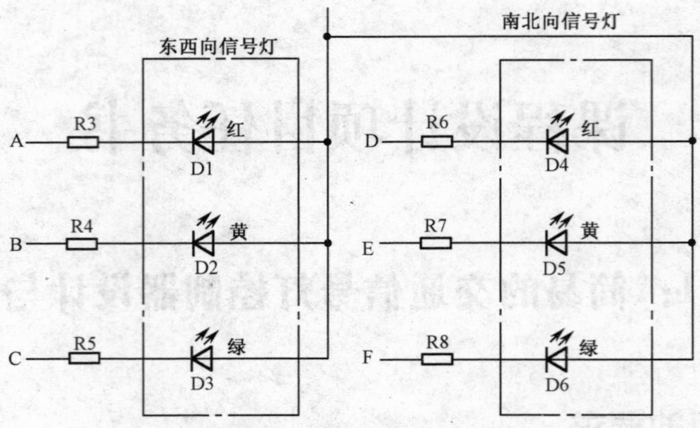

课题图 1-1 信号灯显示电路

课题表 1-2 6 只发光二极管的显示规则

方向	东西向			南北向		
发光二极管	D1	D2	D3	D4	D5	D6
时间/s	红	黄	绿	红	黄	绿
25	灭	灭	亮	亮	灭	灭
5	灭	亮	灭	亮	灭	灭
15	亮	灭	灭	灭	灭	亮
5	亮	灭	灭	灭	亮	灭

2. 驱动电路

为了提高 89C51 的驱动能力，89C51 的端口经驱动器件 ULN2803 驱动发光二极管。

3. 控制电路

选用 89C51 的 P0 口驱动 ULN2803 时必须接上拉电阻，为了简化电路使用 P2 口输出。交通信号灯电路如课题图 1-2 所示。

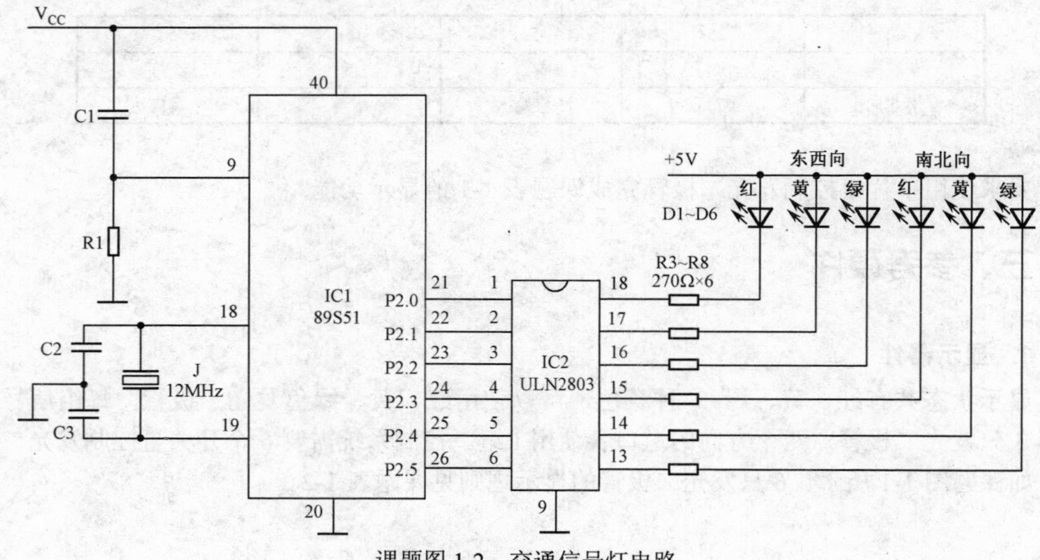

课题图 1-2 交通信号灯电路

4. 控制方法

根据显示规则，6 只发光二极管一共有 4 种显示状态，每一种状态对应的 P2 口的输出状态见课题表 1-3。需要改变输出时只需将 P2 口各位的状态组成一字节发送到 P2 即可，这样一个用于控制输出的数值称为控制字。信号灯的控制字见课题表 1-3。

课题表 1-3　信号灯的控制字

P2.5	P2.4	P2.3	P2.2	P2.1	P2.0	控制字 P2	东西向信号灯	南北向信号灯
0	0	1	1	0	0	0CH	绿色	红色
0	0	1	0	1	0	0AH	黄色	红色
1	0	0	0	0	1	21H	红色	绿色
0	1	0	0	0	1	11H	红色	黄色

四、参考软件

1. 算法分析

（1）定时时间

根据规则，信号灯显示时间的单位为秒（s），系统采用 12MHz 晶振时定时计数器的最长定时时间为 65ms。为了计算方便，定时计数器设定为定时 50ms。采用中断方式，中断程序中设置一个计数器（S1），每计数 20 次（1s）后设定时间标志（SBZ）通知主程序。

（2）定时计数器中断程序

定时计数器中断程序需完成的任务：每次中断后计数，当计数达到 20 次时设置标志 SBZ 通知主程序定时时间到，同时恢复计数器重新开始计数。

中断程序框图与程序如课题图 1-3 所示。

（3）主程序

为了使程序具有通用性，将控制规则存放在数据区中，称为规则表（GZB），如课题图 1-4 所示。规则表中数据的存放方法如下。

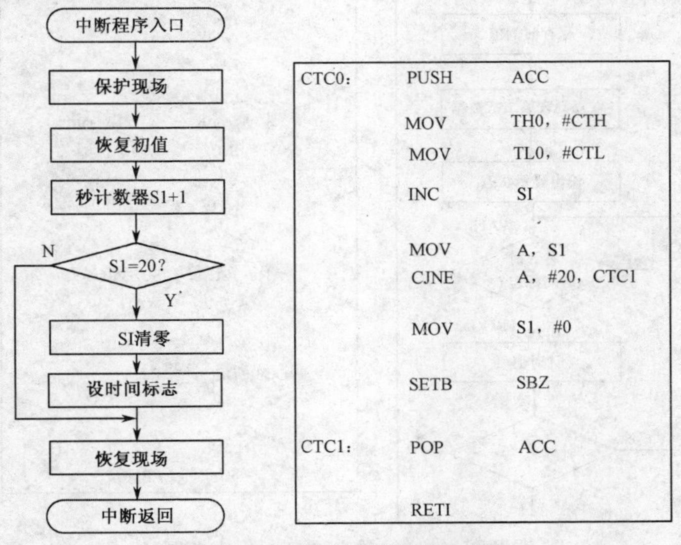

课题图 1-3　中断程序框图与程序

```
GZB:  DB  25, 0CH    ; 25s,   控制字0CH
      DB  5, 0AH     ; 5s,    控制字0AH
      DB  15, 21H    ; 15s,   控制字21H
      DB  5, 11H     ; 5s,    控制字11H
      DB  0          ; 结束标志
```

课题图 1-4 规则表

规则表每行对应一相规则，四相规则共有 4 行。

规则表每行有两项数据，第一项为延时时间，第二项为输出控制字。

规则表最后存放一个“0”，用做规则表结束标志。

主程序将第一项数据读出后存放在寄存器中用做计时器，并将第二项数据由 P2 口送出，控制显示状态。每当 SBZ=1（定时 1s 时间到）时将计时器减 1。当计时器减到“0”时，说明本相显示时间到，再读出规则表中下一行数据，如此重复。当从规则表中读出时间值为“0”（结束标志）时，调整数据指针从规则表第一行重新开始读数据，实现循环显示。

这样当需要调整显示规则时只需修改规则表数据，而不必修改程序，从而使程序具有一定的通用性。简易交通灯主程序框图如课题图 1-5 所示。

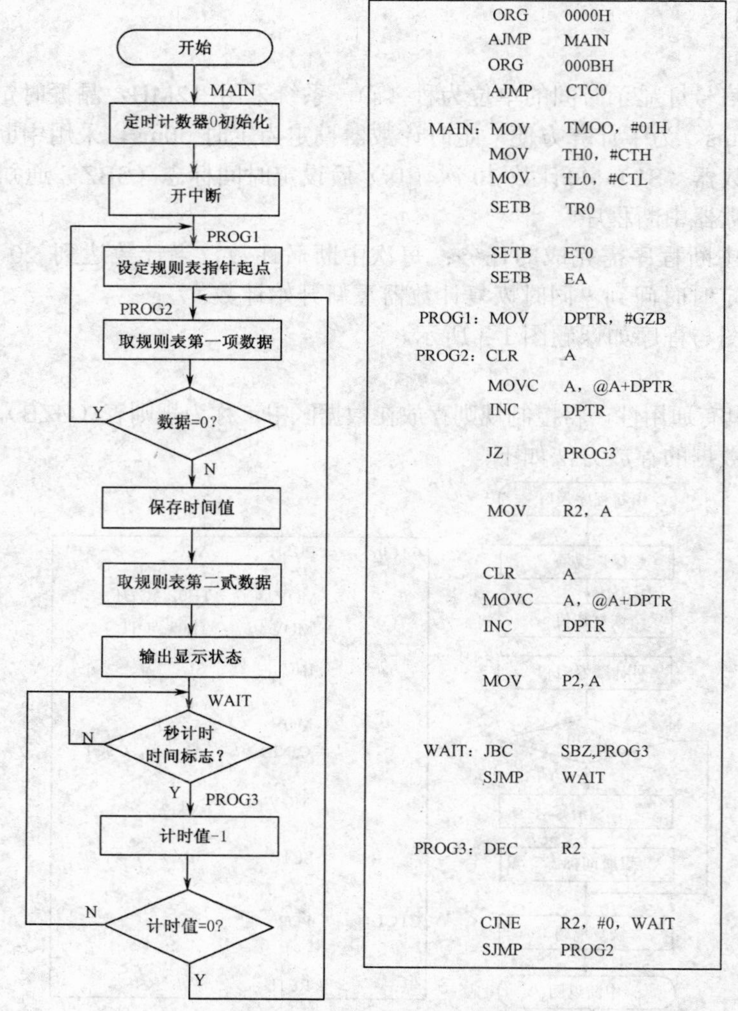

课题图 1-5 简易交通灯主程序框图

2. 软件参考程序

软件参考程序请参考文献[4]。

课题 2：定时闹铃的仿真、设计与制作

一、知识点的要求

（1）掌握 Keil 开发软件的使用方法；
（2）掌握 Proteus 仿真的使用方法；
（3）掌握 AT89C51 定时计数器的使用；
（4）学会 AT89C51 按键扫描的设计；
（5）掌握 AT89C51 七段显示器扫描方法。

二、课程设计任务目标

本课题将利用 AT89C51 单片机结合七段显示器设计一个简易的定时闹铃时钟，可以放在计算机教室或是实验室中使用，由于用七段显示器显示数据，在夜晚或黑暗的场合中也可以使用。可以设置现在的时间及显示闹铃设置时间，若时间到则发出一阵声响，并可以启动继电器，进一步可以扩充控制家电开关。

（1）使用 4 位七段显示器来显示现在的时间。
（2）显示格式为“时时：分分”。
（3）由 LED 闪动来做秒计数表示。
（4）具有 4 个按键来做功能设置，可以设置现在的时间及显示闹铃设置时间。
（5）一旦时间到则发出一阵声响，同时继电器启动，可以扩充控制家电开启或关闭。

程序执行后工作指示灯 LED 闪动，表示程序开始执行，七段显示器显示“0000”，按下操作键 K1~K4 动作如下：

- 操作键 K1：设置现在的时间。
- 操作键 K2：显示闹铃设置时间。
- 操作键 K3：设置闹铃时间。
- 操作键 K4：闹铃 ON/OFF 设置，设为 ON 时连续 3 次发出“哔”的一声，设为 OFF 时发出“哔”的一声。

设置现在的时间或是闹铃时间设置如下：

- 操作键 K1：调整时。
- 操作键 K2：调整分。
- 操作键 K3：设置完成。

时间到时发出一阵声响，按下 K4 键可以停止声响。

在本课程设计中使用一般的七段显示器扫描控制显示数据，除了具有显示现在时间外，读者也可以自行扩充其功能如下：

- 增加码表计数。
- 闹铃功能时间到了则产生音乐声。
- 增加计时倒数的功能。
- 增加多组定时器功能。

三、参考硬件

定时闹铃的控制电路分为以下几部分：（1）单片机 AT89C51；（2）四合一共阴极七段显示器；（3）按键控制；（4）压电喇叭；（5）继电器。

定时闹铃控制电路如课题图 2-1 和课题图 2-2 所示，

共阴极七段显示器的亮度控制可以由提升电阻来调整，控制程序中延迟时间长短，可以得到不同的显示效果。控制继电器的闭合或断开（ON/OFF），可以直接控制家电开关。

继电器接点说明如下：

① NC：Normal close，常闭点。以 COM 为共同点，NC 与 COM 在平时是呈导通的状态。

② COM：Common，共通点。输出控制接点的共同接点。

③ NO：Normal Open，常开点。NO 与 COM 平时呈开路的状态，当继电器动作时，NO 与 COM 导通，NC 与 COM 则呈开路（不导通）状态。

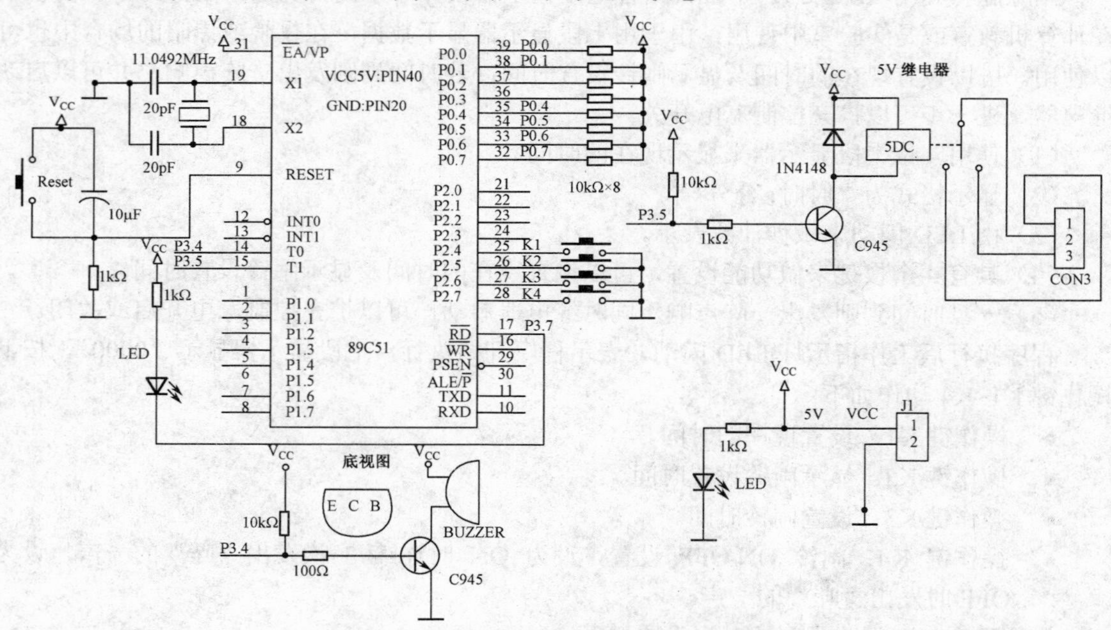

课题图 2-1 定时闹铃控制电路（第一部分）

拿到继电器时可以三用电表量的短路断路功能测量其接点，课题图 2-3 为其控制回路图，继电器所扮演的角色是一组可以电气控制的开关，因此是串联到电器的 AC 110V 电源回路中，其功能可以取代电器上的开关。所使用的继电器线圈驱动电压为直流 5V，做电器上的开关时，其流过的电流负载请勿过大，约 2A 内较保险，以免烧毁继电器或是 89C51 相关控制电路。

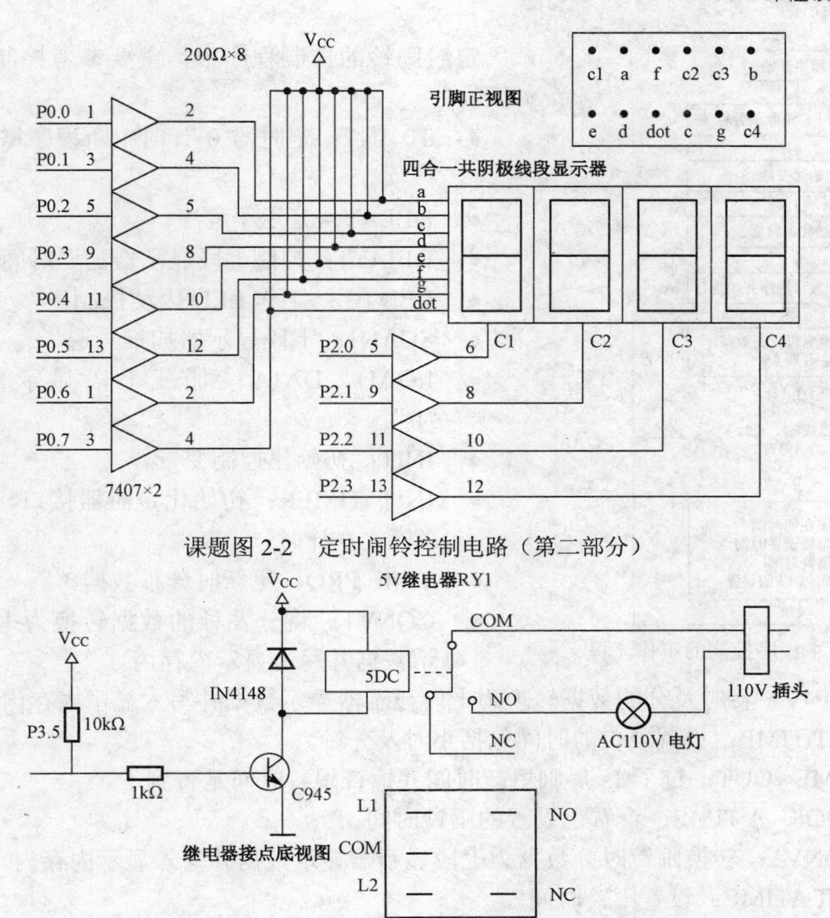

课题图 2-2　定时闹铃控制电路（第二部分）

课题图 2-3　继电器控制回路图

四、参考软件

1. 程序说明及流程图

本课程设计的程序中，可以学习利用单片机定时器设计时间计时处理，其时、分、秒控制原理可参考文献[2]相关章节。定时闹铃的动作利用时间计时处理来做秒计数，当所设置的时间到了，则发出一阵声响，启动继电器，由继电器可以控制家电开启或关闭。单片机定时器负责定时的计数，不会因为按键处理而中断时间秒数的增加，时、分、秒数据是存在变量内并写入七段显示器的缓冲区内，而由显示器扫描程序中定时扫描而显示出时间。

在主控程序循环中主要工作为扫描是否有按键，若有按键则做相应的功能处理，同时也扫描显示器显示时间数据，并检查所设置的时间是否到了。课题图 2-4 为主程序控制的工作流程。时间计时处理程序是等过了 1s 后，则更新时间数据，将最新的时、分、秒的数据转换为数字数据并显示在七段显示器上。

程序中如何判断是否已过了 1s，可以设一旧秒数变量，当新旧秒数变量不一样时，则表示已过了 1s，要做相关程序事件处理了。

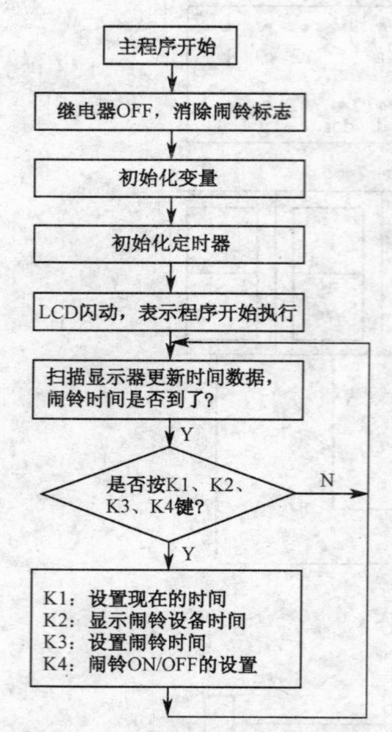

课题图 2-4　主程序控制的工作流程

定时闹铃的控制程序中，主要参考控制子程序说明如下：

- T0_INT：定时器 0 计时中断程序每隔 5ms 中断一次。
- DELAY：延迟子程序。
- DEIAY1：控制七段显示器延迟时间。
- LED BL：工作 LED 闪动控制。
- SCAN1：七段显示器扫描一遍。
- LOAD_ DATA：加载七段显示器显示数据“0”。
- INIT：初始化控制变量。
- INIT TIMER：初始化定时器接口，使用定时器 0 模式 0 计时。
- TIME PRO：更新时分秒数据。
- CONV1：将分及秒的数据转换为七段显示器显示数据并写入显示内存内。
- CONV：将时及分的数据转换为七段显示器显示数据并写入显示内存内。
- SET TIME：设置现在的时间包括小时及分钟。
- TIME_ OUT：过了 1s 后则更新时间并检查闹铃时间是否到了。
- LOOK_ A TIME：查看已设置的闹铃时间。
- CONVA：转换闹铃时分数据为七段显示器显示数据并写入显示内存内。
- SET ATIME：设置闹铃时间。

2. 软件参考程序

软件参考程序请参考文献[12]。

课题 3：直流电机 PWM 调速控制器的设计、仿真与制作

一、知识点的要求

（1）掌握 Keil 开发软件的使用方法；
（2）掌握 Proteus 仿真的使用方法；
（3）了解光电耦合器、A/D 转换器件 ADC0808 的使用方法；
（4）掌握用单片机控制直流电机时的接口电路设计方法；
（5）掌握对直流电机控制的桥式驱动电路接法。

二、课程设计任务目标

PWM 是单片机常用的模拟量控制方式，本课程设计通过外接的 A/D 转换电路，外部不

同的电压值，利用 AT89C51 单片机产生占空比不同的控制脉冲，驱动直流电机以不同的转速转动。并通过外接的单刀双掷开关，控制电机的正转与反转。

三、参考硬件

1. Proteus 仿真元件清单列表

打开 Proteus ISIS 编辑环境，按课题表 3-1 所列的清单添加元件。

课题表 3-1　元件清单

元件名称	所属类	所属子类
AT89C51	Microprocessor ICs	8051 Family
CAP	Capacitors	Generic
CAP-ELEC	Capacitors	Generic
CRYSTAL	Miscellaneous	—
RES	Resistors	Generic
SW-SPDT	Switches & Relays	switches
MOTOR	Electromechanical	—
ADC0808	Data converters	A/D converters
2N550	Transistors	Bipolar
PNP	Transistors	Generic
OPTOCOUPLERS—NPN	Optoelectronics	Optocouplers

2. 电路原理图

元件全部添加后，在 Proteus ISIS 的编辑区域中按课题图 3-1 所示的原理图连接硬件电路。

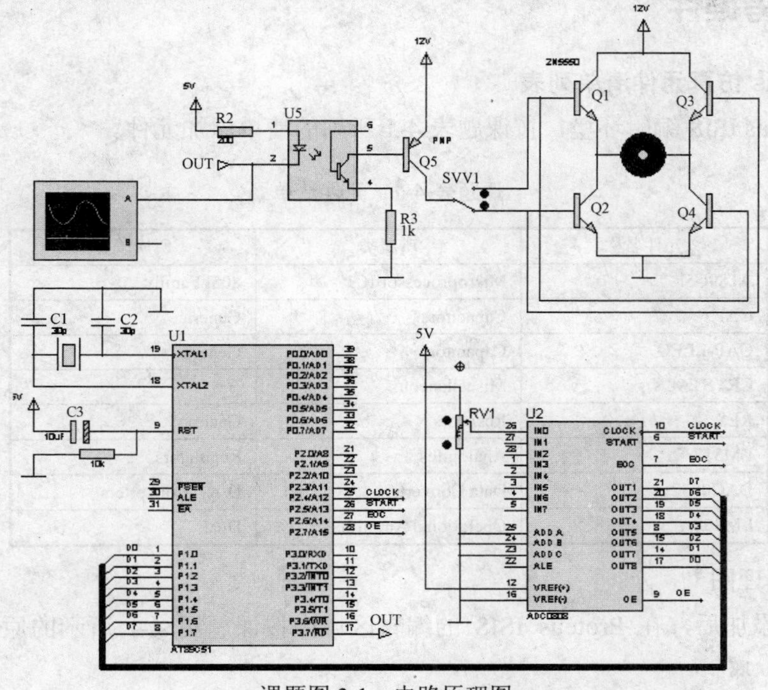

课题图 3-1　电路原理图

四、参考软件

软件参考程序请参考文献[1]。

课题 4：数控电源的设计、仿真与制作

一、知识点的要求

（1）掌握 Keil 开发软件的使用方法；
（2）了解 DAC0832 的工作原理与使用方法；
（3）掌握 AT89C51 与 D/A 转换器件 DAC0832 接口电路的设计方法；
（4）了解 LM317 可调三端稳压块的使用方法；
（5）掌握单片机控制 DAC0832 器件的编程方法；
（6）掌握数控电压源设计的基本原理和方法。

二、课程设计任务目标

利用单片机 AT89C51 与 D/A 转换器件 DAC0832 设计一个数控电源，按照预设的程序自动调节三端稳压电路 LM317 的输出电压。

三、参考硬件

1. Proteus 仿真元件清单列表

打开 Proteus ISIS 编辑环境，按课题表 4-1 所列的清单添加元件。

课题表 4-1　元件清单

元件名称	所属类	所属子类
AT89C51	Microprocessor ICs	8051 Family
CAP	Capacitors	Generic
CAP-ELEC	Capacitors	Generjc
CRYSTAL	Miscellaneous	—
RES	Resistors	Generic
LM317	Analog Ics	Regulators
DAC0832	Data Converters	D/A　Converters
LM358	Operational Amplifiers	Dual

2. 电路原理图

元件全部添加后，在 Proteus ISIS 的编辑区域中按课题图 4-1 所示的原理图连接硬件电路。

四、参考软件

软件参考程序请参考文献[1]。

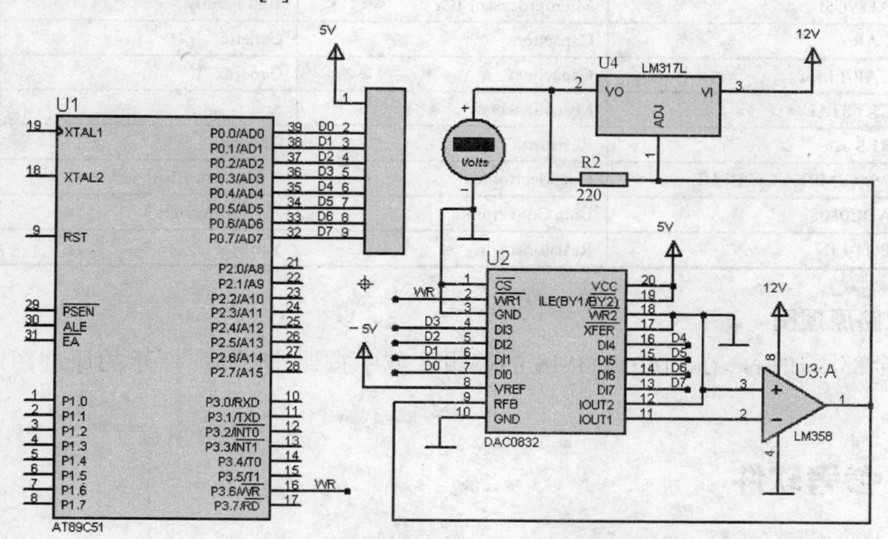

课题图 4-1　数控电源电路原理图

课题 5：数字电压表的设计、仿真与制作

一、知识点的要求

（1）掌握 Keil 开发软件的使用方法；
（2）了解 ADC0808 的工作原理与使用方法；
（3）掌握 AT89C51 与 A/D 转换器件 ADC0808 接口电路的设计方法；
（4）了解 LM317 可调三端稳压块的使用方法；
（5）掌握在对测量数据处理过程中数值的量程转换方法；
（6）体会 A/D 转换器的位数对测量精度的影响。

二、课程设计任务目标

利用单片机 AT89C51 与 A/D 转换器件 ADC0808 设计一个数字电压表，能够测量 0~5V 之间的直流电压值，并用 4 位数码管实时显示该电压值。

三、参考硬件

1. Proteus 仿真元件清单列表

打开 Proteus ISIS 编辑环境，按课题表 5-1 所列的清单添加元件。

课题表 5-1　元件清单

元件名称	所属类	所属子类
AT89C51	Microprocessor ICs	8051 Family
CAP	Capacitors	Generic
CAP-ELEC	Capacitors	Generic
CRYSTAL	Miscellaneous	—
RES	Resistors	Generic
7SEG-MPX4-CC-BLUE	Optoelectronics	7-Segment Displays
ADC0808	Data Converters	A/D Converters
POT-LIN	Resistors	Variable

2. 电路原理图

元件全部添加后，在 Proteus ISIS 的编辑区域中按课题图 5-1 所示的原理图连接硬件电路。

四、参考软件

软件参考程序请参考文献[1]。

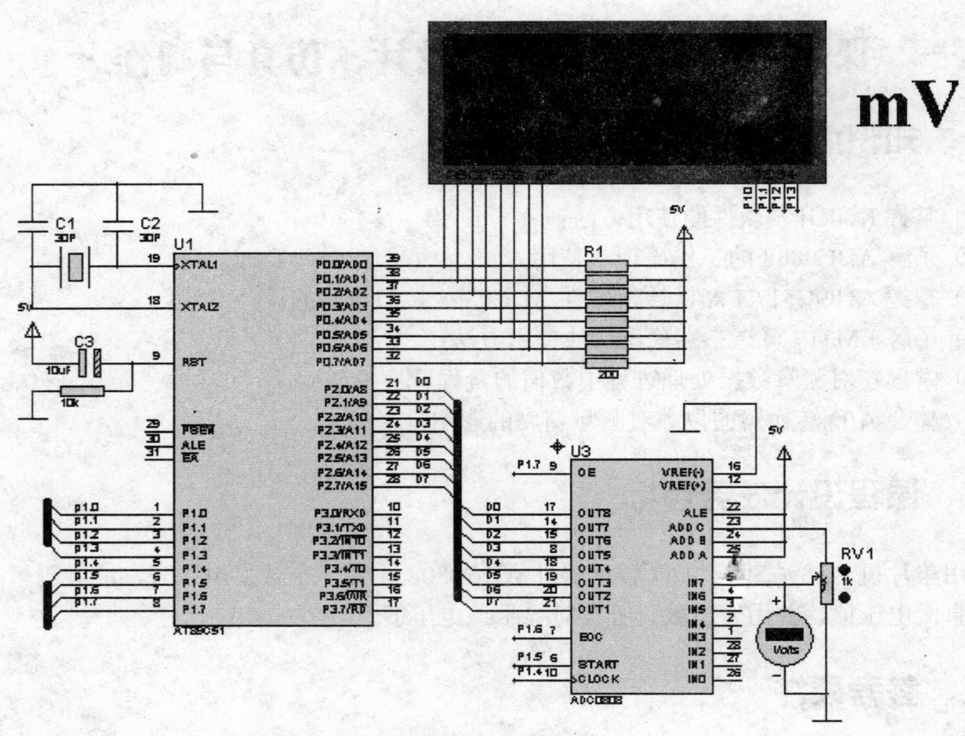

课题图 5-1　电路原理图

课题 6　单片机间的多机通信的设计、仿真与制作

一、知识点的要求

（1）掌握 Keil 开发软件的使用方法；
（2）掌握 Proteus 仿真的使用方法；
（3）掌握 MCS-51 单片机间进行多机通信的实现方法。

二、课程设计任务目标

三个 AT89C51 单片机间进行“1 主 2 从”多机通信，主机可以将其数码管的内容发送给每个从机，也可以采集每个从机数码管显示的数值并求和后显示出来，每个单片机的数码管显示值可以通过外接的按键进行设置。

三、参考硬件

1. Proteus 仿真元件清单列表

打开 Proteus ISIS 编辑环境，按课题表 6-1 所列的清单添加元件。

课题表 6-1　元件清单

元件名称	所属类	所属子类
AT89C51	Microprocessor ICs	8051 Family
CAP	Capacitors	Generic
CAP-ELEC	Capacitors	Generic
CRYSTAL	Miscellaneous	—
RES	Resistors	Generic
7SEG-BCD-GRN	Optoelectronics	7-Segment Displays
BUTTON	Switch & Relays	Switches

2. 电路原理图

元件全部添加后，在 Proteus ISIS 的编辑区域中按课题图 6-1 和课题图 6-2 所示的主、从机电路原理图（晶振和复位电路略）连接硬件电路。

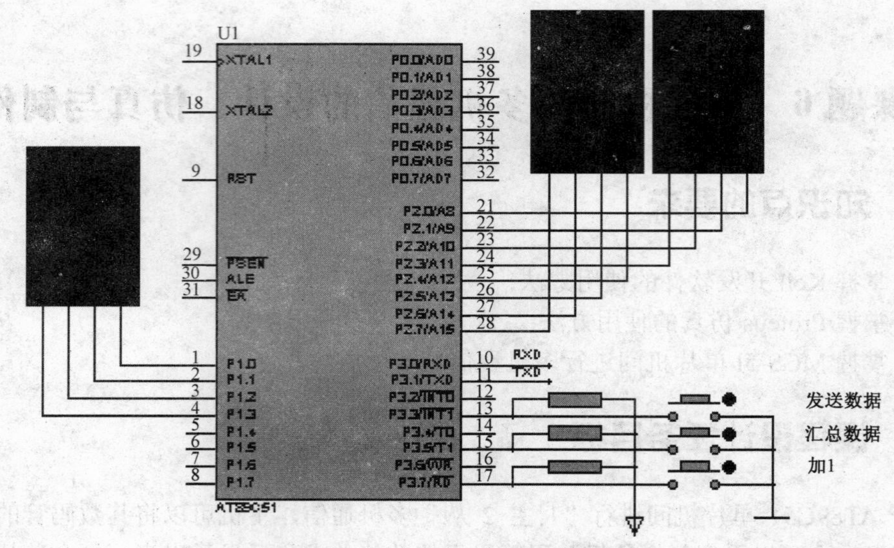

课题图 6-1　主机部分电路原理图

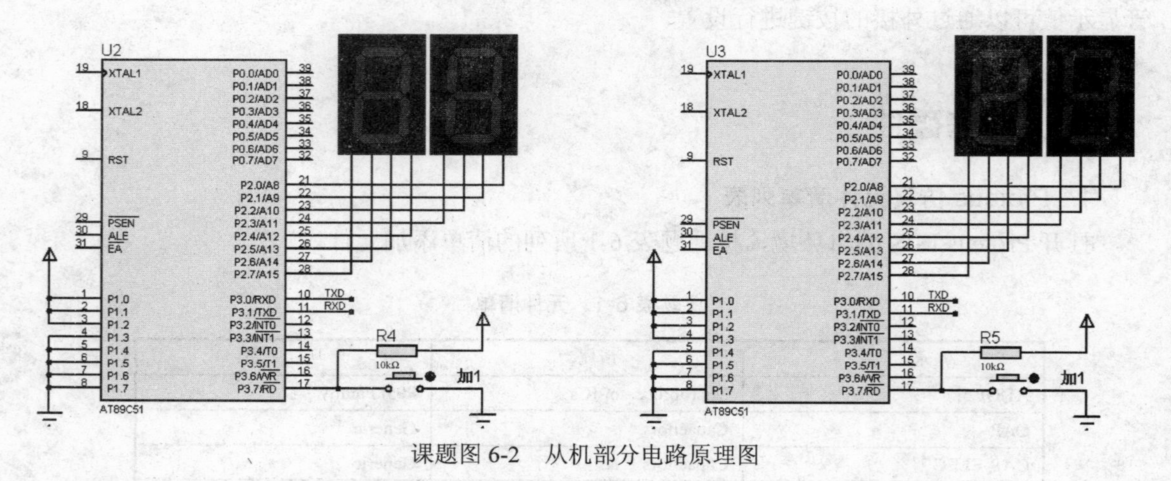

课题图 6-2　从机部分电路原理图

四、参考软件

软件参考程序请参考文献[1]。

课题 7：LCD 简易时钟的设计、仿真与制作

一、知识点的要求

（1）掌握 Keil 开发软件的使用方法；
（2）掌握 Proteus 仿真的使用方法；

（3）学会文字型 LCD 显示器；
（4）掌握 AT89C51 定时计数器的使用；

二、课程设计任务目标

本课题将利用单片机 AT89C51 的控制程序结合 LCD 设计一个简易的微电脑时钟，可以放在自己的工作桌上使用告知现在的时间，或是每次重置后开始计时，记录完成一件工作要花费多少时间。在本章的课程设计中可以学习利用单片机定时器设计时间计时处理，这是许多电子装置最基本的功能，在很多综合的设计中都会派上用场。

1. 功能说明

LCD 时钟的基本功能如下：

- 使用文字型 LCD 显示器来显示现在的时间。
- 显示格式为“时时：分分：秒秒”。
- 具有 4 个按键操作来设置现在的时间。

程序执行后工作指示灯 LED 闪动，表示程序开始执行，LCD 显示器显示“00：00：00”，然后开始计时，操作键 K1~K4 动作如下：

- 操作键 K1：进入设置现在的时间。
- 操作键 K2：设置小时。
- 操作键 K3：设置分钟。
- 操作键 K4：完成设置。

2. 扩展功能

在本课题设计中使用一般的 LCD 显示器来显示数字数据，除了具有显示现在时间的功能外，设计者也可以自行扩充其功能如下：

- 增加闹铃功能，时间到了则产生音乐声。
- 增加闹铃功能，时间到了则启动继电器控制家电。
- 增加万年历显示“年月日”。
- 结合传感器来显示现在的温度。
- 结合传感器来显示现在的湿度。

三、参考硬件

LCD 时钟的控制电路分为以下几部分：（1）单片机 AT89C51；（2）LCD 显示器；（3）按键控制。完整的控制电路如课题图 7-1 所示，

四、参考软件

1. 程序说明及流程图

本设计程序，可以学习利用单片机定时器设计时间计时处理，这在许多电子设备上是

常用的功能。定时器 0 计时中断程序每隔 5ms 中断一次当做一个计数，每中断一次则计数加 1，当计数 200 次时，则表示 1s 到了，秒变量加 1，同理再判断是否 1min 到了，再判断是否 1h 到了，若计数到了则将相关变量清除为 0。课题图 7-2 为主程序控制的工作流程，课题图 7-3 为中断程序的工作流程。时间计时处理程序是等过了 1s 后，则更新时间数据，将最新的时、分、秒的数据转换为数字数据显示在 LCD 上。

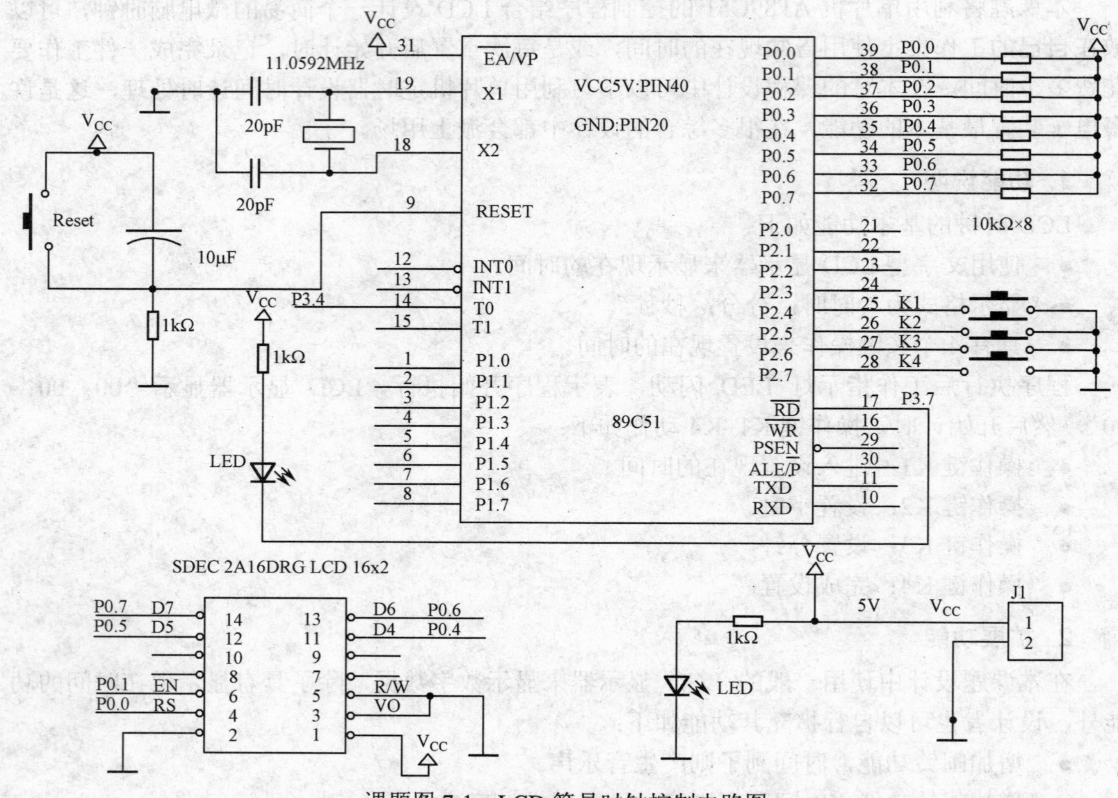

课题图 7-1 LCD 简易时钟控制电路图

本设计主要控制子程序说明如下：

- SET_LCD：对 LCD 做初始化工作。
- CLR_LINE：清除 LCD 的该行字符。
- LCD_PRINT：在 LCD 的第一行或第二行显示字符。
- WCOM：以 4 位控制方式将命令写至 LCD。
- WDATA：以 4 位控制方式将数据写入 LCD。
- LCDP1：在 LCD 的第一行显示字符。
- LCDP2：在 LCD 的第二行显示字符。
- SHOW_DIG：在 LCD 的第一行显示数字。
- SHOW_DIG2：在 LCD 的第二行显示数字。
- INIT：初始化控制变量。
- INIT_TIMER：初始化定时器接口，使用定时器 0 模式 0 计时。

- TO_INT：定时器 0 计时中断程序每隔 5ms 中断一次。
- SET_TIME：设置现在的时间包括小时及分钟。
- CONV：将时分秒的数据转换为数字数据显示在 LCD 上。
- TIME_PRO：更新时、分、秒数据。

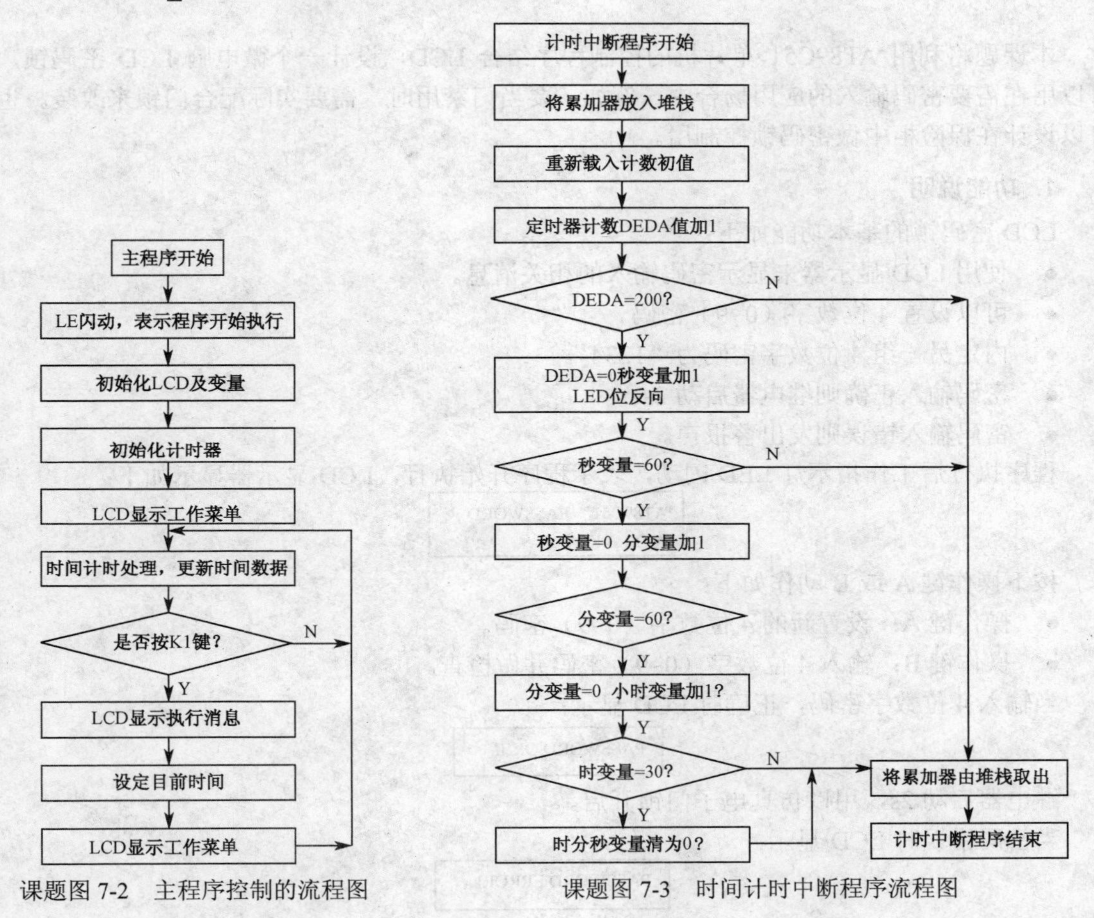

课题图 7-2　主程序控制的流程图　　　课题图 7-3　时间计时中断程序流程图

2. 软件参考程序

软件参考程序请参考文献[12]。

课题 8：LCD 密码锁的设计、仿真与制作

一、知识点的要求

（1）掌握 Keil 开发软件的使用方法；

（2）掌握 Proteus 仿真的使用方法；

（3）学会 AT89C51 按键扫描输入；

（4）掌握 LCD 显示控制设计；
（5）密码比较处理的方法。

二、课程设计任务目标

本课题将利用 AT89C51 单片机的控制程序结合 LCD，设计一个微电脑 LCD 密码锁，可以用在需要密码输入的应用场合中，例如，要当门禁用时，需要实际配合门锁来改装。也可以设计在保险柜中做密码锁控制用。

1. 功能说明

LCD 密码锁的基本功能如下：

- 使用 LCD 显示器来显示密码输入的相关消息。
- 可以设置 4 位数字（0~9）密码。
- 内定另一组 4 位数字密码为“1234”。
- 密码输入正确则继电器启动 2s。
- 密码输入错误则发出警报声。

程序执行后工作指示灯 LED 闪动，表示程序开始执行，LCD 显示器显示如下：

```
AT89C51    PASSWORD
A OR B KEY
```

按下操作键 A 或 B 动作如下：

- 操作键 A：设置新的 4 位数字（0~9）密码。
- 操作键 B：输入 4 位数字（0~9）密码并做检查。

当输入 4 位数字密码，正确时 LCD 显示：

```
PASSWORD OK!!!
```

继电器启动 2s，用以仿真电子门锁开启。
当密码错误时 LCD 显示：

```
PASSWORD ERROR!
```

蜂鸣器产生声响警示。

2. 扩展功能

在本课题设计使用一般的 LCD 显示器来显示动作消息，增加警报器及电子启动的门锁便可以应用在家庭门禁中，也可以应用在保险柜的设计上。设计者也可以自行扩充其功能如下：

- 增加语音的功能，可以说出提示语；
- 可以说出“请输入密码”、“密码正确”、“密码错误”等消息；
- 修改密码比较方式，输入 3 次错误，则自动锁定系统；
- 增加断电时密码数据保存的功能。

三、参考硬件

LCD 密码的控制电路分为以下几部分：（1）单片机 AT89C51；（2）LCD 显示器；（3）按键输入；（4）蜂鸣器；（5）继电器接口。完整的控制电路如课题图 8-1 和课题图 8-2 所示。

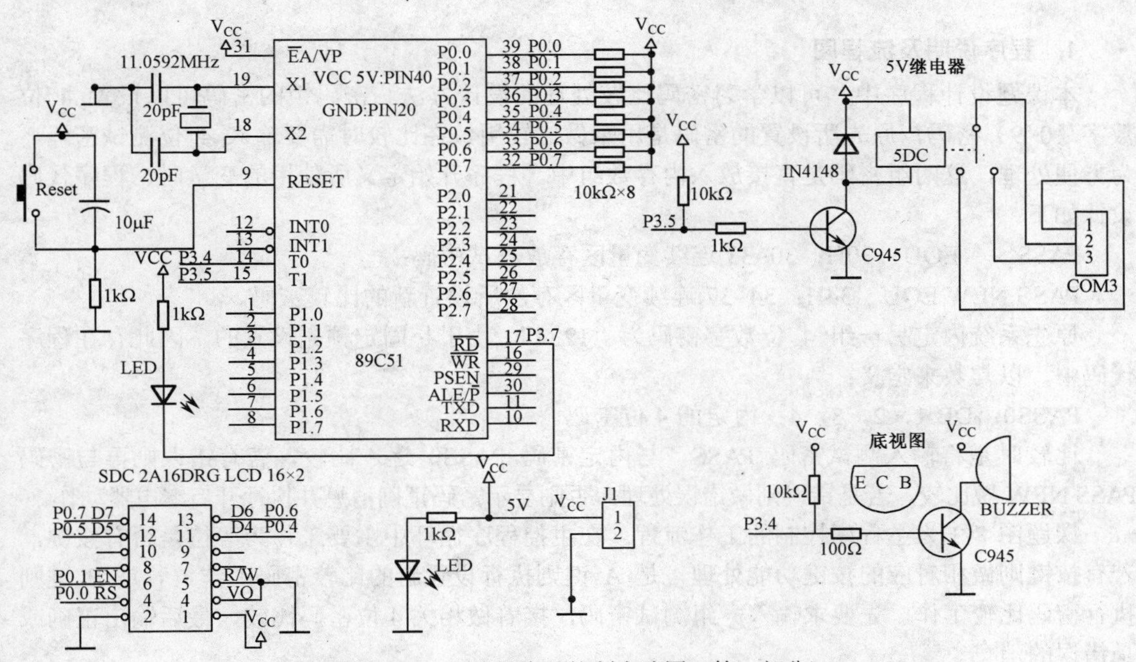

课题图 8-1　密码锁完整控制电路图（第一部分）

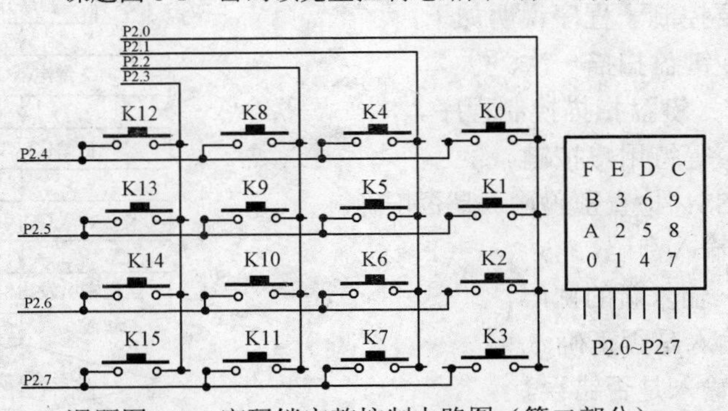

课题图 8-2　密码锁完整控制电路图（第二部分）

其中 J1 为+5V 电源输入，当电源加入时电源指示 LED 灯将亮起，用以指示电源供给正常，简易电源设计及制作可以参考相资料。

小型喇叭 BUZZER 可以经由连接线连在 C945 的 C 极。LCD 密码锁在密码输入正确时继电器会启动 2s，用以仿真电子门锁开启。继电器接点及使用说明可以参考文献[12]。

七段显示器显示时钟数据，可以在黑暗的场所使用，本课题密码锁是使用 LCD 来显示消息，必须在有亮度照明的地方，才能看见时间。若使用的 LCD，选择有背光显示的模块，则在夜晚或黑暗的场合也可以使用。有背光显示的 LCD 模块在引脚上，与无背光显示的模块兼容，只是价格上较贵，一般显示的背光颜色为黄光，与手机的背光颜色相似。

当实际制作时所使用的键盘按键位置分配不同时，请自行修改按键转换编码即可。

四、参考软件

1. 程序说明及流程图

本课题设计程序中，可以学习密码比较处理的设计方法。密码锁的密码可以设置 4 位数字（0~9）密码，原先所设置的密码是用来做比较用，在比较时需要输入 4 位测试密码，为方便处理，这两组密码是直接放入内存数组中。程序开始定义所使用的变量时，程序代码设计如下：

PASS　　EQU　30H；30~33 连续变量区存放测试密码；

PASS NEW EQU　34H；34~37 连续变量区存放所设置新的比较密码。

原先系统内定另一组 4 位数字密码为“1234”，由于是固定预先设置的，因此存在程序代码中，以常数来定义：

PASS0：DB 1，2，3，4；内定的 4 位密码。

比较时是将输入测试密码 PASS，与内定密码 PASS0 逐一比较，若有错误则再与密码 PASS NEW 做比较，若是错误则做错误处理，否则显示密码正确消息并执行开启继电器动作。

课题图 8-3 为主程序控制的工作流程。在主控程序循环中主要工作为等待是否有按键，若有按键则做相对应的按键功能处理，是 A 键则执行设置新的比较密码工作。若是 B 键则执行密码比较工作，先要求输入一组测试密码，接着做相关 4 位密码比较，最后输出正确或是错误的消息。

LCD 密码锁主要控制子程序说明如下：

- SCAN：4×4 键盘扫描一次。
- SCAN_KEY：键盘扫描控制程序。
- GET_KEY：等待用户按键。
- CHECK_PASS：检查密码输入是否正确。
- IP_ PASS：输入密码。
- SET_PASS：输入新的密码。
- OK：密码输入是否正确。
- ERR：密码输入是否错误。
- LOOK_PASS：查看新的密码。
- DOOR_OPEN：大门开启控制。
- ALARM：蜂鸣器产生声响警示。
- SET_LCD：对 LCD 做初始化工作。
- CLR_LINE1：清除 LCD 的第一行字符。
- CLR_LINE2：清除 LCD 的第二行字符。
- LCD_PRINT：在 LCD 的第一行或第二行显示字符。

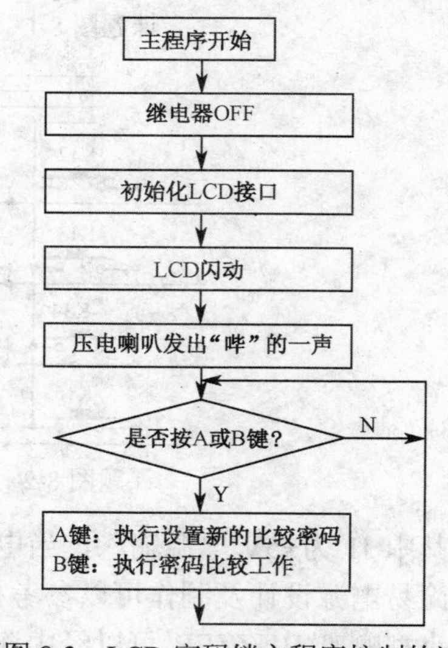

课题图 8-3　LCD 密码锁主程序控制的流程图

- WCOM：以 4 位控制方式将命令写至 LCD。
- WDATA：以 4 位控制方式将数据写入 LCD。
- LCDP1：在 LCD 的第一行显示字符。
- LCDP2：在 LCD 的第二行显示字符。

2. 软件参考程序

软件参考程序请参考文献[12]。

课程设计报告参考内容

每年学生遇到要做课程设计时便是最伤脑筋的时候，对于平时很少做硬件实验及写程序的同学而言真的是一点方向也没有。即使完成专题制作后还要整理报告，更不知如何下手?本文将提供学生在整理课程设计报告时的一个参考。学生课程设计报告内容一般由以下 7 部分组成：

（1）摘要；
（2）简介；
（3）系统设计；
（4）实验结果与讨论；
（5）结论；
（6）参考数据；
（7）附录。

此为参考的格式，实际的报告内容以各个学校的实施办法为准。

1. 摘要

摘要是以最简洁的文字来表达整篇课程设计报告的主要架构，读者通常是先看作者所写的摘要部分，再来决定是否继续研读整篇报告内容或是将其当作可能的参考数据。摘要的内容以不超过 500 字为宜，好方便参阅者可以在短时间内了解其内容，因此文字的使用必须简洁有力。一般包含以下几部分：

（1）课程设计动机；
（2）设计的问题所在；
（3）解决该问题所使用的方法；
（4）重要的结果。

2. 简介

简介单元包含以下几部分：

（1）课程设计动机；
（2）过去别人使用的方法；
（3）系统特性及功能。

3. 系统设计

此单元是整篇报告的核心所在，包含以下几部分：

（1）理论依据及公式推导；

（2）使用主要组件及特殊零件功能说明；

（3）电路方块图及说明；

（4）电路设计及说明；

（5）软件方块图及流程图说明。

4. 制作（或实验）结果与讨论

此单元是将完整的记录整个制作（或实验）的执行结果，并对结果做进一步的分析及讨论，包含以下几部分：

（1）实际电路的设计及程序的设计；

（2）记录实际的数据及测试所使用的设备；

（3）实验测量到的波形记录；

（4）对制作（或实验）的数据做分析及讨论。

5. 结论

此单元是将整篇报告做一总结，内容可以包含以下几部分：

（1）本课程设计的特点；

（2）本课程设计主要的贡献；

（3）评估结果；

（4）改善建议。

6. 参考资料

一套完整的课程设计作品不可能凭空靠个人能力及灵感来完成，一定会收集不少相关题材的设计资源当做参考资料用，此单元是将这些资料完整地列出来。由于现在是网络时代，做研究写报告为了取得最新的设计信息及数据，当然会使用网络上的信息，自然也可以列入当做参考资料。一般可供参考的资料来源有以下几种：

（1）课程设计报告；

（2）参考书；

（3）杂志；

（4）期刊；

（5）技术报告；

（6）学位论文；

（7）互联网的网址。

所列出的参考资料需将资料的出处及来源列出，包括书名或杂志名称、作者、出版亩、页数及发行日期。

7. 附录

整篇专题制作中，可以陈述的记录却还未放入报告中的部分放于此单元中，包含以下几部分：

（1）使用硬件电路零件列表；

（2）软件程序清单及说明；

（3）软件程序收录于光盘；

（4）系统实际制作的成品的照片；

（5）特殊零件的技术数据；

（6）特殊仪器设备的规格数据。

经过以上的说明整个报告的制作内容，原则上与过去学写文章时所说的“起承转合”原理接近：

（1）起：课程设计动机；

（2）承：过去别人使用的方法；

（3）转：解决该问题自己所使用的方法及实验结果；

（4）合：讨论与结论。

依此要领学生在写课程设计报告时便有方向可循。此外多参考历年来学长的专题制作报告，也是撰写自己报告的有效方法。

附录 A　AT89S51 相对 AT89C51 增加的功能

AT89S51 相对 AT89C51 增加的功能主要有：

（1）看门狗 Watch Dog Timer；

（2）双数据指针；

（3）灵活的 ISP(In-System Programming)编程（字节或页方式）。

附录 A.1　AT89S51 单片机内部结构、引脚图和特殊功能寄存器

1. AT89S51 内部结构和增加的功能部件

附录图 A-1 所示为 AT89S51 的内部结构框图。由图中可知，它比 AT89C51 增加了看门狗、双数据指针和 ISP（在系统编程）功能部件。这些部分在图中用加重黑框标出。

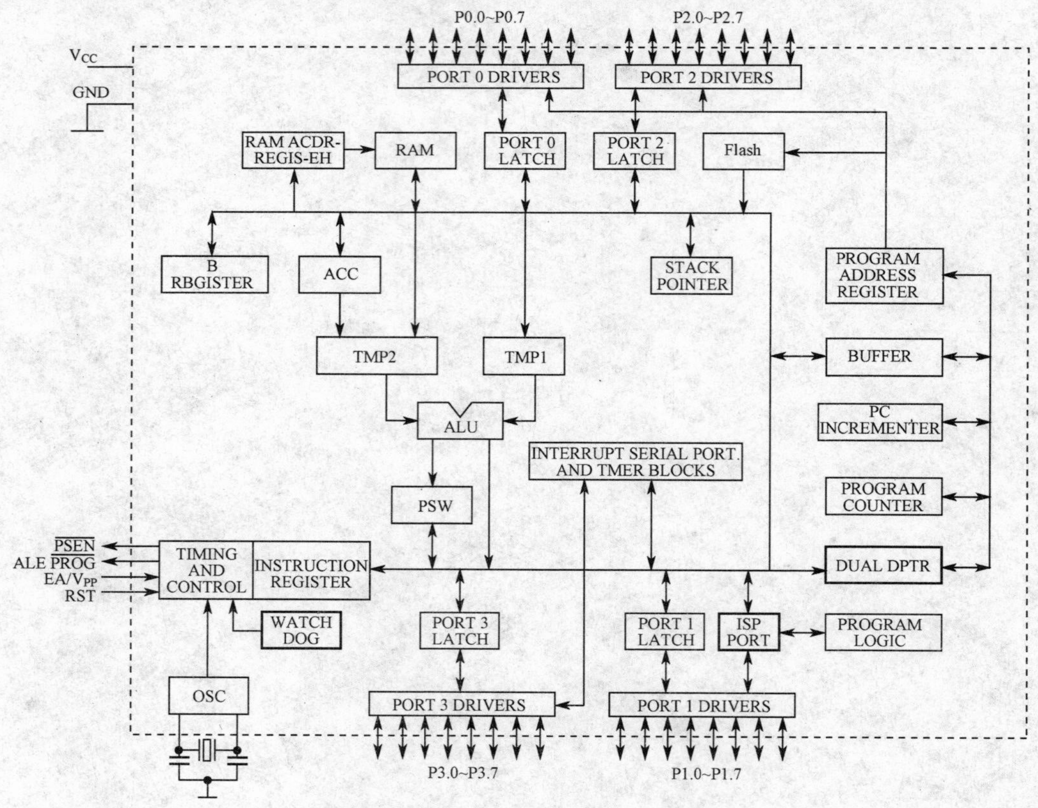

附录图 A-1　AT89S51 的内部结构框图

2. AT89S51 引脚图和增加的引脚功能

附录图 A-2 所示为 AT89S51 单片机引脚图。从图中可以看出，引脚安排与 AT89C51 相同，但有些引脚增加了功能。为配合 ISP 功能，P1.5、P1.6、P1.7 拥有了第二功能。

P1.5/MOSI：输入；

P1.6/MISO：输出；

P1.7/SCK：时钟。

最高的串行时钟频率不超过振荡频率的 1/16，当振荡频率为 33MHz 时，最大的 SCK 频率为 2MHz。

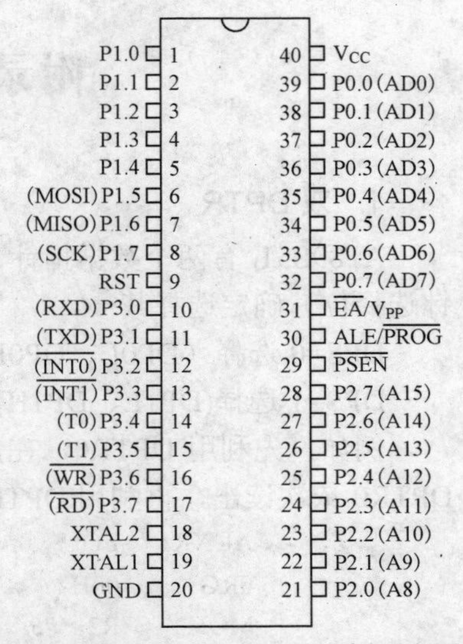

附录图 A-2　AT89S51 单片机引脚图

3. AT89S51 的特殊功能寄存器

AT89S51 的特殊功能寄存器，除与 AT89C51 相同的外，还增加了与增加功能相关的特殊功能寄存器。附录表 A-1 列出了它增加的特殊功能寄存器。

附录表 A-1　AT89S51 增加的特殊功能寄存器

特殊功能寄存器符号及名称	字节地址	位地址、位标志							
		D7	D6	D5	D4	D3	D2	D1	D0
SFR 名称	地址	说明							
WDTRST：看门狗寄存器	A6	看门狗使能操作：依次将 1EH、E1H 送入 WDTRST							
AUXR1：辅助寄存器 1	A2	—	—	—	—	—	—	—	DPS
		DPS=0：选择 DPTR0；DPS=1：选择 DPTR1；							
AUXR：辅助寄存器	8E	—	—	—	WDIDLE	DISRT0	—	—	DISALE
DPIH：数据指针 1 高 8 位	85	不可位寻址							
DPIL：数据指针 1 低 8 位	84	不可位寻址							

注：AUXR 辅助寄存器中几个控制位的含义：

DISALE ：ALE 使能

=0：ALE 输出 1/6 振荡频率的脉冲

=1：ALE 仅在执行 MOVX、 MOVC 指令时有效

DISRTO：看门狗溢出复位使能

=0：看门狗溢出后复位脚 RST 致高电平

=1：RST 只作为输入

WDIDLE：空闲模式下看门狗使能

=0：在空闲模式下看门狗继续计数

=1：在空闲模式下看门狗停止计数

要使看门狗复位，必须是其溢出或是硬件复位。当其溢出时，它将对 RST 输出一个含有 98 个机器周期的复位脉冲

附录 A.2　增加功能的应用

1. 双 DPTR

AT89S51 有两个数据指针 DPTR，由辅助寄存器 1（AUXR1）的最低位 DPS（数据指针选择位）确定选择其一。

DPS=0 选择（DP0L、DP0H）

DPS=1 选择(DP1L、DP1H)

例如，先利用 DPTR0，在片外 RAM 的 1000H~1004H 单元中写入数据 33H，然后利用 DPTR0 依次读出，再利用 DPTR1 依次写入片外 RAM 的 1010H~1014H 单元中。

```
        AUXR1   EQU   0A2H          ;特殊功能寄存器定义
        0RG     00H
        MOV     R2，#5              ;数据长度 5 赋值给 R2
        MOV     A，#33H             ;要写入的数据赋值给 A
        MOV     DPTR，#1000H        ;DPTR0=1000H
ST1：   MOVX    @DPTR，A            ;对片外 RAM 写数据
        INC     DPTR                ;数据地址+1
        DJNZ    R2，ST1             ;5 个数没写完，转 ST1 循环
        MOV     AUXR1，#1           ;转换到 DPTR1
        MOV     DPTR，#1010H        ;给 DPTR1 赋值 1010H
        MOV     R2，5               ;数据长度 5 赋值给 R2
        MOV     AUXR1，#0           ;转换到 DPTR0
        MOV     DPTR，#1000H        ;DPTR0=1000H
ST2：   MOV     AUXR1，#1
        MOVX    A，@DPTR            ;从 DPTR0 读数到 A
        INC     DPTR                ;DPTR0+1
        MOV     AUXRl，#1           ;转换到 DPTR1
        MOVX    @DPTR，A            ;数据写入 DPTR1 所指的地址中
        INC     DPTR                ;DPTR1+1
        DJNZ    R2，ST2             ;5 个数没读/写完，转 ST2 循环
        SJMP    $                   ;数据读/写完后，原地循环
        END                         ;程序结束
```

2. 看门狗定时器 WDT

看门狗定时器为 WDT。

WDT 为 CPU 遭遇软件混乱时的恢复方法。由一个 14 位的计数器和看门狗复位 SFR（WDTRST）构成。当退出复位后，WDT 默认为关闭状态。要打开 WDT，需依次将 01EH、0E1H 写入到 WDTRST（地址为 A6H）中。当开启了 WDT，它会随晶体振荡器在每个机器周期计数，除硬件复位或 WDT 溢出复位外，没有其他方法关闭 WDT，当 WDT 溢出，将使 RST 引脚输出高电平的复位脉冲。

启用看门狗定时器 WDT 时，为避免因 WDT 溢出而复位，在其溢出前（计数<16384）应将 01EH、0E1H 写入到 WDTRST，称为喂狗。在合适的程序代码时间段，需要周期性地喂狗，以防溢出而复位。

附录图 A-3　WDT 实验电路

例如，复位后，P1.0 输出口的发光管闪亮一下后熄灭。实验电路如附录图 A-3 所示，其他复位及振荡电路未画出。启动看门狗后，程序原地循环，等看门狗溢出使系统复位，又闪亮一下，如此循环。

```
        WDT     EQU   0A6H        ;看门狗位置定义
        ORG     00H
        CLR     P1.0              ;P1.0 输出 0
        ACALL   DLY               ;调用延时
        SETB    P1.0              ;P1.0 输出 1
        MOV     WDT，#1EH          ;启动看门狗
        MOV     WDT，#0E1H         ;
        SJMP    $                 ;死循环
DLY：   MOV     R2，#200           ;延时程序，外层循环变量 R2=200
DI：    MOV     R3，#250           ;内层循环变量 R2=250
        DJNZ    R3，$
        MOV     WDT，#1EH          ;延时中间喂狗
        MOV     WDT，#0E1H
        DJNZ    R2，D1             ;外层循环判断
        RET                       ;子程序返回
        END                       ;程序结束
```

3. ISP 在系统编程介绍

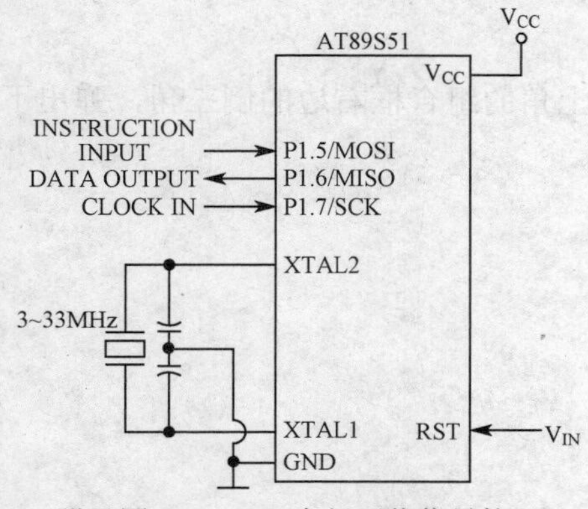

附录图 A-4　ISP 串行下载信号接入

有了 ISP 在系统编程功能，就不用把单片机从电路中取下来再固化代码。只要在单片机的 P1.5、P1.6、P1.7 口及 RST 引脚上加载 ISP 要求的信号，如附录图 A-4 所示，就可以对电路板中的单片机进行直接编程。使用了 ISP 在系统编程后，程序及电路调试很方便，明显地缩短了单片机的学习和开发周期，提高了效率。

要提供 ISP 所需的信号，还需要在计算机中运行下载软件和驱动硬件电路。

ISP 下载软件是共享软件 Easy 51pro V2.0。

ISP 下载线驱动电路如附录图 A-5 所示。

4. ISP 下载软件应用

IS 在线编程软件是无需安装的绿色软件，只要把软件复制到硬盘上，单击 Easy 51pro.V2.0 即可运行该软件。

（1）选择编程器类型

Easy 51Pro 软件主界面如附录图 A-6 所示。打开 Easy 51Pro.V2.0 后，在其界面底部单

击“设置”按钮，在界面右上半部的“编程器”栏的，“编程器类型”右侧单击，在其下拉列表中选择“使用 Easy ISP 下载线”。

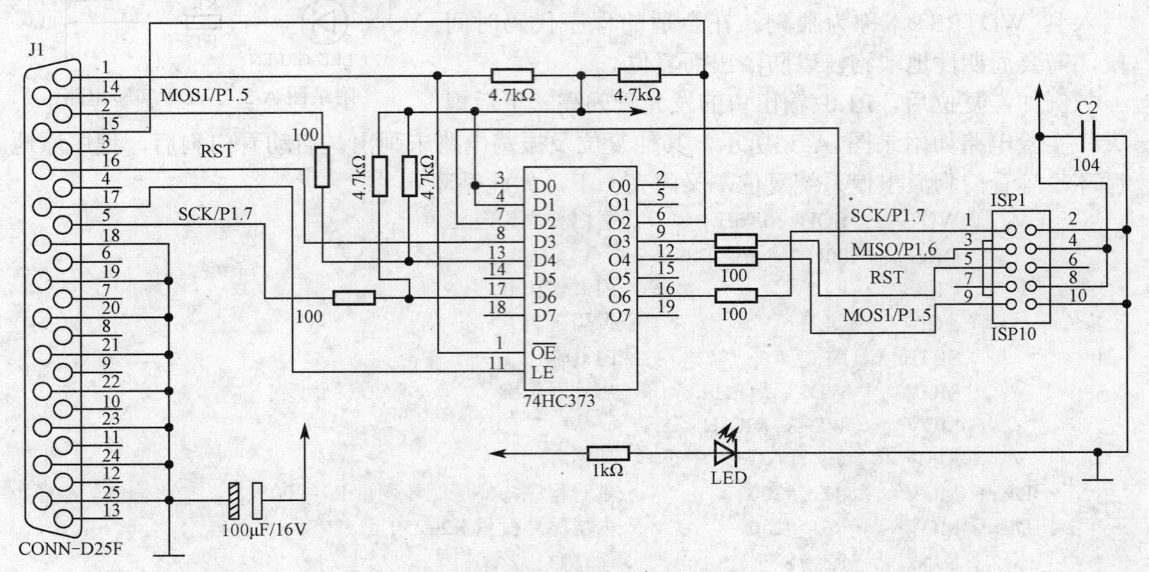

附录图 A-5　ISP 下载线驱动电路

（2）下载线性能设置

“编程器”栏下其他的各项，如“串口”和“波特率”与目前的设计无关，不用设置。“下载线性能”选“一般”，如附录图 A-7 所示。如果在编程过程中，发现状态比较稳定，可以尝试选择“快速”。

（3）选择单片机芯片

如附录图 A-8 所示选择单片机型号，单击界面左上角的组合框右边的倒三角，弹出下拉菜单，选择 AT89S51。

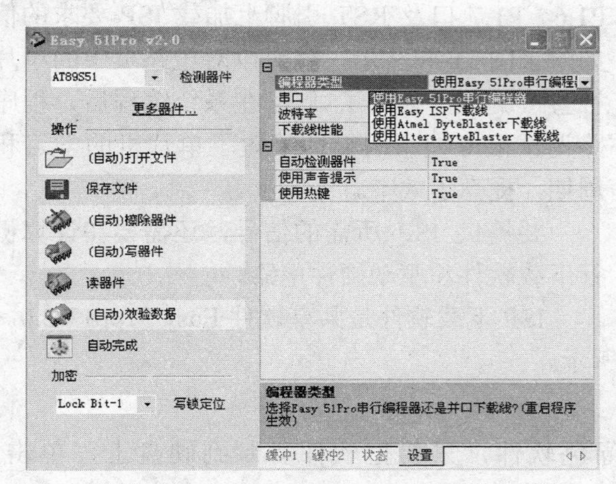

附录图 A-6　Easy 51Pro V2.0 软件主界面

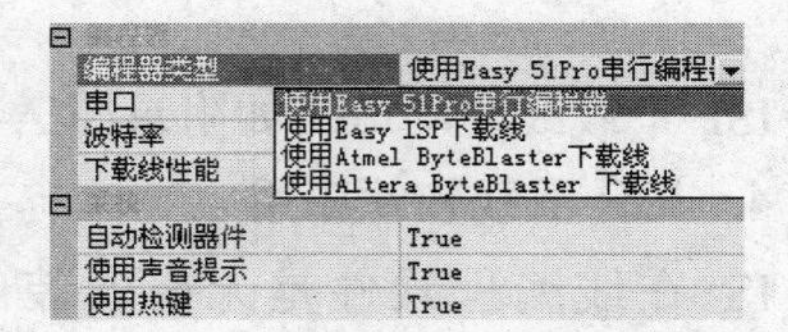

附录图 A-7　下载线性能设置

（4）编程操作

准备好目标代码后，如附录图 A-9 所示，选择代码文件。单击“打开文件”，在弹出的对话框中“文件类型”一栏中选择*.bin 或*.hex，再找出相应类型的代码文件，单击“打开”，将代码载入 ISP 下载软件。此处选择 chen.hex。程序代码显示在“缓冲 1”窗口中。

确保电路板已经连接好下载线、电源已经打开后，单击“自动完成”按钮，软件就会完成“擦除”、“编程”、“校验”等过程，即可完成对单片机编程的过程，随后目标代码就可在电路板上运行。

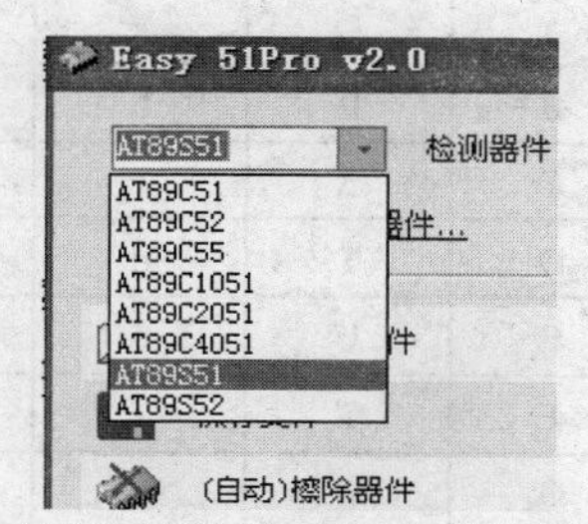

附录图 A-8　选择单片机型号

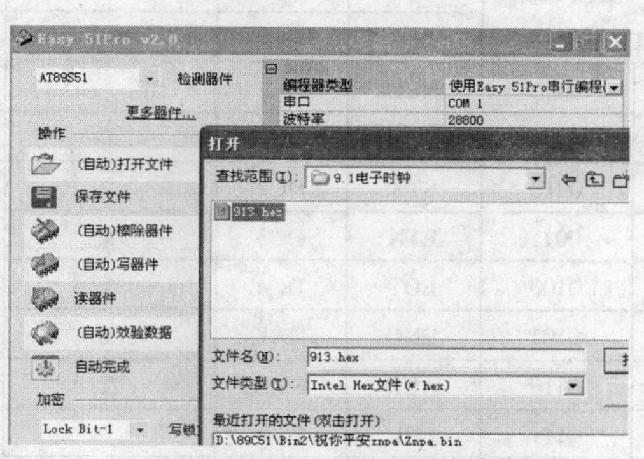

附录图 A-9　选择代码文件

附录 B　ASCII 码表

高位 MSD / 低位 LSD		0 000	1 001	2 010	3 011	4 100	5 101	6 110	7 111
0	0000	NUL	DLE	（SP，空格）	0	@	P		p
1	0001	SOH	DC1	!	1	A	Q	a	q
2	0010	STX	DC2	"	2	B	R	b	r
3	0011	ETX	DC3	#	3	C	S	c	s
4	0100	EOT	DC4	$	4	D	T	d	t
5	0101	ENQ	NAK	%	5	E	U	e	u
6	0110	ACK	SYN	&	6	F	V	f	v
7	0111	BEL	ETB	'	7	G	W	g	w
8	1000	BS	CAN	(	8	H	X	h	x
9	1001	HT	EM	)	9	I	Y	i	y
A	1010	LF	SUB	*	:	J	Z	j	z
B	1011	VT	ESC	+	;	K	[	k	{
C	1100	FF	FS	,	<	L	\	l	l
D	1101	CR	GS	-	=	M	]	m	}
E	1110	SO	RS	.	>	N	Ω	n	~
F	1111	SI	US	/	?	O	_	o	DEL

附录C　MCS-51指令表

1. 数据传送类指令

十六进制代码	符号指令	功能	周期数
E8～EF	MOV A,Rn	R_n→A	1
E5 direct	MOV A,direct	(direct)→A	1
E6～E7	MOV A,@Ri	(R_i)→A	1
74 data	MOV A,#data	Data→A	1
F8～FF	MOV Rn,A	A→R_n	1
A8～AF direct	MOV Rn,direct	(direct)→R_n	2
78～7F data	MOV Rn,#data	data→R_n	1
F5 direct	MOV direct,A	A→(direct)	1
88～8F direct	MOV direct,Rn	R_n→(direct)	2
85 direct2 direct1	MOV direct1,direct2	(direct2)→(direct1)	2
86～87 direct	MOV direct,@Ri	(R_i)→(direct)	2
75 direct data	MOV direct,#data	data→(direct)	2
F6～F7	MOV @Ri,A	A→(R_i)	1
A6～A7 direct	MOV @Ri, direct	(direct)→(R_i)	2
76～77 data	MOV @Ri,#data	data→(R_i)	1
90 datah datal	MOV DPTR,#data	data→DPTR	2
93	MOVC A,@A+DPTR	(A+DPTR)→A	2
83	MOVC A,@A+PC	(A+PC)→A	2
E2～E3	MOVX A,@Ri	(R_i)→A	2
E0	MOVX A,@DPTR	(DPTR)→A	2
F2～F3	MOVX @Ri,A	A→(R_i)	2
F0	MOVX @DPTR,A	A→(DPTR)	2
C0 direct	PUSH direct	SP+1→SP，(direct)→(SP)	2
D0 direct	POP direct	(SP)→(direct)，SP−1→SP	2
C8～CF	XCH A,Rn	A←→R_n	1
C5 direct	XCH A, direct	A←→(direct)	1
C6～C7	XCH A,@Ri	A←→(R_i)	1
D6～D7	XCHD A,@Ri	A_3～A_0←→$(R_i)_{3\sim0}$	1
C4	SWAP A	A_7～A_4←→A_3～A_0	1

2. 位操作类指令

十六进制代码	符号指令	功能	周期数
C3	CLR C	0→CY	1
C2 bit	CLR	0→bit	1
D3	SETB C	1→CY	1
D2 bit	SETB bit	1→bit	1
B3	CPL C	CY→CY	1
B2 bit	CPL bit	$\overline{\text{bit}}$→bit	1
82 bit	ANL C, bit	CY∧bit→CY	2
B0 bit	ANL C, /bit	CY∧bit→CY	2
72 bit	ORL C, bit	CY∨bit→CY	2

3. 算术运算类指令

十六进制代码	符号指令	功能	周期数
28~2F	ADD A,Rn	A+R_n→A	1
25 direct	ADD A, direct	A+(direct)→A	1
26~27	ADD A,@Ri	A+(R_i)→A	1
24 data	ADDA, #data	A+data→A	1
38~3F	ADDC A,Rn	A+R_n+CY→A	1
35 direct	ADDC A, direct	A+(direct)+CY→A	1
36~37	ADDC A,@Ri	A+(R_i)+CY→A	1
34 data	ADDC A, #data	A+data+CY→A	1
98~9F	SUBB A,Rn	A−R_n−CY→A	1
95 direct	SUBB A, direct	A−(direct)−CY→A	1
96~97	SUBB A,@Ri	A−(R_i)−CY→A	1
94 data	SUBB A, #data	A−data−CY→A	1
04	INC A	A+1→A	1
08~0F	INC Rn	R_n+1→R_n	1
05 direct	INC direct	(direct)+1→(direct)	1
06~07	INC @Ri	(R_i)+1→(R_i)	1
A3	INC DPTR	DPTR+1→DPTR	2
14	DEC A	A−1→A	1
18~1F	DEC Rn	R_n−1→R_n	1
15 direct	DEC direct	(direct)−1→(direct)	1
16~17	DEC@Ri	(R_n)−1→(R_i)	1
A4	MUL AB	A×B→BA	4
84	DIV AB	A÷B→A…B	4
D4	DA A	对A进行十进制调整	1

4. 逻辑运算类指令

十六进制代码	符号指令	功能	周期数
58~5F	ANL A,Rn	$A\wedge R_n\rightarrow A$	1
55 direct	ANL A,direct	A∧(direct)→A	1
56~57	ANL A,@Ri	$A\wedge(R_i)\rightarrow A$	1
54 data	ANL A,# data	A∧data→A	1
52 direct	ANL direct,A	(direct)∧A→(direct)	1
53 direct data	ANL direct,# data	(direct)∧data→(direct)	2
48~4F	ORL A,Rn	$A\vee R_n\rightarrow A$	1
45 direct	ORL A,direct	A∨(direct)→A	1
46~47	ORL A,@Ri	$A\vee(R_i)\rightarrow A$	1
44 data	ORL A,#data	A∨data→A	1
42 direct	ORL direct,A	(direct)∨A→(direct)	1
43 direct data	ORL direct,#data	(direct)∨data→(direct)	2
68~6F	XRL A,Rn	$A\oplus R_n\rightarrow A$	1
65 direct	XRL A,direct	A⊕(direct)→A	1
66~67	XRL A,@Ri	$A\oplus(R_i)\rightarrow A$	1
64 data	XRL A,# data	A⊕data→A	1
62 direct	XRL direct,A	(direct)⊕A→(direct)	1
63 direct data	XRL direct,# data	(direct)⊕data→(direct)	2
E4	CLR A	0→A	1
F4	CPL A	$\bar{A}\rightarrow A$	1
23	RL A	A循环左移1位	1
33	RLC A	A带进位循环左移1位	1
03	RR A	A循环右移1位	1
13	RRC A	A带进位循环右移1位	1

5. 控制转移类指令

十六进制代码	符号指令	功能	周期数
H3 10001 L8	ACALL H3L8	SP+1→SP,PCL→(SP);SP+1→SP,PCH→(SP) H3L8 →PC_{10}~PC_0	2
12 H8 L8	LCALL H8L8	SP+1→SP,PCL→(SP);SP+1→SP,PCH→(SP) H8L8→PC	2
22	RET	(SP)→PCH,SP−1→SP,(SP)→PCL,SP−1→SP	2
32	RETI	(SP)→PCH,SP−1→SP,(SP)→PCL,SP−1→SP	2
H3 10001 L8	AJMP H3L8	H3L8 →PC_{10}~PC_0	2
02 H8 L8	LJMP H8L8	H8L8 →PC	2
80 rel	SJMP short−lable	short−lable→PC	2
73	AJMP @A+DPTR	A+DPTR→PC	2
60 rel	JZ short−lable	A=0,short−lable→PC	2
70 rel	JNZ short−lable	A≠0,short−lable→PC	2
40 rel	JC short−lable	CY=1,short−lable→PC	2
50 rel	JNC short−lable	CY=0,short−lable→PC	2
20 bit rel	JB bit,short−lable	bit=1,short−lable→PC	2
30 bit rel	JNB bit,short−lable	bit=0,short−lable→PC	2
10 bit rel	JBC bit,short−lable	bit=1,short−lable→PC,0→bit	2
B5 direct rel	CJNE A,direct,short−lable	A≠(direct),short−lable→PC	2
B4 data rel	CJNE A,#data,short−lable	A≠#data,short−lable→PC	2
B8~BF data rel	CJNE Rn,#data,short−lable	R_n≠#data,short−lable→PC	2
B6~B7 data rel	CJNE @Ri,#data,short−lable	(R_i)≠#data,short−lable→PC	2
D8~DF rel	DJNZ Rn,short−lable	R_n−1→R_n,R_n≠0 short−lable→PC	2
D5 direct rel	DJNZ direct,short−lable	(direct)−1→(direct), (direct)≠0 short-lable→PC	2
00	NOP	空操作	1

6. 指令对状态标志位 CY、OV、AC 的影响

指令	CY	OV	AC	指令	CY	OV	AC
ADD	↑	↑	↑	SETB C	1	•	•
ADDC	↑	↑	↑	CLR C	0	•	•
SUBB	↑	↑	↑	CPL C	↑	•	•
MUL	0	↑	•	ANL C,bit	↑	•	•
DIV	0	↑	•	ANL C,/bit	↑	•	•
DA A	↑	•	•	ORL C,bit	↑	•	•
RRC	↑	•	•	ORL C,/bit	↑	•	•
RLC	↑	•	•	CJNE	↑	•	•

符号说明：↑有影响，•不影响。

参 考 文 献

[1] 朱清慧，张凤蕊等. Protues 教程[M]. 北京：清华大学出版社，2008.
[2] 张靖武，周灵彬. 单片机原理、应用与 Proteus 仿真[M]. 北京：电子工业出版社，2009.
[3] 朱定华. 单片机原理及接口技术[M]. 北京：电子工业出版社，2001.
[4] 李忠国. 单片机应用技能训练[M]. 北京：人民邮电出版社，2006.
[5] 吴金戌. 8051 单片机实践与应用[M]. 北京：清华大学出版社，2004.
[6] 求是科技. 单片机典型外围器件及应用实例[M]. 北京：人民邮电出版社，2006.
[7] 求是科技. 单片机典型模块设计实例导航[M]. 第二版[M]. 北京：人民邮电出版社，2005.
[8] 宁爱民. 单片机应用技术[M]. 北京：北京理工大学出版社，2009.
[9] 晁阳. 单片机 MCS-51 原理及应用开发教程[M]. 北京：清华大学出版社，2008.
[10] 彭勇. 单片机技术[M]. 北京：电子工业出版社，2009.
[11] 谢敏. 单片机应用技术[M]. 北京：机械工业出版社，2008.
[12] 陈明荧. 8051 单片机课程设计实训教材[M]. 北京：清华大学出版社，2005.
[13] 高卫东，辛友顺. 51 单片机原理与实践[M]. 北京：北京航空航天大学出版社，2008.
[14] 朱定华，刘玉. 单片机原理及接口技术学习辅导[M]. 北京：电子工业出版社，1990.
[15] 王效华. 单片机原理与应用[M]. 北京：北京交通大学出版社，2007.
[16] 李刚民，曹巧媛等. 单片机原理及实用技术[M]. 北京：高等教育出版社，2005.
[17] 王静霞. 单片机应用技术（C 语言版）[M]. 北京：电子工业出版社，2009.
[18] 孙育才等. ATMEL 新型 AT89S52 系列单片机及其应用[M]. 北京：清华大学出版社，2006.
[19] 李广弟，朱月秀. 单片机基础[M]. 北京：北京航空航天大学出版社，2001.
[20] 王文杰. 单片机应用技术[M]. 北京：冶金工业出版社，2008.
[21] 赵俊生. 单片机技术项目化原理与实训[M]. 北京：电子工业出版社，2009.
[22] 刘守义. 单片机应用技术[M]. 西安：西安电子科技大学出版社，2004.
[23] 赵建领. 51 系列单片机开发宝典[M]. 北京：电子工业出版社，2007.
[24] 杨欣，王玉凤，刘湘黔. 51 单片机应用从零开始[M]. 北京：清华大学出版社，2008.
[25] 王守中，聂元铭. 51 单片机开发入门与典型实例[M]. 北京：人民邮电出版社，2009.
[26] 张义和，陈敌北. 例如 8051[M]. 北京：人民邮电出版社，2006.
[27] 李学礼. 基于 Proteus 的 8051 单片机实例教程[M]. 北京：电子工业出版社，2008.

反侵权盗版声明